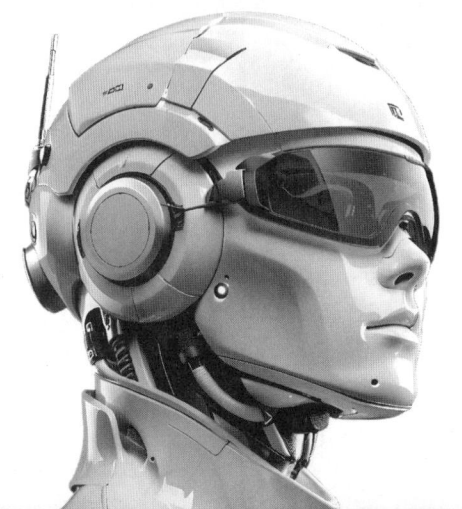

李 伟
杨秀丽
王 岩 / 编著

AI+Solidworks 2024
完全实训手册

清华大学出版社
北京

内 容 简 介

对于初学者来说，虽然掌握SolidWorks的基本操作至关重要，但更为关键的是理解软件背后的设计哲学和建模原理。唯有深刻领悟SolidWorks的设计精髓，方能游刃有余地运用各类建模技术，真正挖掘出软件的最大潜力。而对于已有一定基础的用户，如何巧妙结合人工智能技术以助力设计，显然是提升设计水准的重要一环。

本书以SolidWorks 2024版本为蓝本，全方位、系统地剖析了该软件的基础知识、建模技术以及人工智能在设计中的巧妙应用。本书致力于引导读者从初识到精通，迅速把握SolidWorks的核心要领，并巧妙融入人工智能技术，以实现设计能力的质的飞跃。

全书精心编排了11章，从SolidWorks的基础入门知识出发，逐步引领读者探索软件的基本操作、建模技巧以及装配设计等实用功能，进而深入探究曲面建模、创新造型设计等高级议题。特别值得一提的是，本书还专辟章节，详尽阐述了如何利用前沿的人工智能技术来辅助设计工作，涵盖产品方案构思、造型设计灵感激发、设计意图理解等诸多方面。

本书既适合作为高等院校机械CAD、模具设计、产品设计等相关专业的教材，也可以作为对制造业感兴趣读者的辅导用书与学习指南。

版权所有，侵权必究。举报：010-62782989，beiqinquan@tup.tsinghua.edu.cn。

图书在版编目(CIP)数据

AI+SolidWorks 2024完全实训手册 / 李伟, 杨秀丽, 王岩编著.
北京：清华大学出版社, 2025. 5.-- ISBN 978-7-302-69189-1
Ⅰ．TP391.72
中国国家版本馆CIP数据核字第2025DM7370号

责任编辑：陈绿春
封面设计：潘国文
责任校对：胡伟民
责任印制：刘　菲

出版发行：清华大学出版社
网　　址：https://www.tup.com.cn, https://www.wqxuetang.com
地　　址：北京清华大学学研大厦A座　　邮　编：100084
社 总 机：010-83470000　　邮　购：010-62786544
投稿与读者服务：010-62776969, c-service@tup.tsinghua.edu.cn
质 量 反 馈：010-62772015, zhiliang@tup.tsinghua.edu.cn
印 装 者：涿州汇美亿浓印刷有限公司
经　　销：全国新华书店
开　　本：188mm×260mm　　印　张：20　　字　数：650千字
版　　次：2025年7月第1版　　印　次：2025年7月第1次印刷
定　　价：89.00元

产品编号：108403-01

前言

SolidWorks，作为当今工业设计界内赫赫有名的 CAD 软件，始终是工程师与设计师们不可或缺的核心工具。随着 SolidWorks 2024 版本的崭新登场，它不仅在几何建模功能上展现了更为强悍的实力，更融入了人工智能辅助设计的创新元素，从而显著提升了设计流程的效率与设计师的创新能力。

对于初涉此域的新手而言，虽然熟练掌握 SolidWorks 的基础操作十分重要，但更为关键的是深刻理解潜藏于软件背后的设计哲学与建模原理。唯有如此，方能自如地运用各种建模技巧，充分挖掘并释放出这款软件的巨大潜能。而对于那些已有一定基础的用户来说，如何精妙地将人工智能技术融入设计过程中，则成为他们进一步提升设计水准的关键。

本书内容

本书以 SolidWorks 2024 为核心，详尽而系统地阐述了软件的基础知识、建模技巧以及人工智能在设计中的创新应用。本书的目标是引领读者从初学者逐步成长为精通者，助力其迅速掌握 SolidWorks 的精髓，并通过人工智能技术进一步提升自身的设计实力。全书精心编排了 11 章，内容概述如下。

第 1 章　SolidWorks 与 AI 辅助设计入门：概述 SolidWorks 2024 界面与文件管理，初探 AI 在设计中的应用，为后续学习奠定基础。

第 2 章　SolidWorks 草图设计：深入剖析草图绘制、编辑、约束设置技巧，为实体建模打下坚实基础。

第 3 章　SolidWorks 实体设计：系统讲解实体特征建模工具，包括拉伸、旋转、扫描、特征编辑等方法。

第 4 章　SolidWorks 曲面设计：分享曲面特征命令及高级曲面创建技巧，提升复杂模型设计能力。

第 5 章　AI 辅助产品方案设计：探讨 AI 如何助力产品方案构思、生成概念图、激发设计灵感。

第 6 章　AI 辅助机械零件设计：介绍 AI 在机械零件设计中的应用，包括零件建模生态系统、代码生成等。

第 7 章　AI 辅助产品造型设计：介绍 AI 在产品造型设计中的应用，包括基于 AI 的 3D 模型生成与造型设计。

第 8 章　零件装配设计：详细解析零件装配流程，包括零部件配合、阵列、镜像及爆炸视图设计。

第 9 章　AI 辅助数控编程与加工：深入探讨 AI 在数控编程与加工中的优化作用，提升加工效率与精度。

第 10 章　AI 辅助钣金及拆图设计：介绍 SolidWorks 钣金设计工具，讲解 AI 辅助的钣金拆图设计流程。

第 11 章　机械工程图设计：全面讲解机械工程图设计规范，包括视图选择、尺寸标注、技术要求等，确保图纸符合加工制造需求。

本书特色

本书从 SolidWorks 的基础知识出发，逐步深入地介绍了软件的基本操作、建模技巧以及装配设计等核心功能。在扎实的基础之上，进一步探索了曲面建模、创新造型设计等高级功能，助力读者在设计领域更上一层楼。更为特别的是，本书专门剖析了如何利用前沿的人工智能技术来辅助设计，涵盖产品方案设计、造型设计灵感激发、设计意图实现等多个层面。

为了让读者能够真正学以致用，本书在每个知识点后都精心设计了丰富的实操练习，引导读者通过动手操作来深化理解。同时，全书穿插了大量实战案例，供读者参考借鉴，以期能够迅速将所学知识应用于实际工作之中。本书始终注重理论知识与实际应用场景的紧密结合，确保读者所学即所用，无论是基础建模技术还是人工智能辅助设计，都紧密贴合工业设计领域的真实需求。

值得一提的是，本书将人工智能技术的应用作为重中之重来深入探讨，详细介绍了 AI 语言大模型、AI 生成式图像模型等尖端技术在设计领域的实际应用，为读者打开了一扇通往智能设计新世界的大门。

总而言之，本书致力于帮助广大 SolidWorks 用户全面而深入地掌握软件的基础与高级功能，并探索人工智能在设计领域的无限可能。对于任何渴望提升自身设计水准的读者而言，这本书无疑都是一本不可或缺的宝贵指南。

资源下载

本书的配套资源包括配套素材和视频教学文件，请用微信扫描下面的配套资源二维码进行下载。如果在下载过程中碰到问题，请联系陈老师，联系邮箱为 chenlch@tup.tsinghua.edu.cn。如果有技术性的问题。请扫描下面的技术支持二维码，联系相关技术人员进行处理。

配套资源

技术支持

作者信息

本书由空军航空大学的李伟、杨秀丽和王岩共同编写。感谢你选择了本书，希望我们的努力对你的工作和学习有所帮助。由于作者水平有限，加之时间仓促，书中不足和错误在所难免，恳请各位读者和专家批评指正！

编者
2025 年 6 月

目录

第1章　SolidWorks与AI辅助设计入门
- 1.1　SolidWorks 2024 概述 ············ 001
  - 1.1.1　SolidWorks 2024 用户操作界面 ········ 001
  - 1.1.2　SolidWorks 2024 文件管理 ········ 002
- 1.2　人工智能在设计中的应用 ············ 006
  - 1.2.1　人工智能的分类与应用 ········ 006
  - 1.2.2　常用 AI 大语言模型 ········ 007
- 1.3　视图操控技巧 ············ 011
  - 1.3.1　快捷键 ········ 011
  - 1.3.2　鼠标笔势 ········ 011
  - 例 1-1：利用鼠标笔势绘制草图 ········ 013
- 1.4　参考几何体 ············ 015
  - 1.4.1　基准面 ········ 015
  - 例 1-2：创建基准面 ········ 016
  - 1.4.2　基准轴 ········ 017
  - 例 1-3：创建基准轴 ········ 017
  - 1.4.3　坐标系 ········ 018
  - 例 1-4：创建坐标系 ········ 018
  - 1.4.4　创建点 ········ 019
  - 例 1-5：创建点 ········ 020
- 1.4　入门案例：利用 AI 进行零件分析 ········ 020

第2章　SolidWorks草图设计
- 2.1　SolidWorks 草图概述 ············ 023
  - 2.1.1　进入 SolidWorks 2024 草图环境 ········ 023
  - 2.1.2　SolidWorks 2024 草图环境界面 ········ 024
  - 2.1.3　草图绘制的难点分析与技巧 ········ 024
- 2.2　绘制与编辑草图曲线 ············ 027
  - 2.2.1　绘制草图曲线 ········ 027
  - 2.2.2　草图编辑与修改 ········ 037
- 2.3　草图约束 ············ 044
  - 2.3.1　几何关系约束 ········ 044
  - 2.3.2　草图尺寸约束 ········ 046
  - 2.3.3　草图尺寸设置 ········ 046
- 2.4　绘制 3D 草图 ············ 049
- 2.5　草图绘制综合案例 ············ 050
  - 2.5.1　案例一：机械零件草图 1 ········ 050
  - 2.5.2　案例二：机械零件草图 2 ········ 054

第3章　SolidWorks实体设计
- 3.1　特征建模基础 ············ 060
  - 3.1.1　SolidWorks 特征分类 ········ 060
  - 3.1.2　特征建模方法探讨 ········ 061
- 3.2　创建基体特征 ············ 064
  - 3.2.1　拉伸凸台/基体特征 ········ 064
  - 例 3-1：创建键槽支撑件 ········ 065
  - 3.2.2　旋转凸台/基体特征 ········ 068
  - 例 3-2：创建轴套零件模型 ········ 068
  - 3.2.3　扫描凸台/基体特征 ········ 069
  - 例 3-3：麻花绳建模 ········ 070
  - 3.2.4　放样/凸台基体特征 ········ 071
  - 例 3-4：扁瓶造型 ········ 072
  - 3.2.5　边界/凸台基体特征 ········ 073
- 3.3　创建工程特征 ············ 073
  - 3.3.1　创建倒角与圆角特征 ········ 073
  - 例 3-5：创建螺母零件 ········ 075

	3.3.2	创建孔特征 ································ 077
	例 3-6：	创建零件上的孔特征 ·················· 079
	3.3.3	螺纹线 ···································· 080
	例 3-7：	创建螺钉、螺母和瓶口螺纹 ··········· 080
	3.3.4	抽壳 ······································ 083
	3.3.5	拔模 ······································ 083
	3.3.6	筋特征 ···································· 085
3.4	特征变换与编辑 ······································ 085
	3.4.1	阵列变换 ·································· 085
	3.4.2	镜像编辑 ·································· 086
3.5	综合案例 ·· 087
	3.5.1	案例一：摇柄零件设计 ················ 087
	3.5.2	案例二：底座零件设计 ················ 092
	3.5.3	案例三：盘盖零件设计 ················ 097

第4章 SolidWorks曲面设计

4.1	创建常规曲面 ······································ 105
	4.1.1	拉伸曲面 ·································· 105
	4.1.2	旋转曲面 ·································· 105
	4.1.3	扫描曲面 ·································· 106
	例 4-1	田螺曲面造型 ····························· 106
	4.1.4	放样曲面 ·································· 108
	4.1.5	边界曲面 ·································· 109
	4.1.6	平面区域 ·································· 109
4.2	创建高级曲面 ······································ 110
	4.2.1	创建填充曲面 ···························· 110
	例 4-2：	修补产品破孔 ····························· 110
	4.2.2	等距曲面 ·································· 112
	4.2.3	延展曲面 ·································· 112
	例 4-3：	创建产品模具分型面 ··················· 112
4.3	曲面操作与编辑 ··································· 114
	4.3.1	曲面的缝合与剪裁 ······················ 114
	4.3.2	删除与替换曲面 ·························· 115
	4.3.3	曲面与实体的修改工具 ··············· 117
4.4	综合实战 ·· 119
	4.4.1	案例一：小汤匙造型设计 ············ 119
	4.4.2	案例二：烟斗造型设计 ················ 121
	4.4.3	案例三：汤勺造型设计 ················ 127

| | 4.4.4 | 案例四：海豚造型设计 ················ 133 |

第5章 AI辅助产品方案设计

5.1	利用 AI 生成产品研发方案 ················· 143
	5.1.1	制作产品研发（文本）方案 ········· 143
	例 5-1：	利用 AI 制作产品设计方案 ··········· 144
	5.1.2	制作产品概念图 ·························· 146
	例 5-2：	利用文心一言制作初期的概念图 ··· 146
	例 5-3：	利用文心一格生成产品概念图 ······ 147
5.2	利用 Midjourny 制作产品设计方案图 ····· 149
	5.2.1	Midjourney 中文网站 ····················· 149
	5.2.2	Midjourney 的提示词 ····················· 150
	5.2.3	Midjourney 辅助产品效果图设计案例 ··· 154
	例 5-4：	利用 MJ 模型制作产品设计草图 ··· 154
	例 5-5：	利用 MX 模型制作产品渲染效果图 ··· 157
5.3	基于 AI 的产品广告图生成 ················· 159
	5.3.1	利用 Vizcom 渲染产品模型 ··········· 159
	例 5-6：	利用 Vizcom 渲染产品模型 ··········· 159
	5.3.2	利用 Hidream AI 制作产品电商图 ··· 162
	例 5-7：	制作产品电商图 ·························· 163

第6章 AI辅助机械零件设计

6.1	AI 零件建模生态系统——ZOO ·········· 166
	例 6-1：	用 Text-to-CAD 生成机械零件 ······· 166
6.2	AI 辅助 OpenSCAD 生成零件模型 ······ 169
	6.2.1	下载 OpenSCAD ···························· 169
	6.2.2	安装 OpenSCAD 中文版 ················· 170
	例 6-2：	安装 OpenSCAD 中文版 ················· 170
	6.2.3	从 ChatGPT 到 OpenSCAD ············· 171
	例 6-3：	生成 OpenSCAD 代码创建模型 ······ 172
	6.2.4	将模型转入 SolidWorks ················· 175
	例 6-4：	转换 OpenSCAD 模型 ······················ 175
6.3	AI 辅助生成编程代码驱动模型设计 ··· 176
	6.3.1	通过录制过程创建宏代码 ············ 177
	例 6-5：	创建模型并录制宏 ·························· 177
	6.3.2	利用 ChatGPT 编写插件代码 ········· 180

例 6-6：创建垫圈标准件插件 …… 180
6.4 基于 Leo AI 的智能组件设计 …… 183
例 6-7：利用 Leo AI 生成室内组件模型 …… 184

第7章　AI辅助产品造型设计

7.1 基于 AI 的 3D 模型生成 …… 187
7.1.1 3D 模型组件生成与修改——Sloyd AI …… 187
例 7-1：利用 Sloyd AI 快速生成建筑模型 …… 187
7.1.2 多模式人工智能生成工具——Luma AI …… 190
例 7-2：利用文本生成 3D 模型 …… 190
例 7-3：利用"可灵 AI"生成 AI 视频 …… 192
例 7-4：利用视频制作 3D 场景模型 …… 192
7.1.3 精细化 3D 模型生成——CSM AI …… 193
例 7-5：在"图像到 3D"模式下生成 3D 模型 …… 194
7.1.4 生成高质量的 3D 模型——Tripo3d AI …… 195
例 7-6：利用 Tripo3d AI 生成高质量模型 …… 195
7.1.5 创意 3D 模型生成——Meshy AI …… 197
例 7-7：Meshy AI 文本生成模型 …… 197
例 7-8：Meshy AI 图片生成模型 …… 198
例 7-9：Meshy AI 材质生成 …… 199
例 7-10：Meshy AI 文本生成体素 …… 200
7.2 基于 AI 模型系统的造型设计 …… 200
7.2.1 Innovector 的安装与界面 …… 200
例 7-11：下载模拟器和 Innovector App …… 201
7.2.2 Innovector 建模与 AI 辅助设计 …… 202
例 7-12：专业建模 …… 202
例 7-13：涂鸦建模 …… 205
例 7-14：文生物 …… 207
例 7-15：AI 手绘 …… 207

第8章　零件装配设计

8.1 装配概述 …… 209
8.1.1 计算机辅助装配设计 …… 209
8.1.2 进入装配环境 …… 210
8.2 开始装配体 …… 211
8.2.1 插入零部件 …… 211

8.2.2 配合 …… 213
8.3 控制装配体 …… 213
8.3.1 零部件的阵列 …… 213
8.3.2 零部件的镜像 …… 215
8.4 布局草图 …… 216
8.4.1 建立布局草图 …… 216
8.4.2 基于布局草图的装配体设计 …… 216
8.5 创建爆炸视图 …… 218
8.5.1 生成或编辑爆炸视图 …… 218
8.5.2 添加爆炸直线 …… 219
8.6 综合案例 …… 219
8.6.1 案例一：台虎钳装配设计 …… 219
8.6.2 案例二：切割机工作部装配设计 …… 225

第9章　AI辅助数控编程与加工

9.1 SolidWorks CAM 数控加工基本知识 …… 231
9.1.1 数控机床的组成与结构 …… 231
9.1.2 数控加工原理 …… 232
9.1.3 SolidWorks CAM 简介 …… 233
9.2 通用参数设置 …… 234
9.2.1 定义加工机床 …… 234
9.2.2 定义毛坯 …… 236
9.2.3 定义夹具坐标系统 …… 237
9.2.4 AI 定义可加工特征 …… 238
9.2.5 生成操作计划 …… 239
9.2.6 生成刀具轨迹 …… 240
9.2.7 模拟刀具轨迹 …… 240
9.3 数控加工案例 …… 241
9.3.1 案例一：2.5 轴铣削加工 …… 241
9.3.2 案例二：3 轴铣削加工 …… 243
9.3.3 案例三：车削加工 …… 245

第10章　AI辅助钣金及拆图设计

10.1 SolidWorks 钣金设计 …… 248
10.1.1 钣金法兰工具 …… 248
10.1.2 折弯钣金工具 …… 250
10.1.3 钣金成形工具 …… 252

例 10-1：使用 forming tools 工具创建成形特征 ………………………………… 253
例 10-2：创建新成形工具 …………… 254
10.1.4 钣金剪裁工具 …………………… 254
10.1.5 展开与折叠 ……………………… 255
10.1.6 将实体零件转换成钣金件 …… 256
例 10-3：将实体零件转换成钣金件 … 257
10.1.7 钣金设计综合案例：ODF 单元箱设计 ……………………………………… 258
10.2 AI 辅助钣金拆图设计 ……………… 267
10.2.1 钣金拆图技术解析 …………… 267
10.2.2 AI 辅助钣金拆图案例 ………… 268
例 10-4：AI 辅助钣金拆图 …………… 269

第11章 机械工程图设计

11.1 SolidWorks 工程图设计环境介绍 …… 272
11.1.1 进入工程图设计环境 ………… 272
11.1.2 工程图的配置设定 …………… 273
11.2 创建工程图视图 ……………………… 275
11.2.1 标准视图 ………………………… 275
例 11-1：创建标准三视图 …………… 275
11.2.2 派生视图 ………………………… 276
例 11-2：创建投影视图 ……………… 276
例 11-3：创建剖面视图 ……………… 277
例 11-4：创建向视图 ………………… 280
例 11-5：创建断开的剖面视图 …… 282
11.3 标注图纸 ……………………………… 283
11.3.1 标注尺寸 ………………………… 283
例 11-6：自动标注工程图尺寸 …… 284
11.3.2 图纸注解 ………………………… 286
11.3.3 材料明细表 …………………… 289
11.4 工程图制作案例 …………………… 290
11.4.1 案例一：制作涡轮减速器箱体零件图 290
11.4.2 案例二：制作铣刀头装配工程图 …… 302

第 1 章　SolidWorks 与 AI 辅助设计入门

　　SolidWorks，作为计算机辅助设计（CAD）领域的佼佼者，已在工程设计中发挥着举足轻重的作用。随着人工智能技术的迅猛发展与广泛应用，设计流程被注入了前所未有的新动力。SolidWorks 与人工智能技术的巧妙融合，不仅显著提升了设计效率，更在优化设计方案方面取得了突破性进展。

1.1　SolidWorks 2024 概述

　　SolidWorks 软件，作为全球首款基于 Windows 平台开发的三维 CAD 系统，由法国达索公司倾力打造。它提供了一整套完备的设计工具与功能，使用户能够轻松创建、精细编辑以及深入分析三维模型。SolidWorks 在机械设计、产品开发、工业设计以及建筑设计等多个领域均有着广泛的应用。

　　SolidWorks 2024 作为最新推出的版本，通过一系列用户驱动型的全新增强功能，致力于帮助用户打造出更加完美的设计，并将这些设计无缝地融入产品体验之中。这个全新版本不仅简化了从概念到成品的整个产品开发流程，还使用户能够更智能、更高效地与团队成员及外部合作伙伴进行协同工作，从而大大提升了工作效率与成果质量。

1.1.1　SolidWorks 2024 用户操作界面

　　初次启动 SolidWorks 2024 时，系统会展示一个欢迎界面。在这个界面中，用户可以方便地选择创建新的 SolidWorks 文件类型，或者直接打开已有的 SolidWorks 文件，从而顺畅地进入 SolidWorks 2024 的用户操作界面。图 1-1 所示为 SolidWorks 2024 的欢迎界面。

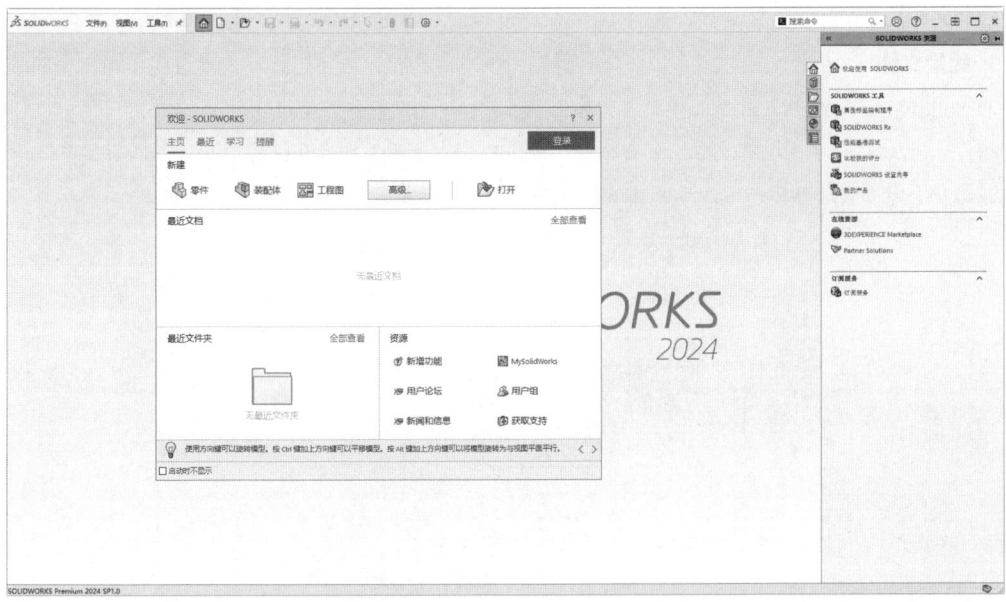

图 1-1

SolidWorks 2024 拥有友好且智能化的用户操作界面，使操作变得轻而易举。图 1-2 展示了 SolidWorks 2024 的用户操作界面。

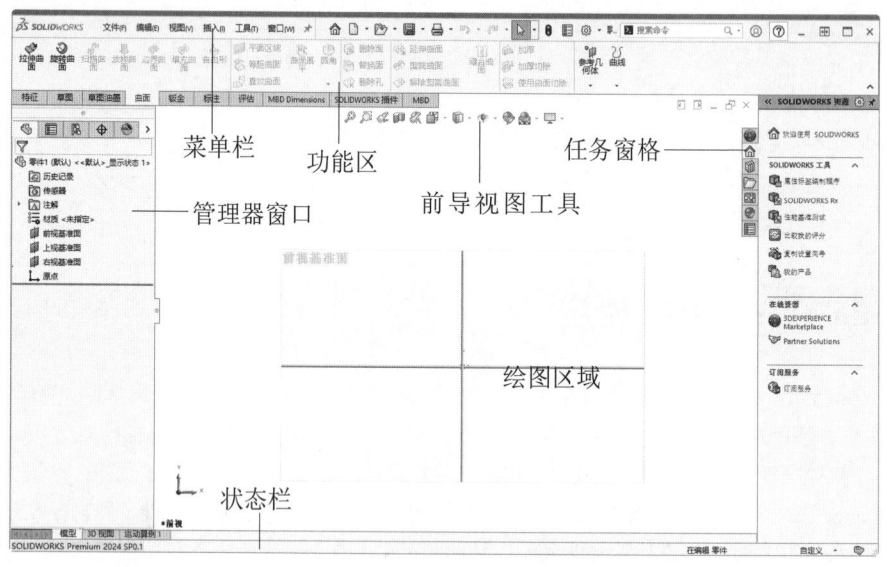

图 1-2

SolidWorks 2024 的用户操作界面设计得十分全面且直观，其中包含菜单栏、功能区、命令选项卡、设计树、过滤器、绘图区域、状态栏、前导功能区、任务窗格以及便捷的弹出式帮助菜单等多个组成部分。

1.1.2　SolidWorks 2024 文件管理

管理文件对于设计者而言是至关重要的环节，它涵盖了进入软件建模界面、保存模型文件以及关闭模型文件等一系列核心操作。接下来，将详细介绍 SolidWorks 2024 中管理文件的几个关键内容，包括新建文件、打开文件、保存文件以及退出文件。

1. 新建文件

01 在 SolidWorks 2024 的欢迎界面中单击"标准"工具栏中的"新建"按钮，或者在菜单栏中执行"文件"|"新建"命令，也可以在任务窗格的"SolidWorks 资源"属性面板的"开始"选项区中选择"新建文档"命令，将弹出"新建 SOLIDWORKS 文件"对话框，如图 1-3 所示。

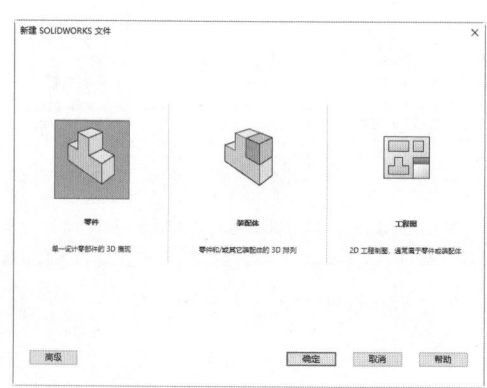

图 1-3

提示

在SolidWorks 2024界面顶部通过单击右三角按钮▶，便可展开菜单栏，如图1-4所示。

图1-4

02 在"新建SOLIDWORKS文件"对话框中包含零件、装配体和工程图模板文件。单击该对话框左下角的"高级"按钮，用户可以在随后弹出的"模板"选项卡和Tutorial选项卡中选择GB标准或ISO标准的模板。

- "模板"选项卡：在该选项卡中显示的是具有GB标准的模板，如图1-5所示。
- Tutorial选项卡：在该选项卡中显示的具有ISO标准的通用模板，如图1-6所示。

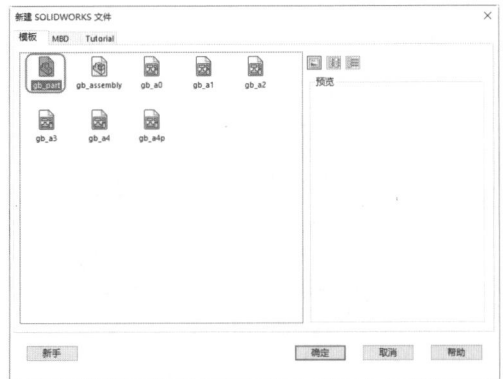
图1-5

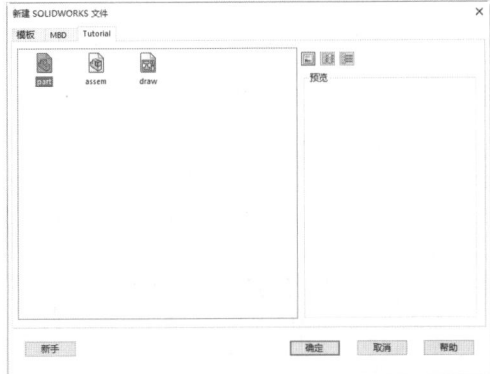
图1-6

03 选择一个GB标准模板后，单击"确定"按钮即可进入相应的设计环境。如果选择"零件"模板，将进入SolidWorks零件设计环境；若选择"装配"模板，将创建装配体文件并进入装配设计环境；若选择"工程图"模板，将创建工程图文件并进入工程制图设计环境。

提示：

除了可以利用SolidWorks提供的标准模板，用户还拥有更高的自定义权限。通过系统选项设置，可以定义符合自身需求的模板，并将这些个性化设置的模板保存为零件模板（.prtdot）、装配模板（.asmdot）或工程图模板（.drwdot），从而更加高效地进行设计工作。

2. 打开文件

打开文件的操作方法如下。

- 双击打开SolidWorks文件（包括零件文件、装配文件和工程图文件）。
- 在SolidWorks工作界面中，执行"文件"｜"打开"命令，弹出"打开"对话框。通过该对话框选择并打开SolidWorks文件。
- 在标准选项卡中单击"打开"按钮📂，弹出"打开"对话框。在该对话框中找到文件所在的文件夹，通过预览功能选择要打开的文件，然后单击"打开"按钮，即可打开该文件，如图1-7所示。

> **提示：**
> SolidWorks 不仅具备打开属性标记为"只读"的文件的能力，还允许用户将这些"只读"文件无缝插入装配体中，并建立相应的几何关系。然而，需要注意的是，由于这些文件的"只读"属性限制，SolidWorks 无法直接对它们进行保存操作。

- 若要打开最近查看或编辑过的文件，则可以在"标准"工具栏中执行"浏览最近文档"命令，随后弹出"欢迎-SolidWorks"对话框，在该对话框的"最近"页面的"文件"选项卡中，可以选择最近打开过的文件，如图 1-8 所示。用户也可以在"文件"菜单中直接选择先前打开过的文件。

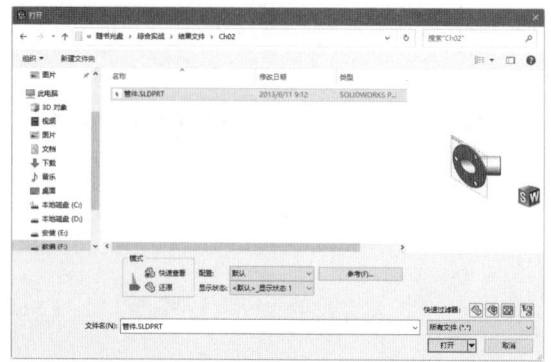
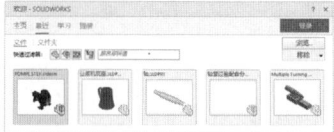

图 1-7　　　　　　　　　　　　　　　图 1-8

- 使用 SolidWorks 可以打开其他软件的格式文件，如 UG、CATIA、Pro/E 及 CREO、RHINO、STL、DWG 等，如图 1-9 所示。

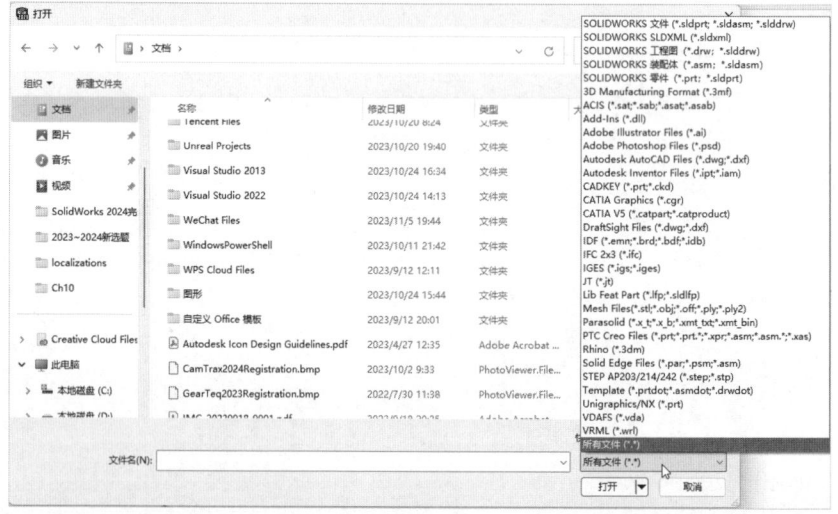

图 1-9

> **提示**
> SolidWorks 拥有一项强大的功能，即能够修复由其他软件生成的不同格式的文件。在文件格式转换过程中，由于公差差异等原因，模型可能会出现需要修复的问题。如图 1-10 所示，当打开 CATIA 格式的文件时，SolidWorks 会自动进行必要的修复操作，以确保模型的完整性和准确性。

第1章 SolidWorks与AI辅助设计入门

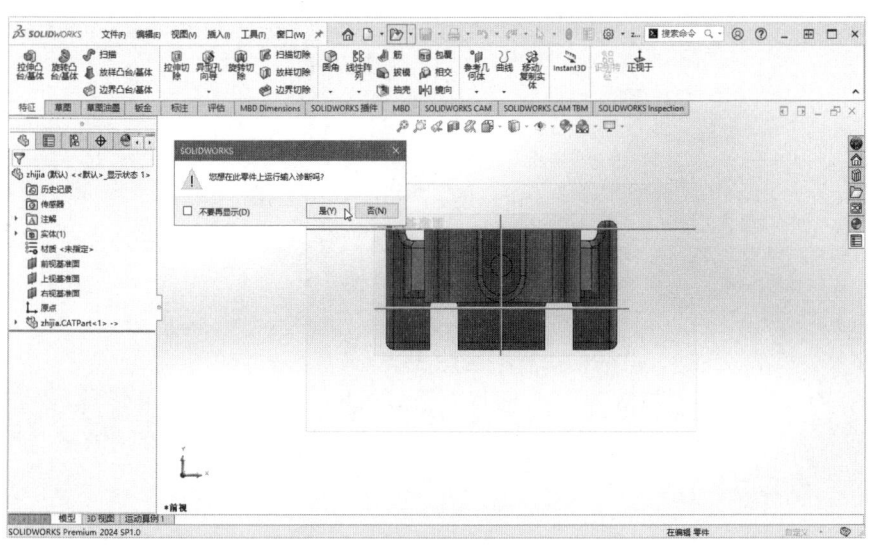

图 1-10

3. 保存文件

SolidWorks 提供了 4 个文件保存选项，包括保存、另存为、全部保存以及出版 eDrawings 文件，以满足用户在不同场景下的保存需求。

- 保存：允许用户直接将修改后的文档保存在当前文件夹中，操作简便快捷。
- 另存为：为用户提供了一种将文档作为备份另存到其他文件夹的途径，确保了数据的安全性。
- 全部保存：能够将 SolidWorks 图形区域内所有已修改的文档一次性全部保存到它们各自的文件夹中，极大提升了工作效率。
- 出版 eDrawings 文件：利用 SolidWorks 集成的出版程序 eDrawings，使用户可以轻松将文件保存为 .eprt 格式，便于后续的分享与查看。

当用户首次尝试保存文件时，软件会自动弹出如图 1-11 所示的"另存为"对话框。在该对话框中，用户可以根据自己的需求选择更改文件名，或者选择继续沿用原有的文件名进行保存。

图 1-11

4. 关闭文件

若需要关闭单个文件，只需在 SolidWorks 设计窗口的右上方单击"关闭"按钮，如图 1-12 所示。若需同时关闭多个文件，可以执行"窗口"|"关闭所有"命令，系统将关闭所有文档并退回 SolidWorks 的初始界面状态。

005

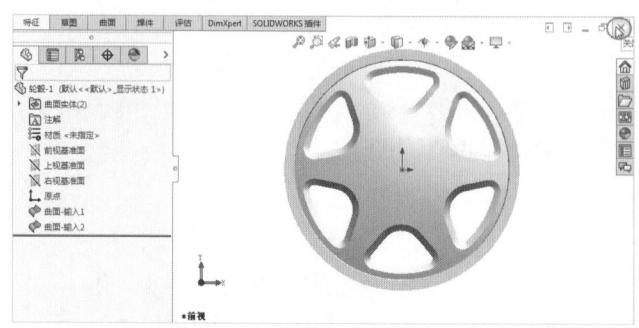

图 1-12

提示

SolidWorks 界面右上方的"关闭"按钮⊠是退出软件的命令按钮。

1.2 人工智能在设计中的应用

人工智能（Artificial Intelligence，AI）是指一系列技术和系统，它们通过模拟人类的思维过程，赋予计算机感知、学习、推理、决策以及交流等能力。这样，计算机便能执行与人类相似的复杂任务，从而提升自动化水平并拓展机器的应用范围。

1.2.1 人工智能的分类与应用

人工智能的基石在于机器学习（Machine Learning）与深度学习（Deep Learning）。机器学习技术赋予计算机通过数据和经验进行自我学习的能力，从而实现自动化知识获取。而深度学习作为机器学习的一个分支，运用复杂的神经网络模型来执行学习和推理任务，进一步提升了机器的智能水平。

1. 人工智能分类

人工智能可划分为弱人工智能与强人工智能两大类。弱人工智能专注于特定任务，例如语音识别、图像识别及自然语言处理等，这类系统在特定领域内具有卓越表现，但一旦超出该领域，其性能可能大打折扣，如图 1-13 所示。相对而言，强人工智能则指那些能在多种任务上展现出与人类相仿甚至更高的智能水平，例如人工智能机器人等，如图 1-14 所示，它们具备全面的智能处理能力。

图 1-13

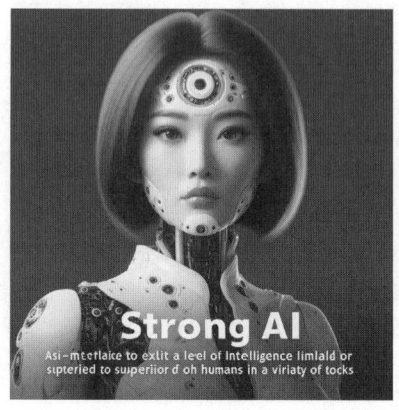
图 1-14

2. 人工智能的应用

人工智能已广泛应用于各个领域。在医疗领域，它协助医生进行疾病诊断并作出治疗决策；在金融领域，它参与风险评估和辅助投资决策；在交通领域，它推动自动驾驶汽车和交通信号处理智能系统的研发；在娱乐领域，它则助力游戏开发和虚拟现实技术的创新。

然而，人工智能的快速发展也伴随着一系列挑战和争议。伦理和道德问题，如隐私保护、数据安全和算法偏见等，日益凸显。同时，人工智能对就业市场可能产生的影响也引发关注，自动化进程或许会导致某些工作岗位的消失。

当前，人工智能大语言模型成为其应用最为广泛的表现形式。这些模型能够协助用户处理办公文案、生成普通文本、进行智能搜索，甚至涉足图像生成、模型生成、数据预测与分析以及行业分析计算等高级任务。本书将重点探讨文本生成、图像生成及模型生成等核心任务的学习与实践。接下来，将介绍几种市场上常见的人工智能大语言模型。

1.2.2 常用 AI 大语言模型

人工智能大语言模型是 AI 应用领域的一种强大工具，它能够实现智能的交互式文本、图像以及 3D 模型的生成。这类模型能够理解用户输入的文本，并据此生成逻辑连贯的文本输出。这些模型依托于深度学习技术，尤其是变换器（Transformer）架构，以高效处理和生成文本内容。

1.ChatGPT 大语言模型

ChatGPT 是由美国 OpenAI 公司研发的一款先进的人工智能大语言模型，它建立在 GPT-3.5 和 GPT-4.0 的架构基础之上。通过训练，ChatGPT 能够生成自然流畅的文本，适用于多种对话和文本创作任务。它能够深入理解输入的文本内容，并生成连贯、有意义的文本回应，因而在对话系统、客户服务、写作辅助等多个领域具有广泛的应用价值。

ChatGPT-3.5 于 2021 年 9 月正式推出，作为一款免费使用的 AI 大模型，它原本应为众多用户所喜爱。然而，由于多种的原因，其在国内的普及使用受到了一定的限制。尽管如此，用户仍可通过一些国内专业公司开发的接口平台付费使用。ChatGPT-4 则是在 2023 年 3 月登场的新一代大语言模型，它采用了付费模式，并在语言理解和生成方面取得了显著的进步和提升。值得注意的是，ChatGPT-3.5 的信息库仅覆盖至 2021 年 9 月，对于之后的信息则无法提供。因此，想要与时俱进，ChatGPT-4 无疑是更佳的选择。

图 1-15 展示了 ChatGPT-3.5 和 ChatGPT-4 的官方平台界面。

图 1-15

当使用 ChatGPT 辅助工作时，需要遵循以下指导原则，以确保与 ChatGPT 的交互更加高效，同时获得更有意义和准确的回答。

- 明确提问：提出明确、具体的问题或指令，避免模糊或含糊不清的描述，这样有助于 ChatGPT 更准确地理解你的需求。
- 提供上下文：如果问题涉及特定情境或背景，要尽量提供相关信息，以帮助 ChatGPT 更好地把握问题核心并给出准确回答。
- 详细阐述：在提问时，尽量提供详尽的问题描述，避免过于简略，从而引导 ChatGPT 给出更有深度的解答。
- 使用关键词：在问题中恰当使用关键词，有助于 ChatGPT 更快速地捕捉问题要点并提供相关答案。
- 限定范围：若你希望 ChatGPT 的回答集中在特定领域或类型，要明确指定，以使它更符合你的期望。
- 多轮对话：对于复杂问题或需要进一步澄清的情况，可以通过多轮对话逐步深入，提供更多信息或细化问题。
- 给予反馈：如果 ChatGPT 的回答与你的预期不符，要及时提供反馈并尝试以不同方式重新表述问题。
- 核实信息：ChatGPT 提供的信息可能并非完全准确。在做出决策或处理重要问题时，需要自行验证相关信息，并审慎考虑其建议。
- 合理期望：尽管 ChatGPT 功能强大，但仍存在局限性。要保持合理的期望，并理解它可能无法给出绝对准确或完美的答案。
- 文明交流：在与 ChatGPT 的交互中保持文明和尊重，遵守社会准则和法律法规，不将其用于恶意或不当用途。
- 探索多功能性：ChatGPT 不仅限于回答问题，还可用于文本生成、编程辅助、写作建议等。尝试发掘其多种用途，以充分利用其功能。

2. 文心一言大语言模型

　　文心一言大语言模型，由百度公司推出，是一款知识增强型的大语言模型。它不仅能与人进行流畅的对话互动，还能准确回答问题，甚至辅助创作，成为人们高效获取信息、知识和灵感的得力助手。该模型依托于飞桨深度学习平台和文心知识增强大模型，通过不断从海量数据和大规模知识中汲取养分，形成了知识增强、检索增强和对话增强的独特技术优势。自 2023 年 3 月 20 日正式发布以来，文心一言已广受好评。目前，它提供的文心一言 3.5 版本可免费使用，而性能更为卓越的文心一言 4.0 版本则需付费订阅。在 AI 性能方面，文心一言可与业界领先的 ChatGPT-3.5 和 ChatGPT-4.0 大语言模型相媲美。使用文心一言大语言模型的基本方法如下。

01　进入文心一言官方网站。图 1-16 为文心一言的网页端用户界面。

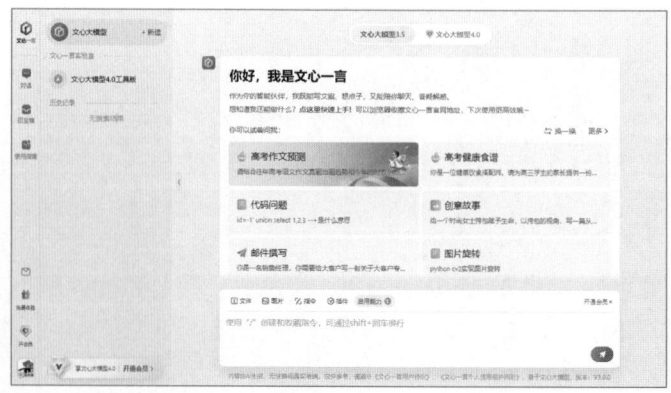

图 1-16

第1章 SolidWorks与AI辅助设计入门

02 在使用文心一言的过程中，如果发现使用问题，可以单击左侧面板中的 按钮及时反馈给平台方，以便在更新版本中修改和提升。

03 如果新用户不清楚在文心一言中如何与其进行语言交流，可以在首页左侧面板中单击"百宝箱"按钮 ，进入"一言百宝箱"页面，查看并使用符合用户使用场景的指令，如图1-17所示。例如，想撰写一个科幻小故事，可在"场景"选项卡的"创意写作"选项类别中选择"短篇故事创作"指令，然后文心一言会自动填写关键词进行创意写作，如图1-18所示。

图 1-17

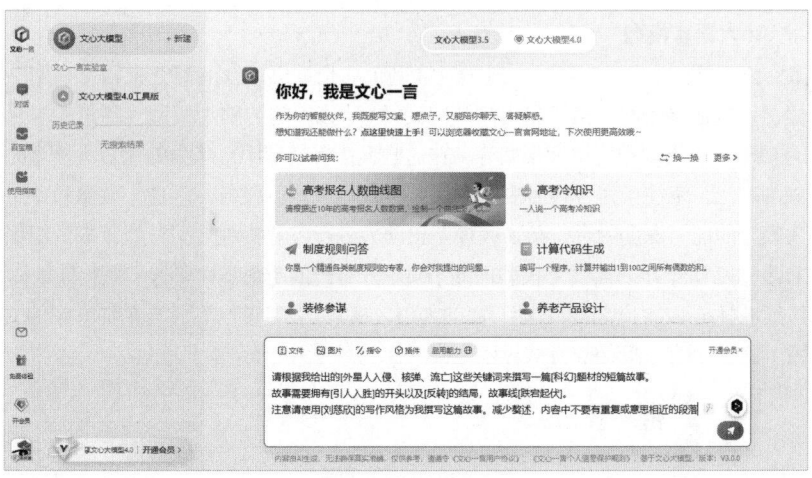

图 1-18

04 在与文心一言进行对话时，还可以使用插件帮助用户快速完成工作。在聊天窗口上方单击"插件"按钮 调出插件面板，如图1-19所示。

05 使用这些插件可将外部参考文件插入当前大语言模型中，帮助其理解图像、阅读作品、创建思维导图等。需要使用哪一种插件，选中该插件复选框即可。如果需要更多的插件来协助完成更多工作任务，可在插件面板中单击"插件商城"按钮，从插件商城中加载更多插件到插件面板中，如图1-20所示。

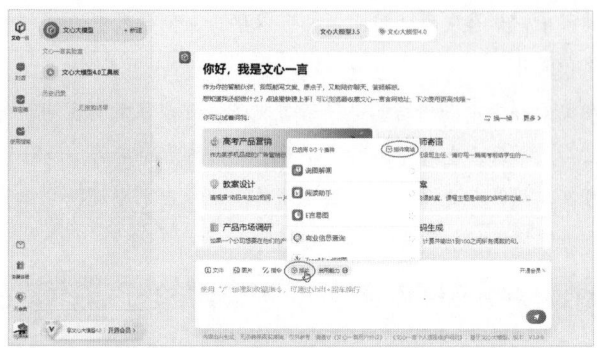

图 1-19

图 1-20

3. 国内其他 AI 大语言模型

除了前文提及的两款 AI 大语言模型，国内互联网企业也推出了众多商业大语言模型，例如华为的盘古大模型、阿里巴巴的通义千问、讯飞星火的认知大模型、360 的智脑大模型、腾讯的混元大模型，以及复旦大学研发的 MOSS 大模型和百川大模型等。在这些大语言模型中，华为的盘古大模型尤为值得推荐。它的应用场景极为广泛，专注于为各行各业提供服务，包括金融、政务、制造、气象和铁路等领域。通过将行业知识与大模型的能力深度融合，盘古大模型正助力各行各业实现转型升级，成为组织、企业和个人不可或缺的专家助手。目前，华为盘古大模型仍处于对企业客户的邀请测试阶段，暂未向个人用户开放公测，因此本章无法对其进行详细介绍。至于其他厂商的大语言模型，其功能与特性与前面介绍的文心一言相似，故不再赘述。图 1-21 为通义千问的交互式界面。

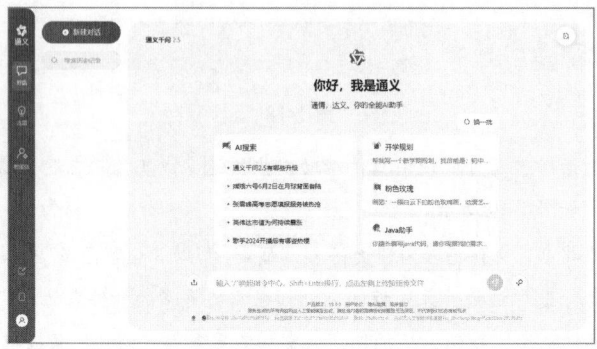

图 1-21

1.3 视图操控技巧

在 SolidWorks 中，鼠标和键盘的使用频率极高，它们不仅能够实现平移、缩放、旋转等基本操作，还能用于绘制几何图素以及创建各种特征，是软件操作中不可或缺的重要工具。

1.3.1 快捷键

鉴于 SolidWorks 的特性，推荐读者采用三键滚轮鼠标，其在设计过程中能够显著提升设计效率。关于三键滚轮鼠标的详细使用方法，可参考表 1-1。

表 1-1 使用三键滚轮鼠标控制视图

鼠标按键	作 用	操 作 说 明
左键	用于选择命令、单击按钮，以及绘制几何图元等	单击或双击鼠标左键，可以执行不同的操作
中键（滚轮）	放大或缩小视图（相当于🔍）	按住 Shift 键 + 中键并上下拖曳鼠标，可以放大或缩小视图；直接滚动滚轮，可以放大或缩小视图
	平移（相当于✥）	按住 Ctrl 键 + 中键并拖曳鼠标，可以将模型按鼠标移动的方向平移
	旋转（相当于↻）	按住中键并拖曳鼠标，即可旋转模型
右键	按住右键，可以通过"指南"在零件或装配体模式中设置上视、下视、左视和右视 4 个基本定向视图	
	按住右键，可以通过"指南"在工程图模式中设置 8 个工程图指导	

1.3.2 鼠标笔势

鼠标笔势可以作为一种快捷方式来执行命令，其功能与快捷键类似。依据不同的文件环境，用户只需按下鼠标右键并进行拖动，即可触发各种不同的鼠标笔势，具体的操作方法如下。

01 在零件装配体环境中，当按下鼠标右键并拖动时，会弹出如图 1-22 所示的包含 4 种定向视图的笔势指南。

02 当鼠标移至一个方向的命令映射时，指南会高亮显示即将执行的命令。

03 图 1-23 为在工程图环境中，按住鼠标右键并拖动时弹出的包含 4 种工程图命令的笔势指南。

04 还可以为笔势指南添加其他笔势。通过执行"自定义"命令，在"自定义"对话框的"鼠标笔势"选项卡的"笔势"下拉列表中选择笔势选项即可。例如，选择"4 笔势"选项，将显示 4 笔势的预览，如图 1-24 所示。

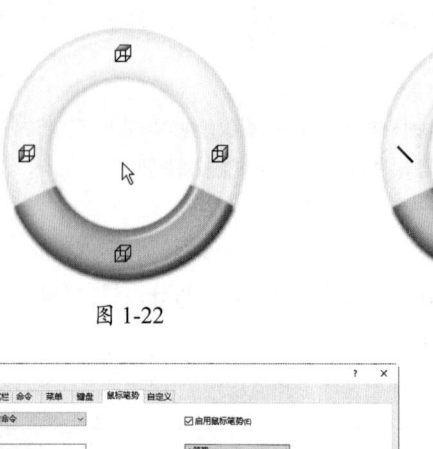

图 1-22 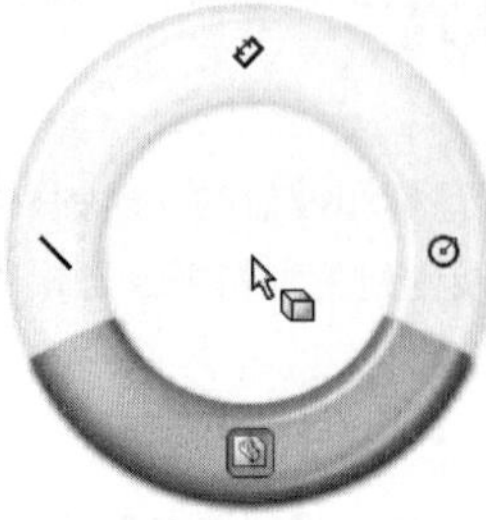　　　　　图 1-23

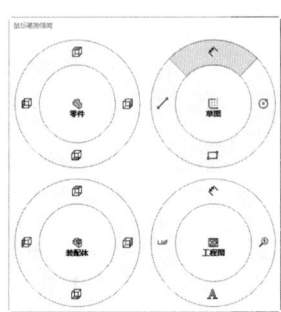

图 1-24

05 当选中"8笔势"选项后，并在零件环境视图或工程图视图中按住鼠标右键并拖动，则会弹出如图1-25所示的8笔势指南。

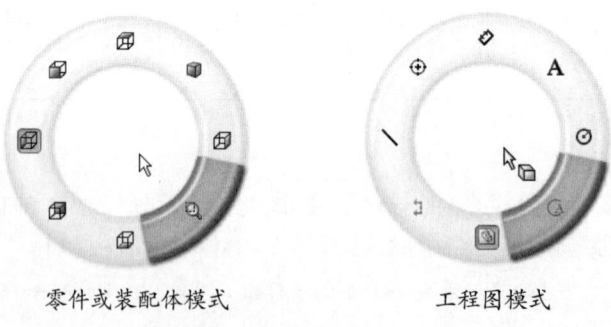

零件或装配体模式　　　　　工程图模式

图 1-25

提示

若想要取消使用鼠标笔势，只需在鼠标笔势指南中释放鼠标按键即可。另外，一旦选择了某个笔势，鼠标笔势指南也会自动消失。

第1章 SolidWorks与AI辅助设计入门

例 1-1：利用鼠标笔势绘制草图

本例旨在介绍如何利用鼠标笔势功能来辅助绘制草图，具体任务是绘制如图 1-26 所示的零件草图。通过掌握鼠标笔势的使用技巧，将能够更高效地完成绘图工作，具体的操作步骤如下。

01 启动 SolidWorks 2024，在欢迎界面中单击"零件"按钮，新建零件文件并进入零件设计环境。

02 执行"工具"|"自定义"命令，弹出"自定义"对话框，在"鼠标笔势"选项卡中设置鼠标笔势为"8 笔势"。

03 在功能区"草图"选项卡中单击"草图绘制"按钮，选择上视基准平面作为草图平面，并进入草图环境中，如图 1-27 所示。

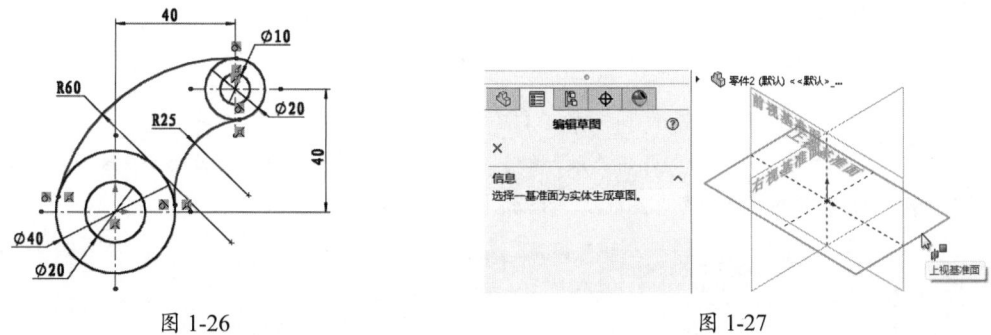

图 1-26　　　　　　　　　　　　　图 1-27

04 在图形区右击，显示鼠标笔势并拖动鼠标指针至"绘制直线"笔势上，如图 1-28 所示。

05 绘制草图的定位中心线，如图 1-29 所示。

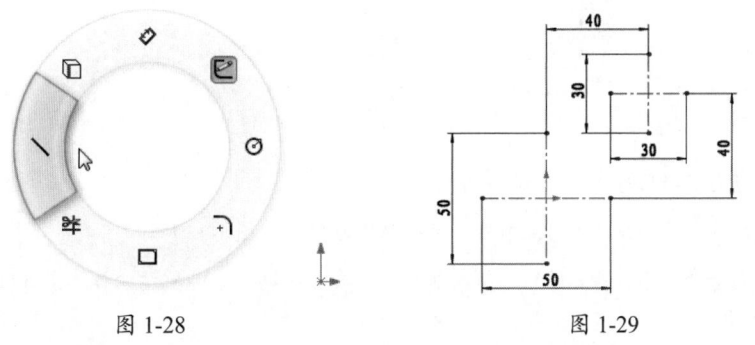

图 1-28　　　　　　　　　　　　　图 1-29

06 右击，拖动鼠标指针至"绘制圆"的笔势上，然后绘制 4 个圆，如图 1-30 所示。

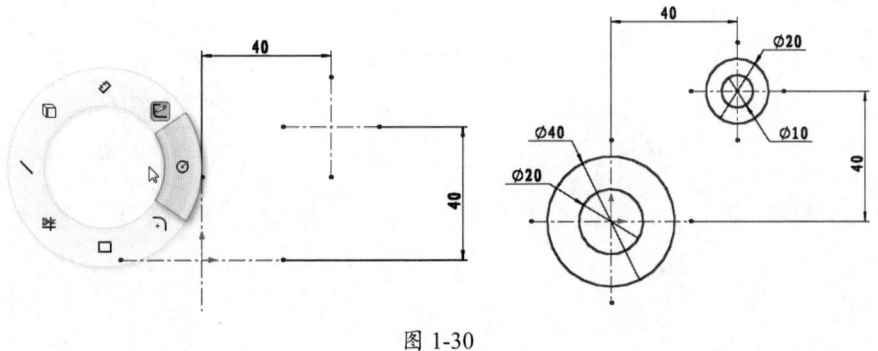

图 1-30

07 单击"草图"选项卡中的"3点圆弧"按钮，然后在直径值为40的圆上和直径值为20的圆上分别取点，绘制半径圆弧，如图1-31所示。

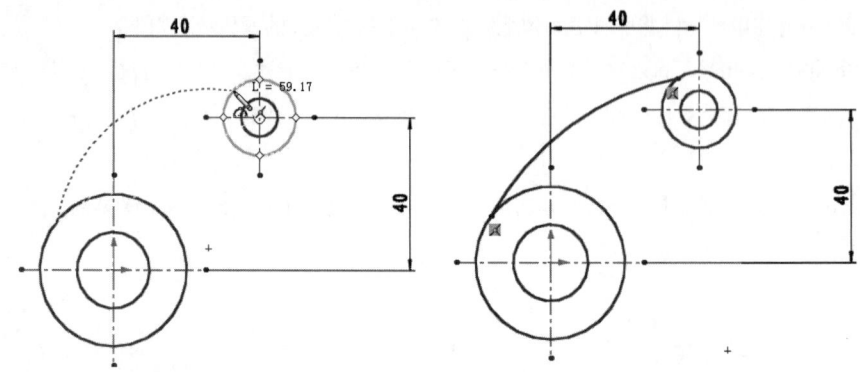

图 1-31

08 在"草图"选项卡中执行"添加几何关系"命令，打开"添加几何关系"属性面板。选择圆弧和直径值为40的圆进行几何约束，约束关系为"相切"，如图1-32所示。

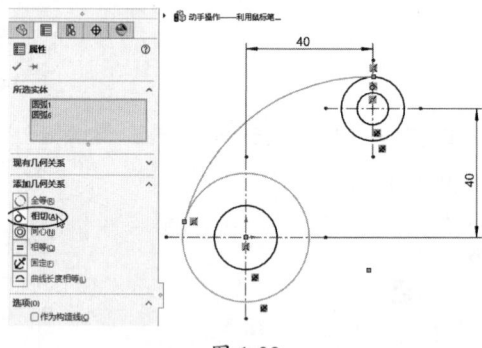

图 1-32

09 同理，为圆弧与直径值为20的圆添加相切约束。

10 运用"智能尺寸"笔势，尺寸约束圆弧，半径取值为60，如图1-33所示。

11 同理，绘制另一个圆弧，并且进行几何约束和尺寸约束，如图1-34所示。至此，运用鼠标笔势完成了草图的绘制。

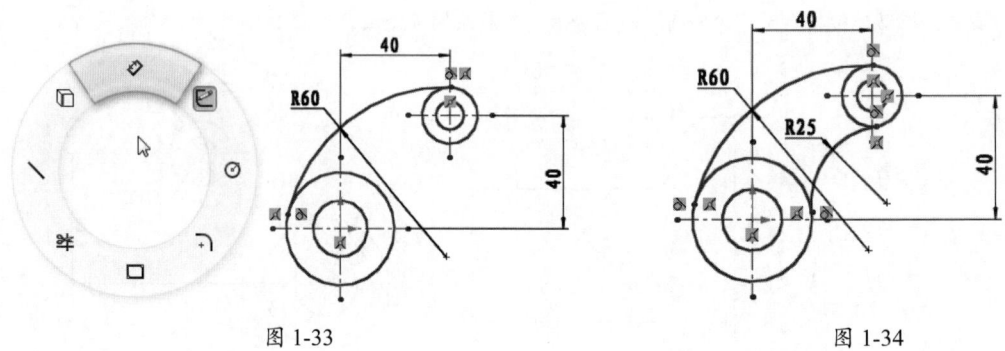

图 1-33　　　　　　　　　　　图 1-34

1.4 参考几何体

在 SolidWorks 中，参考几何体被用来定义曲面或实体的形态与构成。这类几何体，也被称作"设计基准"，涵盖了基准面、基准轴、坐标系以及点等多种元素。

1.4.1 基准面

基准面是 SolidWorks 中用于绘制曲线和创建特征的参照平面。软件默认提供了 3 种基准面供用户使用，分别是：前视基准面、右视基准面和上视基准面，如图 1-35 所示。此外，除了这 3 种预设的基准面，用户还可以在零件或装配体文档中根据需要自行生成新的基准面。例如，可以以零件表面为参考来创建新的基准面，如图 1-36 所示。

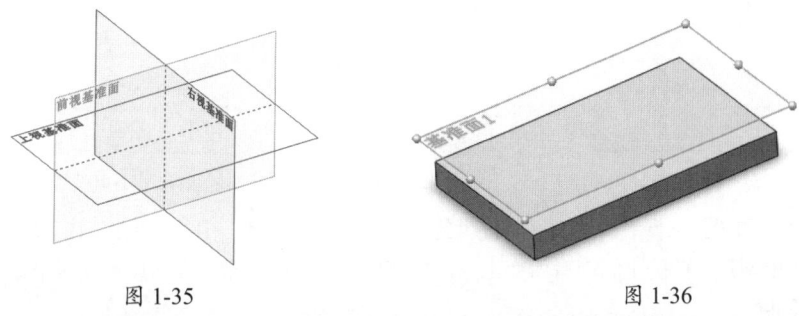

图 1-35　　　　　　　　　　图 1-36

> **提示**
> 通常情况下，SolidWorks 提供的 3 种基准面（前视基准面、右视基准面和上视基准面）是处于隐藏状态的。若需要显示这些基准面，只需在右键菜单中单击"显示"按钮 ◉ 即可，如图 1-37 所示。

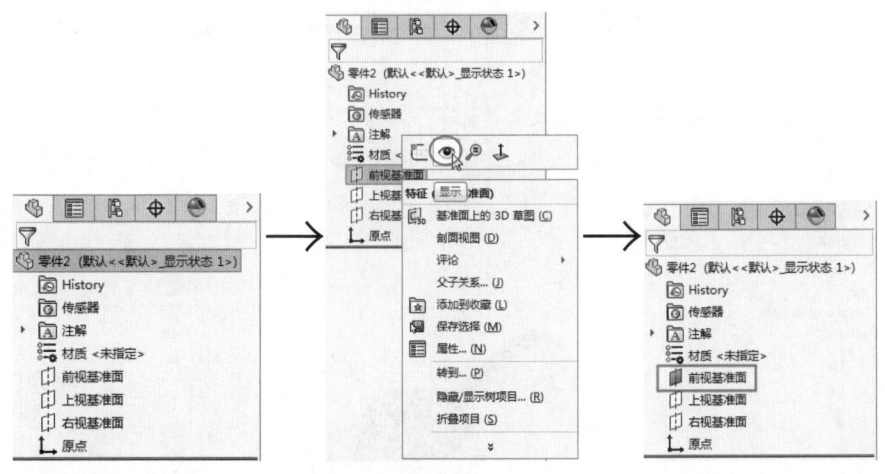

图 1-37

生成新的基准面的具体操作步骤如下。

01 在"特征"命令功能区的"参考几何体"菜单中执行"基准面"命令，在设计树的属性管理器选项卡中显示"基准面"属性面板，如图 1-38 所示。

02 当选择的参考为平面时,"第一参考"选项区将显示如图 1-39 所示的约束选项。

03 当选择的参考为实体圆弧表面时,"第一参考"选项区将显示如图 1-40 所示的约束选项。

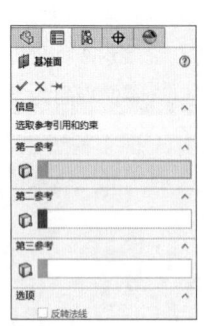 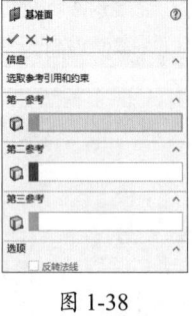  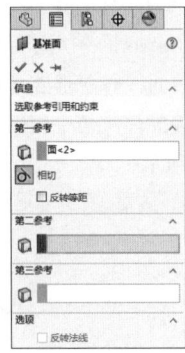

图 1-38　　　　　　　图 1-39　　　　　　　图 1-40

"第二参考"和"第三参考"选项区中提供的选项与"第一参考"中的选项相同,具体可选内容会根据用户的选择和模型几何体的不同而有所变化。用户可以根据实际需求,灵活设置这两个参考,以生成满足设计要求的基准面。

例 1-2:创建基准面

创建基准面的具体操作步骤如下。

01 打开本例源文件。

02 在"特征"选项卡的"参考几何体"菜单中执行"基准面"命令,属性管理器显示"基准面"属性面板,如图 1-41 所示。

03 在图形区中选择如图 1-42 所示的模型表面作为第一参考,随后面板中显示平面约束选项,如图 1-43 所示。

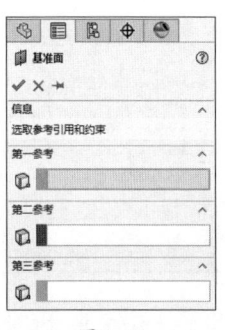 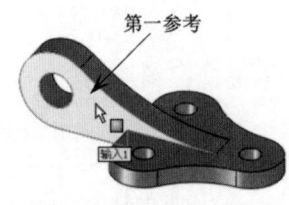 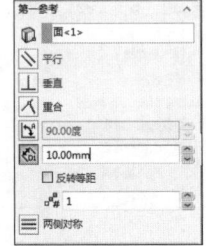

图 1-41　　　　　　　图 1-42　　　　　　　图 1-43

04 选择参考后,图形区中自动显示基准面的预览,如图 1-44 所示。

05 在"第一参考"选项区的"偏移距离"文本框中输入 50.00mm,然后单击"确定"按钮 ✓,完成新基准面的创建,如图 1-45 所示。

第1章　SolidWorks与AI辅助设计入门

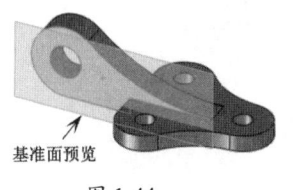

图 1-44　　　　　　　　　　图 1-45

1.4.2　基准轴

基准轴通常在创建几何体或阵列特征时使用。当创建旋转特征或孔特征后，软件会自动在其中心生成一个临时轴，如图 1-46 所示。可以执行"视图"|"临时轴"命令，或者在前导视图功能区的"隐藏/显示项目"菜单中单击"观阅临时轴"按钮，即时显示或隐藏这个临时轴。

此外，还可以自行创建参考轴（也被称为"构造轴"）。要创建参考轴，可以在"特征"命令选项卡的"参考几何体"菜单中执行"基准轴"命令。执行该命令后，属性管理器中会显示"基准轴"属性面板，供用户进行设置与操作，如图 1-47 所示。

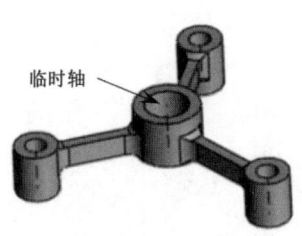
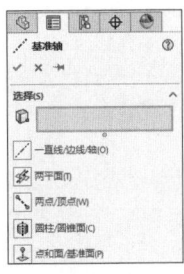

图 1-46　　　　　　　　　　图 1-47

例 1-3：创建基准轴

创建基准轴的具体操作步骤如下。

01 在"特征"选项卡的"参考几何体"菜单中执行"基准轴"命令，属性管理器显示"基准轴"属性面板。接着在"选择"选项区中单击"圆柱/圆锥面"按钮，如图 1-48 所示。

02 在图形区中选择如图 1-49 所示的圆柱孔表面作为参考实体。模型圆柱孔中心显示基准轴预览，如图 1-50 所示。

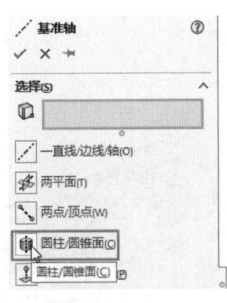
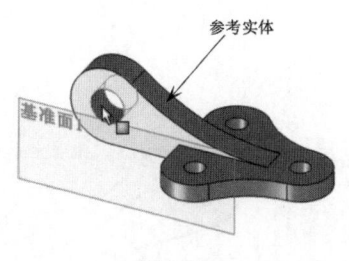

图 1-48　　　　　　　　　　图 1-49

03 单击"基准轴"属性面板中的"确定"按钮，完成基准轴的创建，如图 1-51 所示。

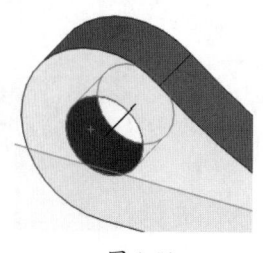
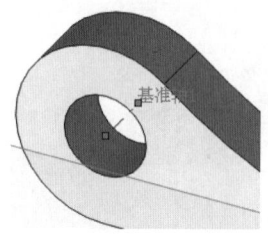

图 1-50　　　　　　　　　　　图 1-51

1.4.3　坐标系

在 SolidWorks 中，坐标系起着至关重要的作用，它不仅用于确定模型在视图中的精确位置，还用于定义实体的坐标参数。若需要创建或编辑坐标系，可以在"特征"选项卡的"参考几何体"菜单中执行"坐标系"命令。执行该命令后，设计树的属性管理器选项卡中会显示"坐标系"属性面板，供用户进行详细的设置，如图 1-52 所示。值得注意的是，在默认情况下，新创建的坐标系是建立在原点位置的，如图 1-53 所示。

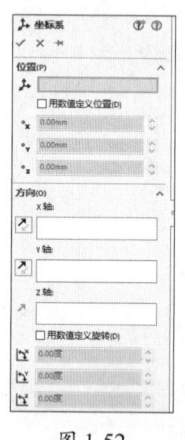
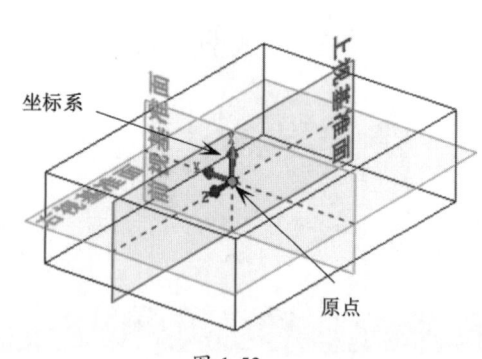

图 1-52　　　　　　　　　　　图 1-53

例 1-4：创建坐标系

创建坐标系的具体操作步骤如下。

01 在"特征"选项卡的"参考几何体"菜单中执行"坐标系"命令，属性管理器显示"坐标系"属性面板。图形区中显示默认的坐标系（即绝对坐标系），如图 1-54 所示。

02 在图形区的模型中选择一个点作为坐标系新原点，如图 1-55 所示。

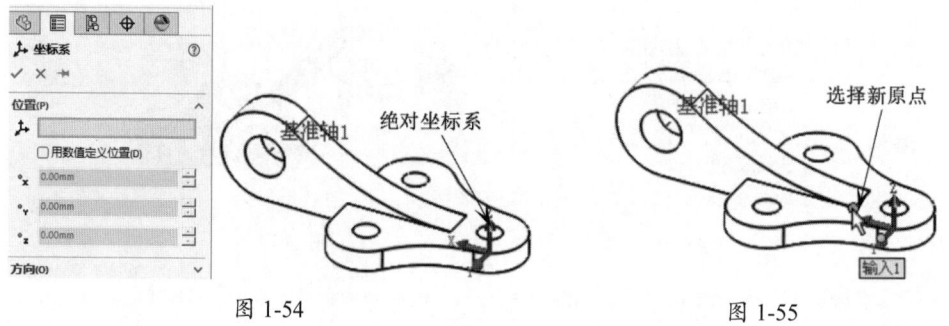

图 1-54　　　　　　　　　　　图 1-55

03 选择新原点后，将绝对坐标系移至新原点上，如图 1-56 所示。接着激活面板中的"X 轴方向参考"列表，然后在图形区中选择如图 1-57 所示的模型边线作为 X 轴方向的参考。随后新坐标系的 X 轴与所选边线重合，如图 1-58 所示。

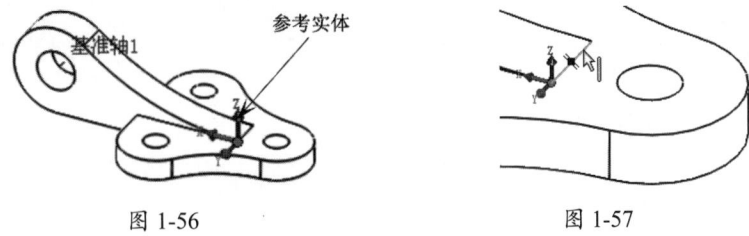

图 1-56　　　　　　　　　　图 1-57

04 单击"坐标系"属性面板中的"确定"按钮 ✓，完成新坐标系的创建，如图 1-59 所示。

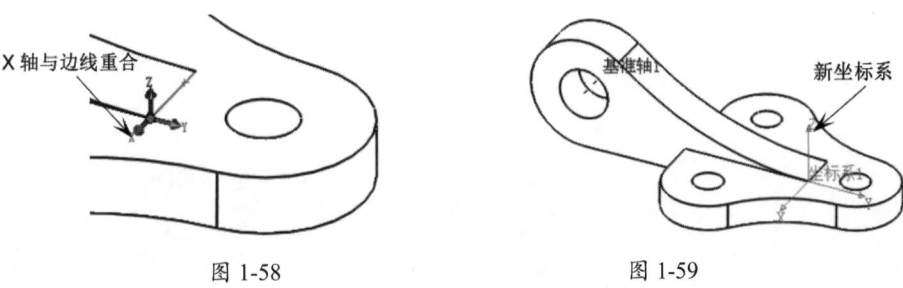

图 1-58　　　　　　　　　　图 1-59

1.4.4　创建点

在 SolidWorks 中，参考点作为一种重要的构造对象，具有广泛的应用范围。它们可以被用作直线的起点、标注的参考位置，以及测量的基准点等。创建点的方式灵活多样，用户只需在"特征"选项卡的"参考几何体"菜单中执行"点"命令，随后在设计树的属性管理器选项卡中，便会显示"点"属性面板，供用户进行详细的设置和操作，如图 1-60 所示。

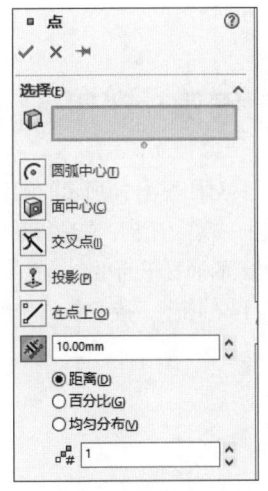

图 1-60

"点"属性面板中主要的选项含义如下。

- 参考实体⬚：显示用来生成参考点的所选参考。
- 圆弧中心⬚：在所选圆弧或圆的中心生成参考点。
- 面中心⬚：所选面的中心生成一个参考点，这里可选择平面或非平面。
- 交叉点⬚：在两个所选实体的交点处生成一个参考点，可以选择边线、曲线及草图线段。
- 投影⬚：生成一个从一个实体投影到另一个实体的参考点。

- 在点上☐：选择草图中的点来创建参考点。
- 沿曲线距离或多个参考点☐：沿边线、曲线或草图线段生成一组参考点。可以通过"距离""百分比"和"均匀分布"3种方式来放置参考点。其中，"距离"是指按设定的距离生成参考点数；"百分比"是指按设定的百分比生成参考点数；"均匀分布"是指在实体上均匀分布的参考点数。

例 1-5：创建点

创建点的具体操作步骤如下。

01 在"特征"功能区的"参考几何体"菜单中执行"点"命令，属性管理器显示"点"属性面板。然后在面板中单击"圆弧中心"按钮☐，如图 1-61 所示。

02 在图形区显示的模型中选择如图 1-62 所示孔边线作为参考实体。

03 单击"点"属性面板中的"确定"按钮☐，自动完成参考点的创建。如图 1-63 所示。单击"保存"按钮☐，将结果保存。

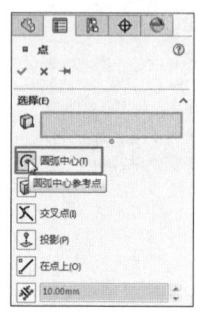

图 1-61

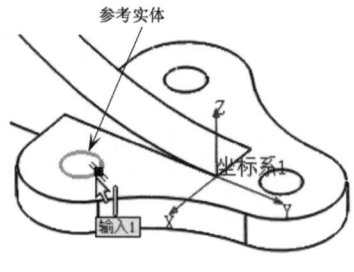

图 1-62

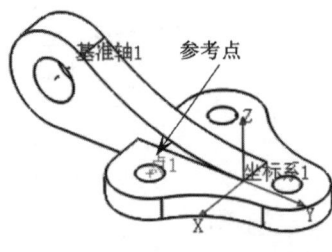

图 1-63

1.4 入门案例：利用 AI 进行零件分析

本例中，将对如图 1-64 所示的阀体零件进行零件分析与设计。在此过程中，我们将借助免费的人工智能大语言模型——通义千问，来进行阀体零件的模型分析。要使用通义千问大模型，需要先用手机注册账号，随后登录阿里云的通义千问平台。在平台顶部的选项栏中，单击"通义千问"链接即可进入通义千问大模型界面，如图 1-65 所示。接下来，将利用这一强大的工具，对阀体零件进行深入的分析与设计。

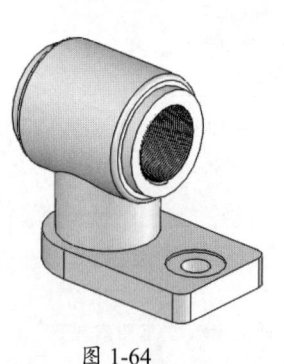

图 1-64

图 1-65

第1章 SolidWorks与AI辅助设计入门

提示

阿里云的通义千问是一款功能强大的AI图像生成工具，但并非面向普通用户开放。为了在阿里云平台上使用这一服务，用户需要先注册一个个人账号或企业账号，并完成实名认证。通过审核后，用户即可享受这项完全免费的图像生成功能，每天最多可生成50张高质量图片。这一服务为用户提供了便捷、高效的图像创作体验。

通义千问具备3项核心功能，分别是文本回答、图片理解和文档解析，如图1-66所示。然而，值得注意的是，由于人工智能技术仍处于不断发展和探索的阶段，这些功能在实际工作中的应用尚存在局限性。因此，它们更多的是作为辅助工具，协助用户进行处理和分析。在本例中，将利用其"图片理解"功能来对模型进行深入的分析。

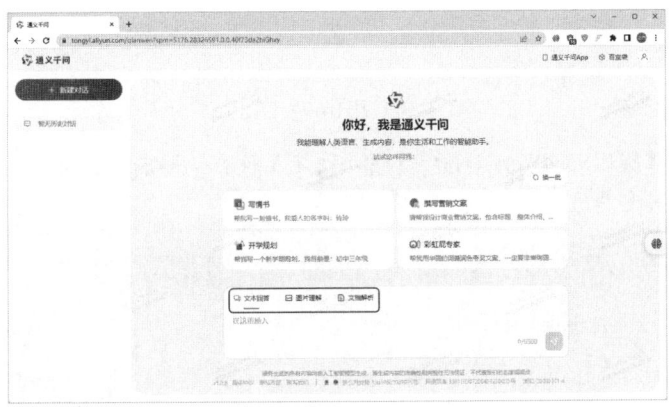

图 1-66

具体的操作步骤如下。

01 在通义千问的提示词输入框中单击"图片理解"链接，然后单击"上传图片"按钮，从本例源文件夹中打开"阀体.png"图像文件，如图1-67所示。

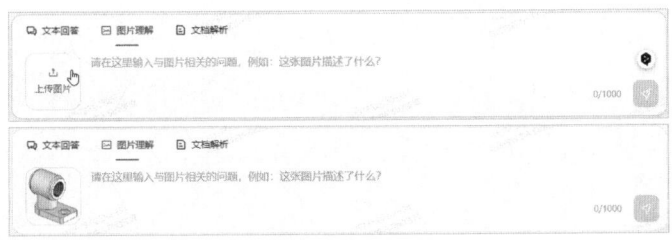

图 1-67

02 输入问题描述："请帮我分析一下上传的图片"，单击"发送"按钮后，通义千问进行解答，如图1-68所示。

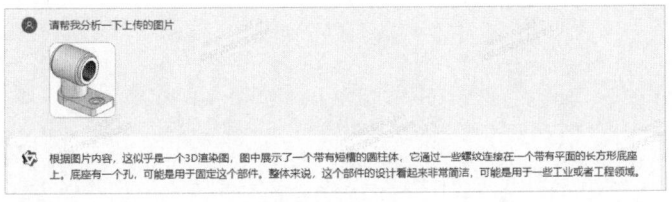

图 1-68

021

03 从解答的内容看，基本上理解了图片所表达的零件，信息不是很完整。再次输入问题："请给我 SolidWorks 建模流程"，随后通义千问给出解答，如图 1-69 所示。

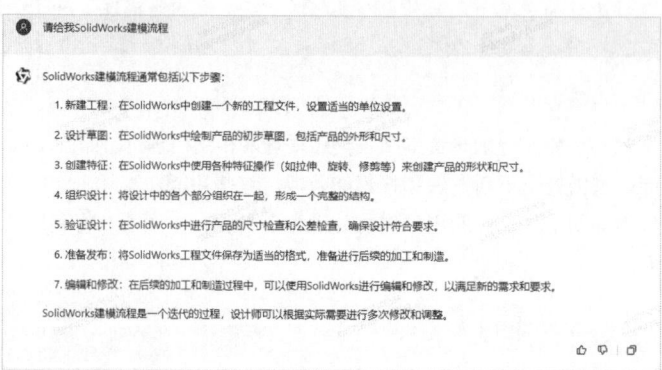

图 1-69

04 通义千问给出的理解是 SolidWorks 的建模流程，并不是阀体零件的建模步骤，所以继续输入问题并让通义千问解答，如图 1-70 所示。

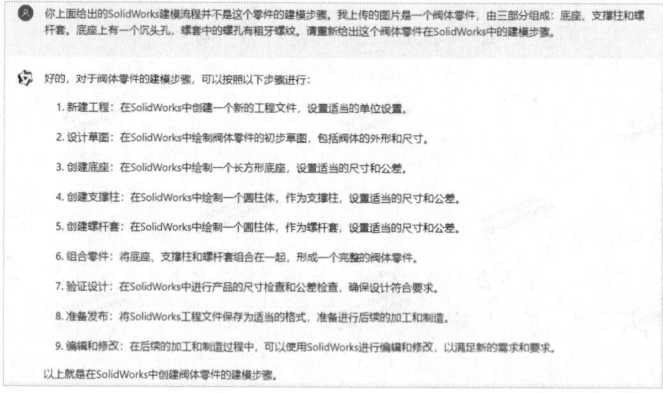

图 1-70

第 2 章 SolidWorks 草图设计

草图是构建实体模型的基石，本章涵盖的学习内容有：基本草图曲线的绘制、草图编辑与修改的技巧、草图约束的应用，以及 3D 曲线的生成等。

2.1 SolidWorks 草图概述

草图是由直线、圆弧等基本几何元素所组成的几何实体，这些元素共同描绘了特征的截面轮廓或路径，进而用于生成相应的特征。在 SolidWorks 中，草图主要表现为两种形式：2D 草图和 3D 草图。

2.1.1 进入 SolidWorks 2024 草图环境

草图是在特定平面上进行绘制的，这些平面可以是 SolidWorks 提供的 3 个基准面，也可以是用户自定义的特征平面或参考基准面。基于这些不同的平面选择，进入草图环境主要有以下 3 种方式。

1. 由"草图"选项卡进入

在功能区的"草图"选项卡中，单击"草图绘制"按钮 ，软件会弹出"选择一基准面为实体生成草图。"的提示。随后，在图形区域选择 SolidWorks 默认提供的 3 个基准面之一，即可进入草图环境，如图 2-1 所示。

2. 直接执行草图曲线绘制命令

也可以在"草图"选项卡中执行任意草图曲线绘制命令(例如"直线"命令)，系统会提示选择草图基准面，选中后即可进入草图环境，如图 2-2 所示。

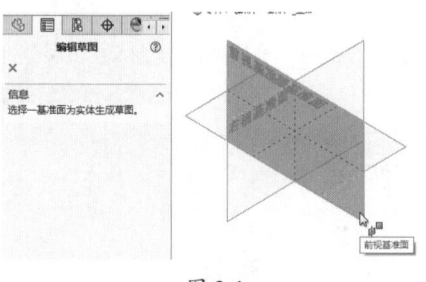

图 2-1

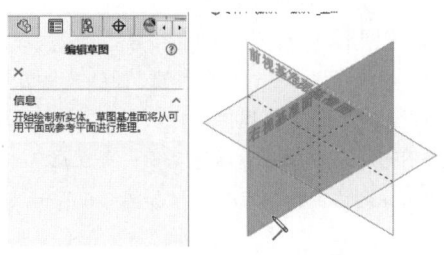

图 2-2

3. 由特征设计树或实体表面进入

最便捷的方式是，在特征设计树中单击或右击选定的基准面，也可以将鼠标指针置于实体表面上进行单击或右击，之后在弹出的快捷菜单中单击"草图绘制"按钮 ，即可进入草图环境，如图 2-3 所示。

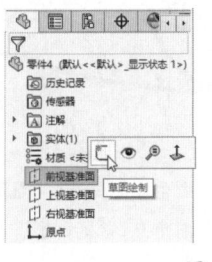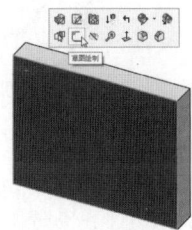

图 2-3

2.1.2 SolidWorks 2024 草图环境界面

SolidWorks 2024 提供了一个直观且便捷的草图工作环境。在这个环境中，可以利用草图绘制工具来绘制曲线，选择并编辑已绘制的曲线，对草图几何体应用尺寸约束和几何约束，以及进行草图修复等操作。SolidWorks 2024 的草图环境界面如图 2-4 所示。

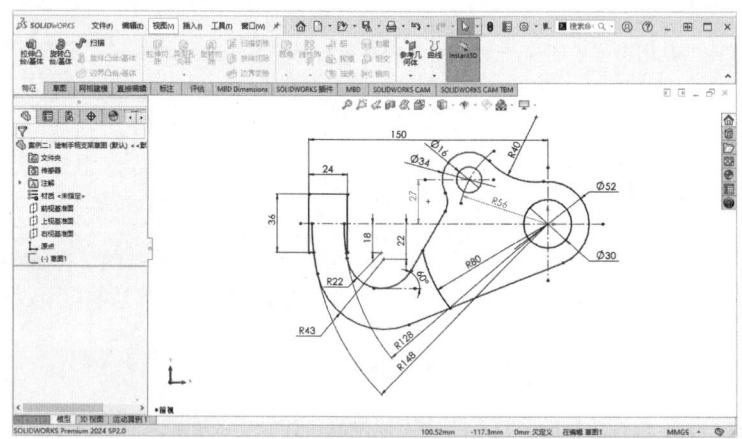

图 2-4

2.1.3 草图绘制的难点分析与技巧

为了熟练掌握草图的绘制技巧，除了需要熟练运用草图环境中的各种绘图命令，还需要对二维图形进行形状分析。这样可以帮助用户更合理地执行绘图命令，从而实现精准高效的绘图，并确保二维草图的表达清晰、整齐、完整且合理。对于新手来说，他们面临的最大问题往往不是对软件绘图命令的掌握程度低，而是缺乏明确的绘图方向和起点。接下来，将针对新手常遇到的这些问题进行探讨。

1. 难点一：从何处着手

绘制二维图形时，首先是确定参考基准，并以此作为绘制的起点，确保图形的准确性和规范性。

- 通常情况下，若图形中包含圆、圆弧或椭圆等元素，其圆心自然成为绘制的参考基准，如图 2-5 所示。当图形中存在多个圆时，应以最大圆的圆心作为整体的参考基准中心。
- 若图形中不包含任何圆形元素，那么应从测量基准点开始绘制，通常选择左下角点或左上角点（依据从左到右的绘图顺序），如图 2-6 所示。

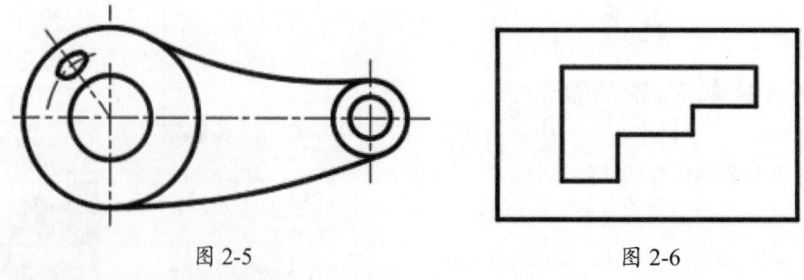

图 2-5   图 2-6

- 在某些情况下，尽管图形中包含圆、圆弧或椭圆等，但这些元素并不适合作为测量的基准。在这种情况下，应仍然以左下角点作为参考基准中心，以确保绘图的准确性和一致性，如图 2-7 所示。

第2章　SolidWorks草图设计

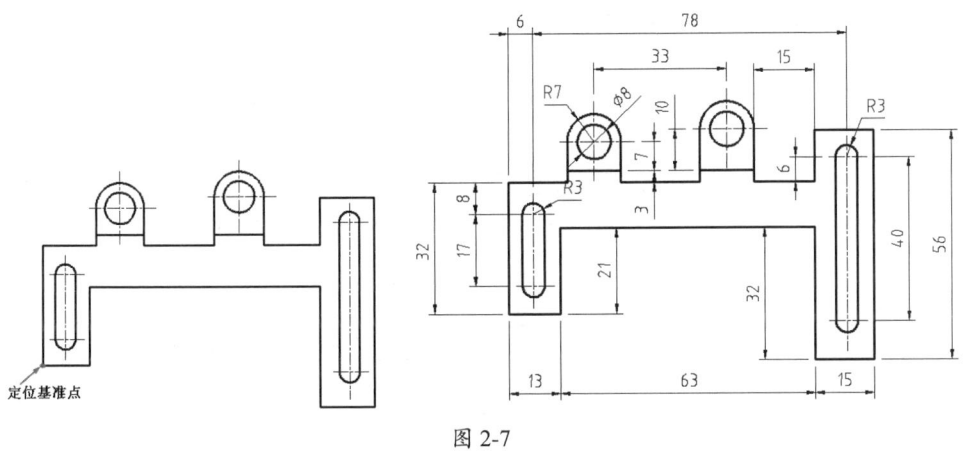

图 2-7

技术要点

综上所述,在面对参考基准不明确的情况时,需要进行综合考量与分析。首先,要判断图形中的圆是否作为主要轮廓线存在;其次,对于有尺寸的图形,要确认该圆是否作为测量基准。若图形没有明确的尺寸标注,则需要进一步分析该圆是否构成主要轮廓(这里的"主要轮廓"是基于该截面是否为主体特征的截面来界定的)。如果该圆并非主要轮廓,那么就应该以直线型图形的角点作为参考基准中心。

2. 难点二：图形的形状分析

新手在绘图过程中遇到的第二个难点,往往与图形形状的分析相关。一旦掌握了这个技能,新手便能更高效地绘制图形,从而提升绘图水平。分析图形形状的目的在于找到快速绘图的捷径,优化绘图流程。

举例来说,对于对称形状的图形,可以利用草图环境中的"镜像"工具 ,先集中精力绘制对称中心线一侧的图形,然后通过镜像功能快速生成另一侧的图形,如图2-8所示。这种方法不仅提高了绘图效率,还确保了图形的对称性。

对于旋转形状的图形,一个有效的策略是先在水平或竖直方向上绘制基础图形,然后利用"旋转调整大小"工具 将其旋转到所需的角度。这种方法避免了直接倾斜绘制图形可能带来的复杂性,如图2-9所示。

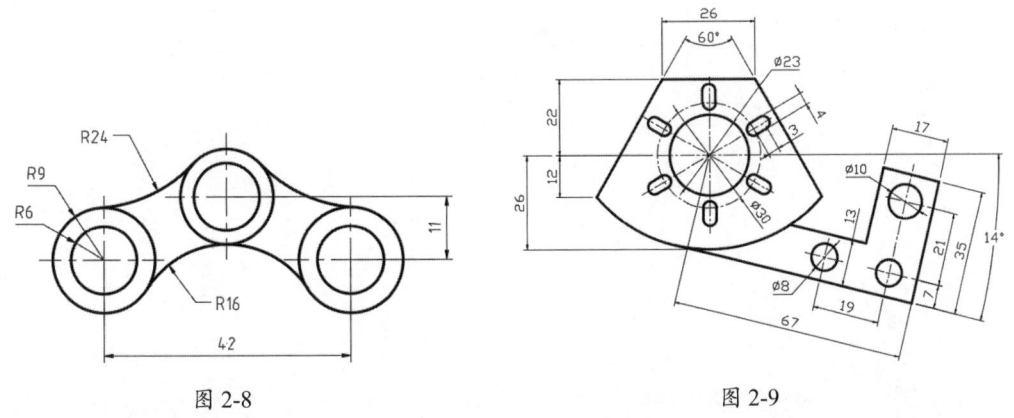

图 2-8　　　　　　　　图 2-9

此外,具有阵列特性的图形也是绘图过程中常见的一类。这类图形可以分为线性阵列和圆形阵列两种。通过识别和应用这些阵列特性,我们可以更加高效地绘制出具有重复元素的图形,如图2-10所示。

025

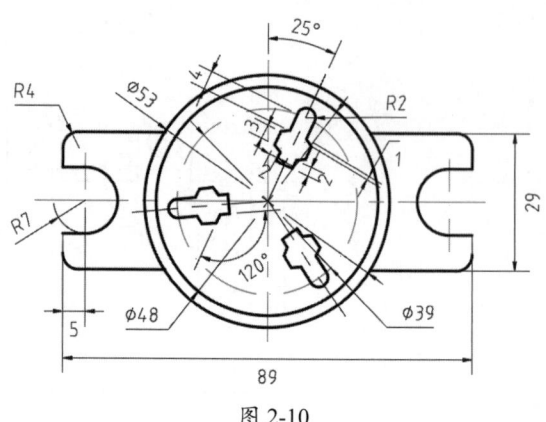

图 2-10

3. 难点三：确定作图顺序

每一个二维几何图形都由已知线段、中间线段和连接线段共同构成。在确定绘制的基准中心后，应遵循"已知线段→中间线段→连接线段"的顺序进行逐步绘制，具体的操作步骤如下。

01 绘制出基准线和定位线，如图 2-11 所示。

02 画已知线段，如标注尺寸的线段，如图 2-12 所示。

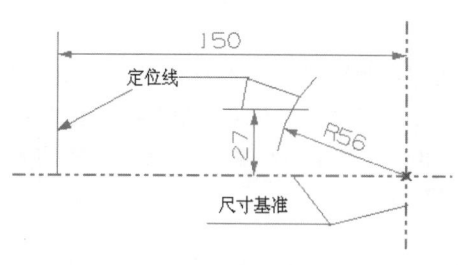

图 2-11

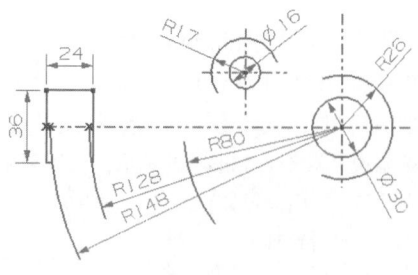

图 2-12

03 画中间线段，如图 2-13 所示。

04 画连接线段，如图 2-14 所示。

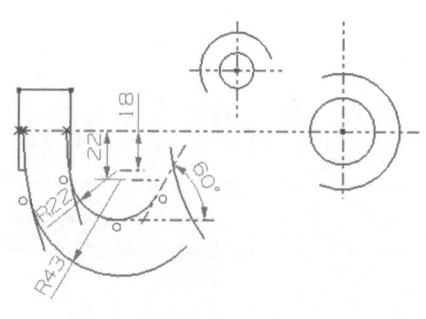

图 2-13

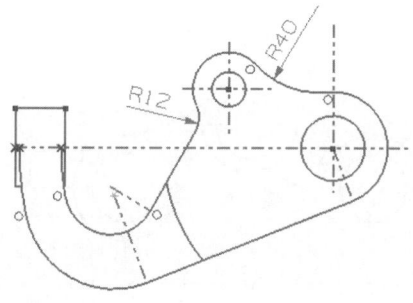

图 2-14

- 已知线段：其在图形中扮演着至关重要的角色，它们不仅具有定形的作用，还负责确定图形的具体位置。这些线段的特点是定形尺寸和定位尺寸都齐全，为图形的构建提供了稳固的基础。
- 中间线段：主要承担定位任务，它们的定形尺寸完备，但定位尺寸只有一个。这些线段的另一个定位点通常由相邻的已知线段来确定，形成一种相互依赖的关系。

- 连接线段：其将已知线段和中间线段紧密地连接在一起。它们只有定形尺寸而没有定位尺寸，依靠与其他线段的连接关系来确定自身的位置。

> **技术要点**
>
> 一组完整的图形尺寸由定形尺寸和定位尺寸共同构成。其中，"定形尺寸"是指那些用于确定几何图形中各图元形状和大小的尺寸，例如直径、半径、长度和角度等，如图 2-15 中红色尺寸所示；而"定位尺寸"则是指从基准点或基准线引出的距离尺寸，用于表达诸如圆弧圆心位置、圆弧轮廓位置等关键信息的定位，如图 2-15 中蓝色尺寸所示。

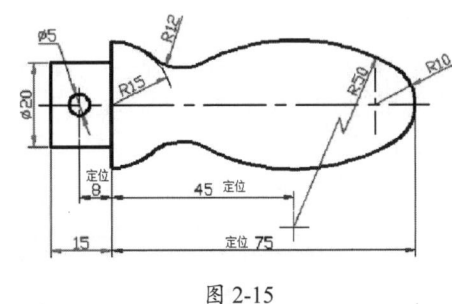

图 2-15

2.2 绘制与编辑草图曲线

在 SolidWorks 中，草图曲线通常被划分为基本曲线和高级曲线两类。如果仅依赖草图曲线命令，只能绘制出相对简单的草图图形。然而，通过结合曲线编辑与修改命令，便能够创建出更为复杂且精细的草图图形。

2.2.1 绘制草图曲线

1. 直线与中心线

在所有的图形实体中，直线或中心线是最基本的图形实体。

在"草图"选项卡中单击"直线"按钮，调出"插入线条"属性面板，如图 2-16 所示，同时鼠标指针由形状变为笔形。当选择一个直线方向并绘制直线起点后，会调出"线条属性"属性面板，如图 2-17 所示。

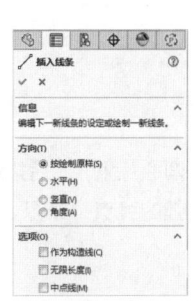

图 2-16

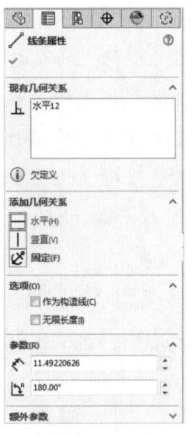

图 2-17

2. 圆与周边圆

在草图模式下，SolidWorks 提供了两种绘制圆的工具，即"圆"和"周边圆"。其中，"圆"工具进一步细分为"中心圆"和"周边圆"两种绘制方式，值得注意的是，"周边圆"实质上可视为"圆"工具内的一个特定绘制类型。

在"草图"选项卡中单击"圆"按钮⊙，调出"圆"属性面板。同时鼠标指针由 形状变为笔形 。绘制圆后，"圆"属性面板变成如图2-18所示的状态。在"圆"属性面板中，包括两种圆的绘制类型：圆和周边圆。

3. 圆弧

圆弧为圆上的一段弧，SolidWorks提供了3种圆弧绘制方法：圆心/起/终点画弧、切线弧和3点圆弧。

在"草图"选项卡中单击"圆心/起/终点画弧"按钮，调出"圆弧"属性面板，同时鼠标指针由 形状变为笔形 ，如图2-19所示。

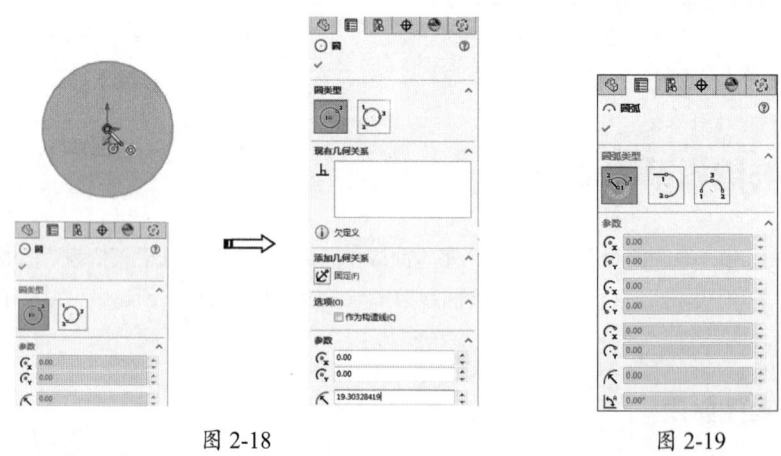

图 2-18　　　　　　　　　　　　　　图 2-19

在"圆弧"属性面板中，包括3种圆的绘制类型：圆心/起/终点画弧、切线弧和3点圆弧，分别介绍如下。

（1）圆心/起/终点画弧

"圆心/起/终点画弧"类型是以圆心、起点和终点方式来绘制圆的。如果圆弧不受几何关系约束，可以在"参数"选项区中指定以下参数。

- X 坐标置中：圆心在 X 坐标上的参数值。
- Y 坐标置中：圆心在 Y 坐标上的参数值。
- 开始 X 坐标：起点在 X 坐标上的参数值。
- 开始 Y 坐标：起点在 Y 坐标上的参数值。
- 结束 X 坐标：终点在 X 坐标上的参数值。
- 结束 Y 坐标：终点在 Y 坐标上的参数值。
- 半径：圆的半径值，可以更改此值。
- 角度：圆弧所包含的角度。

选择"圆心/起/终点画弧"类型绘制圆弧，首先要指定圆心位置，然后拖动鼠标指针指定圆弧起点（同时也确定了圆的半径），指定起点后再拖动鼠标指针指定圆弧的终点，如图2-20所示。

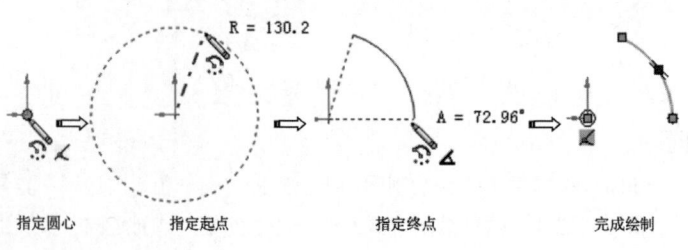

指定圆心　　　指定起点　　　指定终点　　　完成绘制

图 2-20

第2章　SolidWorks草图设计

技术要点
在圆弧绘制面板未关闭的状态下，无法使用鼠标指针对圆弧进行修改。若需要利用鼠标指针调整圆弧，应先关闭绘制面板，再进行圆弧的编辑操作。

(2) 切线弧

"切线弧"类型与"圆心/起/终点画弧"类型在选项设置上具有相似性。切线弧特指那些与直线、圆弧、椭圆或样条曲线相切的圆弧。在绘制切线弧时，首先需要在直线、圆弧、椭圆或样条曲线的终点位置单击，以确定圆弧的起点。随后，通过拖动鼠标指针来指定相切圆弧的终点位置，并在适当的位置释放鼠标按键，从而完成一段切线弧的绘制，如图2-21所示。

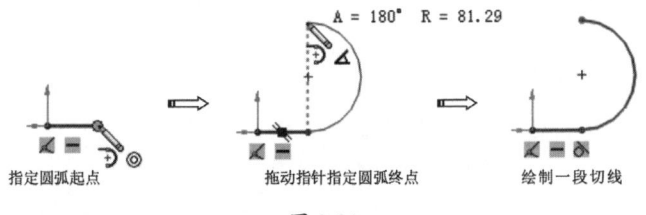

指定圆弧起点　　拖动指针指定圆弧终点　　绘制一段切线

图 2-21

技术要点
"切线弧"命令不可独立使用，它需要在已存在的参照曲线的基础上进行绘制，这些参照曲线可以是直线、圆弧、椭圆或样条曲线。若在未绘制任何参照曲线的情况下尝试执行"切线弧"命令，软件会弹出警告提示，如图2-22所示。因此，为了成功绘制切线弧，必须首先创建合适的参照曲线。

在完成第一段切线弧的绘制后，圆弧命令仍会保持激活状态。如果希望继续创建多段相切的圆弧，可以在不中断切线弧绘制流程的情况下，继续绘制第二段、第三段……直至所需的切线弧全部完成。当用户决定结束切线弧的绘制时，可以通过按Esc键、双击或选择右键菜单中的"选择"选项来实现。如图2-23所示，展示了根据用户需求绘制的多段切线弧的示例。

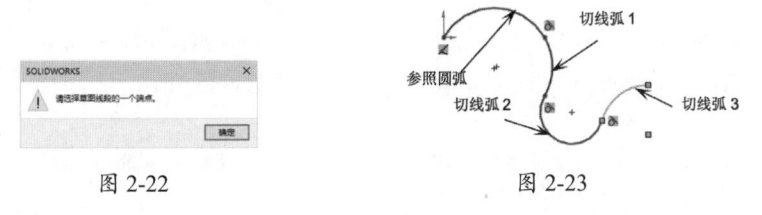

图 2-22　　　　　　　　　图 2-23

(3) 3点圆弧

"3点圆弧"类型与"圆心/起/终点画弧"类型在选项设置上具有相似性。"3点圆弧"的绘制方法是通过指定圆弧的起点、终点和中点来确定圆弧的形状和位置。在绘制过程中，需要首先确定圆弧的起点，然后拖动鼠标指针来指定圆弧的终点，最后再拖动鼠标指针以确定圆弧的中点，如图2-24所示。这种绘制方法能够精确地控制圆弧的形态，满足特定的设计需求。

指定圆弧起点　　　指定圆弧终点　　　指定圆弧中点

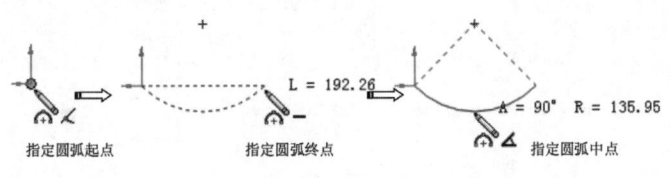

图 2-24

029

4. 椭圆与部分椭圆

椭圆或椭圆弧的定义依赖于两个轴和一个中心点。具体来说，椭圆的形状和位置由 3 个关键因素确定：中心点、长轴和短轴。其中，中心点负责确定椭圆在空间中的具体位置，而长轴和短轴则共同决定了椭圆的形状。此外，椭圆轴的方向也影响了椭圆的整体方向。

（1）椭圆

在"草图"选项卡中单击"椭圆"按钮 ⊙，鼠标指针由 ▷ 变成 ✎。

在图形区域中，首先需要指定一个点作为椭圆的中心点。此时，属性管理器会弹出一个灰显的"椭圆"属性面板，其中的相关选项暂时不可用。接下来，需要在图形区依次指定长轴的端点和短轴的端点，以完成椭圆的绘制。只有当这两个端点都被指定后，"椭圆"属性面板才会亮显，变得可用，如图 2-25 所示。

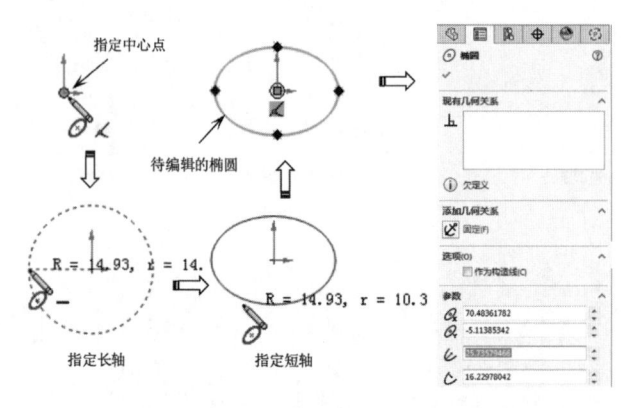

图 2-25

（2）部分椭圆

绘制部分椭圆的过程与绘制完整椭圆相似，但需要额外的步骤来指定椭圆弧的起点和终点。除了指定中心点、长轴端点和短轴端点以确定椭圆的基本形状，还必须确定椭圆弧的起始和终止位置。这种"部分椭圆"的绘制方法与"圆心/起/终点画弧"方法相类似，都需要精确控制曲线的起始和结束点。

在"草图"选项卡中单击"部分椭圆"按钮 ⊙，鼠标指针由 ▷ 变成 ✎。在图形区指定一点作为椭圆的中心点，属性管理器中灰显"椭圆"属性面板，直至在图形区依次指定长轴端点、短轴端点、椭圆弧起点和终点并完成椭圆弧的绘制后，属性管理器才亮显"椭圆"属性面板，如图 2-26 所示。

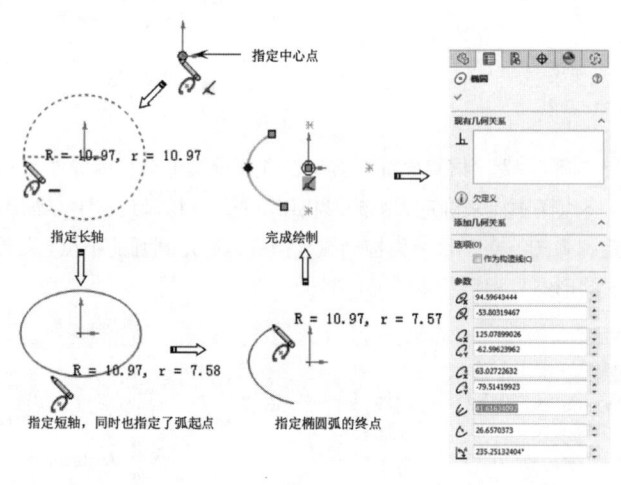

图 2-26

第2章　SolidWorks草图设计

技术要点

在指定椭圆弧的起点和终点时，无论鼠标指针的位置是否在椭圆的轨迹上，系统都会根据鼠标指针的位置确定弧的起点和终点。这是因为起点和终点是通过中心点与鼠标指针之间的连线与椭圆相交来确定的，如图2-27所示。这种机制确保了即使鼠标指针不完全沿着椭圆轨迹移动，也能准确地设置椭圆弧的起始和终止点。

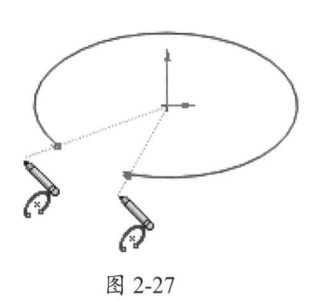

图 2-27

5. 矩形

SolidWorks 提供了 5 种矩形绘制类型，包括边角矩形、中心矩形、3 点边角矩形、3 点中心矩形和平行四边形。

在"草图"选项卡中单击"矩形"按钮□，鼠标指针由 变成 。此时调出"矩形"属性面板，但该面板"参数"选项区灰显，当绘制矩形后面板完全亮显，如图 2-28 所示。通过此面板，可以为所绘制的矩形添加几何关系，"添加几何关系"选项区中的各选项如图 2-29 所示。此外，还可以通过参数设置对矩形进行重新定义，如图 2-30 所示。

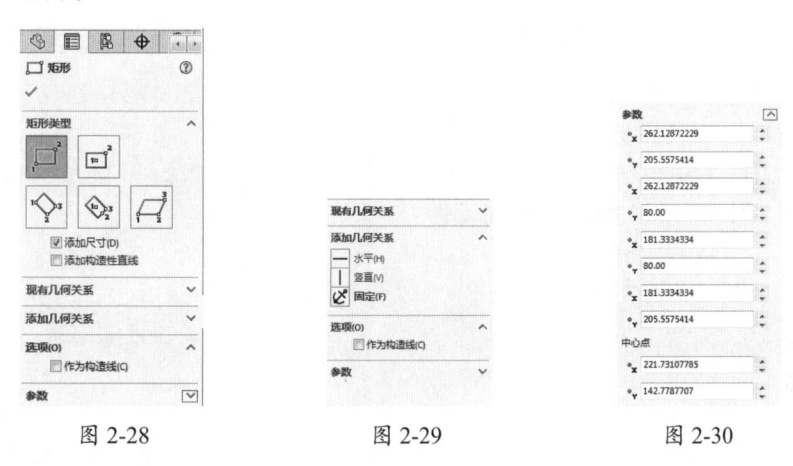

图 2-28　　　图 2-29　　　图 2-30

在"矩形"属性面板的"矩形类型"选项区包含 5 种矩形绘制类型，见表 2-1。

表 2-1　5 种矩形的绘制类型

类型	图解	说明
边角矩形□		通过指定矩形的对角点来绘制标准矩形的方式被称为"边角矩形"类型。首先，在图形区域选定一个位置作为矩形的第一个角点。接着，拖动鼠标指针以调整矩形的大小和形状，当达到期望的形状时，单击以指定第二个角点。这样就完成了边角矩形的绘制
中心矩形□		"中心矩形"类型的绘制方法是通过指定中心点和一个角点的位置来确定矩形的。首先，在图形区域选定一个位置作为矩形的中心点。然后，拖动鼠标指针以调整矩形的大小和形状，当满足要求时，单击以指定矩形的一个角点，从而完成中心矩形的绘制

续表

类型	图解	说明
3点边角矩形		通过3个角点来确定矩形的方式称为"3点边角矩形"类型。绘制时，首先在图形区域选定一个位置作为第1角点，然后依次拖动鼠标指针来指定第2角点和第3角点。一旦3个角点都被指定，矩形会立即生成
3点中心矩形		在"3点中心矩形"类型中，通过选择特定角度来绘制一个带有中心点的矩形。首先，在图形区域指定中心点的位置，然后拖动鼠标指针在矩形的平分线上指定中点。接下来，再次拖动鼠标指针并以一定角度移动来指定矩形的角点，从而完成绘制
平行四边形		"平行四边形"类型是通过指定3个角度的方式来绘制一个平行四边形，该四边形的4条边两两平行且不相互垂直。绘制平行四边形的过程为：在图形区域首先指定一个位置作为第1角点，然后拖动鼠标指针指定第2角点，接着，拖动鼠标指针并以一定角度移动来指定第3角点。这样即完成了平行四边形的绘制

6. 槽口曲线

槽口曲线工具是专为绘制机械零件中的键槽特征草图而设计的工具。在"草图"选项卡中单击"直槽口"按钮，鼠标指针由变成，且调出"槽口"属性面板，如图2-31所示。"槽口"属性面板中提供4种槽口类型："3点圆弧槽口""中心点圆弧槽口""直槽口"和"中心点槽口"。

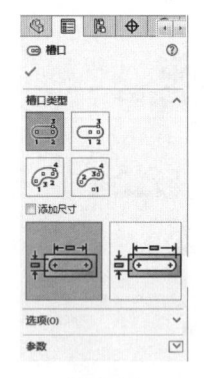

图 2-31

（1）直槽口

"直槽口"类型是以两个端点来绘制槽的，绘制过程如图2-32所示。

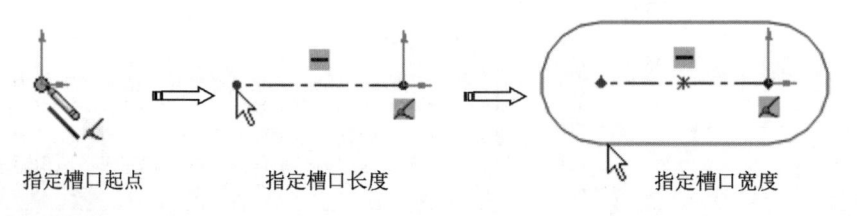

指定槽口起点　　指定槽口长度　　指定槽口宽度

图 2-32

（2）中心点槽口

"中心点槽口"类型是通过指定中心点和槽口的一个端点来完成槽口绘制的。具体绘制方法如下：首先在图形区域中选择一个位置作为槽口的中心点，然后移动鼠标指针以确定槽口的另一个端点。在确定端点之后，再次移动鼠标指针来指定槽口的宽度，整个绘制过程如图2-33所示。这种方法能够方便地控制槽口的位置、长度和宽度，满足不同的设计需求。

第2章 SolidWorks草图设计

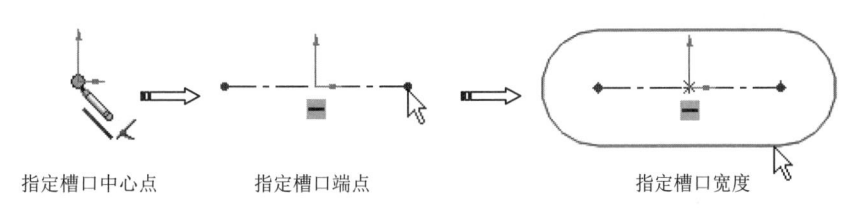

指定槽口中心点　　指定槽口端点　　指定槽口宽度

图 2-33

技术要点

在指定槽口宽度时，鼠标指针并不需要紧贴在槽口曲线上，它可以位于离槽口曲线较远的位置，只要确保鼠标指针位于槽口宽度的水平延伸线上即可。这样的灵活性使操作更加方便，不受曲线位置的限制。

（3）3点圆弧槽口

"3点圆弧槽口"类型是通过在圆弧上指定3个点来绘制圆弧槽口的。具体绘制步骤如下：首先在图形区域单击以确定圆弧的起点，然后移动鼠标指针并单击以指定圆弧的终点，接着再次移动鼠标指针并单击以确定圆弧的第三个点。在指定这三个点后，最后移动鼠标指针以指定槽口的宽度，整个绘制流程如图2-34所示。这种方法能够精确地控制圆弧槽口的形状和宽度，满足复杂设计的需求。

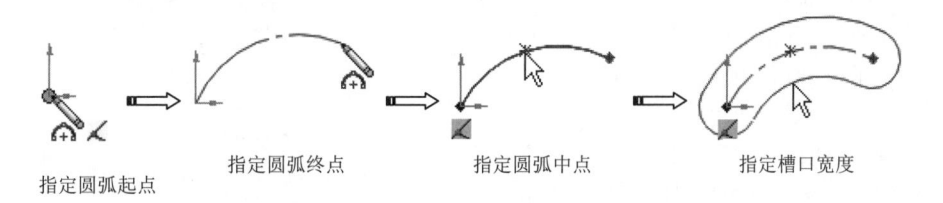

指定圆弧起点　　指定圆弧终点　　指定圆弧中点　　指定槽口宽度

图 2-34

（4）中心点圆弧槽口

"中心点圆弧槽口"类型的绘制方法是通过指定圆弧半径的中心点以及两个端点来绘制圆弧槽口。具体步骤如下：在图形区域单击以确定圆弧的中心点，然后移动鼠标指针以指定圆弧的半径和起点位置。接着，再次移动鼠标指针并单击以设定槽口的长度，最后移动鼠标指针并单击确定槽口的宽度，从而生成完整的圆弧槽口。整个绘制过程如图2-35所示。这种方法能够精确地控制圆弧槽口的形状、大小和位置，满足特定的设计要求。

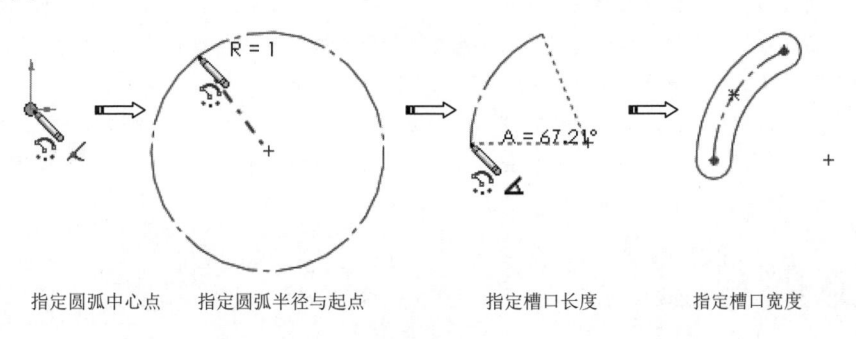

指定圆弧中心点　　指定圆弧半径与起点　　指定槽口长度　　指定槽口宽度

图 2-35

7. 多边形

在"草图"选项卡中的"多边形"工具，可以用来绘制圆的内切或外接正多边形，边数为3～40。在"草图"选项卡中单击"多边形"按钮◎，鼠标指针由♦变成♦，且调出"多边形"属性面板，如图2-36所示。

033

绘制多边形时，需要指定 3 个关键参数：中点、圆直径和角度。以绘制正三角形为例，首先在图形区域确定正三角形的中点，随后拖动鼠标指针以指定外接圆的直径。接着，通过旋转操作调整正三角形的方向，使其满足特定要求。整个绘制过程如图 2-37 所示，这种方法确保了多边形绘制的精确性和灵活性。

图 2-36

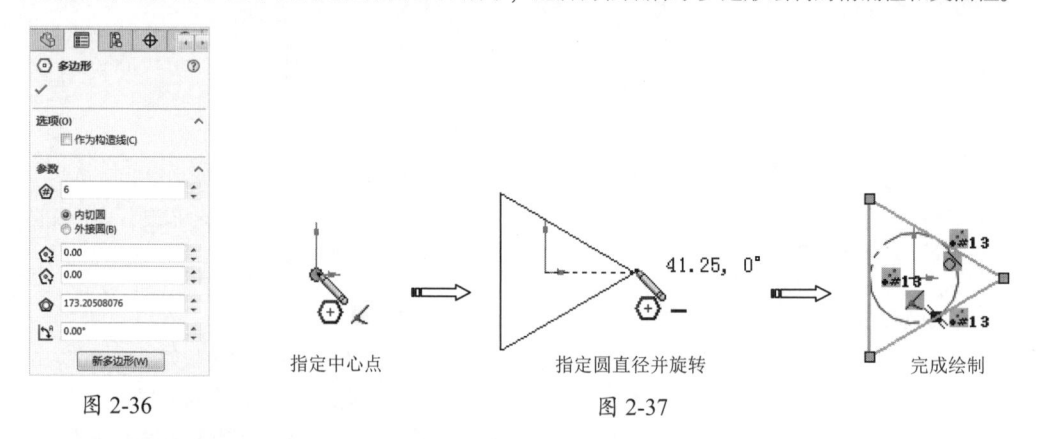

图 2-37

指定中心点　　指定圆直径并旋转　　完成绘制

8. 绘制圆角曲线

圆角曲线工具能够在两个草图曲线的交汇处剪裁掉角，并生成一个平滑的切线弧，使曲线连接更为流畅。这一工具在 2D 和 3D 草图中均可广泛应用，为设计者提供了更多的灵活性和创作空间。

在"草图"选项卡中单击"绘制圆角"按钮 ⌐，属性管理器显示"绘制圆角"属性面板，如图 2-38 所示。

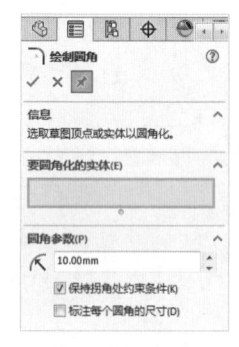

图 2-38

"绘制圆角"属性面板中主要选项含义如下。

- 要圆角化的实体：当选定某个草图实体时，该选项会自动出现在这个列表中，方便用户进行后续操作。
- 圆角参数尺：可以通过输入具体的数值来控制圆角的半径，从而实现精确的圆角设计。
- 保持拐角处约束条件：如果草图的顶点已经存在尺寸约束或几何关系，该选项能够确保在圆角化过程中保留这些约束条件，从而维护草图的完整性和准确性。当取消中该选项时，如果顶点具有尺寸或几何关系，软件会提示用户是否希望在生成圆角时删除这些已有的几何关系。
- 标注每个圆角的尺寸：此选项允许软件在每个圆角处自动添加尺寸标注，便于用户直观了解每个圆角的大小。当取消中此选项时，软件会在各个圆角之间添加相等的几何关系，以确保圆角的一致性。

技术要点

若存在连续且具有相同半径的圆角，软件将不会对每个圆角单独进行尺寸标注。相反，这些圆角会自动与该系列中的第一个圆角建立相等的几何关系，从而确保整个系列的一致性和简洁性。

为了绘制圆角，首先需要绘制出将要进行圆角处理的草图曲线。以在矩形的一个顶点位置绘制圆角曲线为例，鼠标指针选择的方法主要有两种。一种方法是选择矩形的两条相邻边，如图 2-39 所示，这样可以在它们的交汇处创建圆角；另一种方法则是直接选取矩形的顶点，如图 2-40 所示，系统会在该顶点处自动应用圆角处理。

图 2-39　　　　　　　　　　　　　　　　　　图 2-40

9. 绘制倒角

SolidWorks 提供两种定义倒角参数类型：角度距离、距离 - 距离。

单击"绘制倒角"按钮，调出"绘制倒角"属性面板。"绘制倒角"属性面板的"倒角参数"选项区中包括"角度距离"和"距离 - 距离"两个参数选项。"角度距离"参数选项如图 2-41 所示；"距离 - 距离"参数选项如图 2-42 所示。

图 2-41　　　　　　　　图 2-42

两个参数选项设置中的主要选项含义如下。

- 角度距离：将按角度参数和距离参数来定义倒角，如图 2-43a 所示。
- 距离 - 距离：将按距离参数和距离参数来定义倒角，如图 2-43b 所示。
- 相等距离：将按相等的距离来定义倒角，如图 2-43c 所示。

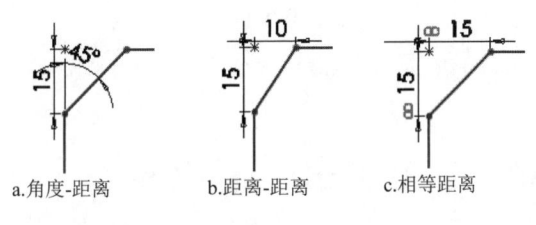

a.角度-距离　　　b.距离-距离　　　c.相等距离

图 2-43

- 距离 1：设置"角度 - 距离"的距离参数。
- 方向 1 角度：设置"角度 - 距离"的角度参数。
- 距离 1：设置"距离 - 距离"的距离 1 参数。
- 距离 2：设置"距离 - 距离"的距离 2 参数。

与绘制倒圆的方法类似，绘制倒角也可以通过选择边或选取顶点来完成。

技术要点

在选择边以进行倒角绘制时，可以单独选择每条边，或者通过按住 Ctrl 键来实现多条边的连续选择，从而提高操作效率。

10. 文字

可以使用"文字"工具在任何连续曲线或边线组上（包括零件面上由直线、圆弧、或样条曲线组成的圆或轮廓）输入文字，并且拉伸或剪切文字以创建实体特征。

单击"文字"按钮A，调出"草图文字"属性面板，如图 2-44 所示。

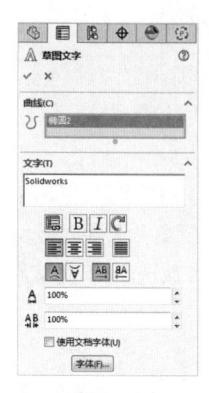

图 2-44

"草图文字"属性面板中的主要选项含义如下。
- 曲线：选择边线、曲线、草图或草图段，所选对象的名称显示在框中，文字沿对象排列。
- 文字：在该文本框中输入文字，还可以切换输入法输入中文。
- 链接到属性：将草图文字链接到自定义属性。
- 加粗B、倾斜I、旋转C：将选中的文字加粗、倾斜、旋转，如图 2-45 所示。

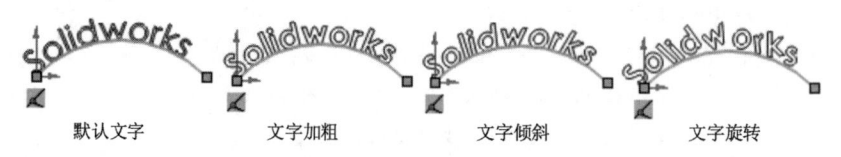

默认文字　　文字加粗　　文字倾斜　　文字旋转

图 2-45

- 左对齐、居中、右对齐、两端对齐：使文字沿参照对象左对齐、居中、右对齐、两端对齐，如图 2-46 所示。

左对齐　　居中　　右对齐　　两端对齐

图 2-46

- 竖直反转、水平反转：使文字沿参照对象竖直反转、水平反转，如图 2-47 所示。

反转前　　竖直反转　　水平反转

图 2-47

- 宽度因子：调整文字宽度比例，仅当取消选中"使用文档字体"复选框时才可用。
- 间距：调整文字的间距比例，仅当取消选中"使用文档字体"复选框时才可用。
- 使用文档字体：使用默认的字体。
- 字体：单击该按钮，弹出"选择字体"对话框，以此设置字体样式和大小等，如图 2-48 所示。

第2章 SolidWorks草图设计

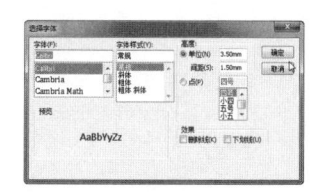

图 2-48

技术要点

文字对齐方式仅在有参照对象存在时才可使用。若未选中任何参照对象而直接在图形区域中输入文字,这些对齐命令将会呈现灰显状态,即不可用。

2.2.2 草图编辑与修改

在 SolidWorks 中,草图实体(尤其是草图曲线)的编辑与修改工具,是专为对草图执行诸如修剪、延伸、移动、缩放、偏移、镜像、阵列等多样化操作和精确定义而设计的,如图 2-49 所示。

1. 剪裁实体

"剪裁实体"工具用于剪裁或延伸草图曲线。此工具提供的多种剪裁类型适用于 2D 草图和 3D 草图。

单击"剪裁实体"按钮 ,调出"剪裁"属性面板,如图 2-50 所示。在该面板的"选项"选项区中包含 5 种剪裁类型:"强劲剪裁""边角""在内剪除""在外剪除"和"剪裁到最近端",其中"强劲剪裁"类型最为常用。

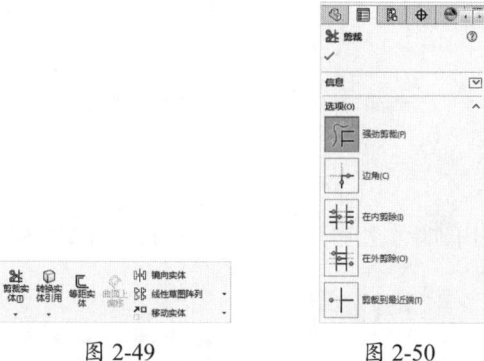

图 2-49　　　　图 2-50

(1)"强劲剪裁"选项

"强劲剪裁"选项用于大量曲线的修剪。修剪曲线时,无须逐一选取要修剪的对象,可以在图形区中按住左键并拖动鼠标指针,与鼠标指针画线相交的草图曲线将被自动修剪。此修剪曲线的方法是最常用的一种快捷修剪方法。如图 2-51 所示为"强劲剪裁"草图曲线的操作过程示意图。

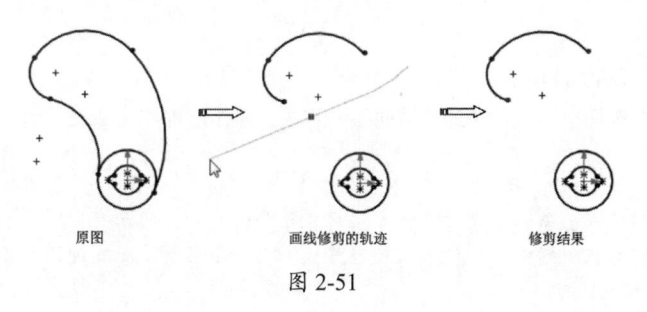

原图　　　　画线修剪的轨迹　　　　修剪结果

图 2-51

技术要点

"强劲剪裁"没有局限性,可以修剪任何形式的草图曲线。只能画线修剪,不能单击修剪,是目前应用最广泛的曲线剪裁方法。

(2)"边角"选项

"边角"选项主要用于修剪相交曲线并需要指定保留部分。选取曲线的位置就是保留的区域,如图2-52所示。方法是:先选择交叉曲线一,再选择交叉曲线二。

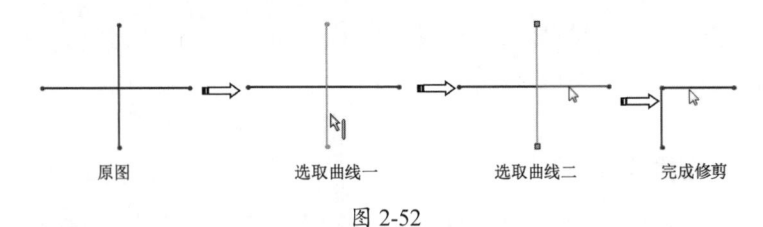

原图　　　　　选取曲线一　　　　选取曲线二　　　　完成修剪

图 2-52

(3)"在内剪除"选项

"在内剪除"选项是选择两个边界曲线或一个面,然后选择要修剪的曲线,修剪的部分为边界曲线内的部分,操作过程如图2-53所示。

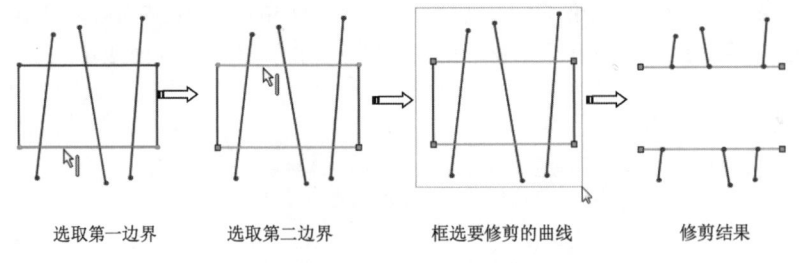

选取第一边界　　选取第二边界　　框选要修剪的曲线　　修剪结果

图 2-53

(4)在外剪除

"在外剪除"选项与"在内剪除"选项修剪的结果正好相反,如图2-54所示。

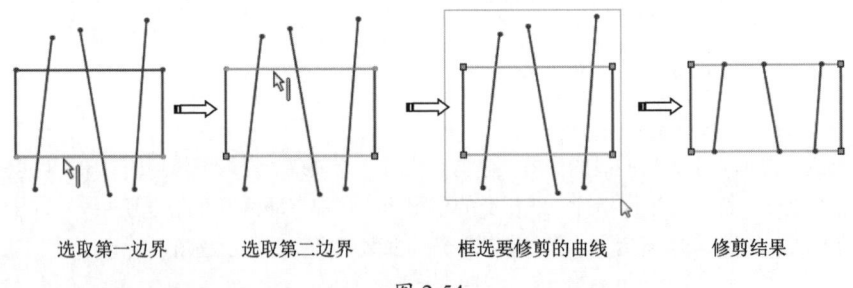

选取第一边界　　选取第二边界　　框选要修剪的曲线　　修剪结果

图 2-54

(5)"裁减到最近端"选项

"裁减到最近端"选项也是一种快速修剪曲线的方法,操作过程如图2-55所示。

技术要点

"裁减到最近端"与"强劲剪裁"这两种修剪方法存在显著区别。具体而言,"裁减到最近端"采用的是单击修剪方式,每次操作仅针对一条曲线进行精确修剪;而"强劲剪裁"则通过画线的方式,实现更为高效和批量的修剪。

图 2-55

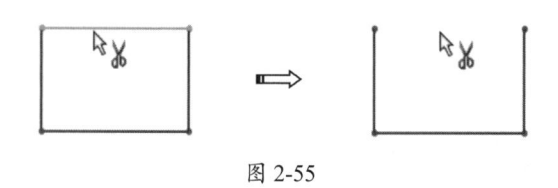

2. 延伸实体

使用"延伸实体"工具可以增加草图曲线（直线、中心线或圆弧）的长度，使要延伸的草图曲线延伸至与另一草图曲线相交。单击"延伸实体"按钮T，鼠标指针由变为。在图形区将鼠标指针靠近要延伸的曲线，随后将以红色预览显示延伸曲线，单击曲线将完成延伸操作，如图 2-56 所示。

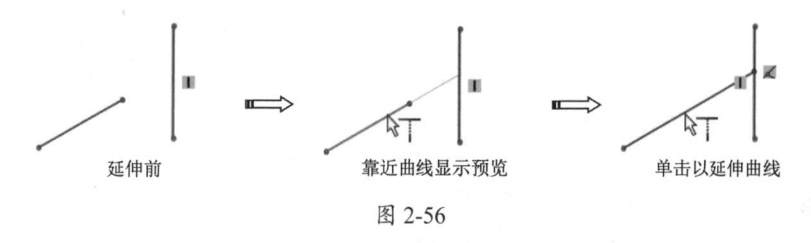

延伸前　　　　　　靠近曲线显示预览　　　　　　单击以延伸曲线

图 2-56

技术要点

若要将曲线延伸至多条曲线，第一次单击要延伸的曲线可以将其延伸至第一相交曲线，再单击可以延伸至第二相交曲线。

3. 等距实体

"等距实体"工具可以将一条或多条草图曲线、所选模型边线或模型面按指定距离值等距离偏移或复制。单击"等距实体"按钮，调出"等距实体"属性面板，如图 2-57 所示。

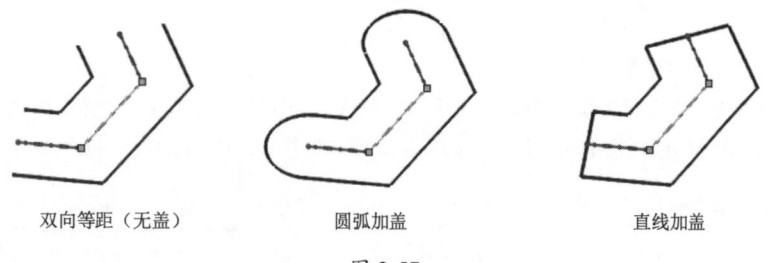

双向等距（无盖）　　　　圆弧加盖　　　　直线加盖

图 2-57

"等距实体"属性面板的"参数"选项区中的主要选项含义如下。

- 等距距离：设定数值以特定距离来等距草图曲线。
- 添加尺寸：选中此复选框，等距曲线后将显示尺寸约束。
- 反向：选中此复选框，将反转偏距方向。当选中"双向"复选框时，此复选框不可用。
- 选择链：选中此复选框，将自动选择曲线链作为等距对象。
- 双向：选中此复选框，可以双向生成等距曲线。
- 顶端加盖：为"双向"的等距曲线生成封闭端曲线，包括"圆弧"和"直线"2 种封闭形式，如图 2-58 所示。
- "构造几何体"：选中"基本几何体"或"偏移几何体"复选框，等距曲线将变成构造曲线，如图 2-59 所示。

图 2-58 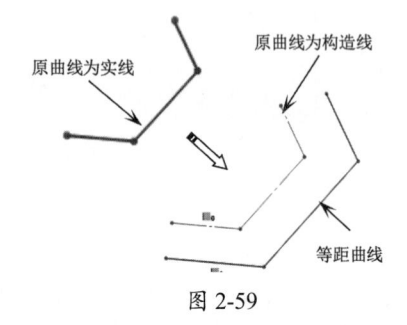　　　　　　　　　　　　　　图 2-59

4. 镜像实体

"镜像实体"工具是以直线、中心线、模型实体边及线性工程图边线作为对称中心来镜像复制曲线的。在"草图"选项卡中单击"镜像实体"按钮，调出"镜像"属性面板，如图 2-60 所示。

"镜像"属性面板的"选项"选项区中的主要选项含义如下。

- 要镜像的实体：将选中的要镜像的草图曲线对象添加到列表中。
- 复制：选中此复选框，镜像曲线后仍保留原曲线。取消选中此复选框，将不保留原曲线，如图 2-61 所示。

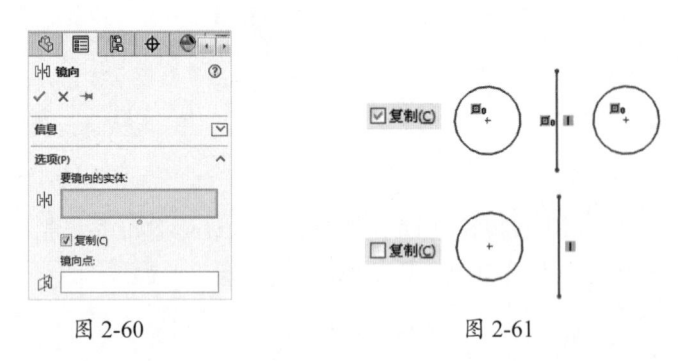

图 2-60　　　　　　　　　　　　　　图 2-61

- 镜像点：选择镜像中心线。

要绘制镜像曲线，先选择要镜像的对象曲线，然后选择镜像中心线（选择镜像中心线时必须激活"镜像点"列表框），最后单击面板中的"确定"按钮完成镜像操作，如图 2-62 所示。

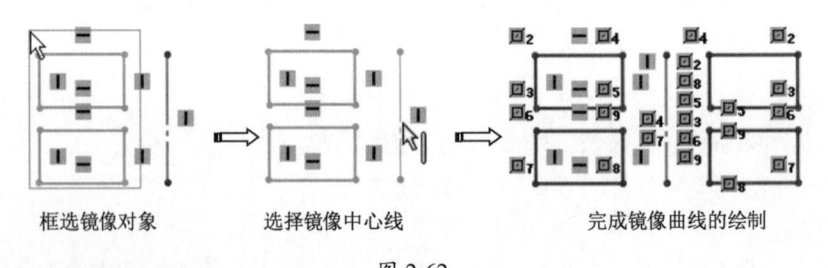

框选镜像对象　　　选择镜像中心线　　　完成镜像曲线的绘制

图 2-62

5. 移动实体、复制实体

"移动实体"是将草图曲线在基准面内按指定方向进行平移操作；"复制实体"是将草图曲线在基准面内按指定方向进行平移，但要生成对象副本。

在"草图"选项卡中单击"移动实体"按钮或"复制实体"按钮后，调出"移动"属性面板（如图 2-63 所示）或"复制"属性面板（如图 2-64 所示）。

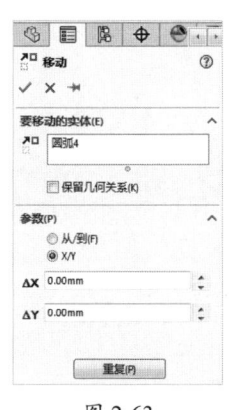

第 2 章　SolidWorks草图设计

图 2-63　　　　　　　图 2-64

"移动实体"工具的应用示例如图 2-65 所示。

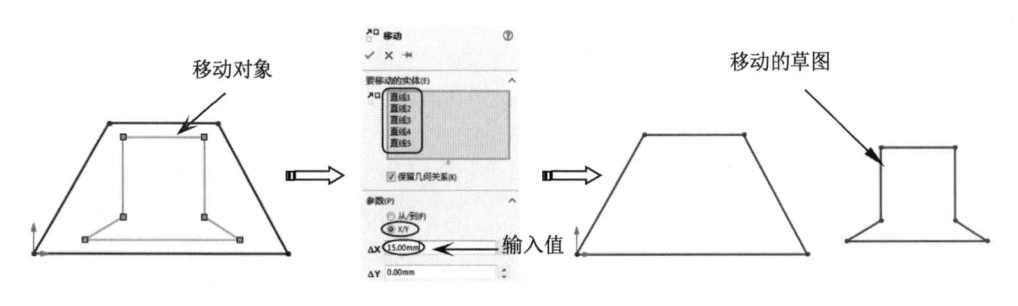

图 2-65

"复制实体"工具的应用示例如图 2-66 所示。

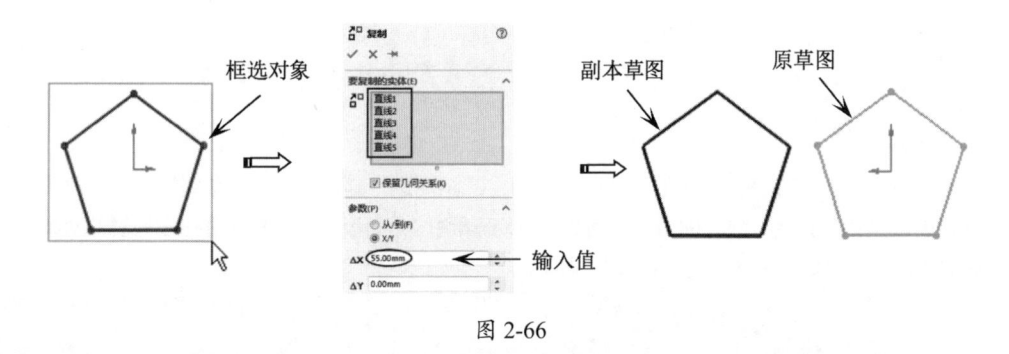

图 2-66

技术要点

"移动"和"复制"操作将不生成几何关系，若想生成几何关系，可以使用"添加几何关系"工具为其添加新的几何关系。

6. 旋转实体

使用"旋转实体"工具可以将选择的草图曲线绕旋转中心进行旋转，不生成副本。在"草图"选项卡中单击"旋转实体"按钮，调出"旋转"属性面板，如图 2-67 所示。

通过"旋转"属性面板，选取要旋转的曲线并指定旋转中心点及旋转角度后，单击"确定"按钮即可完成旋转实体操作，如图 2-68 所示。

041

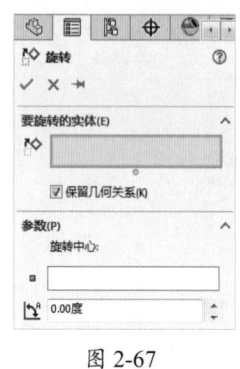

图 2-67 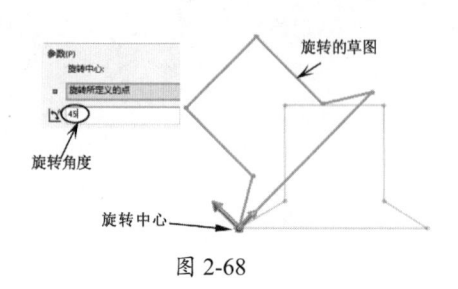　　　　　　　　　　　　　图 2-68

7. 缩放实体比例

"缩放实体比例"是指将草图曲线按设定的比例因子进行缩小或放大，"缩放实体比例"工具可以生成对象的副本。

在"草图"选项卡中单击"缩放实体比例"按钮 ，调出"比例"属性面板，如图 2-69 所示。通过此面板，选择要缩放的对象，并为缩放指定基准点，再设定比例因子，即可缩放参考对象，如图 2-70 所示。

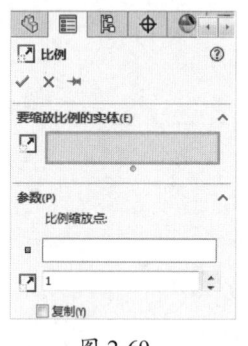

图 2-69 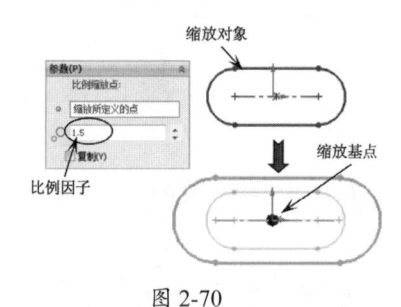　　　　　　　　　　　　　图 2-70

8. 伸展实体

"伸展实体"是指将草图中选定的部分曲线按指定的距离进行延伸，使整个草图被伸展。单击"伸展实体"按钮 ，调出"伸展"属性面板，如图 2-71 所示。通过此面板，在图形区选择要伸展的对象，并设定伸展距离，即可伸展选定的对象，如图 2-72 所示。

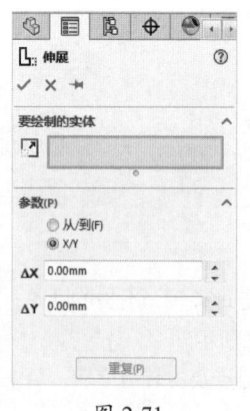

图 2-71 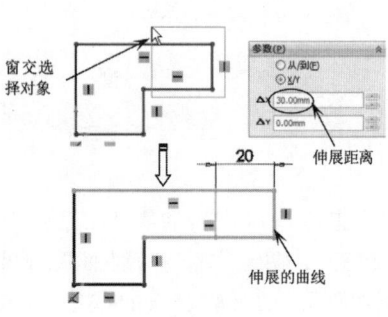　　　　　　　　　　　　　图 2-72

第2章 SolidWorks草图设计

技术要点

若选择草图中所有曲线进行伸展，最终结果是对象没有被伸展，而仅按指定的距离进行平移。

9. 草图实体的阵列

草图实体的阵列是一个对象复制过程，阵列的方式包括圆形阵列和矩形阵列，它可以在圆形或矩形阵列上创建出多个副本。

在"草图"选项卡中单击"线性草图阵列"按钮，属性管理器将显示"线性阵列"属性面板，如图2-73所示。单击"圆周草图阵列"按钮后，鼠标指针由变为，属性管理器将显示"圆周阵列"属性面板，如图2-74所示。

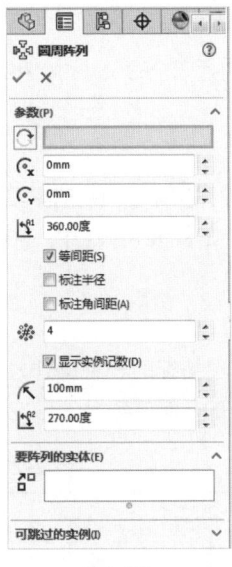

图 2-73　　　　　图 2-74

（1）线性草图阵列

使用"线性阵列"工具进行线性阵列的操作示例如图2-75所示。

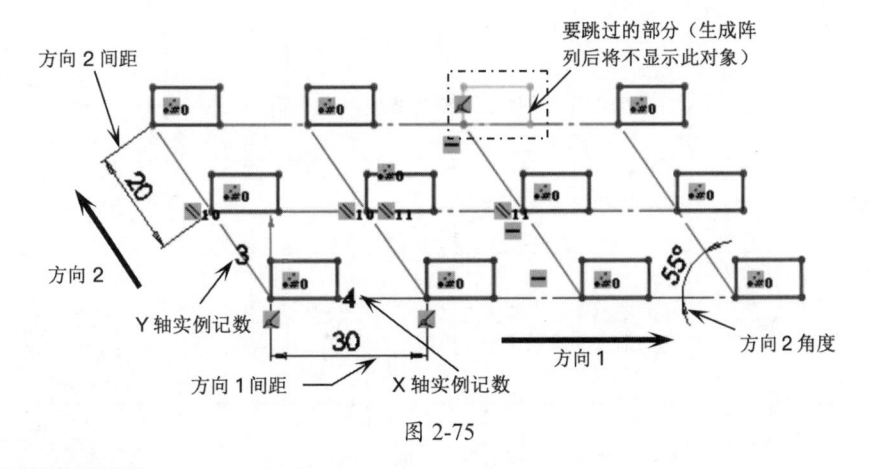

图 2-75

（2）圆周草图阵列

使用"圆周阵列"工具进行圆周阵列的操作示例如图2-76所示。

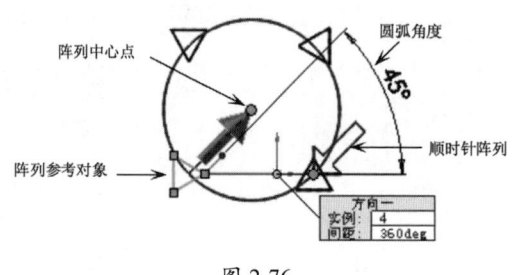

图 2-76

2.3 草图约束

一个完全定义的草图包括齐全的尺寸约束和几何约束。草图中可以允许欠定义，但不能过定义。

2.3.1 几何关系约束

草图几何关系约束为草图实体之间或草图实体与基准面、基准轴、边线或顶点之间的几何约束，可以自动或手动添加几何关系。在 SolidWorks 中，2D 和 3D 草图中草图曲线和模型几何体之间的几何关系是设计意图中一种重要创建手段。

1. 几何约束类型

几何约束其实也是草图捕捉的一种特殊方式。几何约束类型包括推理和添加类型。表 2-2 列出了 SolidWorks 草图模式中所有的几何关系。

表 2-2 草图几何关系

几何关系	类型	说明	图解
水平	推理	绘制水平线	
垂直	推理	按垂直于第一条直线的方向绘制第二条直线。草图工具处于激活状态，因此在直线上显示草图捕捉中点	
平行	推理	按平行几何关系绘制两条直线	
水平和相切	推理	添加切线弧到水平线	
水平和重合	推理	绘制第二个圆。草图工具处于激活状态，因此草图捕捉的象限显示在第二个圆弧上	
竖直、水平、相交和相切	推理和添加	按中心推理到草图原点绘制圆（竖直），水平线与圆的象限相交，添加相切几何关系	

第2章　SolidWorks草图设计

续表

几何关系	类型	说明	图解
水平、竖直和相等	推理和添加	推理水平和竖直几何关系，添加相等几何关系	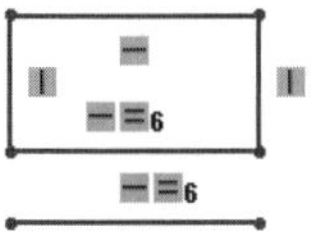
同心	添加	添加同心几何关系	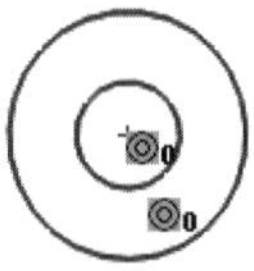

推理类型的几何约束仅在绘制草图的过程中自动出现，而添加类型的几何约束则需要手动添加。

> **技术要点**
> 推理类型的几何约束，仅在"系统选项"的"草图"选项设置中，选中"自动添加几何关系"复选框时才能显示出来。

2. 添加几何关系

一般说来，用户在绘制草图过程中，软件会自动添加其几何约束关系，但是当"自动添加几何关系"的选项（系统选项）未被设置时，这就需要手动添加几何约束关系了。

在"草图"选项卡中单击"添加几何关系"按钮┴，属性管理器将显示"添加几何关系"属性面板，如图2-77所示。当选择要添加几何关系的草图曲线后，"添加几何关系"选项区将显示几何关系选项，如图2-78所示。

图 2-77 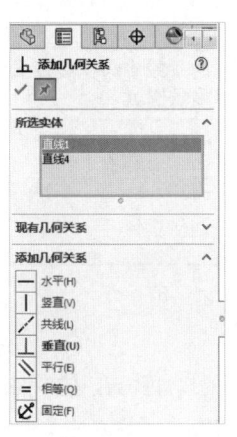　　图 2-78

根据所选的草图曲线不同，则"添加几何关系"属性面板中的几何关系选项也会不同。表2-3说明了用户可以为几何关系选择的草图曲线以及所产生的几何关系的特点。

表 2-3　选择草图曲线所产生的几何关系及特点

几何关系	图标	要选择的草图	所产生的几何关系
水平或竖直	 ― ∣	一条或多条直线，或者两个或多个点	直线会变成水平或竖直（由当前草图的空间定义），而点会水平或竖直对齐

045

续表

几何关系	图标	要选择的草图	所产生的几何关系
共线	∕	两条或多条直线	项目位于同一条无限长的直线上
全等	◯	两个或多个圆弧	相同的圆心和半径
垂直	⊥	两条直线	两条直线相互垂直
平行	∥	两条或多条直线，3D 草图中一条直线和一个基准面	项目相互平行，直线平行于所选基准面
沿 X		3D 草图中一条直线和一个基准面（或平面）	直线相对于所选基准面与 YZ 基准面平行
沿 Y		3D 草图中一条直线和一个基准面（或平面）	直线相对于所选基准面与 ZX 基准面平行
沿 Z		3D 草图中一条直线和一个基准面（或平面）	直线与所选基准面正交
相切	∂	一条圆弧、椭圆或样条曲线，以及一条直线或圆弧	两个项目保持相切
同轴心	◎	两条或多条圆弧，或者一个点和一条圆弧	圆弧共用同一个圆心
中点	∕	两条直线或一个点和一条直线	点保持位于线段的中点
交叉	✕	两条直线和一个点	点位于直线、圆弧或椭圆上
重合	⋌	一个点和一条直线、圆弧，或者椭圆	点位于直线、圆弧或椭圆上
相等	=	两条或多条直线，或者两条或多条圆弧	直线长度或圆弧半径保持相等
对称	⌀	一条中心线和两个点、直线、圆弧或椭圆	项目保持与中心线等距，并位于一条与中心线垂直的直线上
固定	⌐	任何实体	草图曲线的大小和位置被固定。然而，固定直线的端点可以自由地沿其下无限长的直线移动

2.3.2 草图尺寸约束

尺寸约束就是创建草图的尺寸约束，使草图满足设计者的要求并让草图固定。SolidWorks 尺寸约束共有 6 种，在"草图"选项卡中包含了这 6 种尺寸约束类型，如图 2-79 所示。

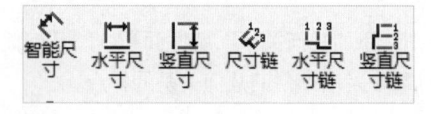

图 2-79

2.3.3 草图尺寸设置

在"草图"选项卡中单击"智能尺寸"按钮 或其他尺寸约束按钮，可以在图形区为草图标注尺寸，标注尺寸后属性管理器将显示"尺寸"属性面板。

第2章 SolidWorks草图设计

技术要点

在标注尺寸的过程中，属性管理器将显示"线条属性"属性面板，通过该面板可以为草图曲线定义几何约束。

"尺寸"属性面板中包括3个选项卡：数值、引线和其它。"数值"选项卡的设置选项如图2-80所示；"引线"选项卡的设置选项如图2-81所示；"其它"选项卡的设置选项如图2-82所示。

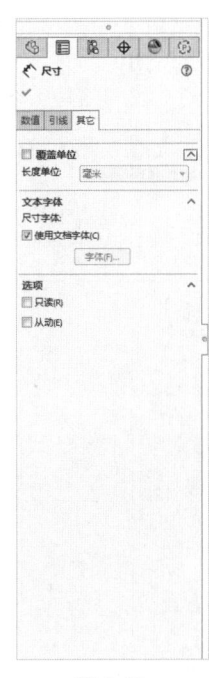

| 图 2-80 | 图 2-81 | 图 2-82 |

1. 尺寸约束类型

SolidWorks 向用户提供了 6 种尺寸约束类型：智能尺寸、水平尺寸、竖直尺寸、尺寸链、水平尺寸链和竖直尺寸链。其中智能尺寸类型也包含了水平尺寸类型和竖直尺寸类型。

智能尺寸是软件自动判断选择对象并进行对应的尺寸约束。这种类型的好处是标注灵活，由一个对象可以标注出多个尺寸约束。但由于此类型几乎包含了所有的尺寸约束类型，所以针对性不强，有时也会产生不便。

表 2-4 中列出了 SolidWorks 的所有尺寸约束类型。

表 2-4 尺寸约束类型

尺寸标注类型	图标	说明	图解
竖直尺寸链	凸	竖直标注的尺寸链组	0 / 30 / 60
水平尺寸链	凵	水平标注的尺寸链组	0 56 113

续表

尺寸标注类型		图标	说明	图解
尺寸链			从工程图或草图中的零坐标开始测量的尺寸链组	
竖直尺寸			标注的尺寸总与坐标系的 Y 轴平行	
水平尺寸			标注的尺寸总与坐标系的 X 轴平行	
智能尺寸	平行尺寸		标注的尺寸总与所选对象平行	
	角度尺寸		指定以线性尺寸（非径向）标注直径尺寸，且与轴平行	
	直径尺寸		标注圆或圆弧的直径尺寸	
	半径尺寸		标注圆或圆弧的半径尺寸	
	弧长尺寸		标圆弧的弧长尺寸。标注方法是先选择圆弧，然后依次选择圆弧的两个端点	

2. 尺寸修改

当尺寸不符合设计要求时，就需要重新修改。修改尺寸可以通过"尺寸"属性面板修改，也可以通过"修改"对话框来修改。

在草图中双击标注的尺寸，将弹出"修改"对话框，如图 2-83 所示。

"修改"对话框中主要按钮的含义如下。

- 保存 ✓：单击此按钮，保存当前的数值并关闭对话框。
- 恢复 ✗：单击此按钮，恢复原始值并关闭对话框。
- 重建模型 ⁸：单击此按钮，以当前的数值重建模型。
- 反转尺寸方向 ↗：单击此按钮，反转尺寸方向。
- 重设增量值 ⁺⁺：单击此按钮，重新设定尺寸增量值。
- 标注 ✍：单击此按钮，标注要输入工程图中的尺寸。此按钮仅在零件和装配体模式中可用。当插入模型项目到工程图中时，可以插入所有尺寸或只插入标注的尺寸。

要修改尺寸数值，可以输入数值、单击微调按钮 ↕、单击微型旋轮，也可以在图形区滚动鼠标滚轮。

默认情况下，除直接输入尺寸值外，其他几种修改方法都是以 10 的增量增加或减少尺寸值。用户可以单击"重设增量值"按钮,在随后弹出的"增量"对话框中设置自定义的尺寸增量值,如图 2-84 所示。

修改增量值后,选中"增量"对话框的"成为默认值"复选框,新设定的值就成为以后的默认增量值。

图 2-83

图 2-84

2.4 绘制 3D 草图

图 2-85 所示为利用直线命令在 3 个基准平面(前视基准面、右视基准面和上视基准面)绘制的空间连续直线。

在功能区"草图"选项卡中单击"3D 草图"按钮,即可进入 3D 草图环境并利用 2D 草图环境中的草图工具来绘制 3D 草图,如图 2-86 所示。

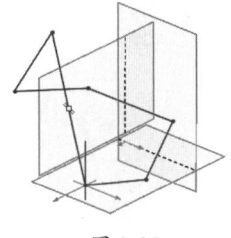

图 2-85

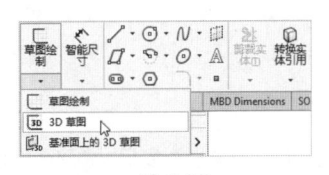

图 2-86

在 3D 草图绘制过程中,图形空间控标可以帮助用户在数个基准面上绘制时保持方位。在所选基准面上定义草图实体的第一个点时,空间控标就会出现。控标由两个相互垂直的轴构成,红色高亮显示表示当前的草图平面。

在 3D 草图环境下,当执行绘图命令并定义草图第一个点后,图形区显示空间控标,而且鼠标指针由 ▷ 变为 ▷,如图 2-87 所示。

技术要点

控标的作用除了显示当前所在的草图平面,还可以选择控标所在的轴,线以便沿该轴线绘图,如图 2-88 所示。

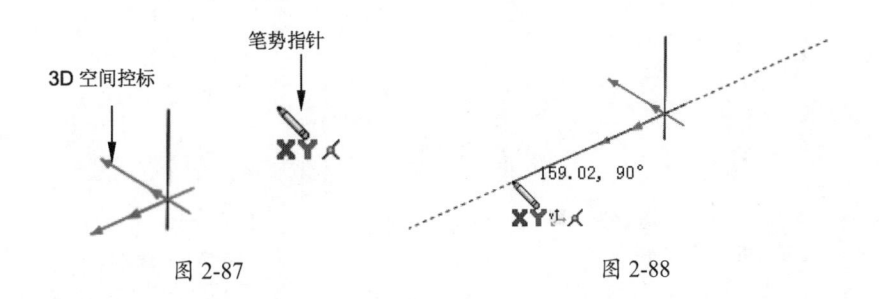

3D 空间控标　　笔势指针

图 2-87

图 2-88

技术要点

用户可以按键盘中的→、←、↑、↓键来自由旋转3D控标，而且按住Shift键，再按→、←、↑、↓键，可以将控标旋转90°。

2.5 草图绘制综合案例

前面介绍了草图相关知识，本节以案例的方式分享草图绘制的过程和作图经验。

2.5.1 案例一：机械零件草图1

参照如图2-89所示的图纸来绘制草图，未标注的圆弧半径均为R3。

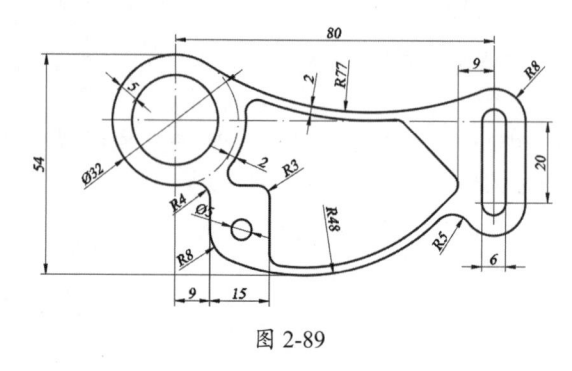

图2-89

1. 绘图分析

（1）此图形结构比较特殊，许多尺寸都不是直接给出的，需要经过分析得到，否则容易出错。

（2）由于图形的内部有一个完整的封闭环，这部分图形也是一个完整图形，但这个内部图形的定位尺寸参考均来自外部图形中的"连接线段"和"中间线段"。所以，绘图顺序是先绘制外部图形，再绘制内部图形。

（3）此图形很容易确定绘制的参考基准中心位于∅32圆的圆心，从标注的定位尺寸就可以看出。作图顺序如图2-90所示。

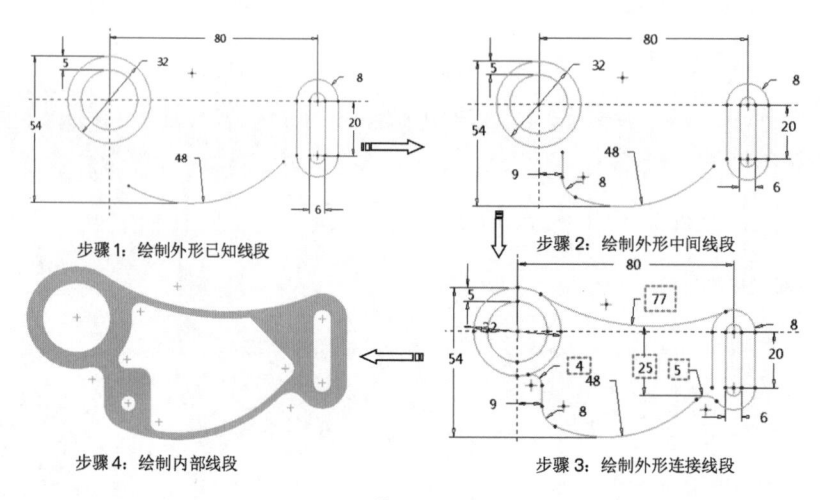

步骤1：绘制外形已知线段
步骤2：绘制外形中间线段
步骤3：绘制外形连接线段
步骤4：绘制内部线段

图2-90

2. 设计步骤

具体的设计步骤如下。

01 新建SolidWorks零件文件。在"草图"选项卡单击"草图绘制"按钮，选择上视基准面作为草图平面，进入草绘环境，如图2-91所示。

02 绘制图形基准中心线。本例就以坐标系原点作为⌀32圆的圆心，绘制的基准中心线如图2-92所示。

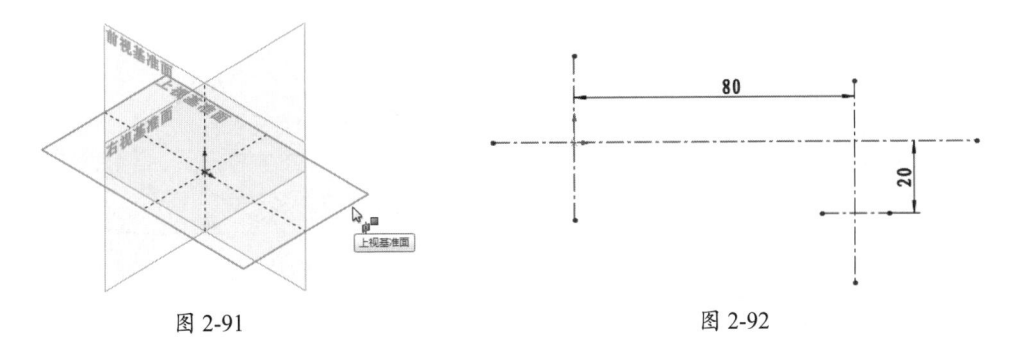

图 2-91

图 2-92

03 绘制外部轮廓的已知线段（既有定位尺寸也有定形尺寸的线段）。

- 单击"圆"按钮⊙，在坐标系原点绘制两个同心圆，并进行尺寸约束，如图2-93所示。
- 单击"直线"按钮、"圆"按钮⊙、"等距实体"按钮、"剪裁实体"按钮等，绘制右侧部分（虚线框中部分）的已知线段，然后单击"删除段"按钮修剪，如图2-94所示。

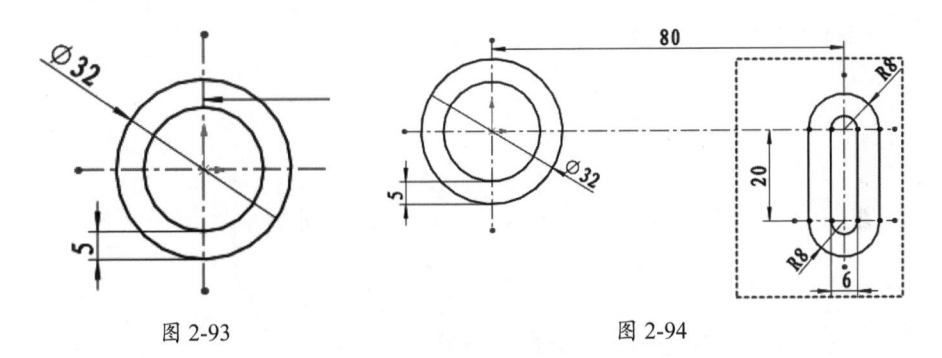

图 2-93

图 2-94

- 单击"3点圆弧"按钮，绘制下方的已知线段（R48）的圆弧，如图2-95所示。

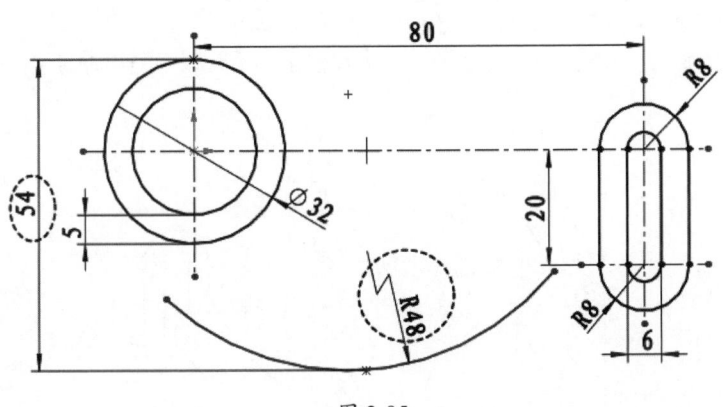

图 2-95

04 绘制外部轮廓的中间线段（只有定位尺寸的线段）。

- 单击"直线"按钮，绘制标注距离值为 9 的竖直直线，如图 2-96 所示。
- 单击"绘制圆角"按钮，在竖直线与圆弧（R48）交点处创建圆角（R8），如图 2-97 所示。

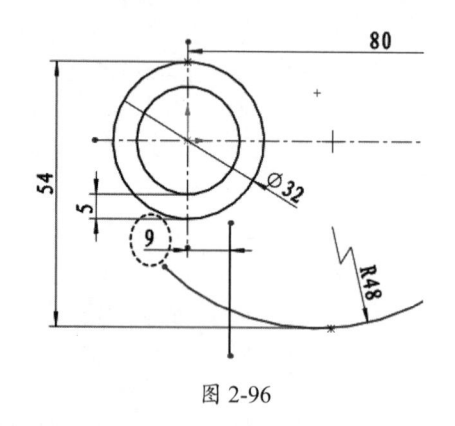

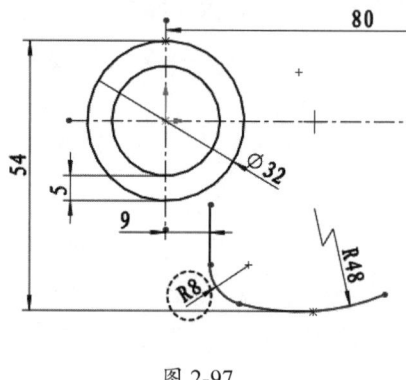

图 2-96

图 2-97

技术要点

本来这个圆角曲线（∅8）属于连接线段类型，但它的圆心同时也是里面∅5圆的圆心，起到定位作用，所以这段圆角曲线又变成了中间线段。

05 绘制外部轮廓的连接线段。

- 绘制一条水平直线，如图 2-98 所示。

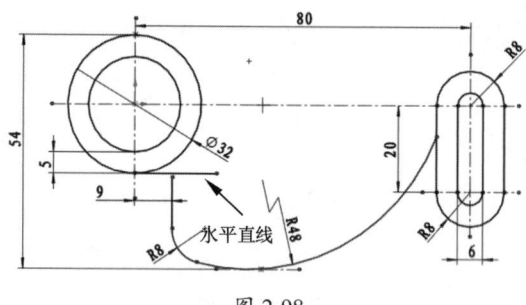

图 2-98

- 单击"绘制圆角"按钮，创建第一段连接线段曲线（R4）。
- 单击"三点圆弧"按钮，创建第二段连接线段圆弧曲线（R77），两端与相接圆分别相切，如图 2-99 所示。

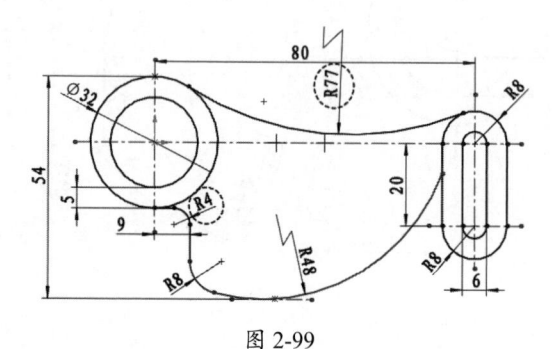

图 2-99

第2章 SolidWorks草图设计

- 单击"圆"按钮⊙·,绘制∅10的圆,作为水平辅助构造线,先将上方水平构造线与R77圆弧相切约束,接着设置两条水平构造线之间的尺寸约束(25),最后将∅10的圆分别与R48的圆弧、水平构造线和R8的圆弧相切约束,如图2-100所示。

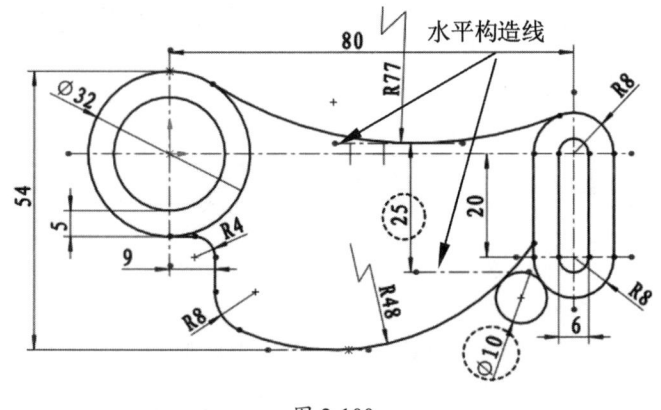

图 2-100

- 修剪∅10的圆,并重新绘制尺寸约束修剪后的圆弧,如图2-101所示。

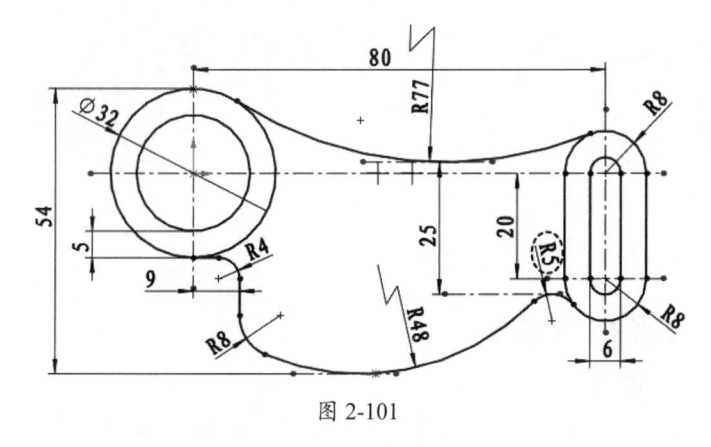

图 2-101

06 绘制内部图形轮廓。

- 单击"等距实体"按钮⊑,偏移出如图2-102所示的内部轮廓中的中间线段。
- 单击"直线"按钮∕,绘制3条直线,如图2-103所示。

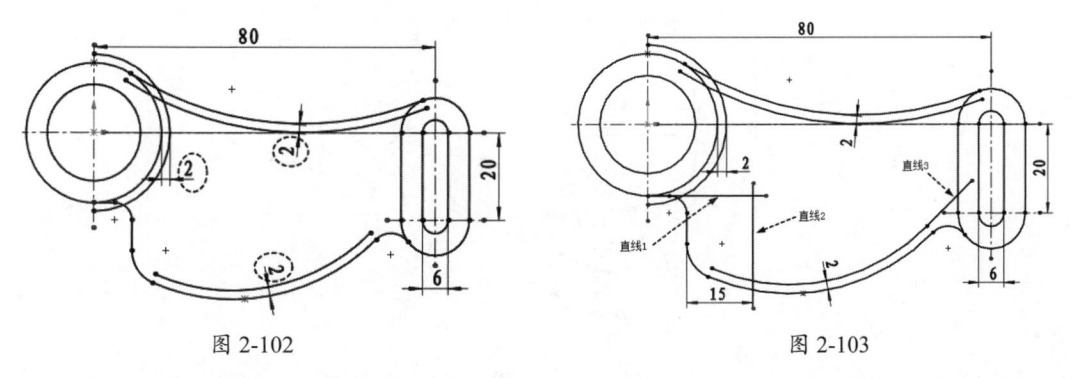

图 2-102   图 2-103

- 单击"直线"按钮∕,绘制第4条直线,利用垂直约束使直线4与直线3垂直约束,如图2-104所示。

053

- 单击"绘制圆角"按钮，创建内部轮廓中相同半径（R3）的圆角，如图 2-105 所示。

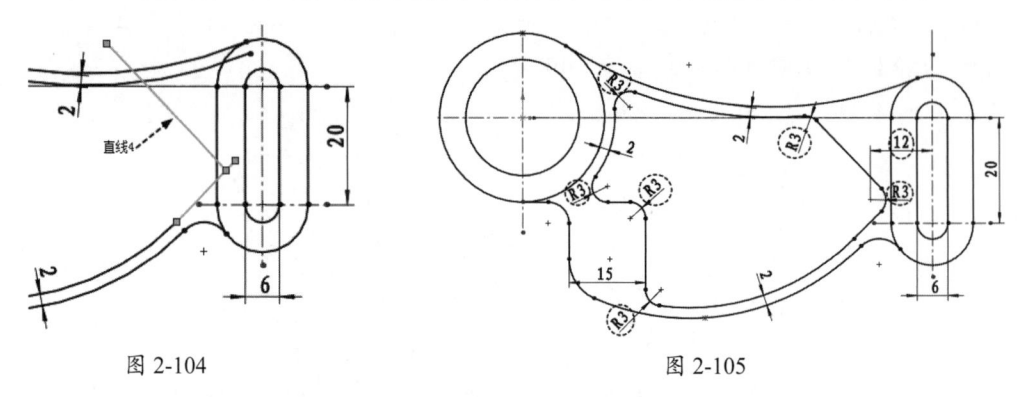

图 2-104

图 2-105

- 单击"剪裁实体"按钮，修剪图形，结果如图 2-106 所示。
- 单击"圆心和点"按钮，在左下角圆角半径为 R8 的圆心位置绘制 ⌀5 的圆，如图 2-107 所示。

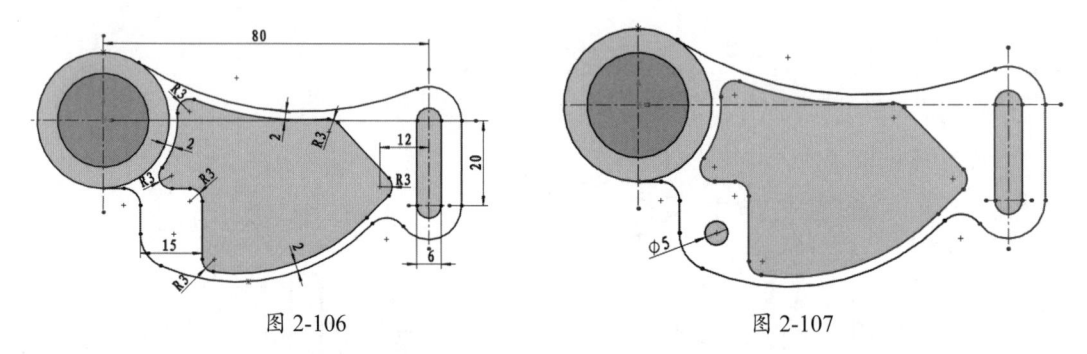

图 2-106

图 2-107

至此，完成了本例草图的绘制。

2.5.2　案例二：机械零件草图 2

本例要绘制的手柄支架草图如图 2-108 所示。要绘制一个完整的平面图形，需要对图形进行尺寸分析。在本例中，手柄支架图形主要有尺寸基准、定位尺寸和定形尺寸。从对图形进行线段分析来看，主要包括已知线段、连接线段和中间线段。

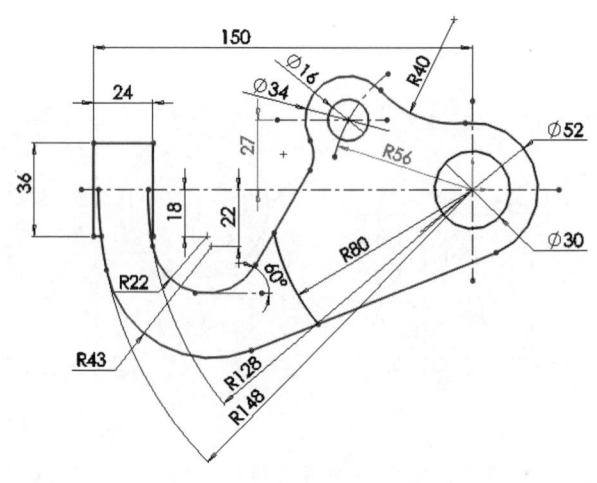

图 2-108

1. 绘图分析

绘制手柄支架草图的主要步骤如下。

01 绘制基准线和定位线，如图 2-109 所示。

02 绘制已知线段，如标注尺寸的线段，如图 2-110 所示。

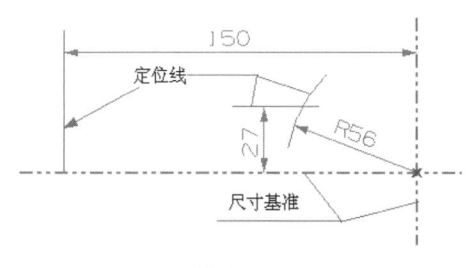

图 2-109 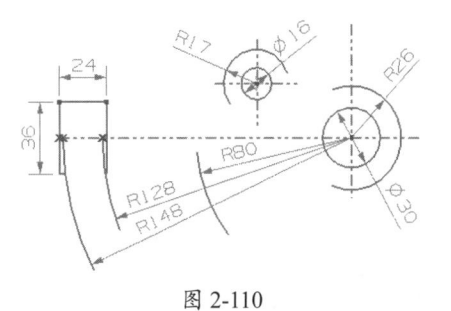　　　　　　　　　图 2-110

03 绘制中间线段，如图 2-111 所示。

04 绘制连接线段，如图 2-112 所示。

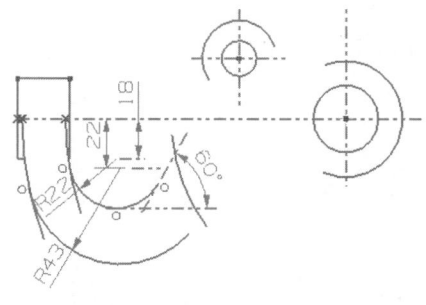

图 2-111 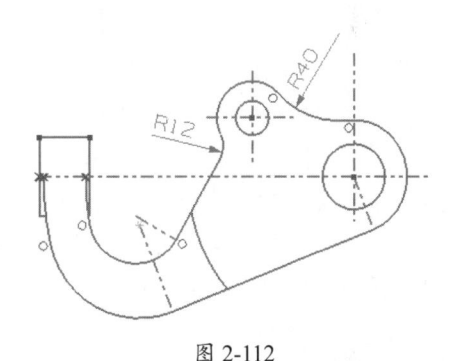　　　　　　　　　图 2-112

2. 绘制步骤

01 新建 SolidWorks 零件，选择前视视图作为草绘平面，并进入草图模式。

02 使用"中心线"工具，在图形区中绘制如图 2-113 所示的中心线。

03 使用"圆弧"工具，以"圆心/起/终点画弧"方式在图形区绘制 R56 的圆弧，并将此圆弧设为构造线，如图 2-114 所示。

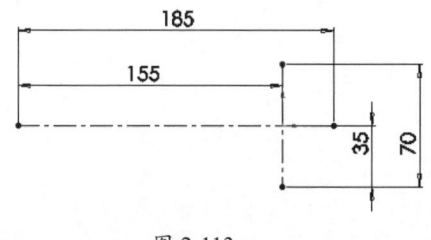

图 2-113 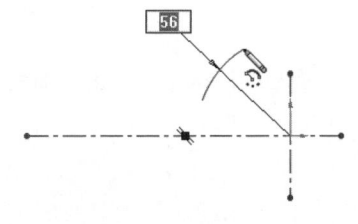　　　　　　　　　图 2-114

> **技术要点**
> 将圆弧设为构造线，是因为其将作为定位线而存在。

04 使用"直线"工具，绘制一条与圆弧相交的构造线，如图 2-115 所示。

05 使用"圆"工具，在图形区中绘制 4 个直径分别为 52mm、30mm、34mm、16mm 的圆，如图 2-116 所示。

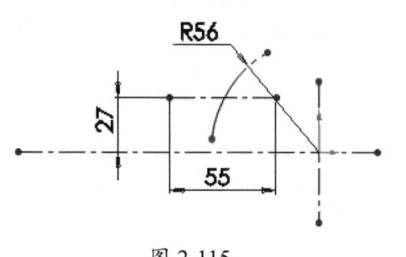

图 2-115 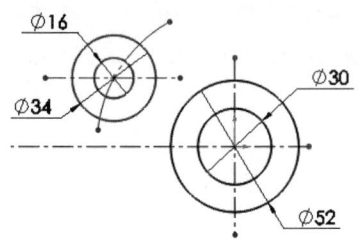　　　　图 2-116

06 使用"等距实体"工具，选择竖直中心线作为等距参考，绘制两条偏距分别为 150mm 和 126mm 的等距实体，如图 2-117 所示。

07 使用"直线"工具绘制如图 2-118 所示的水平直线。

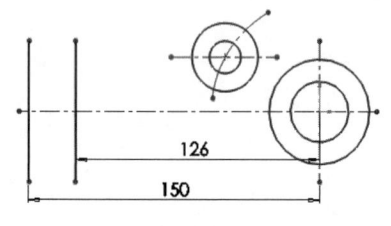

图 2-117 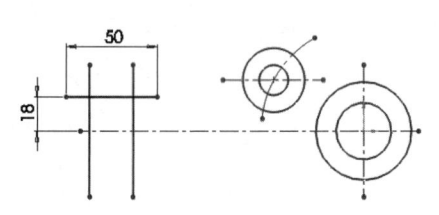　　　　图 2-118

08 在"草图"选项卡中单击"镜像实体"按钮呐，属性管理器显示"镜像实体"属性面板。按信息提示在图形区选择要镜像的实体，如图 2-119 所示。

09 选中"复制"复选框，并激活"镜像点"列表，然后在图形区选择水平中心线作为镜像中心，如图 2-120 所示。

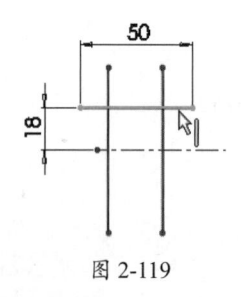

图 2-119 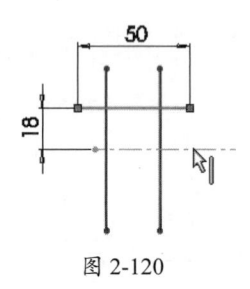　　　　图 2-120

10 单击"确定"按钮✓，完成镜像操作，如图 2-121 所示。

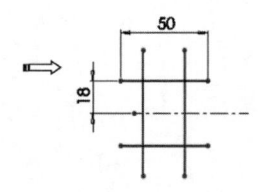

图 2-121

11 使用"圆弧"工具,以"圆心/起/终点"类型在图形区绘制两条半径分别为148mm和128mm的圆弧,如图2-122所示。

技术要点

如果你绘制的圆弧并非所期望的,而是其补弧,那么在确定圆弧终点时,可以根据需要顺时针或逆时针调整,以获得所需的圆弧。

12 使用"直线"工具,绘制两条水平短直线,如图2-123所示。

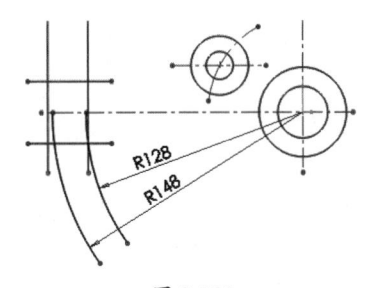

图 2-122　　　　图 2-123

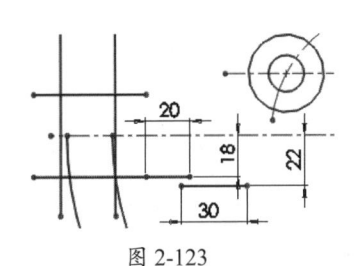

13 使用"添加几何关系"工具,将前面绘制的所有图线固定。

14 使用"圆弧"工具,选择以"圆心/起/终点"类型在图形区中绘制半径为22mm的圆弧,如图2-124所示。

15 使用"添加几何关系"工具,选择如图2-125所示的两段圆弧,并将其几何约束为"相切"。

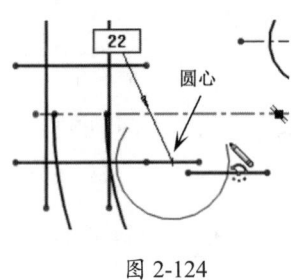

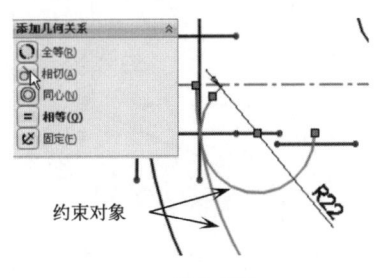

图 2-124　　　　图 2-125

16 同理,再绘制半径为43mm的圆弧,并添加几何约束将其与另一圆弧相切,如图2-126所示。

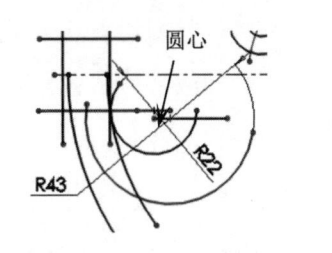

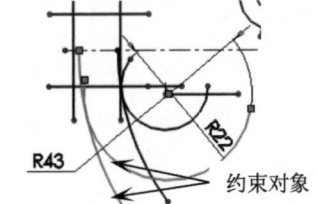

图 2-126

17 使用"直线"工具,绘制一条直线构造线,使其与半径为22mm的圆弧相切,并与水平中心线平行,如图2-127所示。

18 使用"直线"工具再绘制一条直线,使该直线与上一步绘制的直线构造线呈60°。然后,添加几何关系使其相切于半径为22mm的圆弧,如图2-128所示。

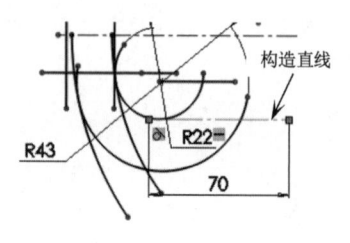

图 2-127 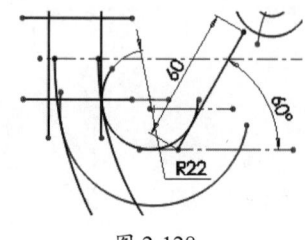　　　　　　　　　　　　　图 2-128

19 使用"裁减实体"工具，先对图形进行修剪处理，结果如图 2-129 所示。

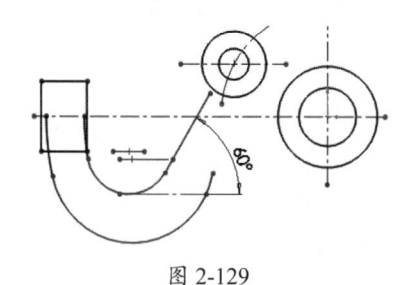

图 2-129

20 使用"直线"工具，绘制一条角度直线，并添加几何约束关系，使其与另一条圆弧和圆相切，如图 2-130 所示。

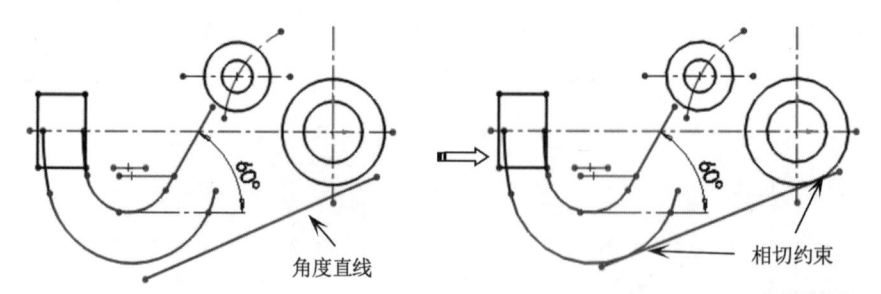

图 2-130

21 使用"圆弧"工具，以"3 点圆弧"类型，在两个圆之间绘制半径为 40mm 的连接圆弧，并添加几何约束关系使其与两个圆同时相切，如图 2-131 所示。

> **技术要点**
>
> 在绘制圆弧时，需要确保圆弧的起点和终点不与其他图线中的顶点、交叉点或中点重合，以避免无法添加新的几何关系。

22 同理，在图形区另一个位置绘制半径为 12mm 的圆弧，并添加几何约束关系使其两端分别与直线和圆都相切，如图 2-132 所示。

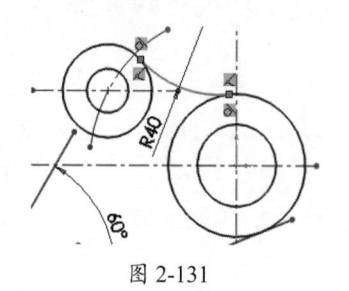

图 2-131 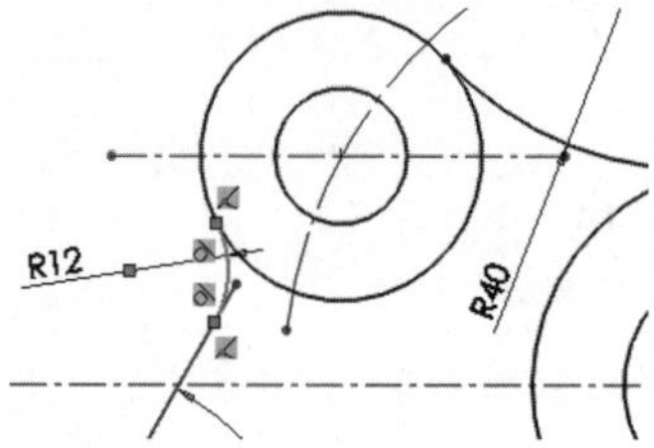　　　　　　　　　　　　　图 2-132

23 使用"圆弧"工具，以基准线中心为圆弧中心，绘制半径为80mm的圆弧，如图2-133所示。

24 使用"剪裁实体"工具，将草图中多余的图线全部修剪，如图2-134所示。

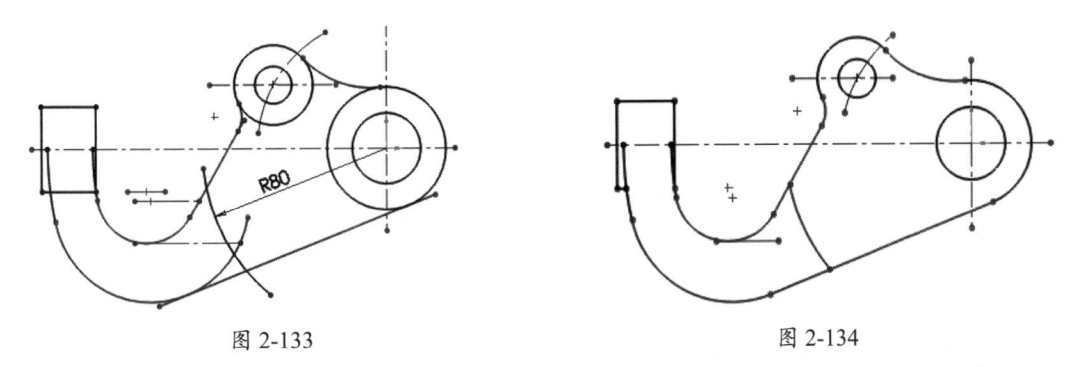

图 2-133

图 2-134

25 使用"显示/删除几何关系"工具，删除除中心线外的草图图线的几何关系，然后对草图进行尺寸约束，如图2-135所示。

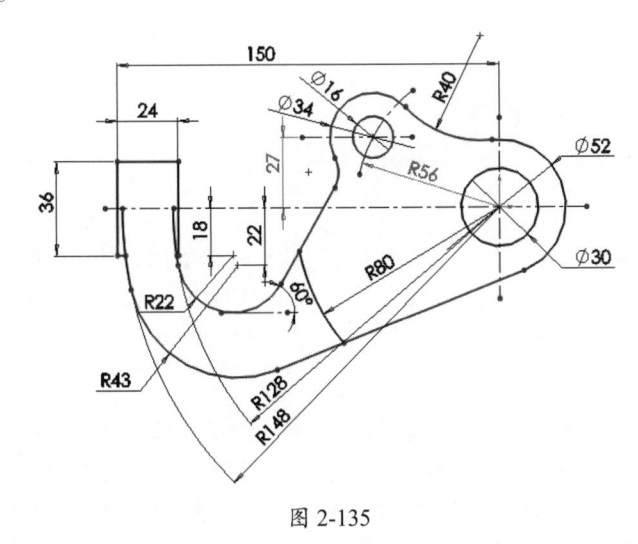

图 2-135

26 至此，手柄支架草图已绘制完成。在"标准"选项卡中单击"保存"按钮，将草图保存。

第 3 章　SolidWorks 实体设计

在构建一些简单机械零件的实体模型时，我们通常从绘制草图开始，然后利用实体特征工具逐步构建基础模型，并可以根据需求对实体特征进行编辑。而对于复杂零件的实体建模，其过程实质上是通过叠加、切割或相交等多种操作，将多个简单特征组合起来。本章将重点阐述机械零件实体建模的基本操作和编辑技巧。

3.1　特征建模基础

特征指的是由点、线、面或实体所构成的独立几何形态。零件模型则是由众多形状特征经过组合而形成的，因此，设计零件模型的过程实质上是将这些特征进行叠加的过程。

3.1.1　SolidWorks 特征分类

SolidWorks 中所应用的特征大致可以分为以下 4 类。

1. 基准特征

基准特征在设计中发挥辅助作用，为基体特征的创建和编辑提供关键的定位和定形参考。在 SolidWorks 中，这些特征被称为"参考几何体"。它们包括基准平面、基准轴、基准曲线、基准坐标系以及基准点等。图 3-1 展示了 SolidWorks 中的 3 个默认基准平面：前视基准面、右视基准面和上视基准面。

2. 基体特征

基体特征是基于草图构建的特征，构成零件模型的核心部分，也被称为"父特征"。通常，基体特征作为构建零件模型的起始点。在创建过程中，需要先草绘特征的一个或多个截面，然后根据特定的扫掠方式生成基体特征。常见的基体特征包括拉伸特征、旋转特征、扫描特征、放样特征和边界特征。图 3-2 展示了使用"拉伸凸台 / 基体"命令创建的拉伸特征。

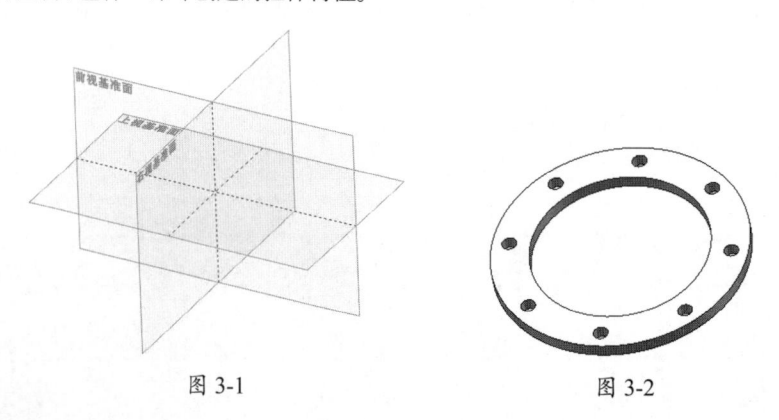

图 3-1　　　　　　　　　图 3-2

3. 工程特征

工程特征，也被称为"细节特征""构造特征"或"子特征"，是对基体特征进行局部细化的结果。

这些特征是系统提供或用户自定义的模板特征，具有确定的几何形状。在构建时，只需指定工程特征的放置位置和尺寸。常见的工程特征包括斜角特征、圆角特征、孔特征和抽壳特征等，如图 3-3 所示。

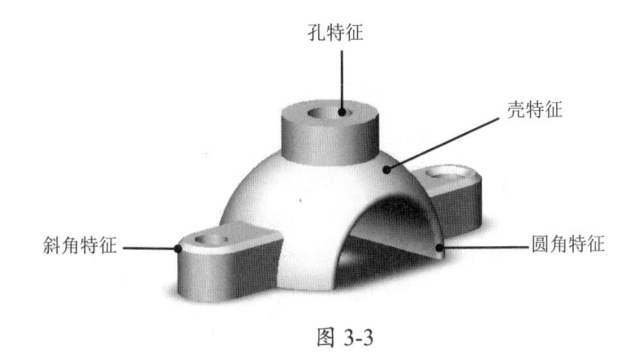

图 3-3

4. 曲面特征

曲面特征是用于构建产品外形表面的片体特征。曲面建模与实体特征建模截然不同。实体建模通过实体特征进行布尔运算得到有质量的实体模型，而曲面建模则是通过构建和组合多个曲面，经过消减和缝合等操作，得到产品的外表面模型。这种模型是空心的，没有质量。图 3-4 展示了利用多种曲面工具构建的曲面模型。

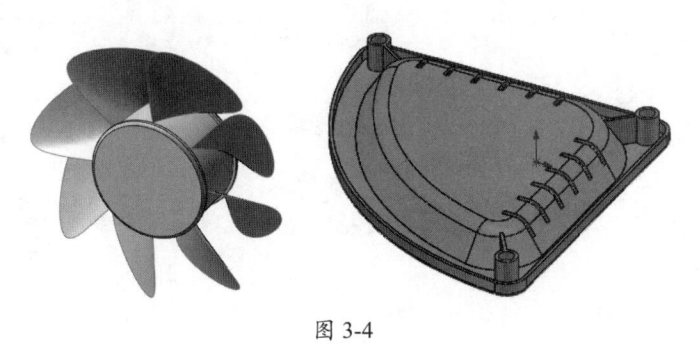

图 3-4

3.1.2 特征建模方法探讨

对于新手来说，快速有效地建立三维模型确实是一个挑战。然而，这个难题可以归纳为以下几个关键点。

- 对软件中的建模指令不够熟悉。
- 根据新手对工程制图知识的掌握程度，理解图纸可能存在一定的难度。
- 在建模过程中，对模型建立的先后顺序感到困惑，不知从何下手。

实际上，对于同一个模型，可以采用不同的建模思路来构建，每种思路所运用的指令也会有所不同。在上述 3 个问题中，前两个问题可以通过长期的建模实践来逐步解决或加强。而最关键的则是第 3 个问题：如何确定建模思路。

接下来，我们将探讨一些基本的建模思路。目前，建模方法主要分为 3 种：参照图纸建模、参照图片建模以及逆向点云构建曲面建模。其中，参照图片建模和逆向点云建模在曲面建模领域有着广泛的应用，但本节将不作为重点讲解。下面，我们将专注于讲解参照图纸建模的方法。

1. 导入一张图纸建模

当需要依据一张机械零件图纸进行三维建模时，图纸成为我们唯一的参照。下面，将通过实例来详细解析看图分析的方法。

三维模型的建立方式主要分为两种：叠加法和消减法。

（1）叠加法建模思路解析

以图 3-5 为例，这是一个典型的机械零件立体视图，图中清晰地标注了尺寸。尽管只有一个视图，但尺寸的完整性使我们可以准确地建立其三维模型。那么，具体的建模步骤应如何展开呢？

叠加法建模的核心思路在于：

- 确定建模的基准点，也就是建模的起始位置。对于此类带有"座"的零件，我们通常从底座开始建模。找到这个起点后，可以遵循"从下往上""从上往下""由内向外"或"由外向内"的原则，有条不紊地进行建模。
- 在建模过程中，要准确判断哪些是主特征（在软件中通常称为"父特征"），哪些是附加特征（在软件中称为"子特征"）。重要的是，我们需要先构建主特征，再添加子特征（尽管有些子特征可以与主特征同时建立，以简化操作步骤），这一点务必牢记。

针对此零件，我们已经根据叠加法建模思路整理出了一个清晰的建模流程，如图 3-6 所示。这个流程将指导我们逐步完成从图纸到三维模型的转化。

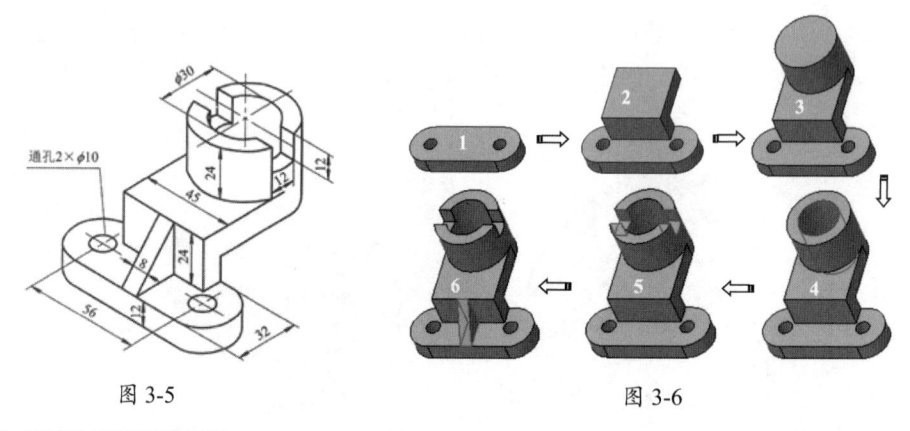

图 3-5

图 3-6

（2）消减法建模思路解析

消减法建模与叠加法建模在思路上形成鲜明对比。相较于叠加法的广泛应用，消减法应用较少，这主要是因为其建模的逻辑思维是逆向的，相对更难掌握。

以图 3-7 的机械零件图为例，虽然仅展示了一个立体视图，但通过观察可知，该零件包含底座。在采用消减法建模时，我们的起点依然是底座，但关键在于，首先需要构建一个从底座底面延伸至模型顶面的整体高度模型。随后，按照从上至下的顺序，逐步减除多余部分，直至最终呈现所需的零件模型。图 3-8 清晰地展示了消减法建模的流程分解，帮助理解这一逆向思维过程。

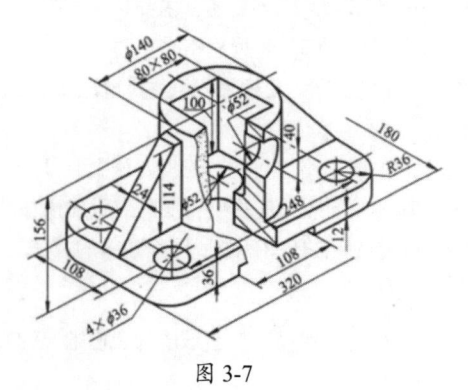

图 3-7

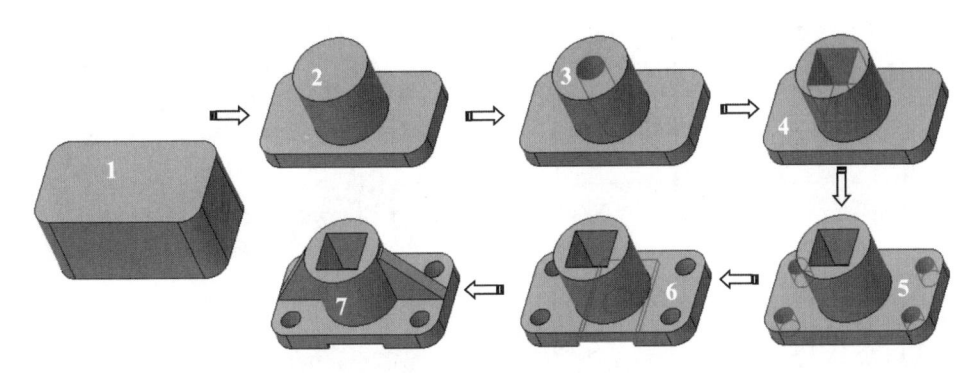

图 3-8

从前面介绍的两种建模方法的流程图可以看出，建模过程并非单纯依赖叠加或消减，而是这两种方法相互融合、灵活应用。例如，在"叠加法"中，第 4 步和第 5 步实际上采用了消减的步骤，而在"消减法"建模流程中，第 7 步则引入了叠加的特征。这说明在建模时，我们不应局限于单一的方法，而应多角度、全面地分析问题。当然，如果能用单一建模方法简洁有效地解决问题，就无须额外引入其他方法。总之，我们的目标是以最少的步骤高效完成设计。

2. 参照三视图建模

如果所提供的图纸包含多视图，并且能够清晰、完整地展现零件在各个视图方向以及内部结构的情况，那么建模过程将会变得相对简单许多。

以图 3-9 为例，这是一套完备的三视图及模型立体视图（轴侧视图）。在图纸中，建模的起点也被明确标出，即底座所在的平面。由于这个零件具有对称性，因此可以使用"拉伸凸台/基体"命令轻松完成建模，整体结构相对简单明了。图 3-10 则进一步展示了建模思路的图解，为整个建模过程提供了清晰的指导。

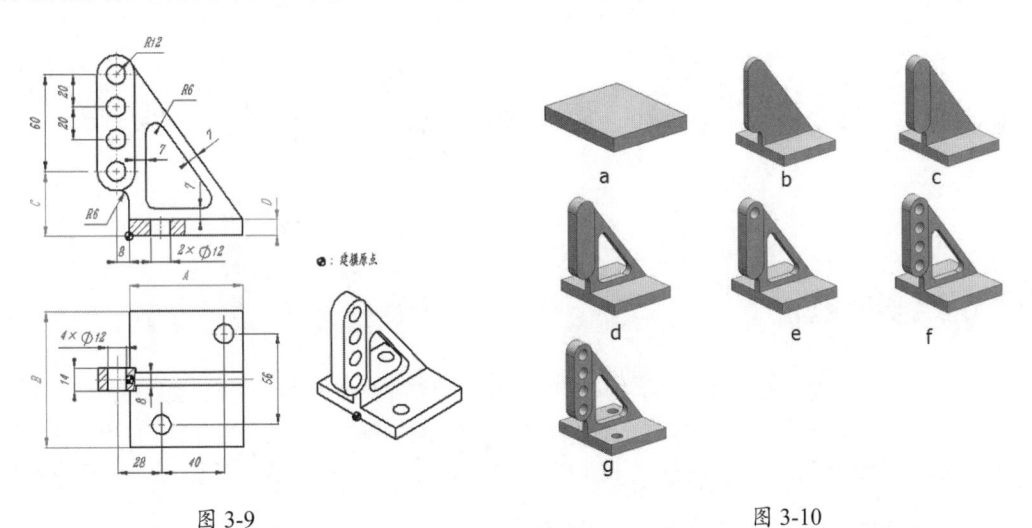

图 3-9

图 3-10

接下来，观察图 3-11 所展示的零件三视图。这个零件的建模起点虽然位于底部，但底座却由 3 个小特征共同构成。因此，在建模过程中，需要遵循由大到小、由内向外的原则，首先完成底座部分的创建。在此基础上，再按照从下往上、由父特征到子特征的顺序，依次进行建模。图 3-12 为详细的建模思路图解，有助于我们更好地理解和完成建模过程。

图 3-11

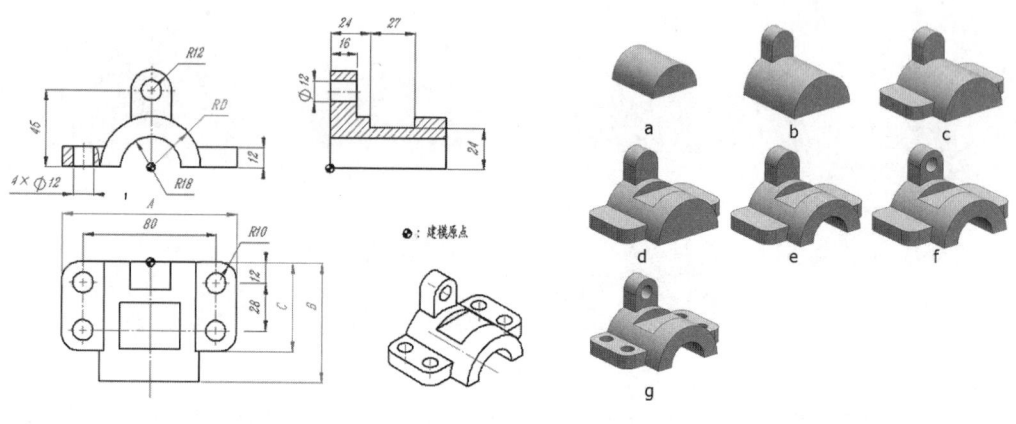

图 3-12

最后，再来分析一张零件的三视图，如图 3-13 所示。这个零件与图 3-11 中的模型结构相似，但在建模方法上有所不同。考虑到本零件顶部的截面为圆形，且圆形在二维图纸中常作为尺寸和定位的基准，我们可以选择从上往下的建模顺序。此外，顶部的圆形特征可以独立创建，无须依赖其他特征，这在 SolidWorks 中可以通过"拉伸凸台/基体""旋转"或"扫描"3 种不同的命令来实现。图 3-14 详细展示了该零件的建模思路图解，帮助我们更清晰地理解建模过程。

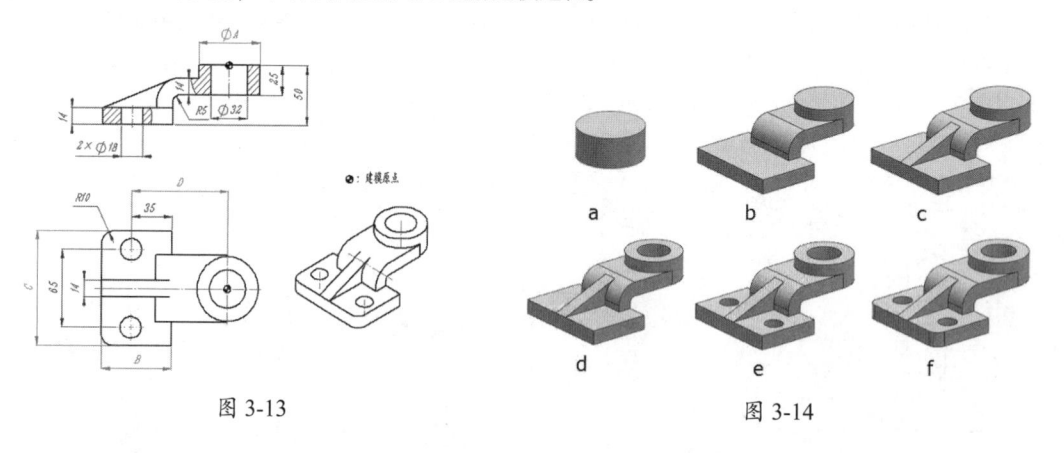

图 3-13

图 3-14

3.2 创建基体特征

基体特征可分为加材料特征和减材料特征两种。加材料特征是指通过特征的累加来构建模型，而减材料特征则是通过切除部分材料来塑造模型。本节将重点介绍加材料基体特征的创建方法。值得注意的是，减材料切除特征工具的使用方法与加材料工具在操作上是一致的，两者的差异仅在于最终的操作结果不同。

3.2.1 拉伸凸台/基体特征

"拉伸凸台/基体特征"是指通过拉伸操作来构建凸台或基体的特征。在这一过程中，首个通过拉伸形成的特征被定义为"基体"，而之后依次创建的拉伸特征则归属于"凸台"的范畴。

所谓"拉伸"，即在完成截面草图的设计之后，沿着与截面草图平面垂直的方向进行推拉操作，既可以是正方向的也可以是反方向的。拉伸特征特别适合于构建形状较为规则的实体。作为一种基本且常用的特征造型手段，拉伸特征的操作相对简单。在工程实践中，多数零件模型都可以视为多个拉伸特征经过叠加或切除后得到的结果。

单击"特征"选项卡中的"拉伸凸台 / 基体"按钮，将调出图 3-15 所示的"凸台 - 拉伸"属性面板，根据该面板中个信息提示，需要选择拉伸特征截面的草绘平面。进入草图环境中完成截面草图绘制并退出草图环境后，将调出"凸台 - 拉伸"属性面板，该面板用于定义拉伸特征的属性参数。

拉伸特征具有灵活性，既可以单向拉伸，也可以同时向相反的两个方向进行拉伸。在默认设置下，拉伸操作是沿着单一方向进行的，如图 3-16 所示。

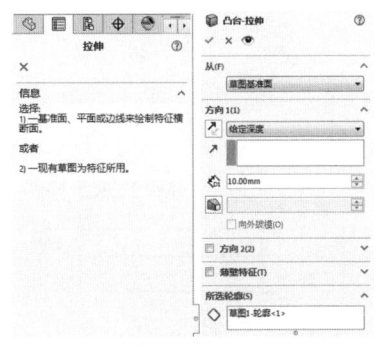

图 3-15 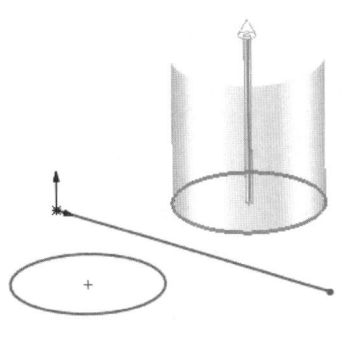   图 3-16

例 3-1：创建键槽支撑件

在原有的草绘基准平面上，用"从草绘平面以指定的深度值拉伸"的方法创建特征，然后创建切除材料的拉伸特征——孔。具体的操作步骤如下（拉伸截面需要自行绘制）。

01 按快捷键 Ctrl+N，弹出"新建 SOLIDWORKS 文件"对话框，新建零件文件并进入零件设计环境。

02 在"草图"选项卡中单击"草图绘制"按钮，选择前视基准面作为草绘平面并自动进入草绘环境，如图 3-17 所示。

03 使用"中心矩形"工具，在原点位置绘制一个长为 160、宽为 84 的矩形，结果如图 3-18 所示。

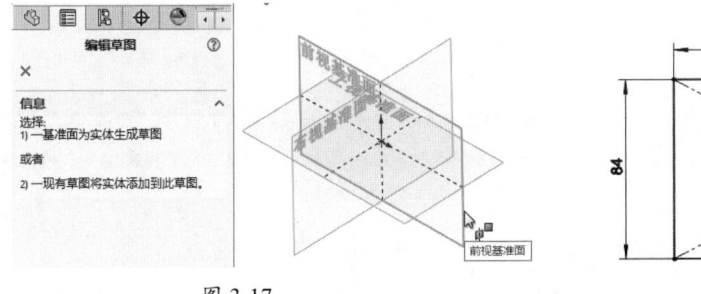

图 3-17 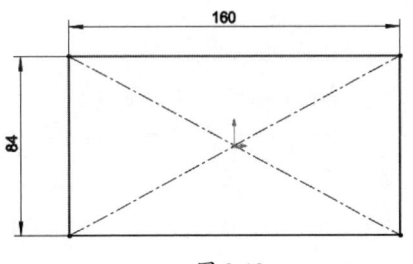   图 3-18

04 使用"圆角"工具绘制 4 个半径为 20 的圆角，如图 3-19 所示。单击"草绘"选项卡中的"退出草图"按钮，退出草绘环境。

05 单击"拉伸凸台 / 基体"按钮，选择草图截面，再在"凸台 - 拉伸"属性面板中保留默认的拉伸方法，输入拉伸高度为 20.00mm，单击"确定"按钮，完成拉伸凸台特征 1 的创建，如图 3-20 所示。

06 创建拉伸切除实体。单击"拉伸切除"按钮，选择第 1 个拉伸实体的侧面作为草绘平面并进入草绘环境，如图 3-21 所示。

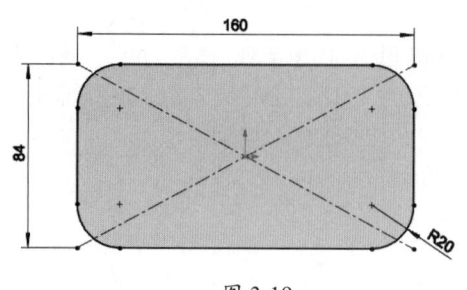

图 3-19 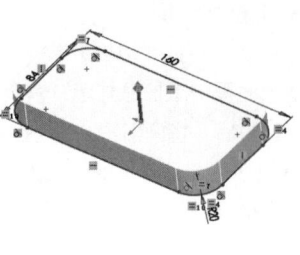　　　　　　　　　　　　　　　图 3-20

07 执行"矩形"命令，绘制如图 3-22 所示的底板上的槽草图。

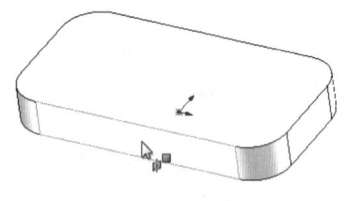

图 3-21 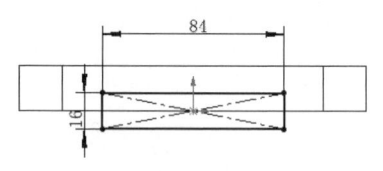　　　　　　　　　　　　　　　图 3-22

08 单击"确定"按钮☑退出草绘环境。在"切除-拉伸"属性面板中更改拉伸方式为"完全贯穿"，如图 3-23 所示。单击"确定"按钮☑，完成拉伸切除特征 1 的创建。

09 创建拉伸切除特征 2。单击"拉伸切除"按钮，选择凸台特征 1 的上表面作为草绘平面，并进入草绘环境绘制如图 3-24 所示的圆形草图。

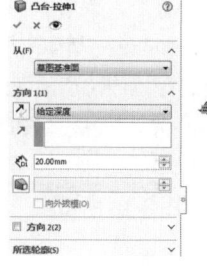

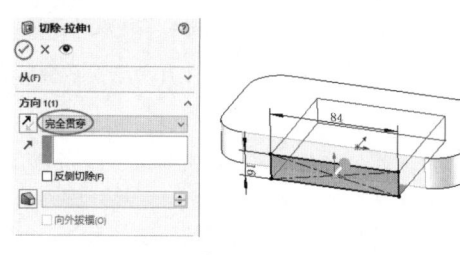

图 3-23 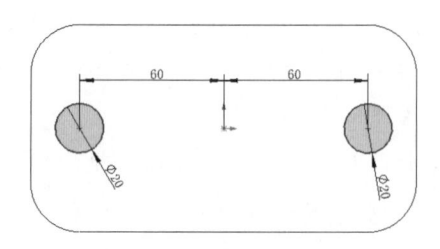　　　　　　　　　　　　　　　图 3-24

10 单击"确定"按钮☑退出草绘环境。在"切除-拉伸"属性面板中设置拉伸方法为"给定深度"，然后输入值为 8，再单击"确定"按钮☑，完成第 2 个拉伸切除特征的创建（沉头孔的沉头部分），如图 3-25 所示。

11 重复前面步骤，绘制如图 3-26 所示的拉伸切除特征 3 的草图截面。

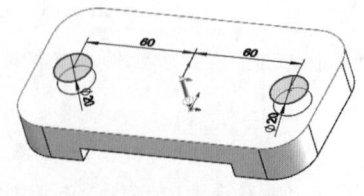

图 3-25 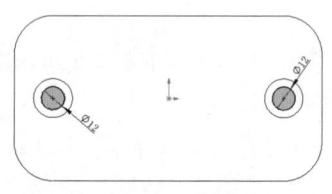　　　　　　　　　　　　　　　图 3-26

12 单击"确定"按钮☑退出草绘环境后，在"切除-拉伸"属性面板中设置拉伸方法为"完全贯穿"，单击"确定"按钮☑，完成第 3 个拉伸切除特征的创建（沉头孔的孔部分），如图 3-27 所示。

13 使用"拉伸凸台/基体"工具，选择凸台特征的顶面作为草绘平面，并进入草绘环境绘制如图3-28所示的拉伸草图截面。注意：圆要与凸台边线对齐。

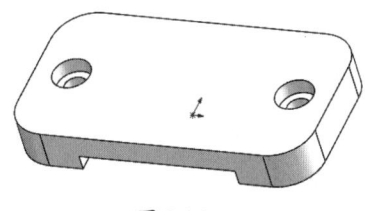

图 3-27 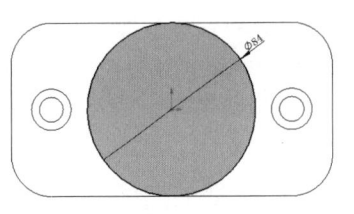　　　　　　　　　　图 3-28

14 单击"确定"按钮✓退出草绘环境，在"凸台-拉伸"属性面板中设置拉伸方法为"给定深度"，并输入值为50，再单击"确定"按钮✓，完成凸台特征2的创建，如图3-29所示。

15 使用"拉伸切除"工具，选择圆柱顶面作为草绘平面，并进入草绘环境绘制草图截面，如图3-30所示。

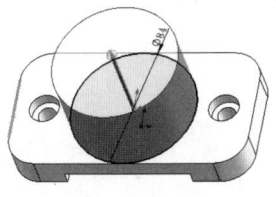

图 3-29 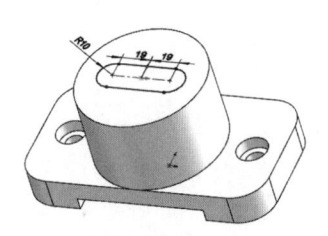　　　　　　　　　　图 3-30

16 在"切除-拉伸"属性面板中设置拉伸类型为"完全贯穿"，单击"确定"按钮✓，完成拉伸切除特征4(键槽)的创建，如图3-31所示。

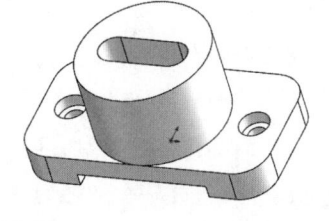

图 3-31

17 利用"拉伸切除"工具，通过绘制草图截面并设置拉伸参数，创建拉伸切除特征5，完成零件设计，结果如图3-32所示。

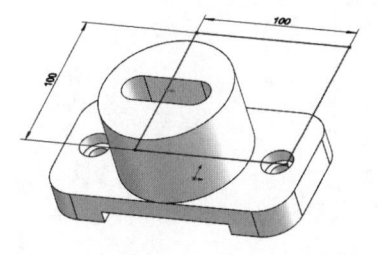

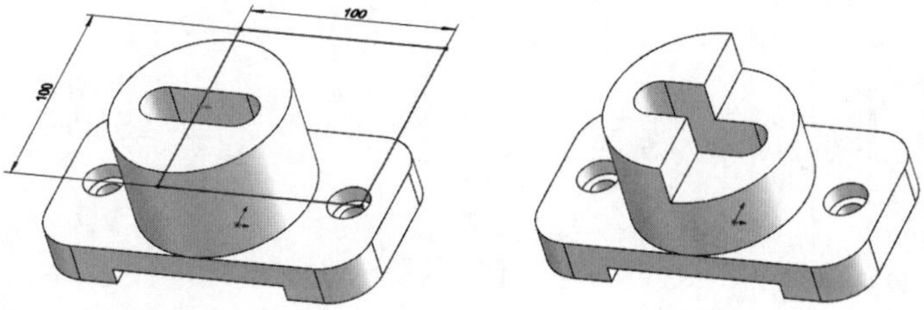

图 3-32

18 键槽支撑零件完成后，将创建的零件保存。

3.2.2 旋转凸台/基体特征

"旋转凸台/基体"命令是通过围绕中心线旋转一个或多个轮廓来实现材料的增加或去除的，从而生成旋转凸台或旋转切除特征。在创建旋转特征时，需要遵循以下准则。

- 实体旋转特征的草图可以包含多个相交的轮廓。
- 薄壁或曲面旋转特征的草图可以包含多个开环或闭环的相交轮廓。
- 轮廓线不得与中心线相交。
- 如果草图中包含多条中心线，需要选择希望作为旋转轴的中心线。
- 特别注意，仅对于旋转曲面和旋转薄壁特征，草图不得位于中心线上。

在"特征"选项卡中单击"旋转/凸台基体"按钮，调出"旋转"属性面板。当进入草图环境完成草图绘制并退出草图环境后，再调出如图3-33所示的"旋转"属性面板。

草绘旋转特征截面时，其截面必须全部位于旋转中心线一侧，并且截面必须是封闭的，如图3-34所示。

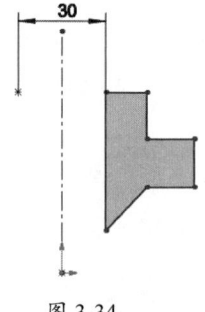

图3-33　　　　图3-34

例3-2：创建轴套零件模型

利用"旋转"命令，绘制如图3-35所示的轴套截面。所使用的旋转方法为"给定深度"，旋转轴为内部的基准中心线。具体的绘制步骤如下。

01 启动SolidWorks，新建一个零件文件。

02 在功能区的"特征"选项卡中单击"旋转凸台/基体"按钮，调出"旋转"属性面板。按信息提示选择前视基准平面作为草绘平面，然后进入草绘环境。

03 使用"基准中心线"工具在坐标系原点绘制一条竖直的参考中心线。

04 从轴套截面图得知，旋转截面为阴影部分，但这里仅绘制一个阴影截面即可。使用"直线"和"圆弧"工具绘制如图3-36所示的草图。

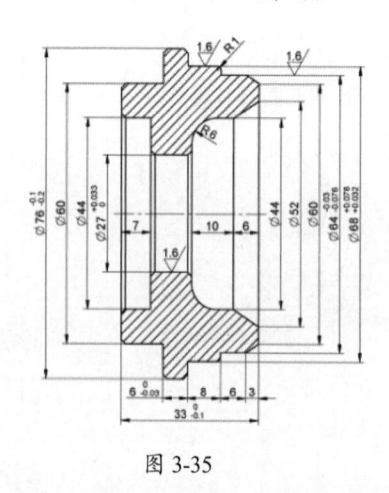

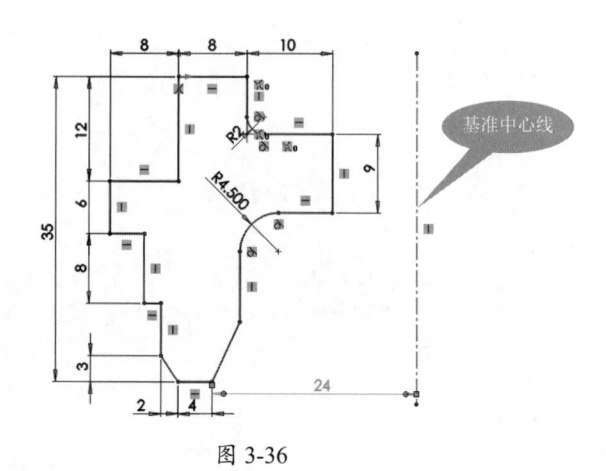

图3-35　　　　图3-36

05 执行"倒角"命令，对基本草图进行倒斜角处理，如图 3-37 所示。

06 退出草图环境，软件自动选择内部的基准中心线作为旋转轴，并显示旋转特征的预览，如图 3-38 所示。

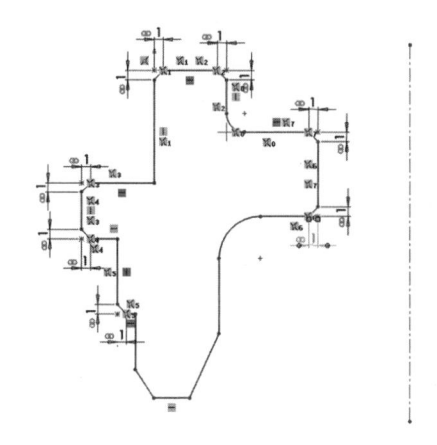

图 3-37

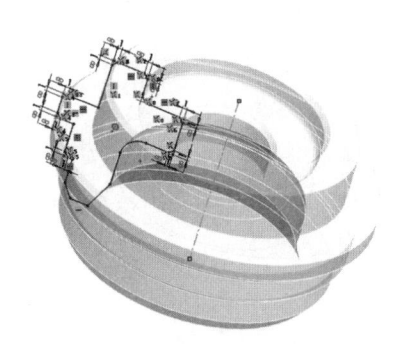

图 3-38

07 保留旋转类型及旋转参数的默认设置，单击属性面板中的"确定"按钮☑，完成轴套零件的设计，结果如图 3-39 所示。

图 3-39

3.2.3 扫描凸台 / 基体特征

"扫描"特征创建方法是通过沿一个或多个选定轨迹扫描截面，并在此过程中精确控制截面的方向、旋转和几何形状，来实现材料的增加或去除。在这个过程中，轨迹线可以被视为特征的外形轮廓，而草绘平面则代表了特征的截面形状。

扫描凸台 / 基体特征主要由两部分构成：扫描轨迹和扫描截面，如图 3-40 所示。扫描轨迹既可以是现有的曲线或边，也可以通过进入草绘器进行自定义草绘。此外，扫描的截面具有灵活性，可以是恒定的，也可以是可变的。

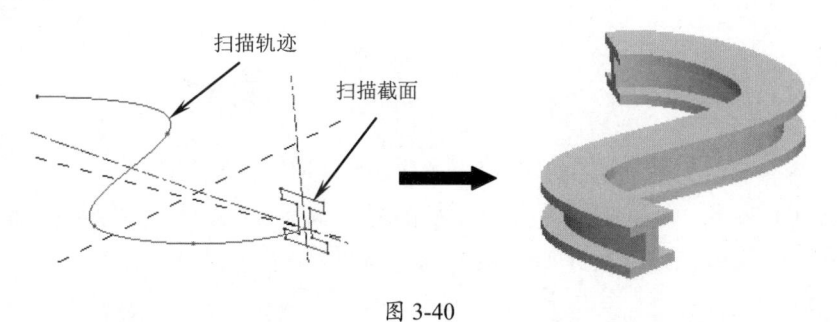

图 3-40

069

例 3-3：麻花绳建模

本例将通过扫描的可变截面技术，构建一个麻花绳的造型。此方法同样适用于设计具有独特曲面造型的弧形结构，尤其适用于那些不规则截面。由于其操作简便且生成的曲面质量上乘，这一技术深受 SolidWorks 用户的青睐。具体的绘制步骤如下。

01 新建零件文件。

02 单击"草图"选项卡中的"草图绘制"按钮 ，选择前视基准面作为草绘平面并自动进入草绘环境。

03 单击"样条曲线"按钮 ，绘制如图 3-41 所示的样条曲线作为扫描轨迹。

04 单击"草绘"选项卡中的"确定"按钮 ，退出草绘环境。

05 绘制扫描截面，如图 3-42 所示，选择右视基准面作为草绘平面。

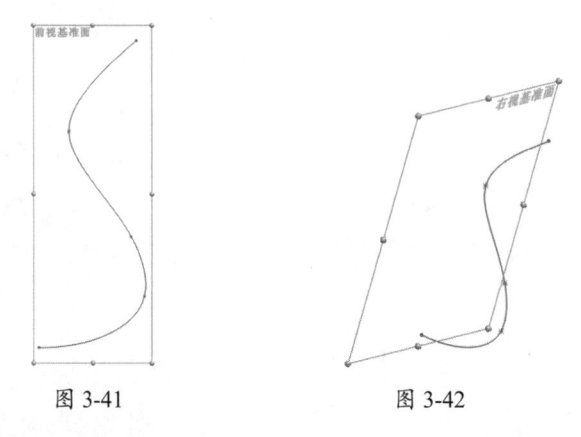

图 3-41 图 3-42

06 在右视基准面上绘制如图 3-43 所示的圆形阵列。注意右图中的方框位置，圆形阵列的中心与扫描轨迹线的端点对齐。

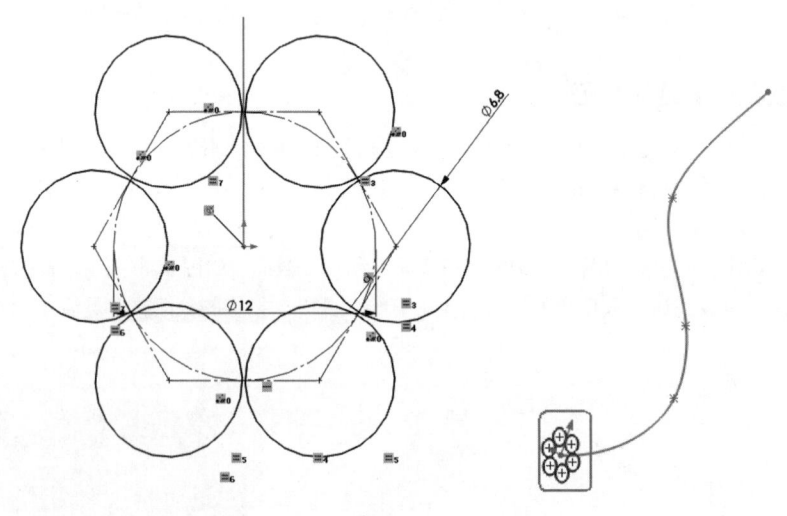

图 3-43

07 单击"扫描"按钮 ，调出"扫描"属性面板，设置如图 3-44 所示的选项。选择方向为"沿路径扭转"。如选择"随路径变化"，则无法实现纹路造型特征，如图 3-45 所示。

图 3-44　　　　　　　　　　　　　　　　　　图 3-45

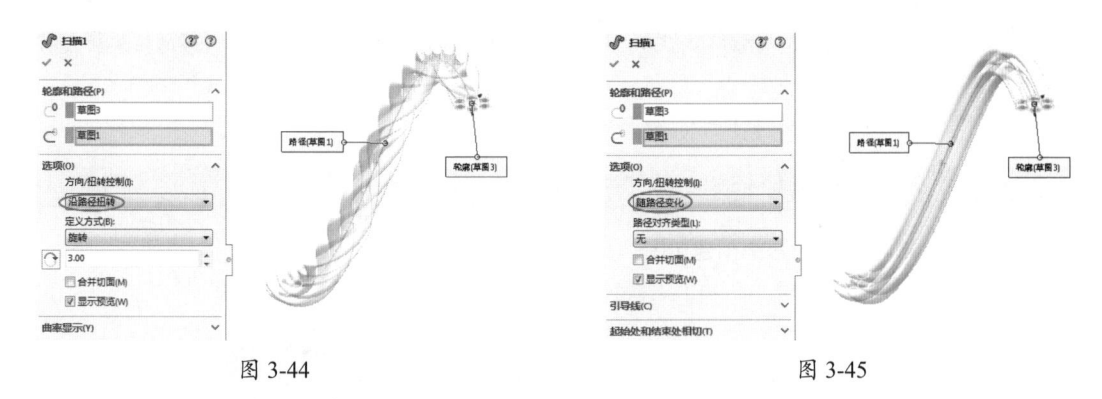

08 单击"确定"按钮 ✓，完成麻花绳扫描特征的创建，如图 3-46 所示。

图 3-46

3.2.4　放样/凸台基体特征

"放样/凸台基体"命令通过在不同轮廓之间创建平滑过渡来生成特征，这些特征可以表现为基体、凸台、切除或曲面。在操作过程中，可以使用两个或更多的轮廓来构建放样，其中，首个或末个轮廓可以设定为点，甚至两者都可以是点。如果对放样特征截面间的融合效果不满意，那么可以使用引导线来辅助创建放样特征，如图 3-47 所示。

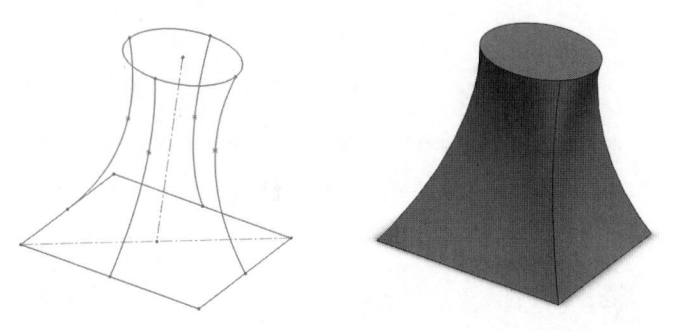

图 3-47

使用引导线方式创建放样特征时，需要注意以下事项。
- 引导线必须与所有特征截面相交。
- 可以使用任意数量的引导线。
- 引导线可以相交于点。
- 可以使用任意草图曲线、模型边线或曲线作为引导线。

- 若放样失败或扭曲，可以添加通过参考点的样条曲线作为引导线，也可以选择适当的轮廓顶点以生成样条曲线。
- 引导线可以比生成的放样特征长，放样终止于最短引导线的末端。

例 3-4：扁瓶造型

本例利用拉伸、放样等方法来创建如图 3-48 所示的扁瓶。瓶口由拉伸命令创建，瓶体由放样特征实现。具体的操作步骤如下。

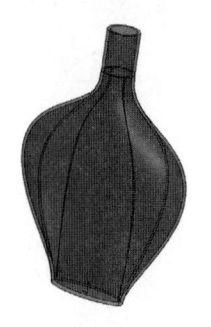

图 3-48

01 新建零件文件。

02 使用"拉伸凸台/基体"工具，选择上视基准平面作为草绘平面，绘制如图 3-49 所示的圆。

03 退出草绘环境，创建出拉伸长度为 15.00mm 的等距拉伸实体特征，如图 3-50 所示，等距距离为 80.00mm。

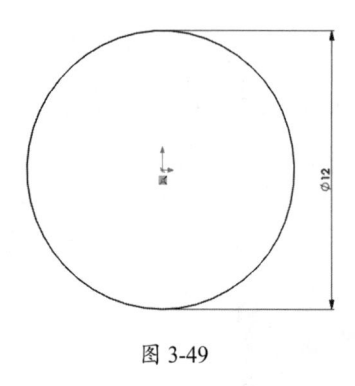

图 3-49 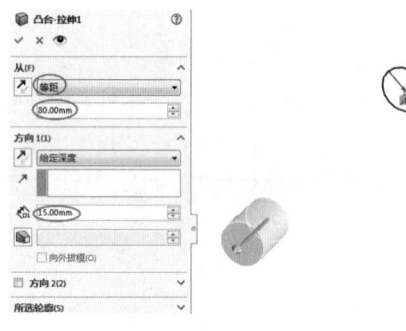　　　　图 3-50

04 执行"基准面"命令，参照上视基准面平移 55.00mm，添加基准面 1，如图 3-51 所示。

05 进入草绘环境，在上视基准面中绘制如图 3-52 所示的椭圆形，长距和短距分别为 15.00mm 和 6.00mm。

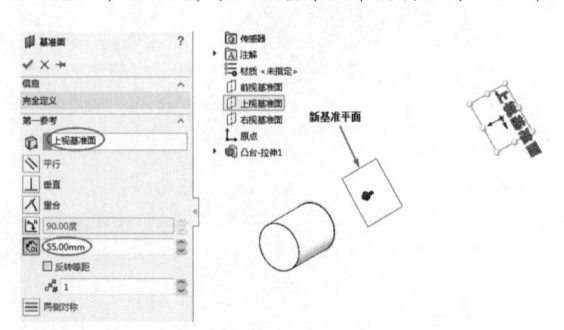

图 3-51 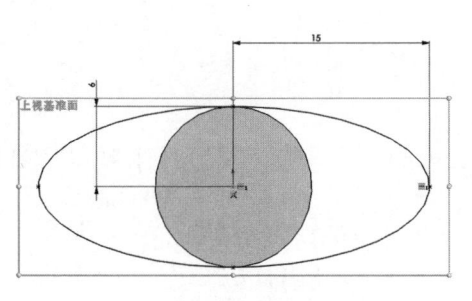　　　　图 3-52

06 在新添加的基准面1上，绘制如图3-53所示的图形。
07 单击"放样凸台/基体"按钮，调出"放样"属性面板，选择扫描截面和轨迹线后，单击"确定"按钮✓完成扁瓶的制作，如图3-54所示。

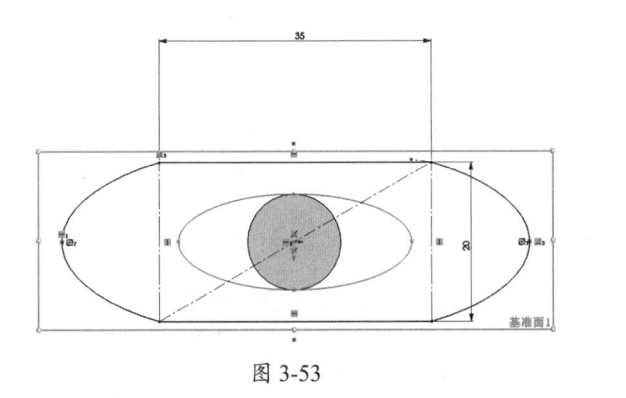

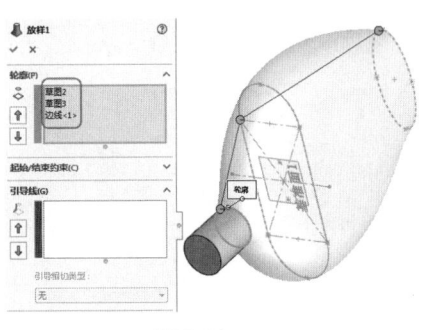

图 3-53　　　　　　　　　　　图 3-54

3.2.5　边界/凸台基体特征

"边界/凸台基体"命令是通过选取两个或更多截面，进而生成混合形状特征的一种操作方式，具体的操作步骤如下。

01 单击"特征"选项卡上的"边界凸台/基体"按钮，调出"边界"属性面板。
02 依次选中上、中、下3个边界曲线（封闭的曲线），并查看预览，如图3-55所示。

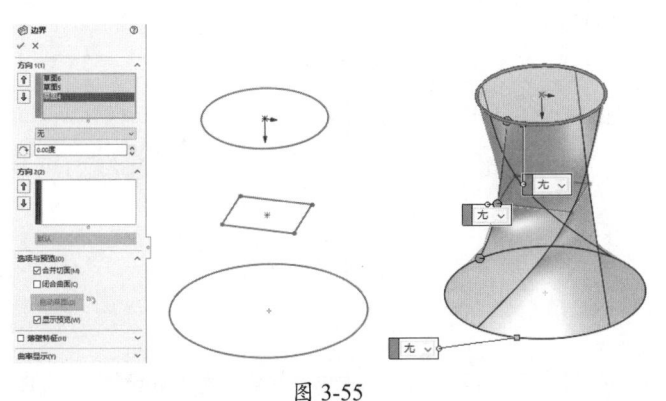

图 3-55

03 单击"确定"按钮✓完成边界凸台特征的创建。

3.3　创建工程特征

在工程与制造领域，"工程特征"这一术语指的是零部件所具有的特定几何形态或属性，这些特征通常是实现制造、装配或其他工程目标所不可或缺的关键组成部分。这些特征可能包括设计中的重要元素，如圆角、倒角、孔洞、抽壳、拔模，以及阵列排列、镜像对称和筋条等结构。

3.3.1　创建倒角与圆角特征

倒角和圆角是机械加工中至关重要的工艺环节。在零件设计过程中，为了便于搬运、装配以及防止应力集中等问题，通常会在尖锐的零件边角处实施倒角或圆角处理。

1. 倒角

创建倒角的具体操作步骤如下。

01 单击"特征"选项卡中的"倒角"按钮，或者选择"插入"|"特征"|"倒角"工具，调出"倒角"属性面板，如图 3-56 所示。

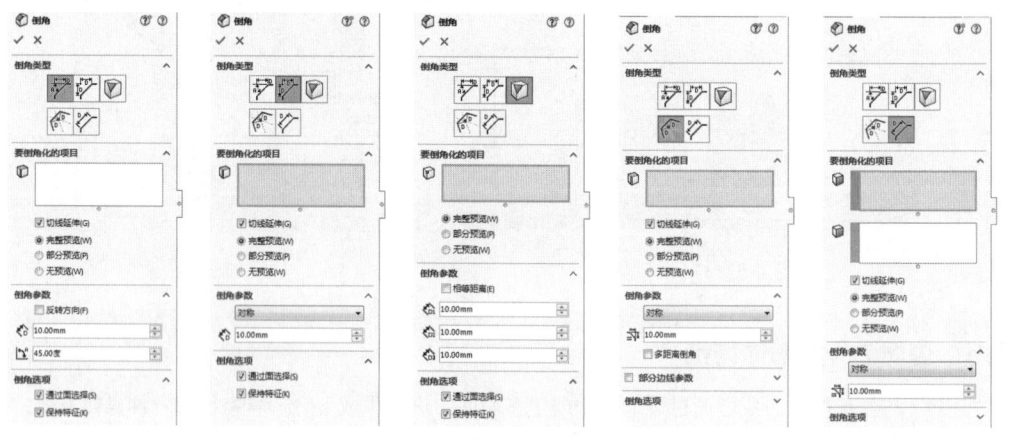

图 3-56

02 "倒角"属性面板中提供了 5 种倒角方式。常见的倒角方式是前 3 种，为"角度距离"方式、"距离距离"方式和"顶点"方式，如图 3-57 所示。

"角度距离"方式　　　　"距离距离"方式　　　　"顶点"方式

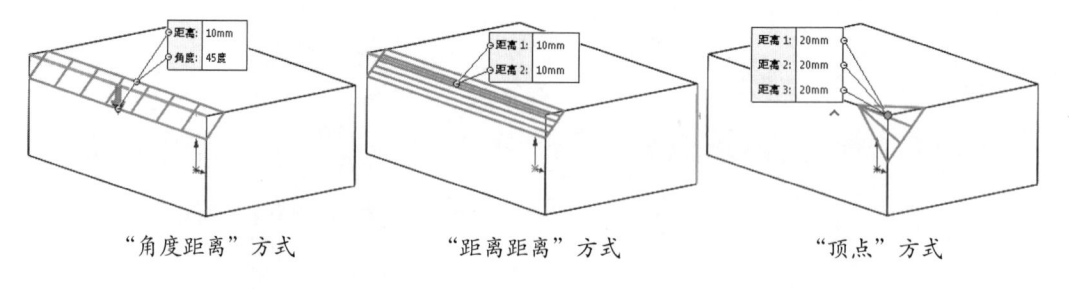

图 3-57

03 选择"等距面"方式创建倒角，实质上是利用选定边线旁边的面进行偏移，以求得等距面倒角。如图 3-58 所示，用户可以选择特定面来创建等距偏移，这种方法与"距离 - 距离"方式颇为相似。

04 选择"面 - 面"方式，即通过选取带有一定角度的两个面来创建倒角，如图 3-59 所示。

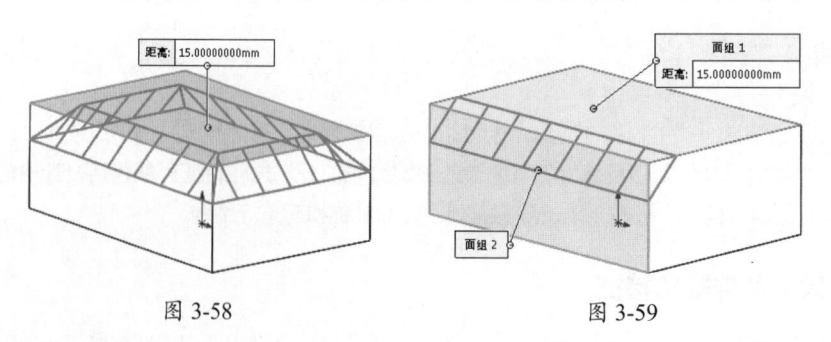

图 3-58　　　　图 3-59

2. 圆角特征

在零件上增加圆角特征，不仅能从工程角度保护零件，减少损坏风险，还能在视觉上增强造型的流畅感和美观度。"圆角"工具功能强大，它可以为一个面的全部边线、选定的多个面、单一的边线或边线环创建圆角特征，如图 3-60 所示。

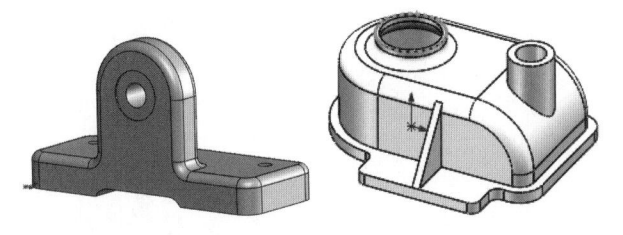

图 3-60

SolidWorks 2024 可以生成多种圆角特征，如图 3-61 所示。

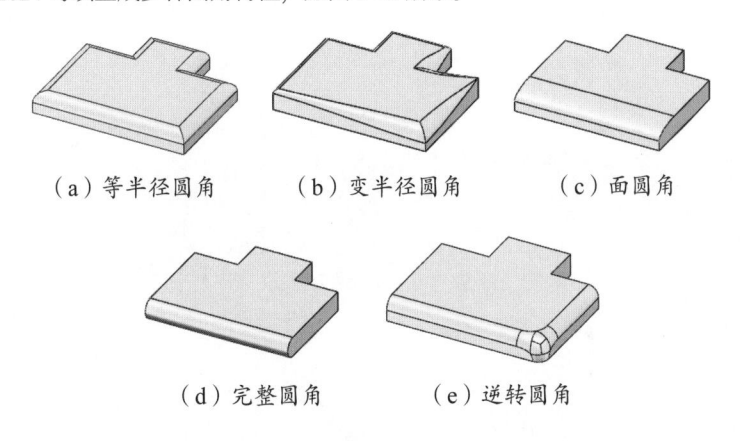

（a）等半径圆角　　（b）变半径圆角　　（c）面圆角

（d）完整圆角　　（e）逆转圆角

图 3-61

例 3-5：创建螺母零件

前面学习了倒角的概念，下面通过实例演示如何创建倒角。具体的操作步骤如下。

01 新建一个零件文件。进入零件设计环境，选择前视基准面作为草绘平面自动进入草绘环境，绘制如图 3-62 所示的六边形（草图 1）。

02 创建拉伸基体。单击"拉伸凸台/基体"按钮，设置拉伸深度为 3.00mm，创建如图 3-63 所示的拉伸凸台基体。

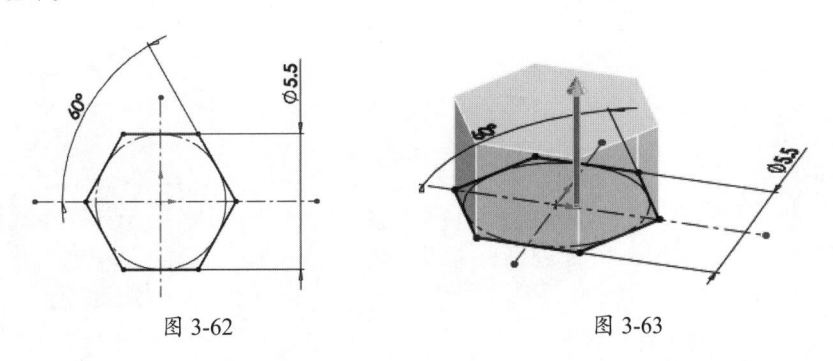

图 3-62　　图 3-63

03 切除斜边。选择右视基准面，并绘制如图 3-64 所示的草图 2，注意三角形的边线与基体对齐，并绘制旋转用的中心线。

04 旋转切除。单击"特征"选项卡中"旋转切除"按钮，选定中心线，并设置方向为 360°，创建旋转切除，如图 3-65 所示。

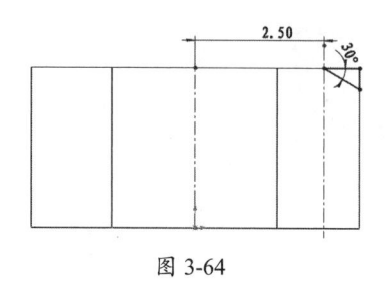

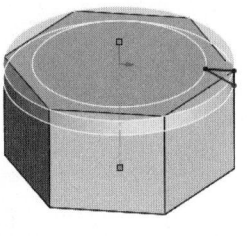

图 3-64

图 3-65

05 创建基准面。通过 3 条相邻边线的中点添加新的基准面，如图 3-66 所示。

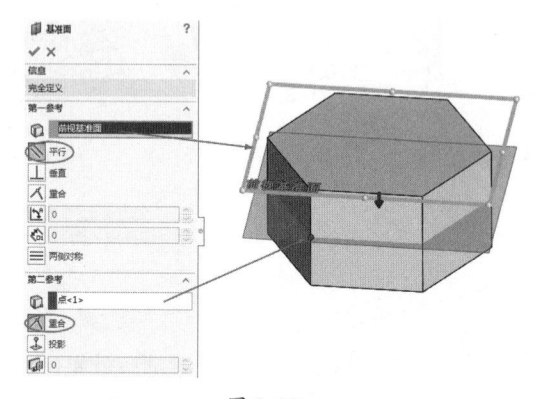

图 3-66

> **技巧点拨**
> 这个特征也可以重复操作步骤 05 和 06 实现，通过镜像、阵列等特征可以更有效地完成模型创建，这在稍后的章节中将逐步介绍。

06 镜像实体。单击"镜像"按钮，选择要镜像切除的特征（旋转切除特征）和镜像基准面，如图 3-67 所示，单击"确定"按钮完成镜像。

07 拉伸切除螺栓孔。在螺栓表面绘制直径为 3.00mm 的圆，并通过拉伸切除实现孔特征。注意，拉伸方向选择"完全贯穿"，如图 3-68 所示。

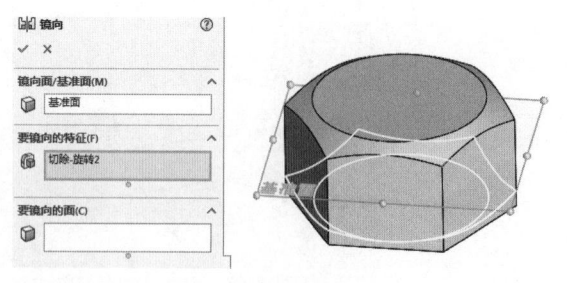

图 3-67

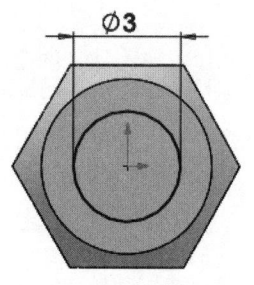

图 3-68

08 倒角。选择螺栓孔的边线进行倒角特征的创建，倒角距离为0.50mm，角度为45.00度，如图3-69所示。

> **技巧点拨**
> 利用"隐藏线可见"显示方式，可以使边线的选择变得更加容易，也可以"穿过"上色的模型选择边线（仅限于圆角和倒角操作时使用）。

09 圆角。在螺栓孔的另一面选择圆角特征，设置圆角半径为0.50mm，并切线延伸，如图3-70所示。

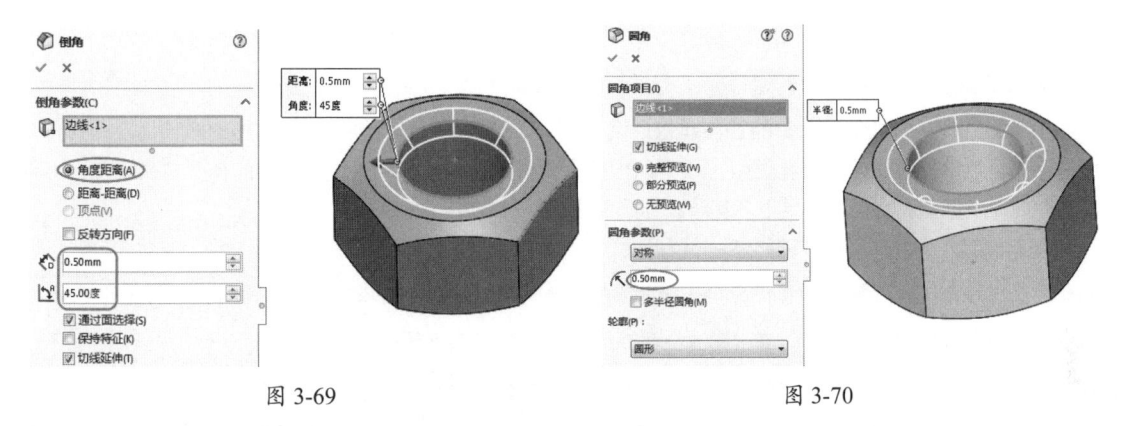

图 3-69　　　　　　　　　　　　　　图 3-70

10 螺栓零件完成后，将创建的零件保存。

3.3.2　创建孔特征

在SolidWorks的零件设计环境中，可以创建4种不同类型的孔特征，分别是：简单直孔、高级孔、异形孔以及螺纹线。其中，简单直孔适用于创建非标准的孔洞；高级孔和异形孔则用于创建符合标准规范的孔洞；螺纹线则专门用于生成圆柱体内或外的螺纹特征。

1. 简单直孔

简单直孔的特征创建方式与拉伸切除相似，它仅限于创建圆柱形的直孔，无法用于创建其他类型的孔（例如沉头孔或锥孔等）。此外，简单直孔只能在平面上创建，不适用于曲面。因此，若需要在曲面上创建简单直孔特征，建议采用"拉伸切除"工具或"高级孔"工具来完成。

> **提示**
> 若"简单直孔"工具不在默认的功能区"特征"选项卡中，需要从"自定义"对话框的"命令"选项卡中调用此命令。

在模型表面上创建简单直孔特征的具体操作步骤如下。

01 在模型中选取要创建简单直孔特征的平直表面。

02 单击"特征"选项卡中的"简单直孔"按钮⬚，或者选择"插入"|"特征"|"钻孔"|"简单直孔"工具。

03 此时在属性管理器中显示"孔"属性面板，并在模型表面的鼠标指针选取位置上自动放置孔特征，通过孔特征的预览查看生成情况，如图3-71所示。

04 "孔"属性面板的选项含义与"凸台-拉伸"属性面板中的选项含义完全相同，这里就不再赘述了。设置孔参数后单击"确定"按钮✓，完成简单直孔的创建。

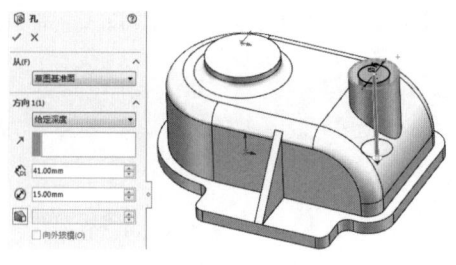

图 3-71

2. 高级孔

"高级孔"工具功能强大，能够创建包括沉头孔、锥形孔、直孔、螺纹孔等在内的多种标准系列孔。用户不仅可以选择预设的标准孔类型，还可以根据需要自定义孔的尺寸。更为灵活的是，"高级孔"工具支持在曲面上创建孔特征，满足更多复杂设计的需求。

创建高级孔的具体操作步骤如下。

01 单击"高级孔"按钮，在模型中选择放置孔的平面后，调出"高级孔"属性面板，如图 3-72 所示。

02 选择放置孔的平面或曲面，在"位置"选项卡中精准定义孔位置。

03 在属性面板右侧展开的"近端"选项面板中选择孔类型。

04 选择孔元素（即选择螺栓、螺钉等标准件）的标准、类型及大小（也称为"尺寸规格"）等选项。也可以自定义孔大小，并设置孔标注样式。

05 在"近端"选项面板中单击"在活动元素下方插入元素"按钮，然后选择"孔"元素，并在"元素规格"选项区中选择孔标准、类型和大小，以及自定义的孔深度等参数。

06 单击"确定"按钮完成孔的创建，如图 3-73 所示。

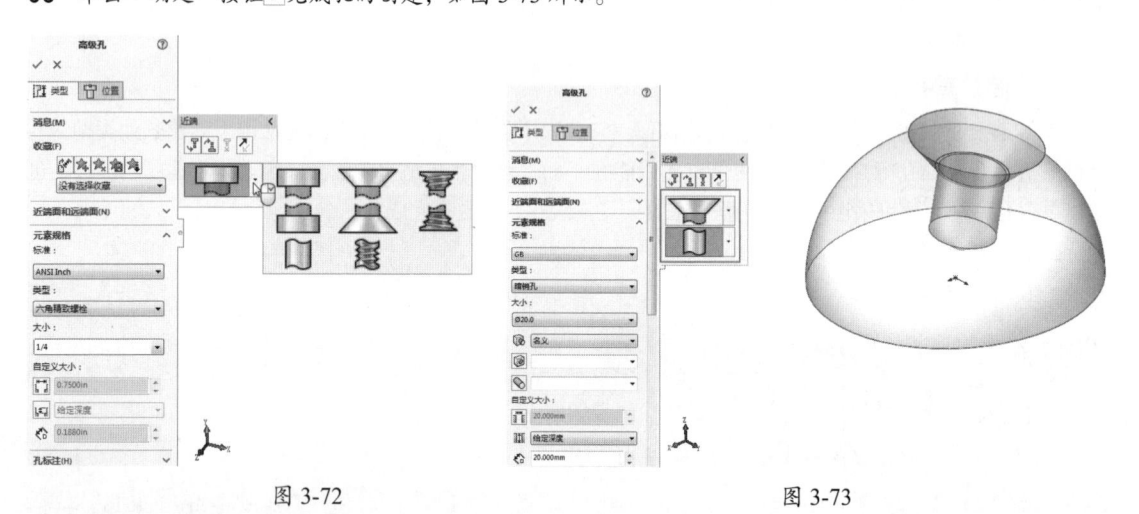

图 3-72　　　　　　　　　　图 3-73

技巧点拨

如果在活动元素下不插入元素，那么仅创建高级孔的近端形状或远端形状。

3. 异形孔

异形孔涵盖多种类型，包括柱形沉头孔、锥形沉头孔、标准孔、螺纹孔、锥螺纹孔、旧制孔、柱孔槽口、锥孔槽口以及普通槽口等，如图 3-74 所示，可以根据实际需求选择合适的异形孔类型。

与"高级孔"工具不同的是，"异形孔向导"工具仅限于选择标准孔规格，不支持自定义孔尺寸。在使用异形孔向导创建孔时，所选孔的类型和尺寸将显示在"孔规格"属性面板中。该工具不仅能在基准面上生成孔，还适用于平面和非平面。生成异形孔的过程包括 3 个步骤：首先设定孔的类型参数，然后进行孔的定位，最后确定孔的具体位置。

例 3-6：创建零件上的孔特征

创建零件上的孔特征的具体操作步骤如下。

01 新建零件文件。

02 在"草图"选项区中单击"草图绘制"按钮，选择前视基准面作为草绘平面进入草绘环境。

03 利用草图命令绘制如图 3-75 所示的草图图形。

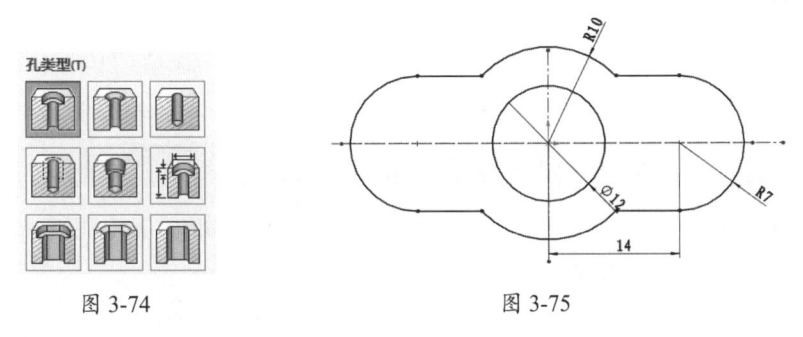

图 3-74　　　　　　　图 3-75

04 使用"拉伸凸台/基体"工具，创建拉伸深度为 8.00mm 的凸台特征，如图 3-76 所示。

05 插入异形孔特征。单击"特征"选项卡中的"异形孔向导"按钮，在类型选项卡中设置如图 3-77 所示的参数。

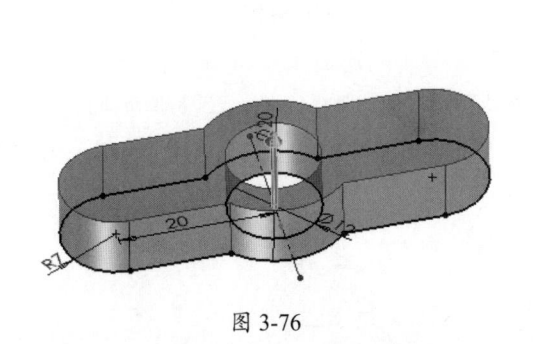

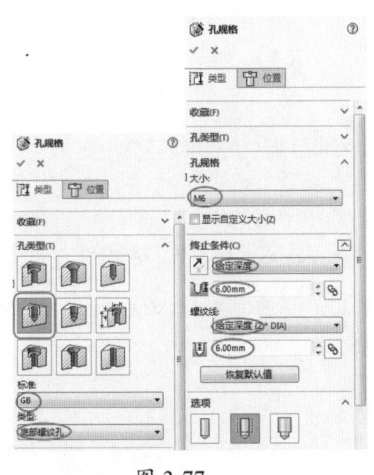

图 3-76　　　　　　　图 3-77

06 确定孔位置。进入"位置"选项卡，选择 3D 草图绘制，以两侧圆心确定插入异形孔的位置，如图 3-78 所示。

07 单击"特征"选项卡中的"确定"按钮，完成孔特征的创建，并保存螺栓垫片零件。

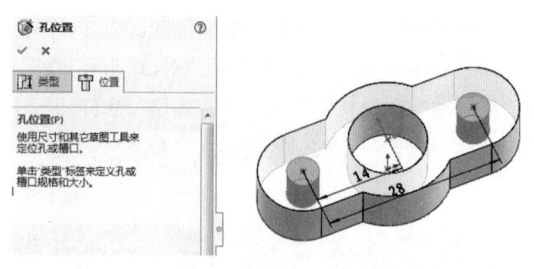

图 3-78

> **技巧点拨**
> 用户可以通过打孔点的设置，一次完成多个同规格孔的创建，以提高绘图效率。

3.3.3 螺纹线

"螺纹线"工具是用于创建英制或公制螺纹特征的便捷工具。利用该工具，可以轻松生成外螺纹（也称为"板牙螺纹"）和内螺纹（也称为"攻丝螺纹"）两种螺纹特征。

例 3-7：创建螺钉、螺母和瓶口螺纹

本例将在螺钉、螺母和矿泉水瓶中分别创建外螺纹、内螺纹和瓶口螺纹。具体的操作步骤如下。

01 打开本例源文件"螺钉、螺母和矿泉水瓶.SLDPRT"，如图 3-79 所示。

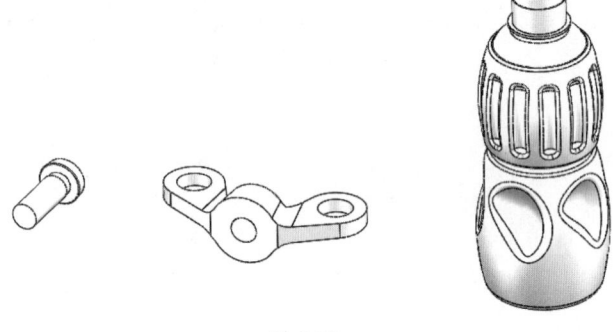

图 3-79

02 创建螺钉外螺纹。在"特征"选项卡中单击"螺纹线"按钮 ⬚，调出"螺纹线"属性面板。

03 在图形区中选取螺钉圆柱面的边线作为螺纹的参考，随后软件自动生成预定义的螺纹预览，如图 3-80 所示。

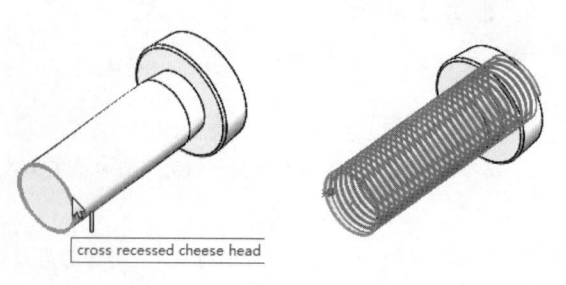

图 3-80

04 在"螺纹线"属性面板的"螺纹线位置"选项区中激活"可选起始位置"选择框⬚，然后在螺钉圆柱面上选取一条边线作为螺纹的起始位置，如图 3-81 所示。

05 在"结束条件"选项区中单击"反向"按钮⬚，改变螺纹生成的方向，如图 3-82 所示。

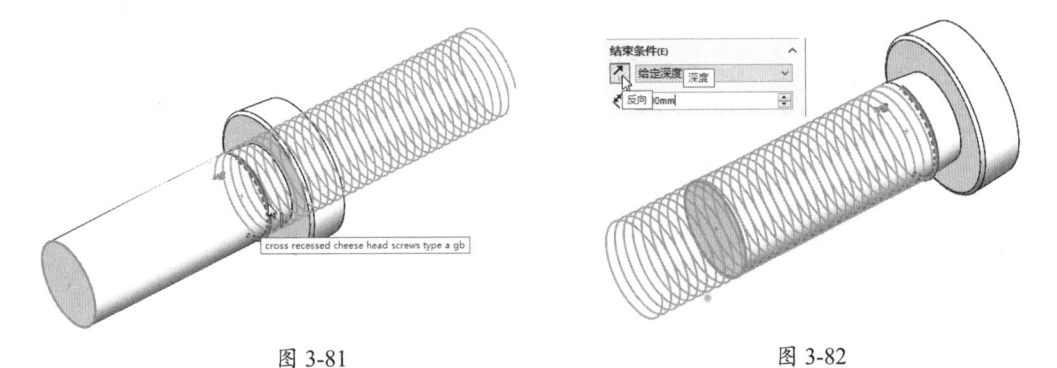

图 3-81　　　　　　　　　　图 3-82

06 在"规格"选项区的"类型"列表中选择 Metric Die 类型，在"尺寸"列表中选择 M1.6×0.35 规格尺寸，其余选项保存默认，单击"确定"按钮✓，完成螺钉外螺纹的创建，如图 3-83 所示。

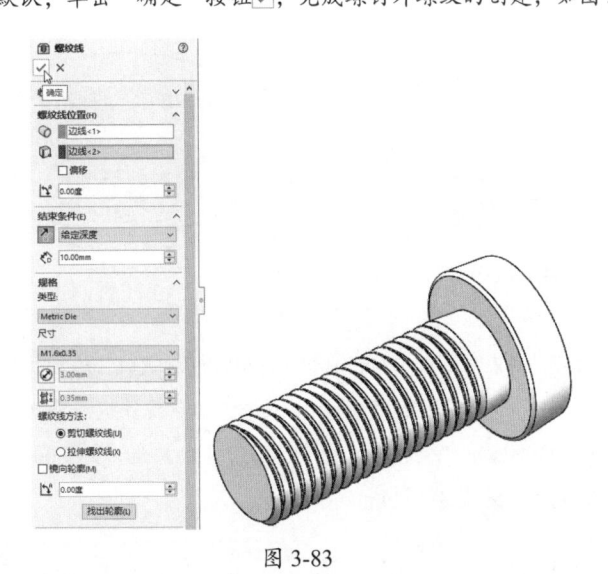

图 3-83

07 创建蝴蝶螺母的内螺纹。在"特征"选项卡中单击"螺纹线"按钮⬚，调出"螺纹线"属性面板。

08 在图形区中选取蝴蝶螺母中的圆孔边线作为螺纹的参考，随后软件生成预定义的螺纹预览，如图 3-84 所示。

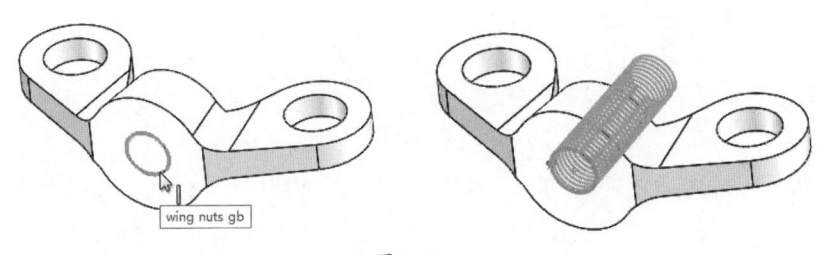

图 3-84

09 在"规格"选项区的"类型"列表中选择 Metric Tap 类型,并在"尺寸"列表中选择 M1.6×0.35 规格尺寸,其余选项保持默认,单击"确定"按钮 ✓,完成蝴蝶螺母内螺纹的创建,如图 3-85 所示。

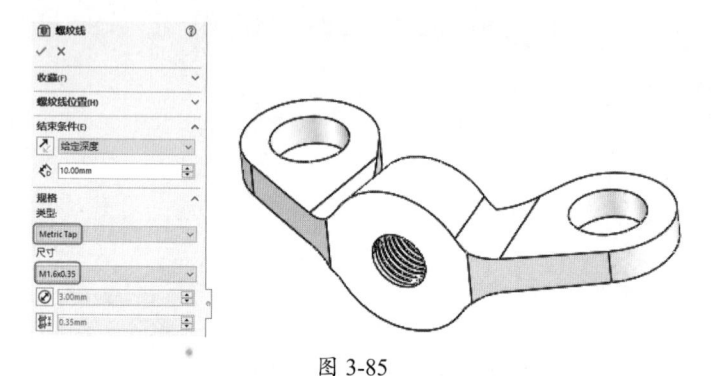

图 3-85

10 创建瓶口螺纹。在"特征"选项卡中单击"螺纹线"按钮,调出"螺纹线"属性面板。

11 在图形区中选取瓶子瓶口上的圆柱边线作为螺纹的参考,随后软件生成预定义的螺纹预览,如图 3-86 所示。

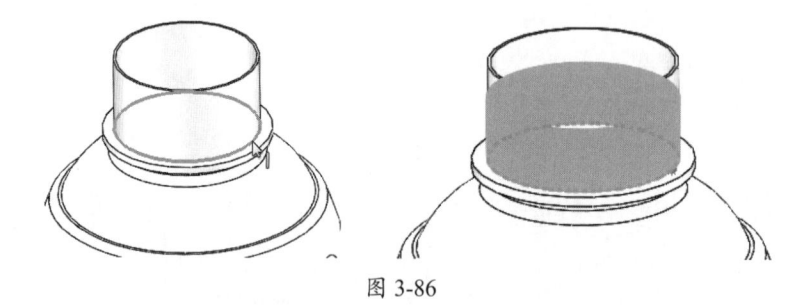

图 3-86

12 在"规格"选项区的"类型"列表中选择 SP4xx Bottle 类型,并在"尺寸"列表中选择 SP400-M-6 规格尺寸,单击"覆盖螺距"按钮,修改螺距为 15.00mm,选中"拉伸螺纹线"单选选项。

13 在"螺纹线位置"选项区中选中"偏移"复选框,并设置偏移距离为 5.00mm。在"结束条件"选项区中设置深度值为 7.50mm,如图 3-87 所示。

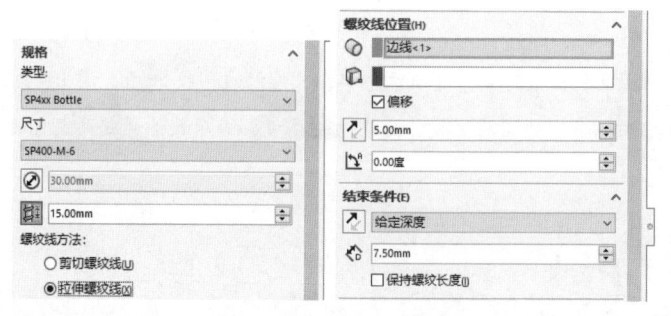

图 3-87

14 查看螺纹线的预览无误后,单击"确定"按钮 ✓,完成瓶口螺纹的创建,如图 3-88 所示。

图 3-88

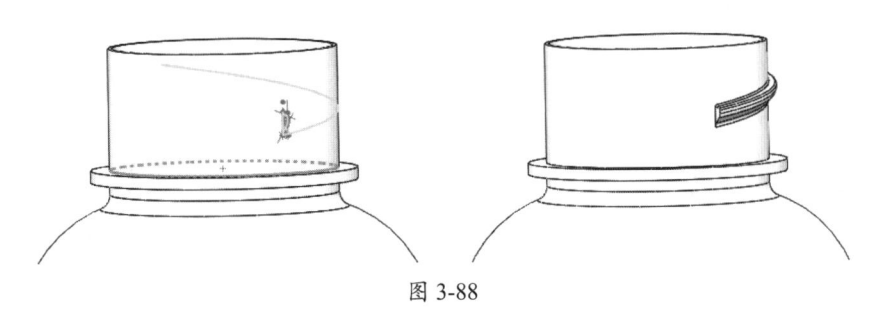

15 单击"圆周阵列"按钮,将瓶口螺纹特征进行圆周阵列,阵列个数为 3,结果如图 3-89 所示。

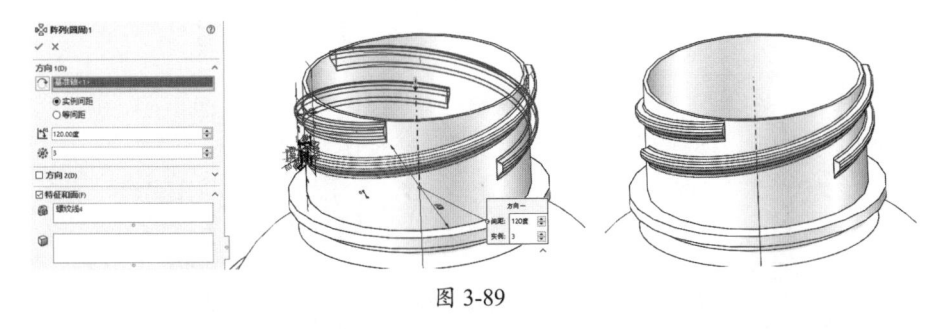

图 3-89

3.3.4 抽壳

抽壳工具能够有效地生成薄壳结构,适用于制作诸如箱体零件和塑件产品等需要壳体设计的物件,是完成这类设计不可或缺的工具。抽壳的具体操作步骤如下。

01 单击"特征"选项卡中的"抽壳"按钮,调出"抽壳"属性面板,如图 3-90 所示。从该面板中可以看到,主要抽壳参数包括厚度、移除面、抽壳方式等。

02 选择合适的实体表面,设置抽壳操作的厚度,完成特征创建。选择不同的表面,会产生不同的抽壳效果,如图 3-91 所示。

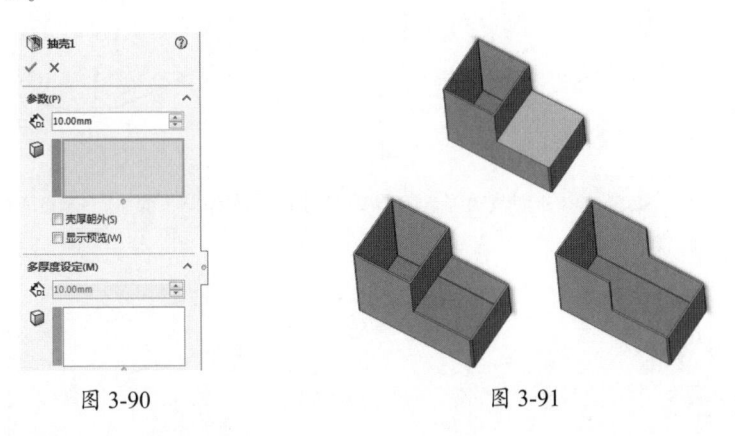

图 3-90　　图 3-91

3.3.5 拔模

拔模,也可以理解为"脱模",这一概念源自模具设计与制造的工艺流程。它指的是在模具开模方向上,对零件或产品的外形进行一定角度的倾斜处理。这样做的目的是让产品能够轻易且顺畅地从模具型腔中脱出，避免在脱模过程中对产品造成刮伤。

在SolidWorks软件中，可以在使用"拉伸凸台/基体"特征工具创建凸台时直接设置拔模斜度，或者利用"拔模"工具对已有模型进行拔模操作。具体的操作步骤如下。

01 单击"拔模"按钮，调出"拔模"属性面板。SolidWorks提供的手工拔模方法有3种，包括中性面、分型线和阶梯拔模，如图3-92所示。

02 选择"中性面"类型，即在拔模过程中的固定面，如图3-93所示。指定下端面为中性面，矩形四周的面为拔模面。

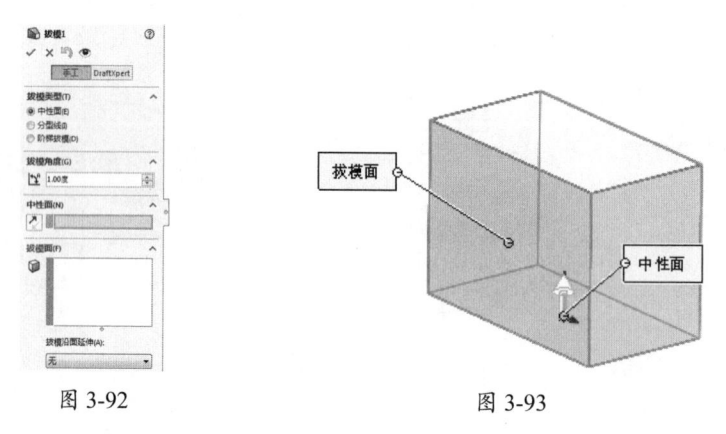

图 3-92   图 3-93

03 若选择"分型线"类型，可以在任意面上绘制曲线作为固定端，如图3-94所示。选取样条曲线为分型线。需要说明的是，并不是任意草绘的一条曲线都可以作为分型线，作为分型线的曲线必须同时是一条分割线。

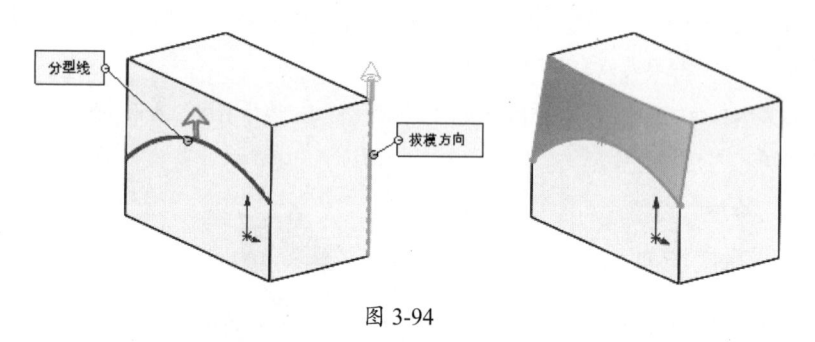

图 3-94

04 若选择"阶梯拔模"类型，以分型线为界，可以进行"锥形阶梯"拔模或"垂直阶梯"拔模。图3-95所示为锥形阶梯拔模。

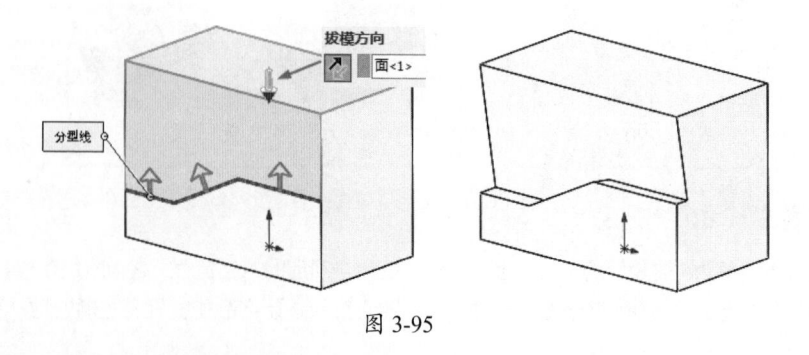

图 3-95

3.3.6 筋特征

筋是用于为实体零件增加薄壁支撑的特殊结构。它是通过从开环或闭环的轮廓进行拉伸而生成的，特点是在轮廓与零件之间按照指定方向和厚度增加材料。在创建筋时，可以选择使用单个或多个草图，也可以结合拔模操作来生成具有拔模斜度的筋特征，或者选择某个参考轮廓来进行拔模处理。

表 3-1 为筋草图拉伸的典型例子。

表 3-1 筋草图拉伸的典型例子

拉伸方向	图例
简单的筋草图，拉伸方向平行于草图	
简单的筋草图，拉伸方向垂直于草图	
复杂的筋草图，拉伸方向垂直于草图	

3.4 特征变换与编辑

在 SolidWorks 中，特征变换操作赋予了用户对已创建的几何特征进行修改、移动、旋转或复制的能力。这些操作在多种场景下都能发挥重要作用，例如当需要调整零件的尺寸、改变其位置或对其形状进行微调时。接下来，将详细介绍几种常用的特征变换工具，如阵列工具、镜像工具以及包覆工具等。

3.4.1 阵列变换

特征的阵列操作是一个非常实用的功能，它能够快速创建出多个重复的特征。在 SolidWorks 中，用户可以选择多种阵列方式，包括线性阵列、圆周阵列、基于曲线的阵列、填充阵列，甚至可以利用草图点或表格坐标来生成阵列。

当进行线性阵列时，首先需要选定要复制的特征，随后指定阵列的方向、线性间距以及需要复制的实例总数。

对于圆周阵列，操作步骤也相当直观：先选定特征，然后选择一个边线或轴作为旋转的中心，接着指定实例的总数以及每个实例之间的角度间距，或者指定实例总数和整个阵列覆盖的总角度。

虽然 SolidWorks 提供了多达 7 种类型的特征阵列方式，但在实际应用中，线性阵列和圆周阵列仍然是最常被使用的两种阵列方式。

1. 线性阵列

线性阵列是指在一个方向或两个相互垂直的直线方向上生成的阵列特征，它的命令按钮为🔳。具体的操作步骤如下。

01 单击"特征"选项卡中的"线性阵列"按钮🔳，调出"线性阵列"属性面板。

02 根据软件要求设置面板中的相关选项，包括指定一个线性阵列的方向，指定一个要阵列的特征，设定阵列特征之间的间距和阵列值，如图 3-96 所示。

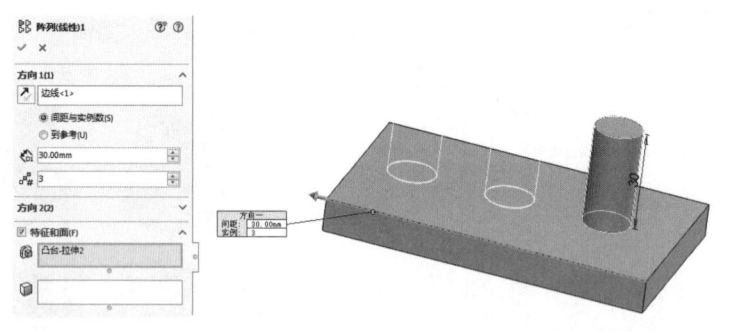

图 3-96

2. 圆周阵列

圆周阵列是指阵列特征绕着一个基准轴进行特征复制，它主要用于圆周方向特征均匀分布的情形。具体的操作步骤如下。

01 单击"特征"选项卡中的"圆周阵列"按钮，调出"圆周阵列"属性面板。

02 选择要阵列的对象后，再设置相关选项，包括选取参考轴线。

03 单击"确定"按钮✓，完成对象的圆周阵列，如图 3-97 所示。

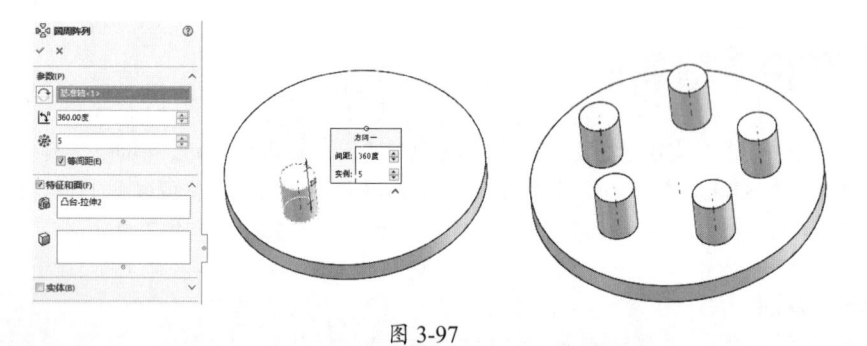

图 3-97

> **技巧点拨**
>
> 当需要创建多个相似的特征时，阵列无疑是最佳的选择。其优势在于能够高效地重复使用几何体，灵活调整随动特征，便捷地应用于装配部件的阵列，以及智能地处理扣件等细节。这些优点使阵列成为提升设计效率和准确性的重要工具。

3.4.2 镜像编辑

镜像是绕面或基准面镜像特征、面及实体。沿面或基准面镜像，生成一个特征（或多个特征）的复制。

可选择特征或可选择构成特征的面。对于多实体零件，可使用阵列或镜像特征来阵列或镜像同一文件中的多个实体。具体的操作步骤如下。

01 单击"特征"选项卡中的"镜像"按钮，调出"镜像"属性面板，如图3-98所示。

02 根据系统要求设置"镜像"属性面板中的相关选项，主要有两项：指定一个参考平面作为执行特征镜像操作的参考平面；选取一个或多个要镜像的特征，如图3-99所示。

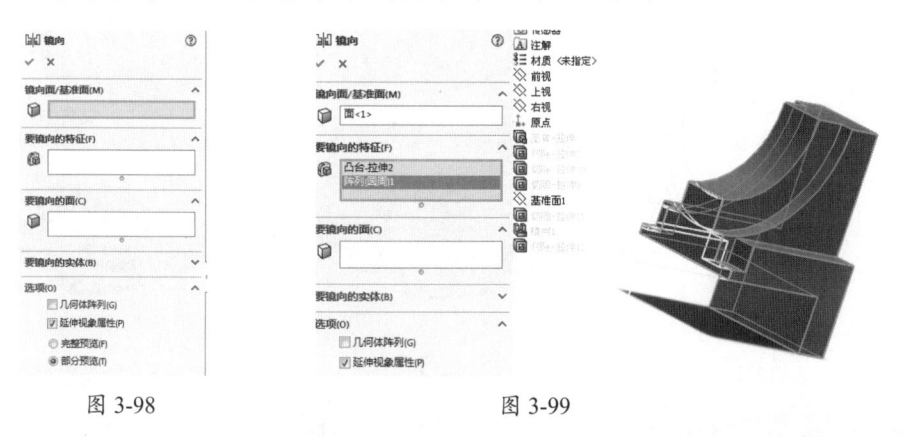

图 3-98   图 3-99

3.5 综合案例

本节将通过常见的机械零件建模实例，详细阐述一系列建模技巧。以帮助大家深入理解并掌握实体特征的基本操作，以及特征编辑工具的有效使用方法，从而提升其建模技能。

3.5.1 案例一：摇柄零件设计

参照图 3-100 所示的三视图构建摇柄零件模型，注意其中的对称、相切、同心、阵列等几何关系。

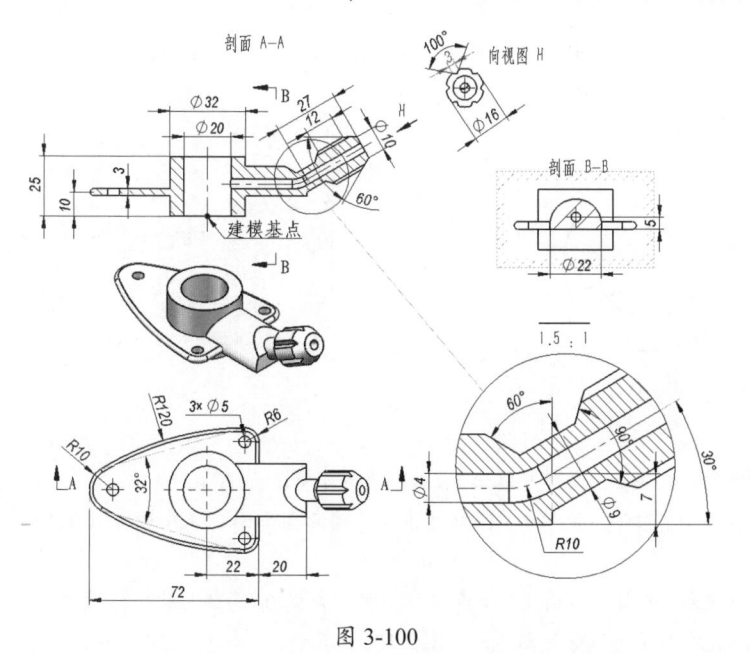

图 3-100

1. 建模分析

（1）参照三视图，确定建模起点在"剖面 K-K"主视图∅32 圆柱体底端平面的圆心上。
（2）基于"从下往上""由内向外"的建模原则。
（3）所有特征的截面曲线来自各个视图的轮廓。建模流程的图解如图 3-101 所示。

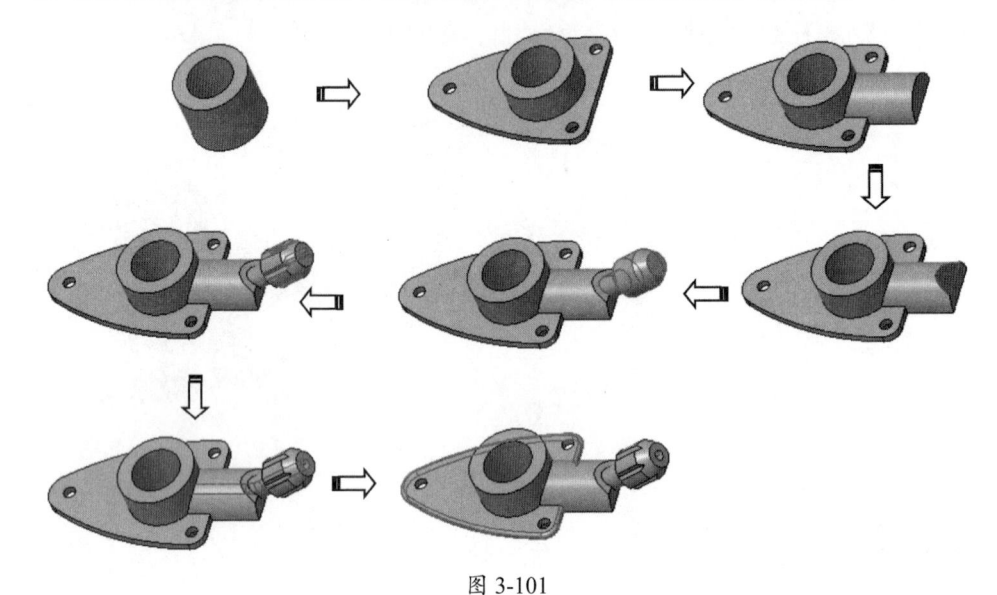

图 3-101

2. 设计步骤

01 新建 SolidWorks 零件文件。

02 创建第 1 个主特征——拉伸特征。
- 单击"拉伸凸台/基体"按钮。
- 选择上视基准面基准平面为草图平面，进入草绘环境绘制如图 3-102 所示的草图 1。
- 退出草绘环境后，在"拉伸"属性面板中设置拉伸深度为 25.00mm，单击"确定"按钮✓完成拉伸特征 1 的创建，如图 3-103 所示。

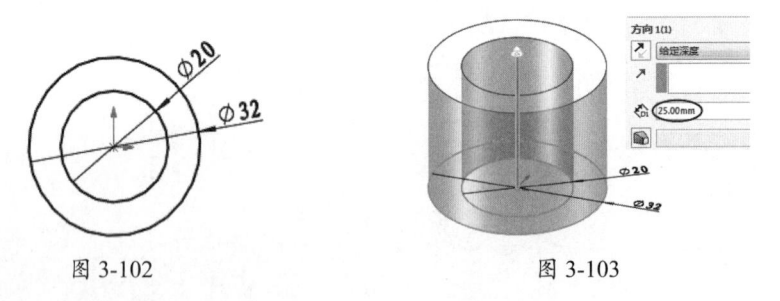

图 3-102   图 3-103

03 创建第 2 个主特征。
- 单击"基准面"按钮，新建基准面 1，如图 3-104 所示。
- 单击"拉伸凸台/基体"按钮，选择基准面 1 为草图平面，进入草绘环境并绘制如图 3-105 所示的草图 2。
- 退出草绘环境后，在"拉伸"属性面板设置拉伸深度类型为"两侧对称"，深度为 3.00mm，最后单击"确定"按钮✓完成拉伸特征 2 的创建，如图 3-106 所示。

图 3-104

图 3-105

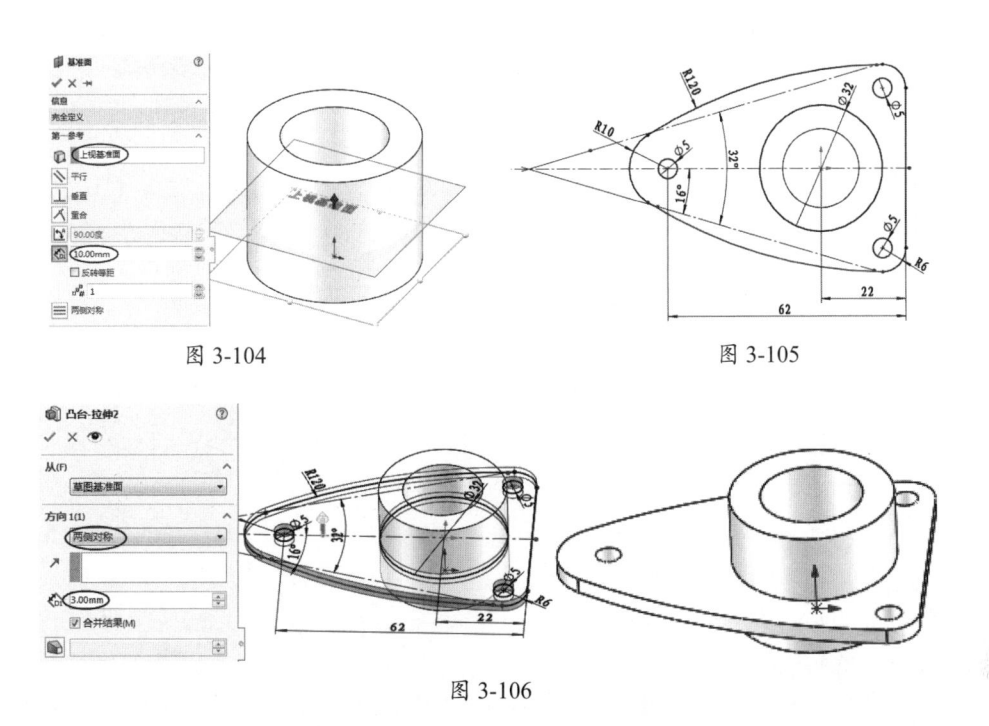

图 3-106

04 创建第 3 个特征。
- 单击"基准面"按钮，新建基准面 2，如图 3-107 所示。
- 单击"拉伸凸台/基体"按钮。选择新基准面 2 为草图平面，进入草绘环境并绘制如图 3-108 所示的草图 3。

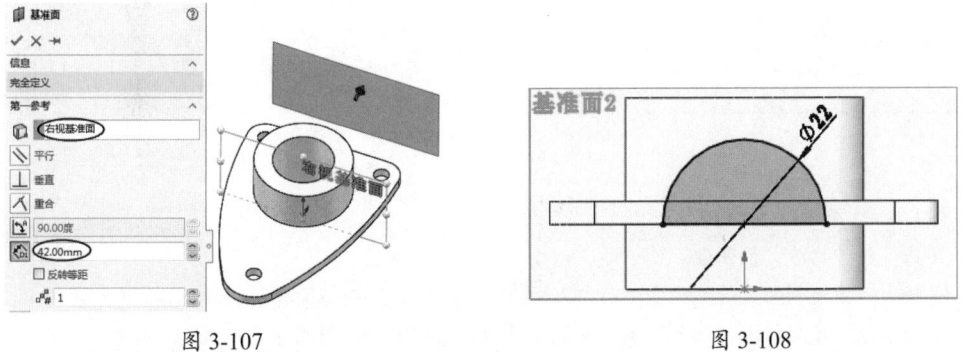

图 3-107

图 3-108

- 退出草绘环境后，在"拉伸"属性面板设置拉伸深度类型为"成形到下一面"，更改拉伸方向，最后单击"确定"按钮完成拉伸特征 3 的创建，如图 3-109 所示。

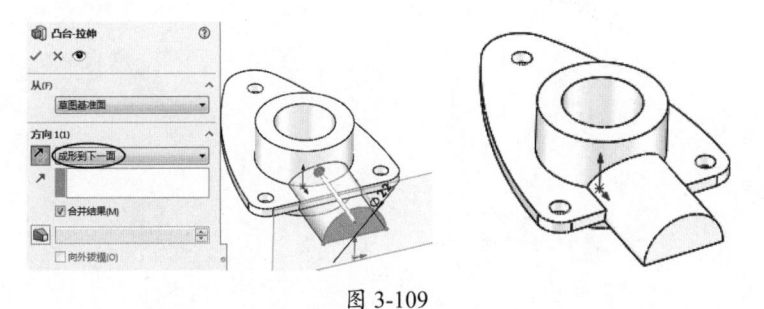

图 3-109

05 创建第 4 个特征（拉伸切除特征）。此特征是第 3 个拉伸特征的子特征，需要先创建。
- 单击"拉伸切除"按钮🔘，选择前视基准面为草图平面，进入草绘环境并绘制如图 3-110 所示的草图曲线 4。
- 退出草绘环境后，在"拉伸"属性面板设置拉伸深度类型为"两侧对称"，最后单击"确定"按钮✅完成拉伸切除特征 1 的创建，如图 3-111 所示。

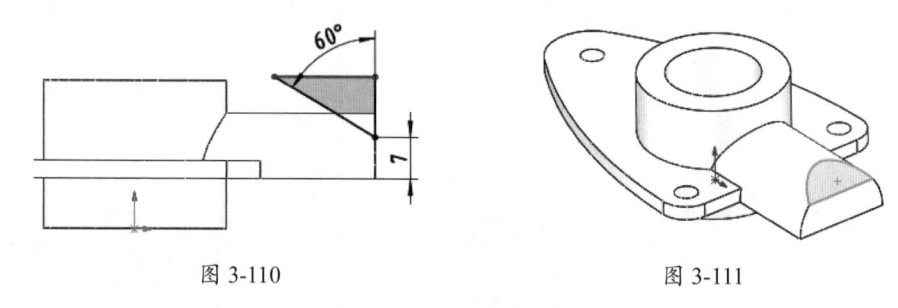

图 3-110　　　　　　　　　图 3-111

06 创建第 5 个特征，该特征由"旋转凸台/基体"工具创建。
- 单击"旋转凸台/基体"按钮❋，选择前视基准面平面为草图平面，进入草绘环境并绘制如图 3-112 所示的草图曲线 5。
- 退出草绘环境后，在"旋转"属性面板单击"确定"按钮✅完成旋转特征 1 的创建，如图 3-113 所示。

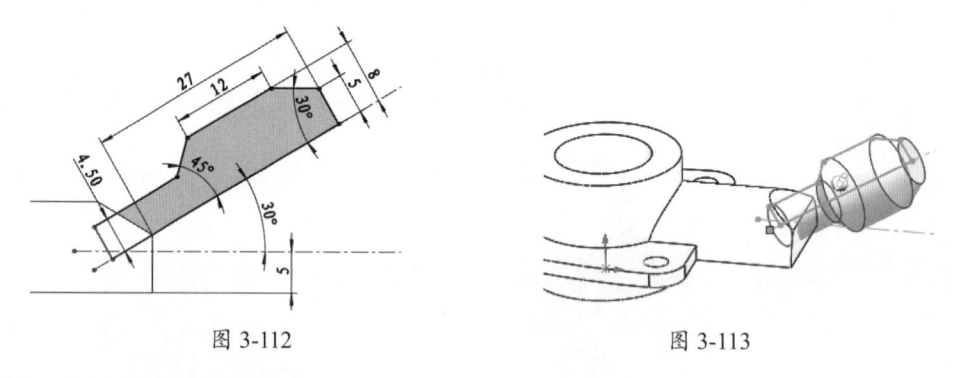

图 3-112　　　　　　　　　图 3-113

07 创建子特征——拉伸切除。
- 单击"拉伸切除"按钮🔘。
- 选择上一步绘制的旋转特征外端面作为草图平面，进入草绘环境并绘制如图 3-114 所示的草图 5。
- 退出草绘环境后，在"拉伸"属性面板设置拉伸深度类型，最后单击"确定"按钮✅完成拉伸切除特征 2 的创建，如图 3-115 所示。

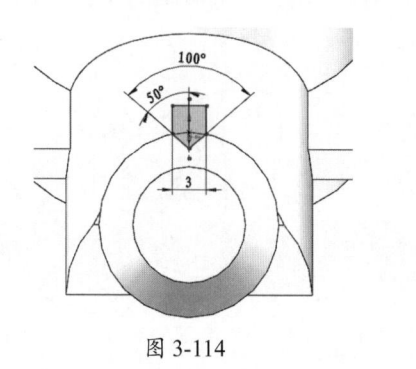

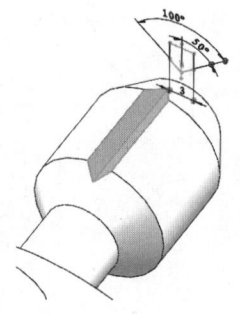

图 3-114　　　　　　　　　图 3-115

第3章 SolidWorks实体设计

- 选中上一步创建的拉伸减除特征，然后单击"圆周阵列"按钮，调出"阵列（圆周）1"属性面板。
- 拾取旋转特征1的轴作为阵列参考，输入阵列个数为6，成员之间的角度为60.00度，最后单击"确定"按钮完成阵列操作，如图3-116所示。

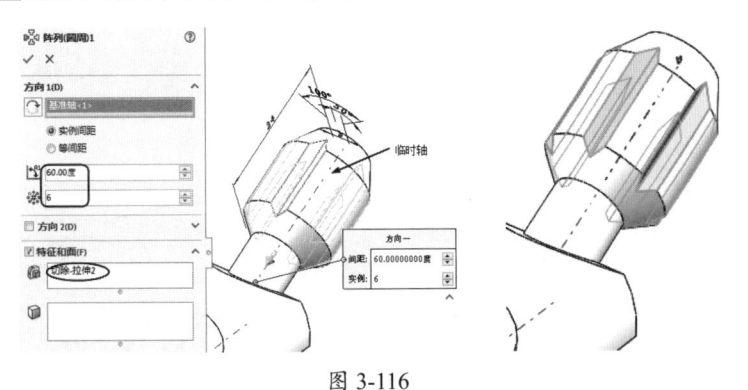

图 3-116

提示
要显示旋转特征1的临时轴，需要在前导视图工具栏的"隐藏/显示项目"列表中单击"观阅临时轴"按钮。

08 创建子特征——扫描切除特征1。
- 在"草图"选项卡中，单击"草图绘制"按钮，选择前视基准面平面为草图平面，绘制如图3-117所示的草图6。
- 同理，在旋转特征端面绘制如图3-118所示的草图7（圆形）。

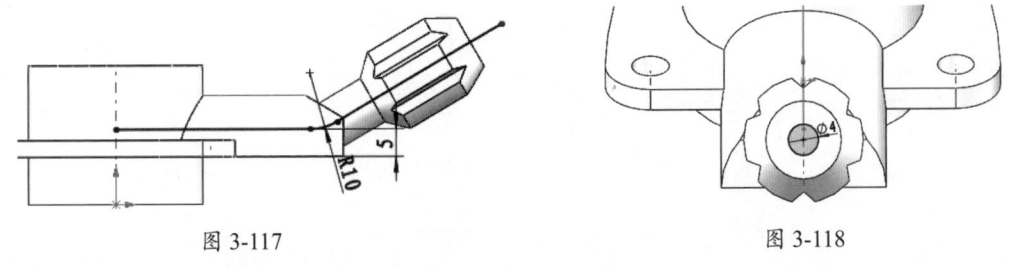

图 3-117   图 3-118

- 单击"扫描切除"按钮，调出"扫描"属性面板。选取上一步绘制的圆曲线（草图7）作为轮廓，再选择草图6作为扫描路径曲线，如图3-119所示。
- 单击"方向2"按钮改变切除侧，最后单击"确定"按钮，完成扫描切除特征1的创建，如图3-120所示。

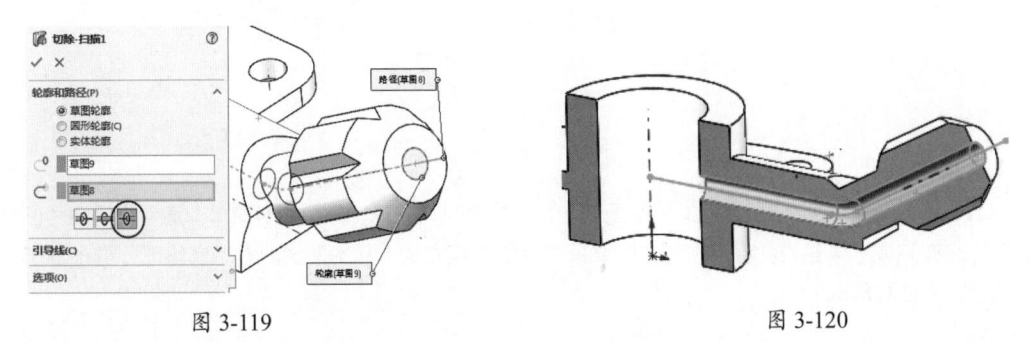

图 3-119   图 3-120

09 在拉伸特征 2 上创建倒圆角特征。

- 单击"圆角"按钮，调出"圆角"属性面板。
- 单击"恒定大小圆角"按钮。按住 Ctrl 键选取拉伸特征 2 的上、下两条模型边作为圆角化项目，如图 3-121 所示。
- 设置圆角半径为 1.50mm，最后单击"确定"按钮，完成整个摇柄零件的创建，如图 3-122 所示。

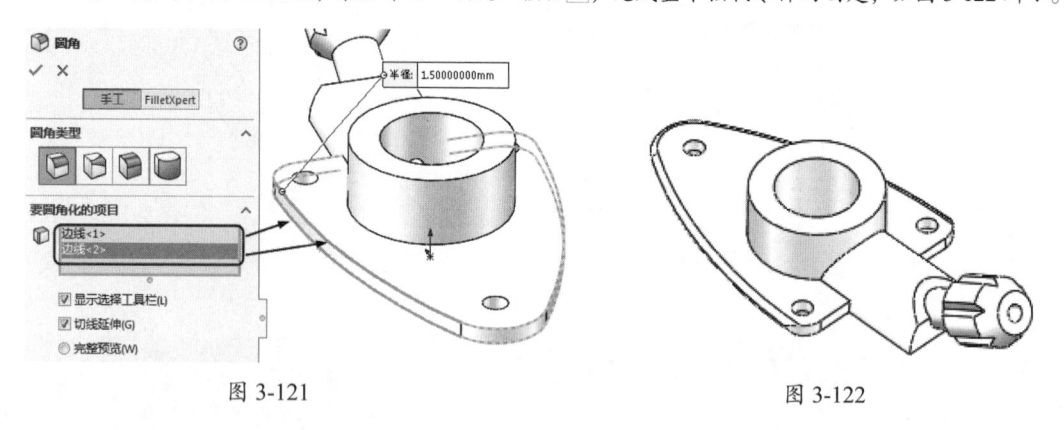

图 3-121　　　　　图 3-122

3.5.2　案例二：底座零件设计

参照图 3-123 所示的三视图，构建底座零件模型。本例需要注意模型中的对称、阵列、相切、同心等几何关系。

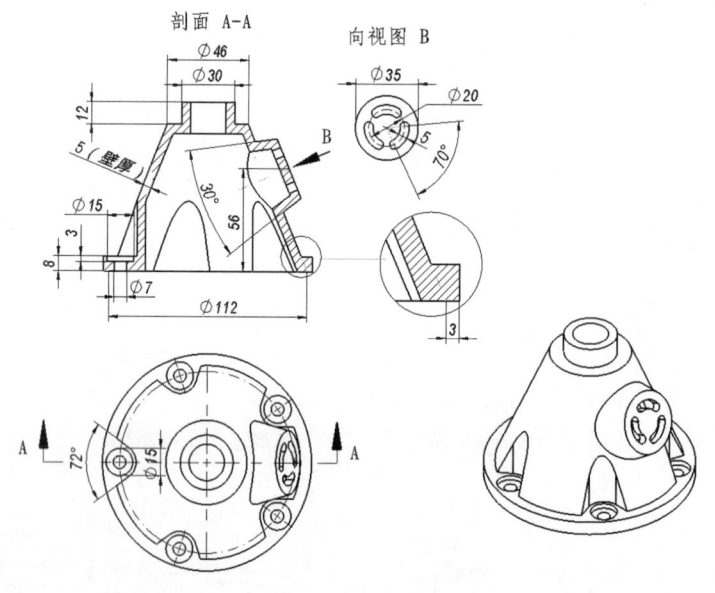

图 3-123

1. 建模分析

（1）首先观察剖面图中所显示的壁厚是否均匀，如果是均匀的，建模相对简单，通常会采用"凸台→壳体"一次性完成主体建模。若不均匀，则要采取分段建模方式。从本例图形看，底座部分与上半部分薄厚不同，需要分段建模。

(2) 建模的起始点在图中标注为"建模原点"。

(3) 建模的顺序为：主体→侧面拔模结构→底座→底座沉头孔。建模流程如图 3-124 所示。

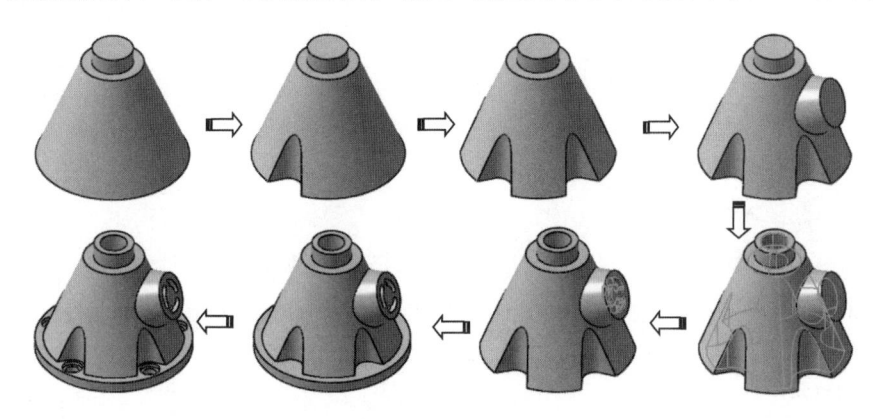

图 3-124

2. 设计步骤

01 新建 SolidWorks 零件文件并进入零件建模环境。

02 创建主体部分结构。

- 单击"草图"按钮，选择前视基准面作为草图平面并进入草图环境。
- 绘制如图 3-125 所示的草图 1（草图中要绘制旋转轴）。
- 单击"旋转凸台/基体"按钮，选择绘制的草图作为旋转轮廓，随后调出"旋转"属性面板。单击"确定"按钮完成旋转凸台基体的创建，如图 3-126 所示。

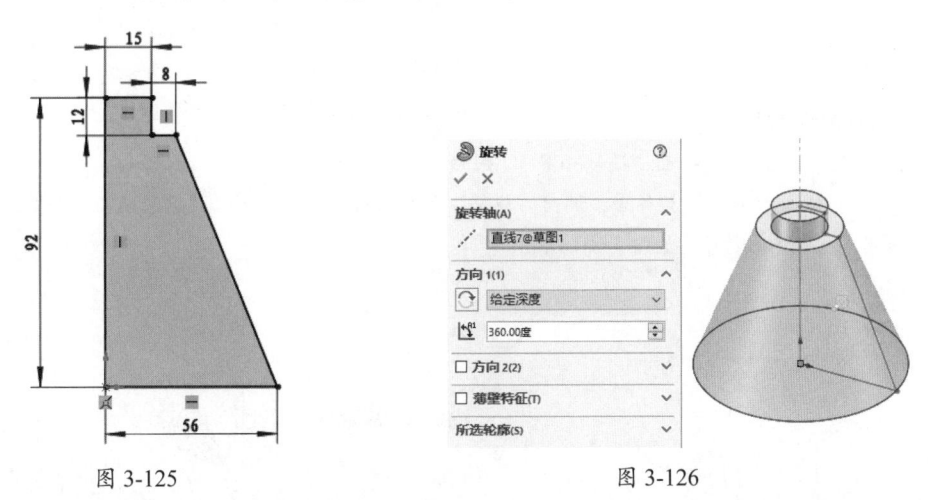

图 3-125　　　　　　　　图 3-126

- 选择旋转体底部平面作为草图平面，进入草图环境，并绘制如图 3-127 所示的草图 2。

技术要点

绘制草图时要注意，必须先建立旋转体轮廓的偏移曲线（偏移尺寸为 3.00mm），这是直径为 19.00mm 圆弧的重要参考。

- 单击"拉伸切除"按钮，选择上一步绘制的草图作为轮廓，调出"切除-拉伸"属性面板。输入拉伸切除深度为 70.00mm，单击"确定"按钮完成拉伸切除的创建，如图 3-128 所示。

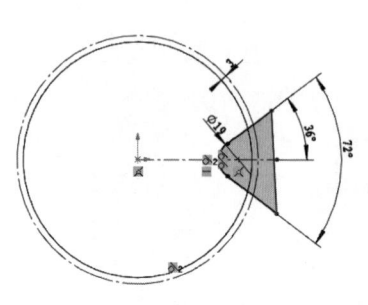

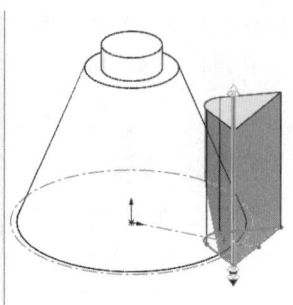

图 3-127　　　　　　　　　　　　　图 3-128

- 选中拉伸切除特征，在"特征"选项卡中单击"圆周阵列"按钮，选取主体（旋转特征）的临时轴作为阵列轴，设置阵列角度为 72.00 度，设置阵列数量为 5，最后单击"确定"按钮，创建图 3-129 所示的圆周阵列。

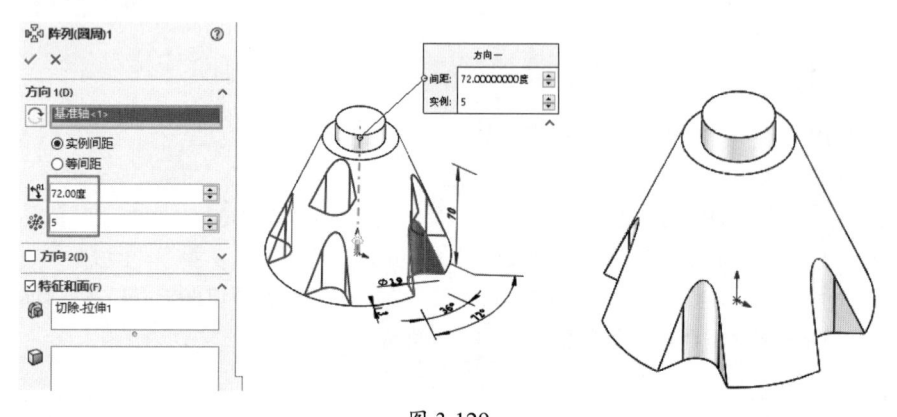

图 3-129

03　创建侧面斜向的结构。

- 选择前视基准面为草图平面，绘制如图 3-130 所示的草图 3。
- 单击"旋转凸台/基体"按钮，调出"旋转"属性面板，选择轮廓曲线和旋转轴，单击"确定"按钮完成旋转体的创建，如图 3-131 所示。

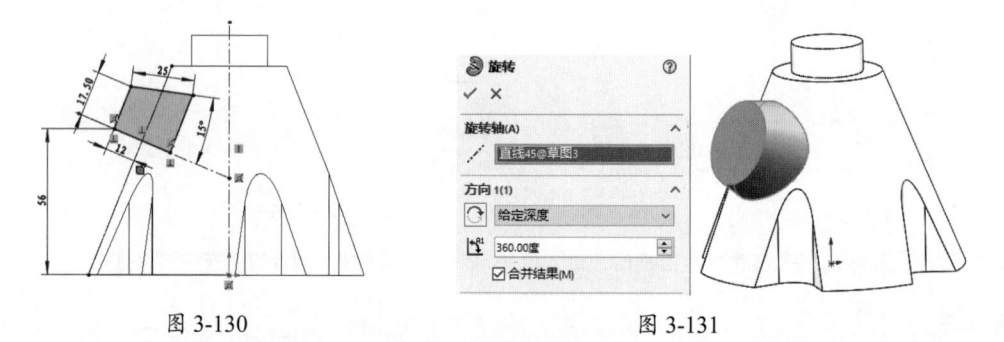

图 3-130　　　　　　　　　　　　　图 3-131

- 在"特征"选项卡中单击"抽壳"按钮，调出"抽壳"属性面板。选取第一个旋转体的上、下两个端面为"要移除的面"，设置壳厚度为 5.00mm，单击"确定"按钮完成壳体特征的创建，如图 3-132 所示。

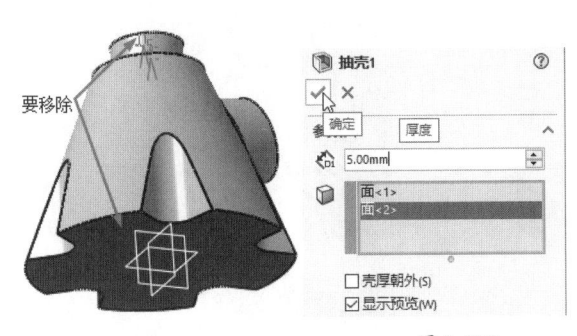

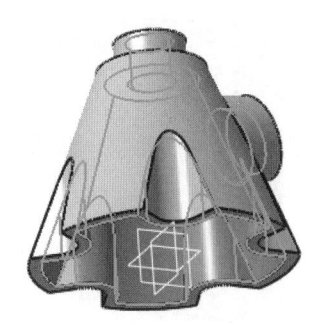

图 3-132

- 单击"拉伸切除"按钮 ⬚,选择侧面结构的端面为草图平面,进入草图环境并绘制图 3-133 所示的草图。退出草图环境后调出"切除 - 拉伸"属性面板。设置拉伸切除深度为 10.00mm,单击"确定"按钮完成拉伸切除的创建。

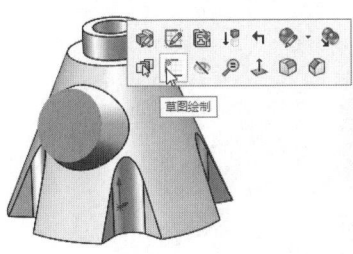

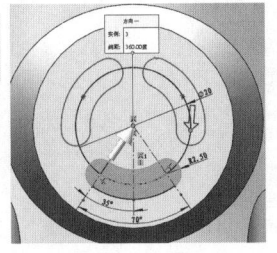

图 3-133

04 创建底座部分结构。

- 选择上视基准面为草图平面,单击"草图"按钮 进入草图环境并绘制如图 3-134 所示的草图 4。
- 单击"拉伸凸台 / 基体"按钮 ⬚,选择上一步绘制的草图为拉伸轮廓后,调出"凸台 - 拉伸"属性面板。设置深度为 10.00mm,单击"确定"按钮完成拉伸凸台的创建,如图 3-135 所示。

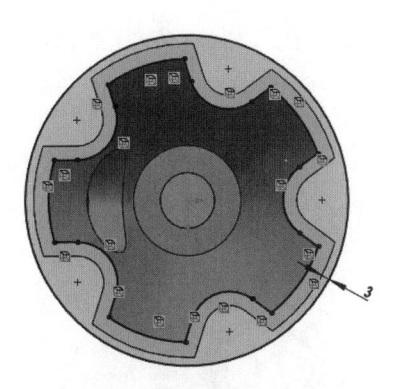

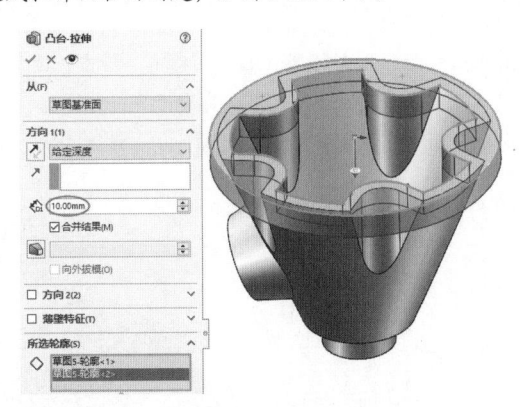

图 3-134   图 3-135

- 在"特征"选项卡中单击"异性孔向导"按钮 ⬚,调出"孔规格"属性面板。在"位置"选项卡中,选择底座的上表面为孔放置面,鼠标指针选取位置为孔位置参考点,如图 3-136 所示。
- 自动进入 3D 草图环境,对放置参考点进行重新定位,如图 3-137 所示。

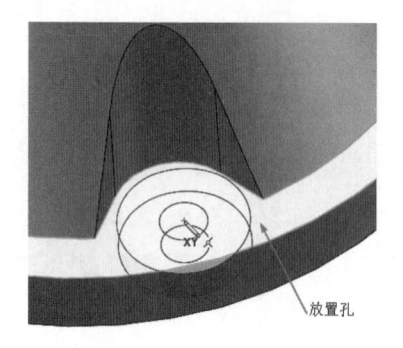

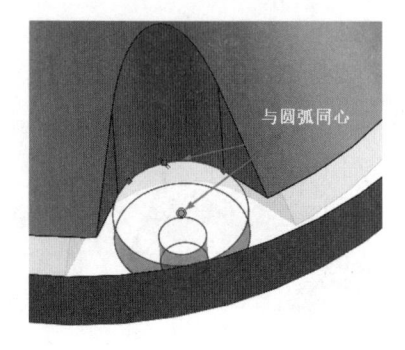

AI+SolidWorks 2024完全实训手册

图 3-136

图 3-137

- 退出3D草图环境后,在"孔规格"属性面板的"类型"选项卡中设置孔类型及孔参数,其余参数保持默认。最后单击"确定"按钮✓完成孔的创建,如图3-138所示。

图 3-138

05 将沉头孔进行圆形阵列。选中孔特征,单击"圆周阵列"按钮,调出"阵列(圆周)2"属性面板。设置旋转轴为旋转凸台(第一个特征)的临时轴,设置实例数为5,角度间距为72.00mm,单击"确定"按钮✓完成孔的圆周阵列,如图3-139所示。

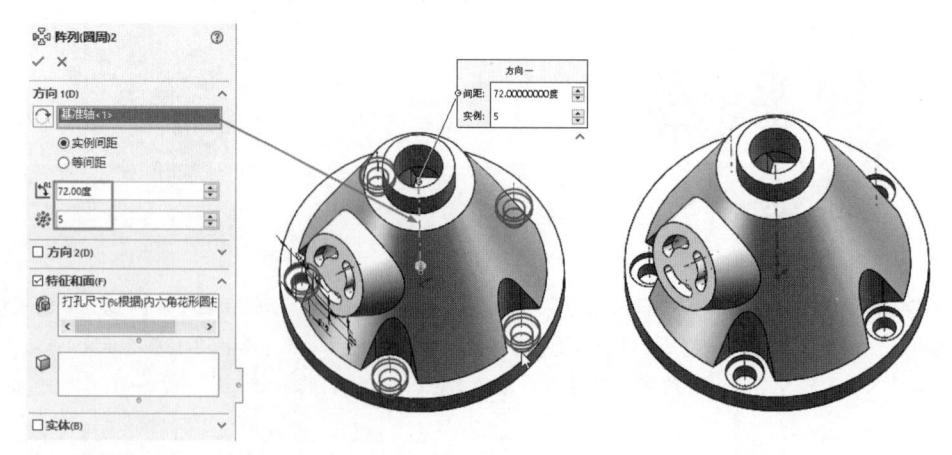

图 3-139

至此，完成了本例机械零件的建模，最终效果如图 3-140 所示。

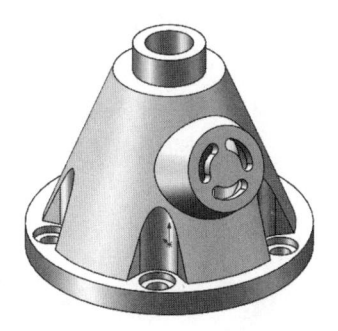

图 3-140

3.5.3 案例三：盘盖零件设计

本例的盘盖零件的多视图如图 3-141 所示。

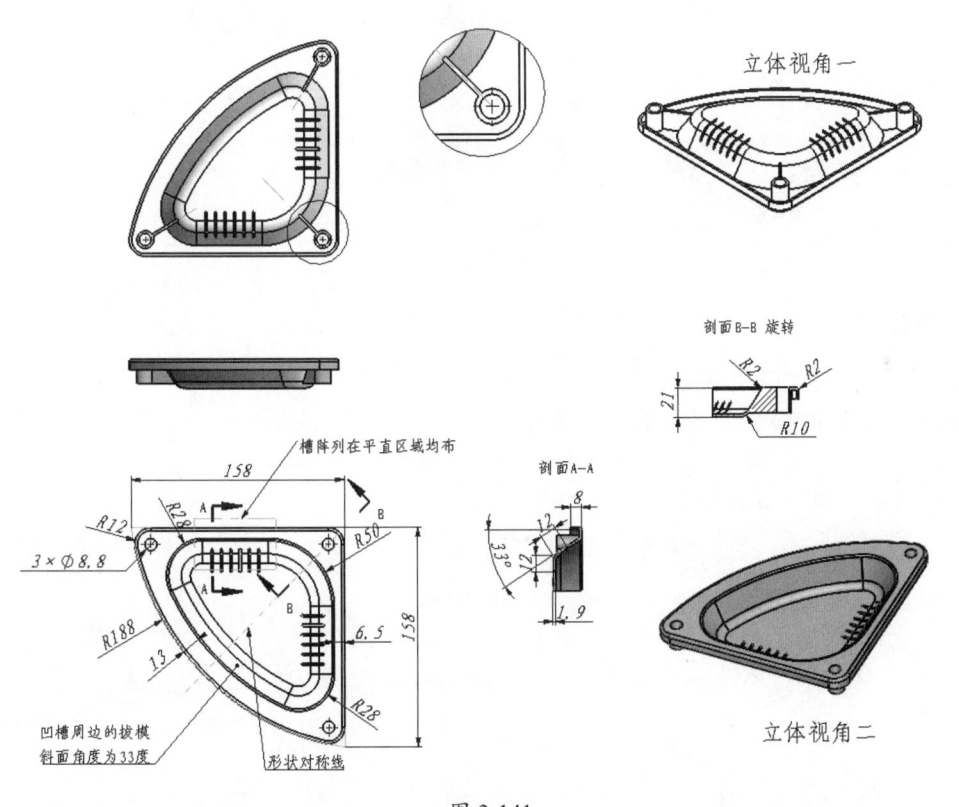

图 3-141

构建本例的零件模型时，需要注意以下几点。
- 模型厚度以及红色筋板厚度均为 1.9mm（等距或偏移关系）。
- 图中同色表示的区域，其形状大小或者尺寸相同。其中底侧部分的黄色和绿色圆角面为偏移距离为 T 的等距面。
- 凹陷区域周边拔模角度相同，均为 33 度。
- 开槽阵列的中心线沿凹陷斜面平直区域均匀分布，开槽端部为完全圆角。

1. 建模分析

（1）本例零件的壁厚是均匀的。可以采用先建立外形曲面再进行加厚的方法。还可以采用先创建实体特征，再在其内部进行抽壳（创建壳体特征）的方法。本例将采取后者进行建模。

（2）从模型看出，本例模型在两面都有凹陷，说明实体建模时需要在不同的零件几何体中分别创建形状，然后进行布尔运算。所以本例将在以上视基准面为界限，+Y 方向和 -Y 方向各自建模。

（3）建模的起始平面为前视基准面。

（4）建模时需要注意先后顺序，建模流程的图解如图 3-142 所示。

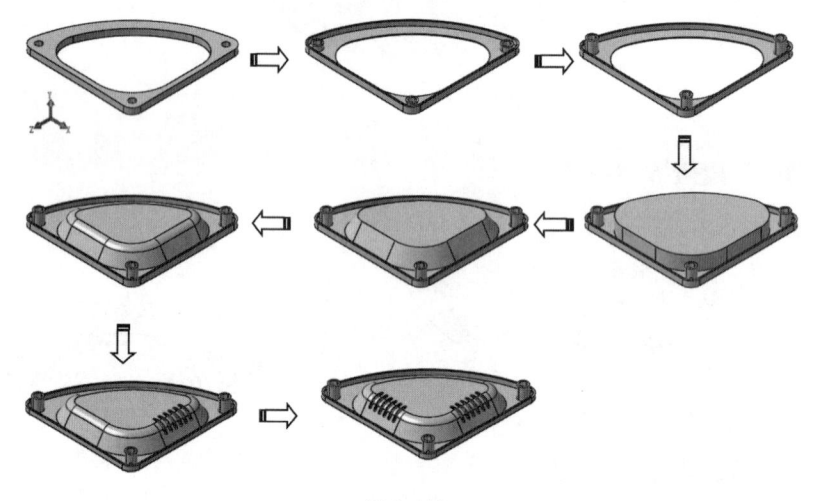

图 3-142

2. 设计步骤

01 新建 SolidWorks 零件文件并进入零件建模环境。

02 创建 +Y 方向的主体结构，再创建拉伸凸台特征。

- 单击"草图"按钮，选择上视基准面作为草图平面并进入草图环境。
- 绘制如图 3-143 所示的草图 1。
- 单击"拉伸凸台/基体"按钮，再选择草图创建深度为 10.00mm 的凸台特征，如图 3-144 所示。

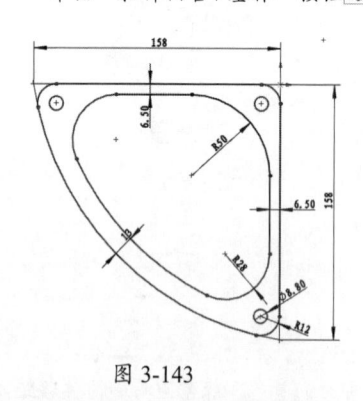

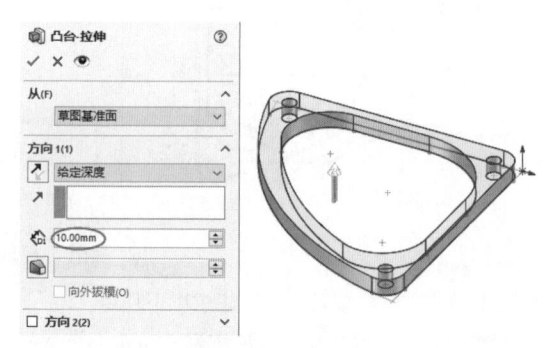

图 3-143　　　图 3-144

03 在凸台特征的内部创建拔模特征。

- 单击"拔模"按钮，调出"拔模"属性面板。
- 选取要拔模的面（内部侧壁立面），选择上视基准面为中性面。选择 Y 轴为拔模方向，单击"反向"

第3章 SolidWorks实体设计

按钮↗，使箭头向下。最后单击"确定"按钮✓完成拔模的创建，如图3-145所示。

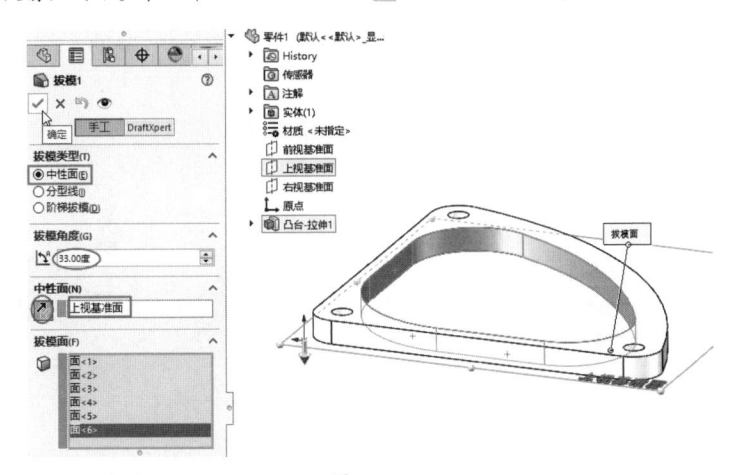

图 3-145

04 创建壳体特征。

- 单击"抽壳"按钮，调出"抽壳"属性面板。
- 选择要移除的面，单击"确定"按钮完成壳体特征的创建，如图3-146所示。

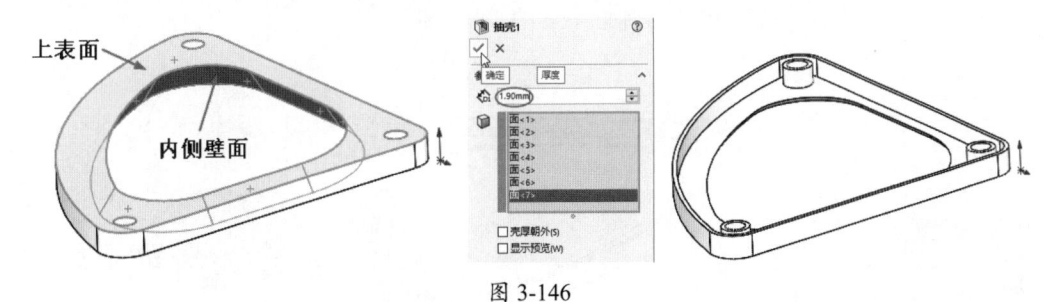

图 3-146

05 创建加强筋。

- 选中3个立柱的顶面，右击并在弹出的快捷菜单中选择"移动"选项。
- 在调出的"移动面"属性面板中设置Y方向的平移值为10.00mm，单击"确定"按钮✓对3个立柱顶面进行平移加厚，如图3-147所示。

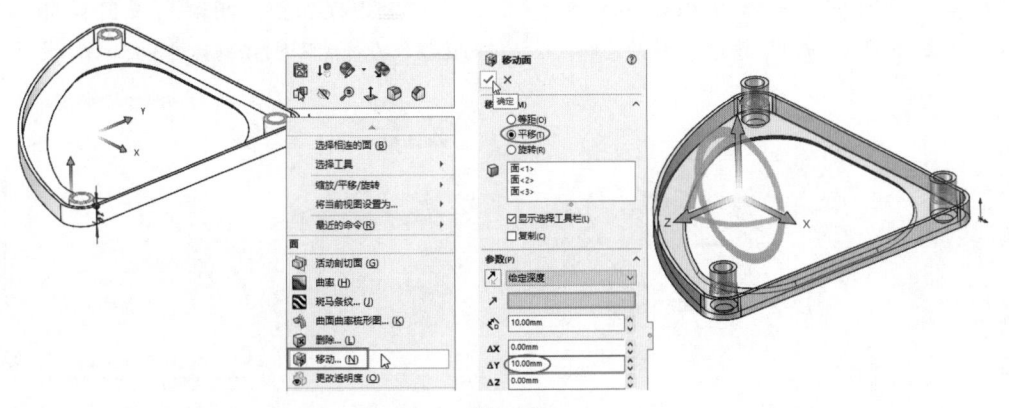

图 3-147

099

- 单击"筋"按钮,选择如图3-148所示的面作为草图平面,进入草图环境绘制加强筋的截面草图。

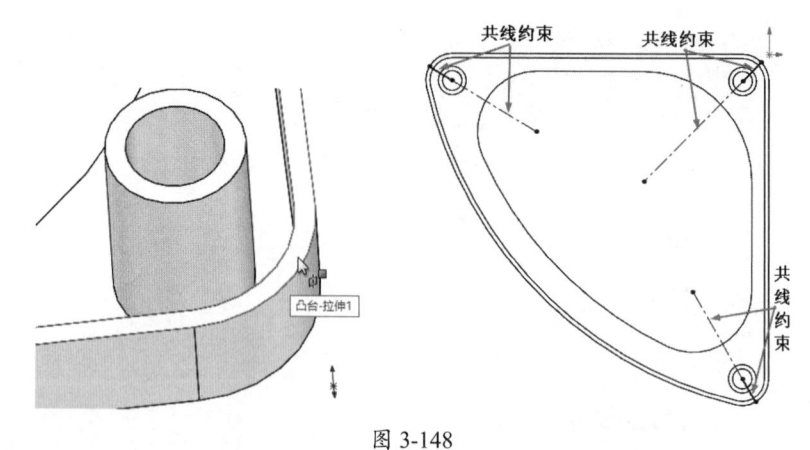

图 3-148

技术要点

绘制的实线长度可以不确定,但不能超出BOSS柱和外轮廓边界。

- 退出草图环境后调出"筋"属性面板。在"筋"属性面板中单击"两侧"按钮,设置厚度值为1.90mm,单击"确定"按钮✓完成加强筋的创建,如图3-149所示。

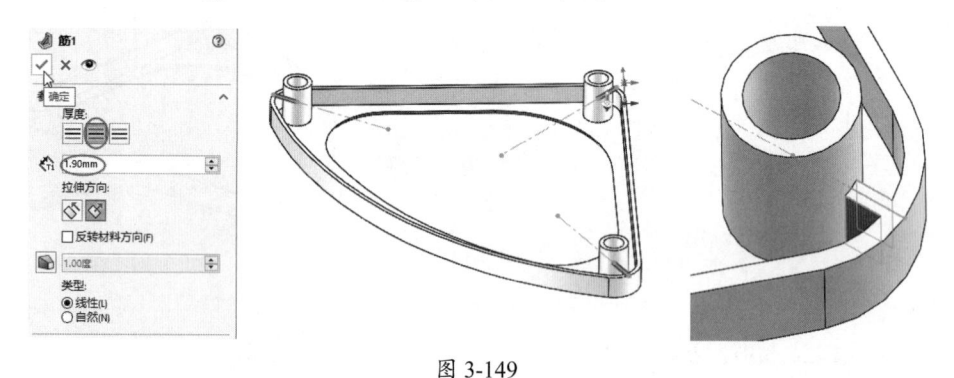

图 3-149

06 创建 -Y 方向的抽壳特征,首先创建带有拔模斜度的凸台。

- 单击"拉伸凸台/基体"按钮,选择上视基准面作为草图平面后进入草图环境,如图3-150所示。
- 单击"转换实体应用"按钮,然后选取拔模特征的边线作为转换参考,绘制如图3-151所示的草图2。

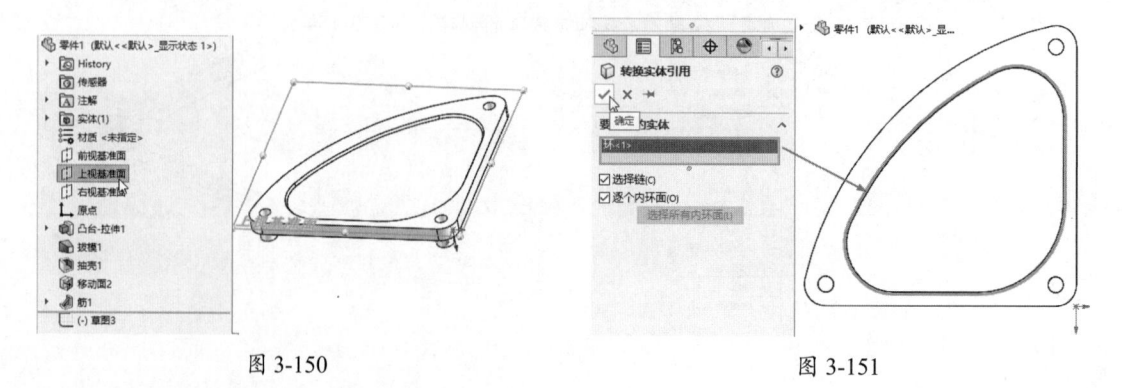

图 3-150　　　　　图 3-151

第3章 SolidWorks实体设计

- 完成草图后，在调出的"凸台-拉伸"属性面板中设置深度为21.00mm，单击"拔模开/关"按钮 ，设置拔模角度为33.00度，最后单击"确定"按钮 ✓ 完成凸台的创建，如图3-152所示。

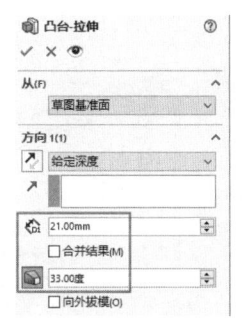

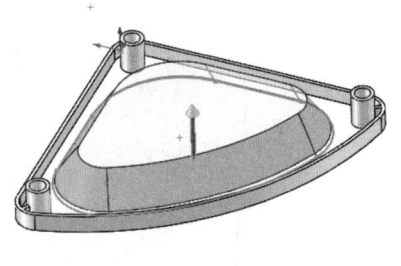

图 3-152

提示
在"凸台-拉伸"属性面板中一定要取消选中"合并结果"复选框，否则不能对其进行正确的抽壳操作。

07 创建圆角特征和壳体特征。

- 单击"圆角"按钮 ，调出"圆角"属性面板。选择凸台边，设置圆角半径为10.00mm，最后单击"确定"按钮 ✓ 完成倒圆角特征的创建，如图3-153所示。

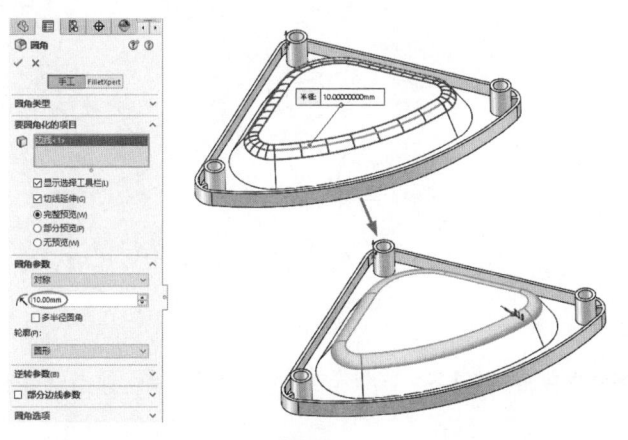

图 3-153

- 翻转模型，选中凸台底部面，单击"抽壳"按钮 ，在调出的"抽壳"属性面板中设置默认内侧厚度值为1.90mm，单击"确定"按钮 ✓ 完成抽壳特征的创建，如图3-154所示。

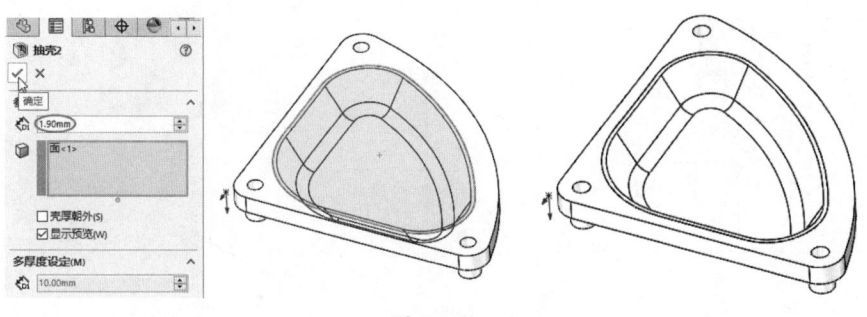

图 3-154

- 单击"组合"按钮🔲,将图形区中的两个实体组合。

08 创建拉伸切除。
- 单击"草图"按钮🔲,选中如图 3-155 所示的拔模斜面为草图平面,利用"线段"命令🔲绘制等距点。

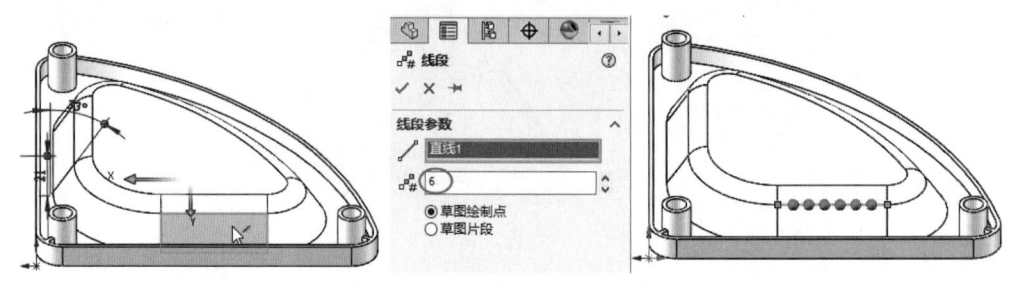

图 3-155

- 单击"基准面"按钮🔲,调出"基准面"属性面板。选取草图中的第一个等距点作为第一参考,再选择右视基准面作为第二参考,单击"确定"按钮✓完成基准平面的创建,如图 3-156 所示。

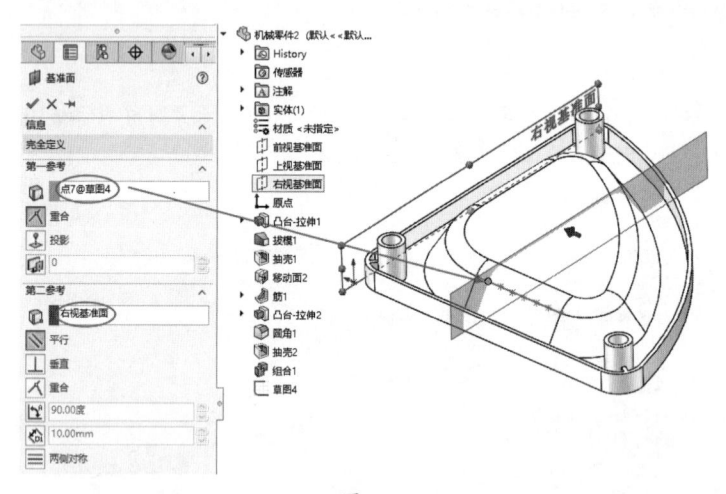

图 3-156

- 单击"拉伸切除"按钮🔲,选择上一步创建的平面为草图平面,进入草图环境并绘制图 3-157 所示的草图 3。
- 退出草图环境后,调出"切除-拉伸"属性面板。在该属性面板中设置深度为 1.50mm,并选中"镜像范围"复选框,单击"确定"按钮完成拉伸切除的创建,如图 3-158 所示。

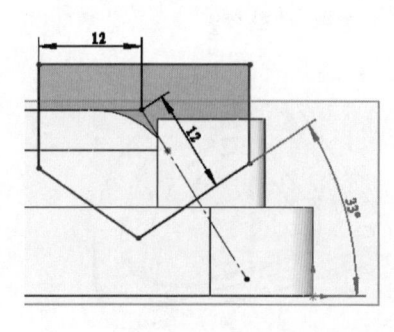

图 3-157

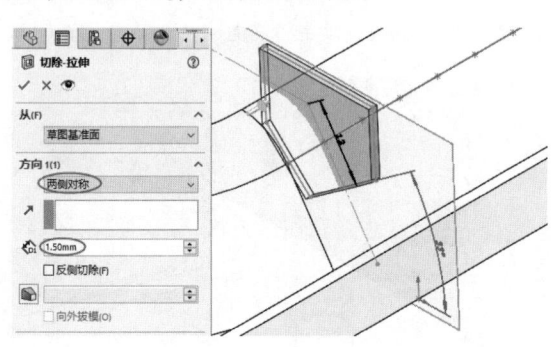

图 3-158

09 创建拉伸切除特征的矩形阵列。

- 单击"圆角"按钮⬤，在拉伸切除特征的3个侧面来创建完整圆角，如图3-159所示。同理创建拉伸切除特征另一端的完整圆角。

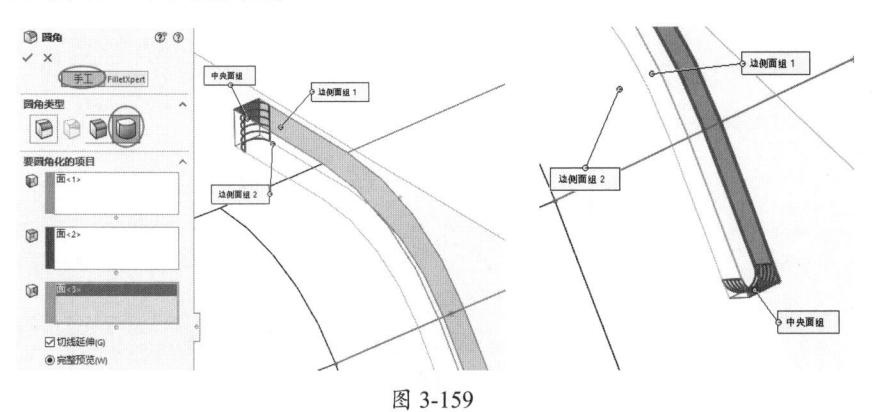

图 3-159

- 在"参考几何体"下拉列表中单击"点"按钮⬤，并选取最后一个草图等距点作为参考，以创建基准点，如图3-160所示。

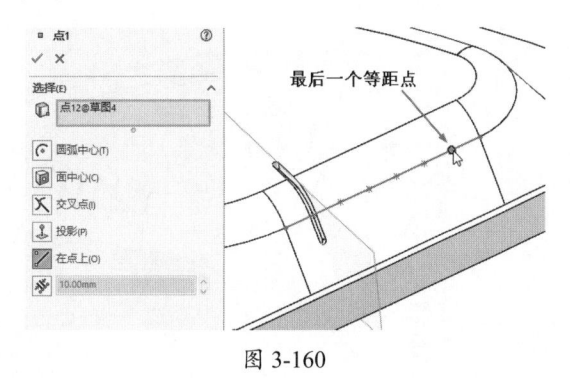

图 3-160

- 在特征树中按住Ctrl键选中拉伸切除特征、圆角2和圆角3特征，然后单击"线性阵列"按钮⬤，调出"阵列（圆周）1"属性面板。
- 设置阵列选项及参数，选取上一步创建的基准点作为"到参考"的参考点，最后单击"确定"按钮☑完成拉伸切除的矩形阵列，如图3-161所示。

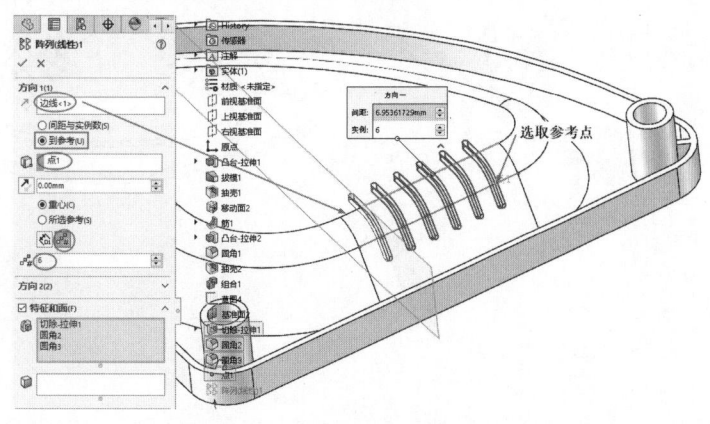

图 3-161

10 创建矩形阵列特征的镜像。
- 单击"基准面"按钮，选取加强筋草图的一条曲线和一条临时轴，创建如图3-162所示的基准面。

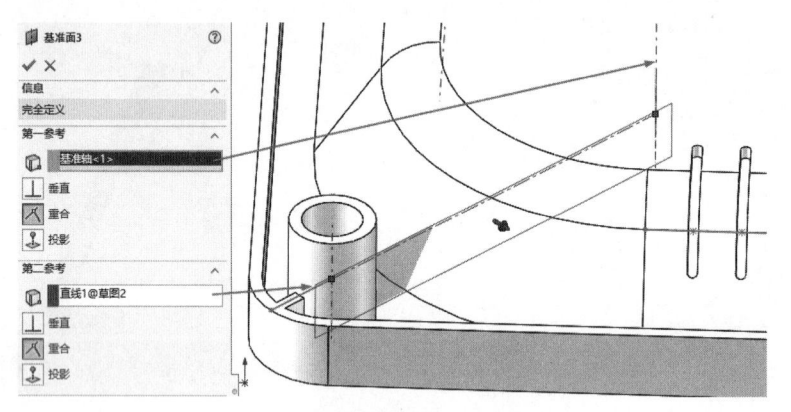

图 3-162

11 单击"镜像"按钮，选取矩形阵列特征作为镜像的特征对象，选择上一步创建的基准面作为镜像平面，选中"几何体阵列"复选框，最后单击"确定"按钮，完成镜像操作，如图3-163所示。

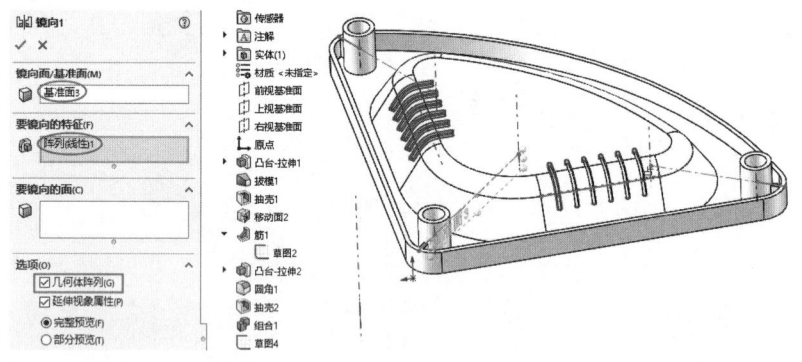

图 3-163

至此，完成了本例机械零件的建模，完成的零件效果如图3-164所示。

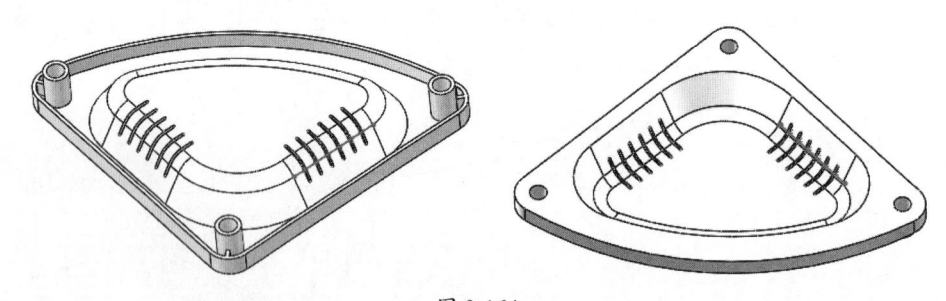

图 3-164

第 4 章 SolidWorks 曲面设计

本章将深入探讨 SolidWorks 2024 中的曲面特征命令，同时分享应用技巧与曲面控制方法。鉴于曲面造型设计在实际工作中频繁出现，而且常作为三维实体造型的基石，对其的熟练掌握显得尤为重要。

4.1 创建常规曲面

前文已述及，部分常规曲面工具与"特征"选项卡中的某些实体特征工具在属性设置上具有相似性。接下来，将详细介绍几种曲面设计的常用方法。

4.1.1 拉伸曲面

拉伸曲面与拉伸凸台/基体特征在概念上具有相似之处，因为它们都是基于草图并沿着特定方向进行拉伸的操作。然而，两者在结果上存在显著差异：拉伸凸台/基体生成的是实体特征，而拉伸曲面则产生曲面特征。拉伸曲面的具体操作步骤如下。

01 单击"拉伸曲面"按钮，并选择上视基准面为草图平面，绘制如图 4-1 所示的草图。

02 退出草图环境后，在"曲面-拉伸"属性面板中设置拉伸参数及选项。

03 单击"确定"按钮完成拉伸曲面的创建，如图 4-2 所示。

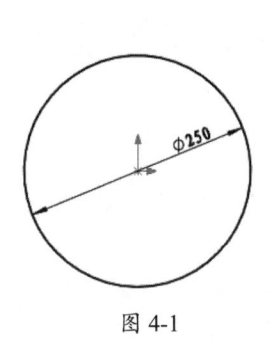

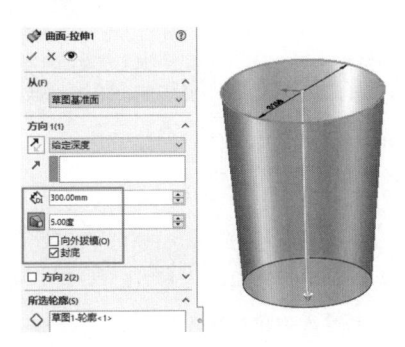

图 4-1　　　　　　图 4-2

4.1.2 旋转曲面

创建旋转曲面需要满足两个条件：首先，需要一个旋转轮廓，这个轮廓既可以是开放的，也可以是封闭的；其次，必须选择一条中心线，该中心线可以是草图中的直线、中心线、构造线，或者是基准轴。旋转曲面的具体操作步骤如下。

01 在功能区"曲面"选项卡中单击"旋转曲面"按钮，选择草图平面并完成草图绘制。

02 在调出的"曲面-旋转"属性面板中设置选项，一般保持默认即可，如图 4-3 所示。

03 默认的旋转角度为 360.00 度，如果要创建小于默认旋转角度的曲面，可设置具体角度，如图 4-4 所示为设置旋转角度为 180 度后创建的旋转曲面。

图 4-3　　　　　　　　　　　图 4-4

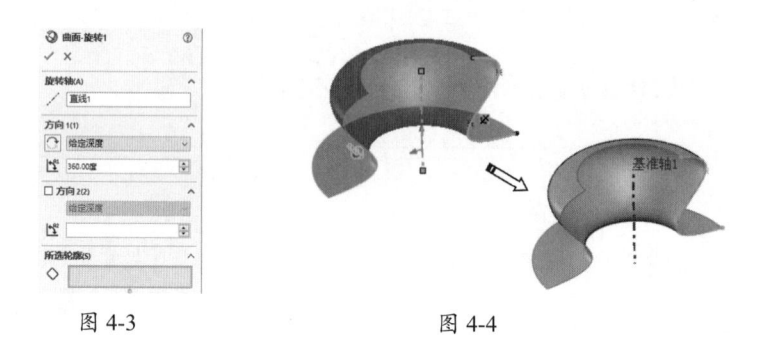

4.1.3 扫描曲面

扫描曲面是一种通过沿绘制或指定的路径扫掠草图轮廓而生成的曲面特征。为了创建扫描曲面，必须满足两个基本条件：一是提供轮廓，二是确定路径。图 4-5 展示了扫描曲面的创建过程。

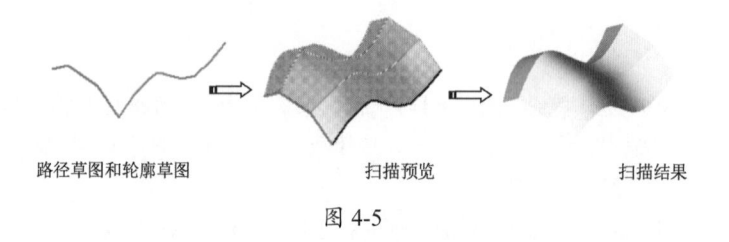

路径草图和轮廓草图　　　　扫描预览　　　　扫描结果

图 4-5

> **提示**
> 另外，用户还可以选择在模型面上直接绘制扫描路径，或者利用模型的边线作为路径。

例 4-1　田螺曲面造型

创建田螺曲面造型的具体操作步骤如下。

01 新建零件文件。

02 执行"插入"|"曲线"|"螺旋线/涡状线"命令，调出"螺旋线/涡状线"属性面板。

03 选择上视基准面为草图平面，绘制圆形草图 1，如图 4-6 所示。

04 退出草图环境后，在"螺旋线/涡状线"属性面板中设置如图 4-7 所示的螺旋线参数。

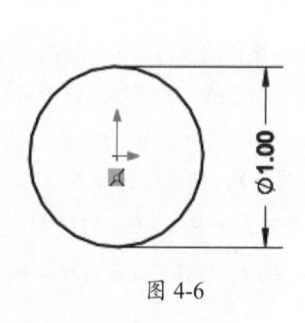

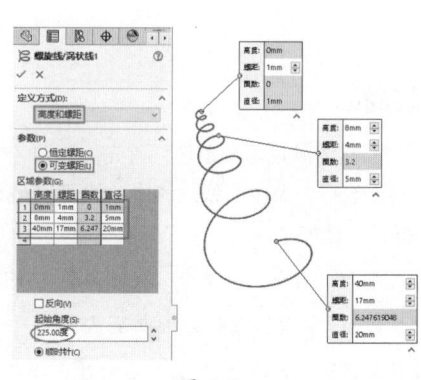

图 4-6　　　　　　　　　　　图 4-7

05 单击"确定"按钮✓,完成螺旋线的创建。

> **提示**
> 若需设置或调整高度与螺距,应选择"高度和螺距"定义方式;若需要进一步更改圈数,则可以选择"高度和圈数"定义方式来实现。

06 利用"草图绘制"工具,在前视基准面绘制如图 4-8 所示的草图 2。

07 利用"基准面"工具,选择螺旋线和螺旋线端点作为第一参考和第二参考,创建垂直于端点的基准面 1,如图 4-9 所示。

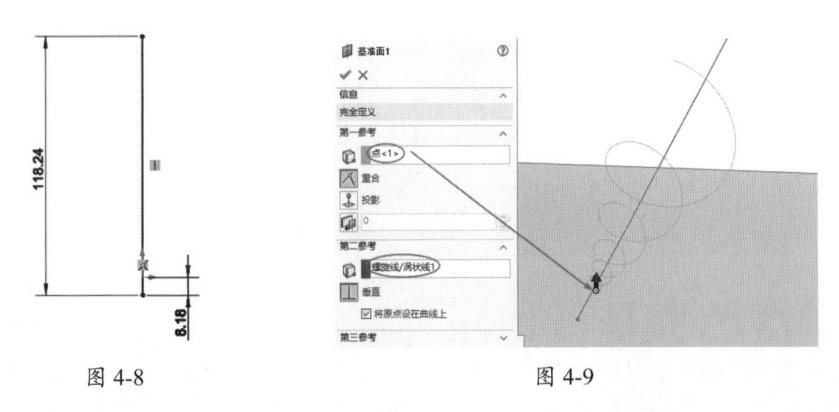

图 4-8   图 4-9

08 利用"草图绘制"命令,在基准面 1 上绘制如图 4-10 所示的草图 3。

> **提示**
> 当在草绘环境中无法直接参考外部曲线进行绘制时,可以采取一种策略:先随意绘制草图曲线,随后选择草图曲线的端点与外部曲线进行"穿透"约束,如图 4-11 所示,以确保两者之间的准确对齐。

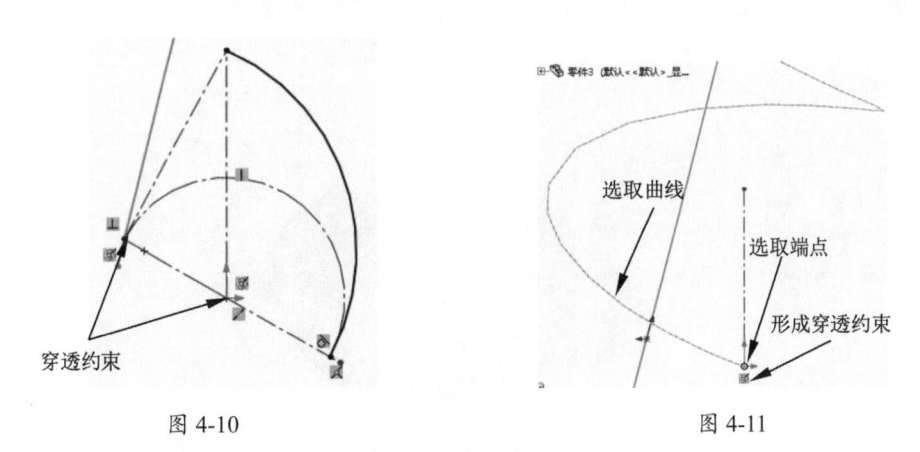

图 4-10   图 4-11

09 单击"扫描曲面"按钮,调出"曲面-扫描 1"属性面板。

10 选择草图 3 作为扫描截面,螺旋线为扫描路径,再选择草图 2 作为引导线,如图 4-12 所示。

11 单击"确定"按钮✓,完成扫描曲面的创建。

12 利用"涡状线/螺旋线"工具,选择上视基准面为草图平面。在原点绘制直径为 1.00mm 的圆形草图后,完成如图 4-13 所示的螺旋线的创建。

图 4-12　　　　　　　　　　　　　　　　　图 4-13

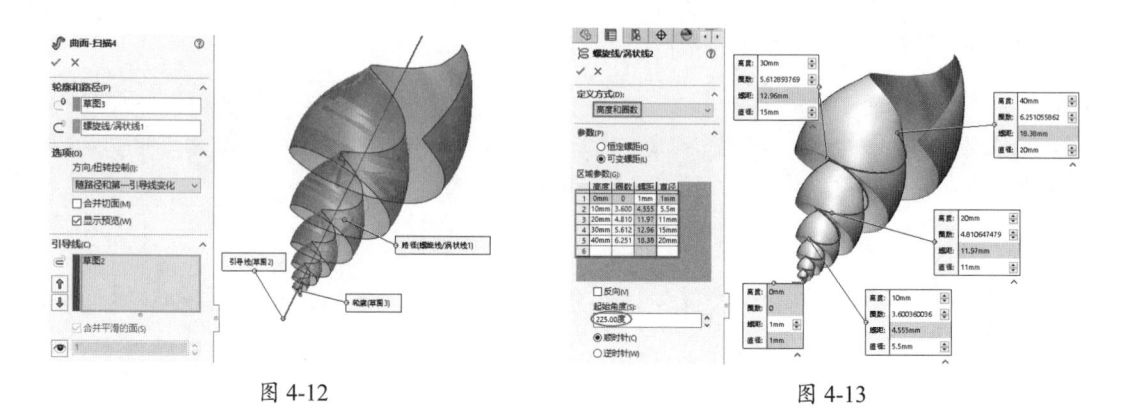

13　利用"草图绘制"工具，在基准面 1 上绘制如图 4-14 所示的圆弧草图。

14　单击"扫描曲面"按钮，调出"曲面-扫描"属性面板。按如图 4-15 所示进行设置，创建扫描曲面。最终完成的结果如图 4-16 所示。

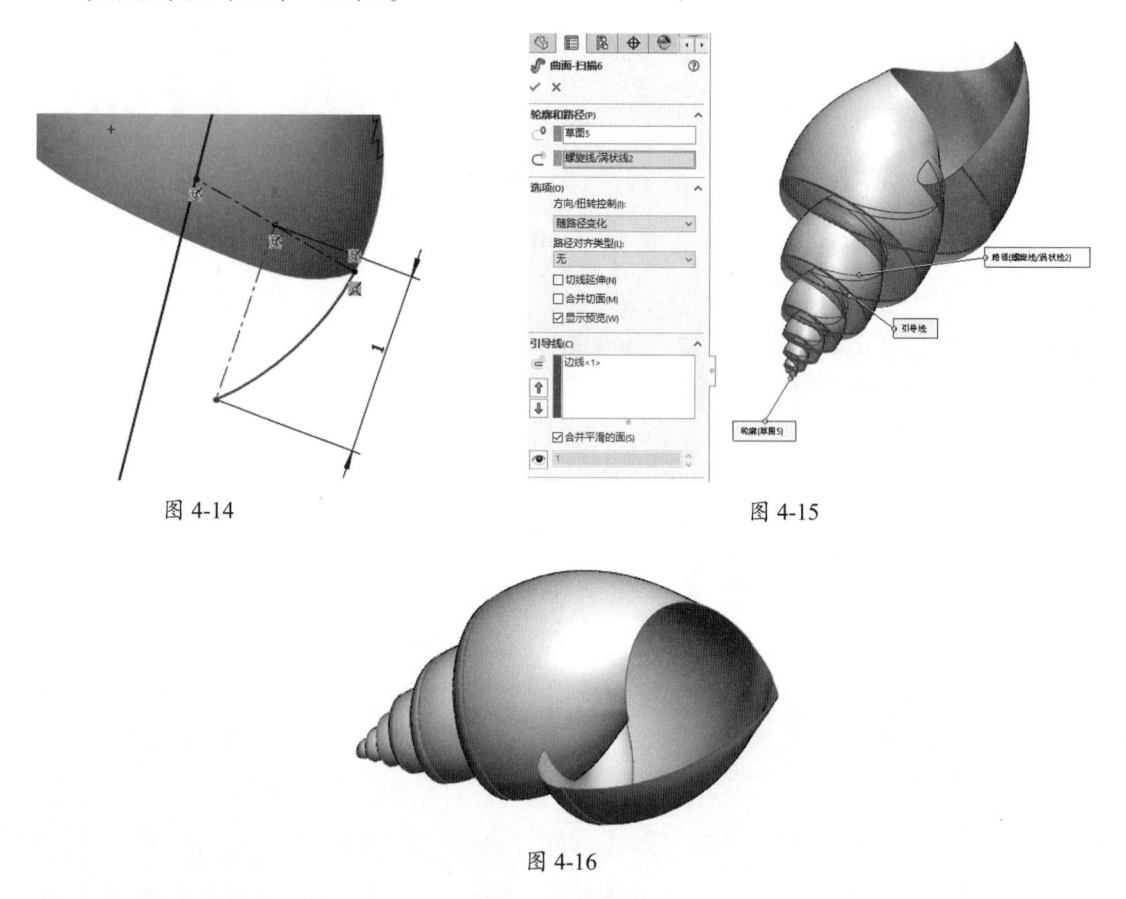

图 4-14　　　　　　　　　　　　　　　　　图 4-15

图 4-16

4.1.4　放样曲面

创建放样曲面需要绘制多个轮廓，而这些轮廓的基准平面并不需要保持平行。此外，在构建某些特殊形状的曲面时，还需要绘制额外引导线来辅助曲面的生成。如图 4-17 所示为放样曲面的创建过程。

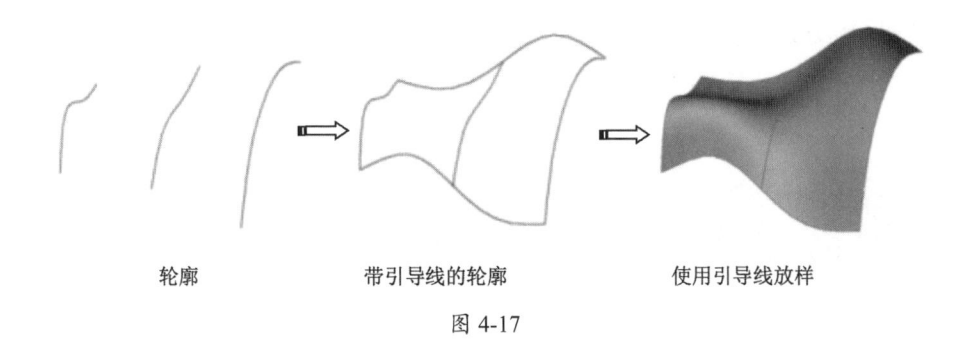

第4章　SolidWorks曲面设计

轮廓　　　　　带引导线的轮廓　　　　使用引导线放样

图 4-17

> **提示**
> 当然，也可以在 3D 草图中将所有轮廓都绘制出来。

4.1.5　边界曲面

边界曲面是通过在两个轮廓之间双向生成来创建的，其特性使其能够生成在两个方向（即曲面的所有边）上相切或曲率连续的曲面。在多数情况下，利用边界曲面生成的结果质量会优于使用放样工具得到的结果。边界曲面有两种主要的应用场景：一种是从单一曲线到点的单向生成；另一种是基于两个方向上交叉曲线的生成，如图 4-18 所示。

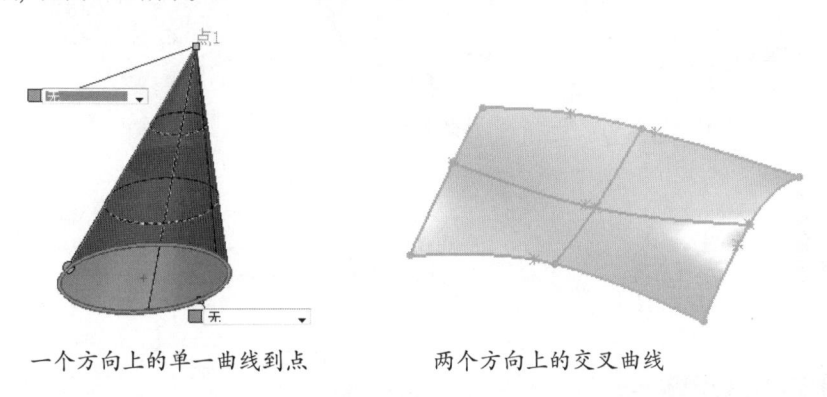

一个方向上的单一曲线到点　　　　两个方向上的交叉曲线

图 4-18

> **提示**
> 在属性面板中，方向 1 和方向 2 可以互换使用，选择任意方向进行实体操作都会得到相同的结果。

4.1.6　平面区域

平面区域是通过草图或一组边线来生成的。该命令能够基于草图创建具有边界的平面，其中草图可以是封闭的轮廓，也可以由一对平面实体构成。创建平面区域时，必须满足以下条件。

- 非相交闭合草图。
- 一组闭合边线。
- 多条共有平面分型线，如图 4-19 所示。
- 一对平面实体，如曲线或边线，如图 4-20 所示。

109

创建平面区域的具体操作步骤如下。

01 单击"平面"按钮■，调出"平面"属性面板，如图 4-21 所示。

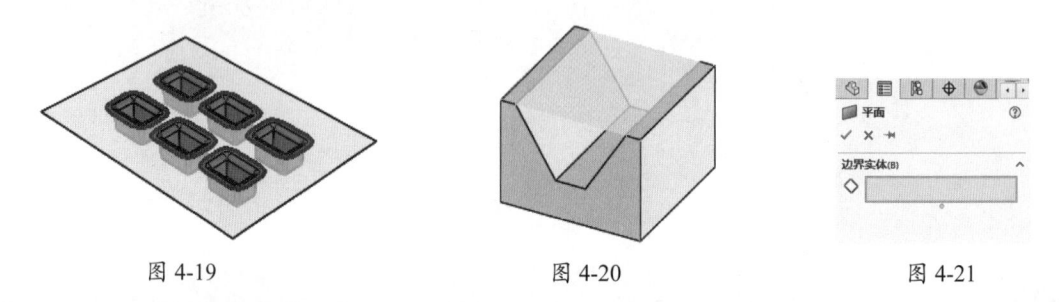

图 4-19　　　　　　　　图 4-20　　　　　　　　图 4-21

> **提示**
> 平面区域工具在模具产品拆模工作中发挥着重要作用，主要用于修补产品中出现的破孔，从而确保获得完整且准确的分型面。

02 选择要创建平面曲面的封闭轮廓线，单击"确定"按钮✓后完成曲面的创建，如图 4-22 所示。

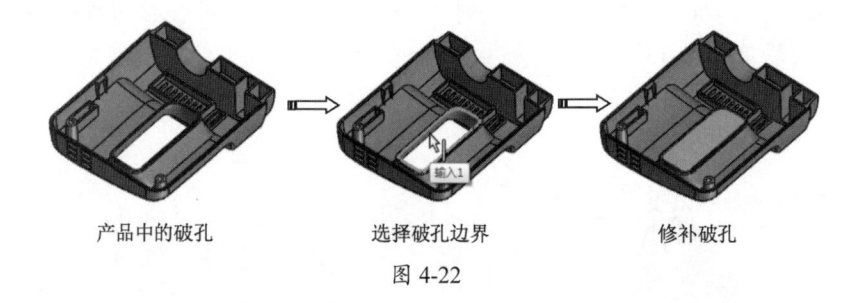

产品中的破孔　　　　选择破孔边界　　　　修补破孔

图 4-22

> **提示**
> 平面区域工具仅限于修补平面中的破孔，对于曲面中的破孔则无法进行处理。

4.2 创建高级曲面

高级曲面功能允许用户在已有曲面的基础上进行各种变换操作，例如填充、等距偏移、创建直纹曲面、生成中面以及延展曲面等。

4.2.1 创建填充曲面

填充曲面功能用于在由现有模型边线、草图或曲线所定义的边框中部构建一个曲面修补，以完善模型。

例 4-2：修补产品破孔

修补产品破孔的具体操作步骤如下。

01 打开本例的素材文件"灯罩.sldprt"。

02 从产品外观来看，存在 5 个小孔和 1 个大孔。为了满足模具分模的要求，需要在产品外侧，即外侧表面的孔边界上，进行曲面修补，如图 4-23 所示。

03 单击"填充曲面"按钮◆，调出"填充曲面"属性面板。依次选取大孔中的边界，如图4-24所示。

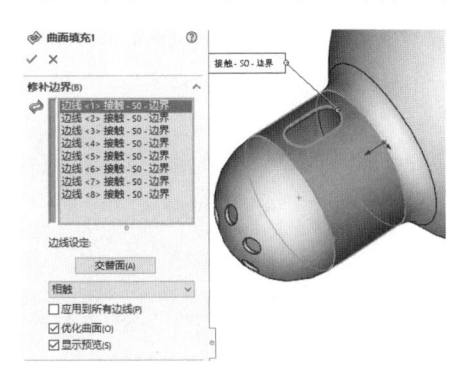

图 4-23

图 4-24

> **提示**
> 修补边界的选取顺序并不影响修补的最终效果，因此可以不按顺序选取。

04 单击"交替面"按钮，改变边界曲面，如图4-25所示。

> **提示**
> 通过调整边界曲面，可以确保修补曲面与产品外表面的形状一致，从而实现更加精准的修补效果。

05 单击"确定"按钮完成大孔的修补，如图4-26所示。

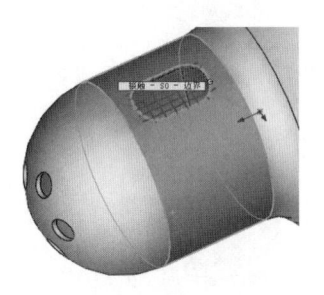

图 4-25

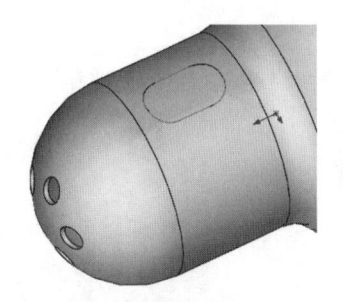

图 4-26

06 同理，再执行5次"填充曲面"命令，将其余5个小孔按此方法进行修补，曲率控制方式为"曲率"，结果如图4-27所示。

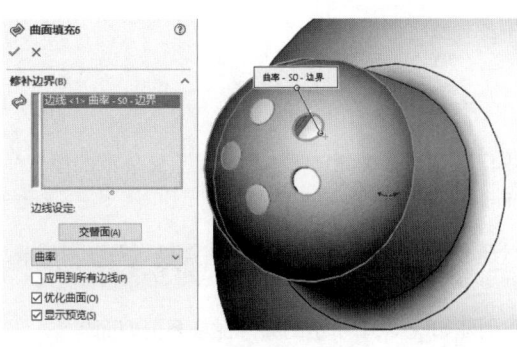

图 4-27

4.2.2 等距曲面

"等距曲面"工具用于生成基于原始曲面的等距缩放特征曲面。当设置的偏移复制距离为 0 时，该工具实际上成为一个复制曲面的工具，其功能与"移动 / 复制实体"工具相同。创建等距曲面的具体操作步骤如下。

01 单击"曲面"选项卡中的"等距曲面"按钮，或者执行"插入"|"曲面"|"等距曲面"命令，调出"等距曲面"属性面板，如图 4-28 所示。

> **提示**
> 当设置等距距离为 0 时，"等距曲面"属性面板会自动转换为"复制曲面"属性面板，以便用户进行相应的操作。

02 选取要等距复制的曲面或平面，如图 4-29 所示。

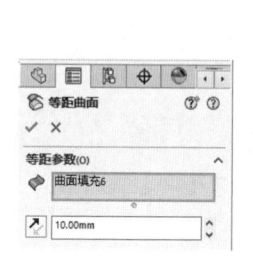

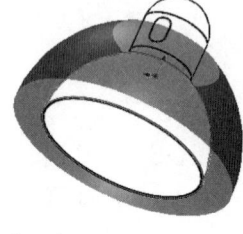

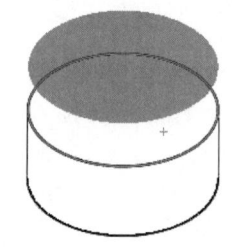

等距复制曲面，将缩放　　等距复制平面，无缩放

图 4-28　　　　　　　　　图 4-29

03 单击"反转等距方向"按钮，更改等距方向，如图 4-30 所示。

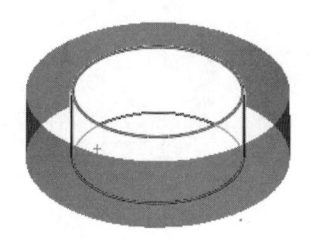

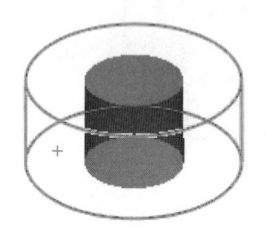

默认等距方向　　　　反转等距方向

图 4-30

04 单击"确定"按钮完成等距曲面的创建。

4.2.3 延展曲面

"延展曲面"工具允许用户通过选择平面参考，创建基于实体或曲面边线的新曲面。在多数情况下，该工具也被广泛应用于设计简单产品的模具分型面。

例 4-3：创建产品模具分型面

本例利用延展曲面工具，创建如图 4-31 所示的某产品模具分型面。

第4章 SolidWorks曲面设计

01 打开本例源文件"产品 .sldprt"。

02 单击"延展曲面"按钮, 调出"延展曲面"属性面板。选择右视基准面作为延展方向参考,如图 4-32 所示。

03 依次选取产品一侧,连续的底部边线作为要延展的边线,如图 4-33 所示。

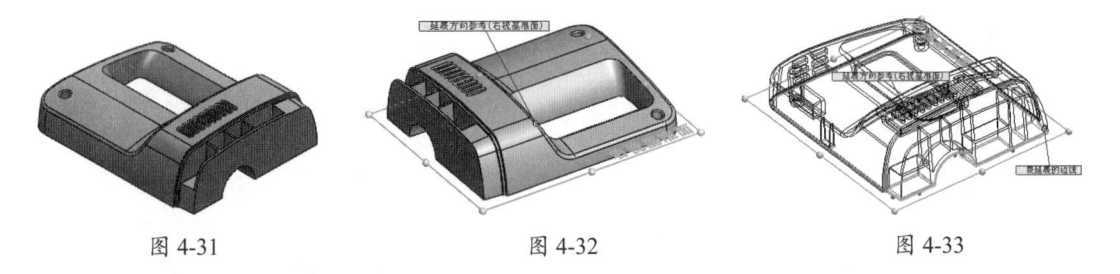

图 4-31   图 4-32   图 4-33

提示
选取的边线必须是连续的。如果不连续,可以分多次创建延展曲面,最后缝合曲面即可。

04 输入延展距离为 100.00mm,单击"确定"按钮,完成延展的曲面创建,如图 4-34 所示。

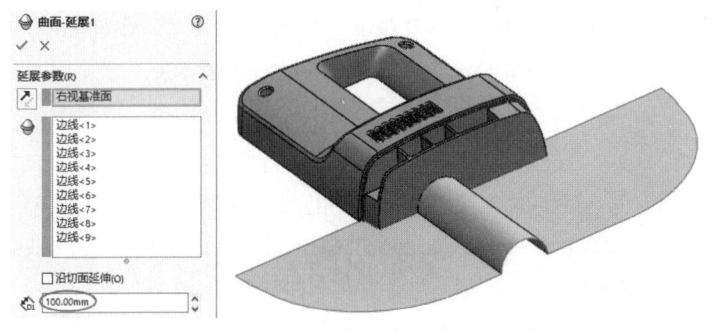

图 4-34

05 同理,选择产品底部其余方向侧的边线来创建延展曲面,结果如图 4-35 所示。

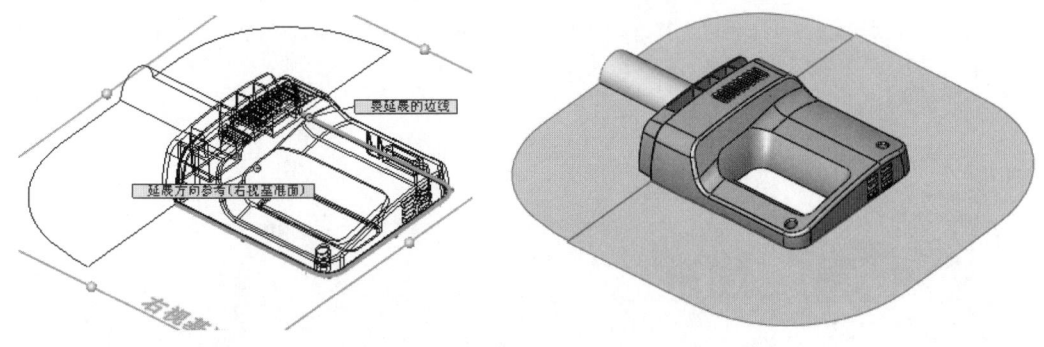

图 4-35

06 利用"缝合曲面"工具,缝合两个延展曲面成一个整体,完成模具外围分型面的创建。

4.3 曲面操作与编辑

SolidWorks 2024 提供了强大的曲面编辑与操作命令，这些命令能够协助用户顺利完成复杂的产品造型工作。其中包括替换面、延展曲面、延伸曲面、缝合曲面、剪裁曲面、剪除剪裁曲面以及加厚等多种实用工具，为用户提供了全面的曲面设计解决方案。

4.3.1 曲面的缝合与剪裁

多个曲面片体可以通过缝合操作整合成一个完整的曲面，同时，也可以利用剪裁工具将单个曲面精确地剪裁成多个独立的曲面片体。

1. 缝合曲面

"缝合曲面"工具实质上是进行曲面的布尔求和运算。它能够将两个或更多的曲面缝合成一个整体。当多个曲面组合形成封闭状态时，通过利用"缝合曲面"工具进行缝合，原本空心的曲面就会转变为实心的实体。缝合曲面的具体操作步骤如下。

01 单击"缝合曲面"按钮 ▓，调出"缝合曲面"属性面板，如图 4-36 所示。

02 "缝合曲面"工具在模具分型面设计中也发挥着重要作用。其属性面板中的"缝隙控制"选项能够精准控制曲面缝合后的间隙，确保设计的准确性。在常规情况下，保持默认的缝合公差即可满足需求，这样可以有效避免在分割模具体积块时出现错误。然而，当曲面之间存在缝隙，而且缝隙距离超过了默认值时，就需要适当地增大缝合公差，以确保曲面能够成功缝合。

2. 剪裁曲面

剪裁曲面是一种在曲面与其他曲面、基准面或草图交叉位置进行修剪的功能，也可以将多个曲面联合使用，以实现相互间的修剪。剪裁曲面主要包含标准和相互两种模式：标准模式是指利用曲面、草图实体、曲线或基准面等来剪裁目标曲面；相互模式则是指曲面之间进行相互剪裁，即利用曲面自身来修剪其他曲面。剪裁曲面的具体操作步骤如下。

01 单击"曲面"选项卡中的"剪裁曲面"按钮 ▓，或者执行"插入"|"曲面"|"剪裁"命令，调出如图 4-37 所示的"剪裁曲面"属性面板。

02 在"剪裁类型"选项区中，选中"标准"单选按钮。在"选择"选项区中，激活"剪裁工具"框，在图形区域中选择曲面 1，选中"保留选择"单选按钮，并激活"保留部分"框，选择曲面 2，如图 4-38 所示。

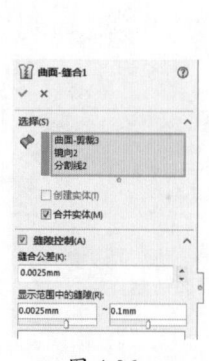

图 4-36 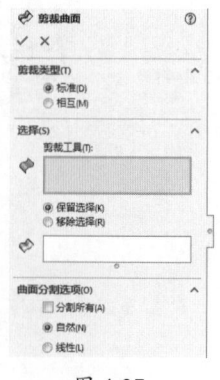　　　　　　图 4-37 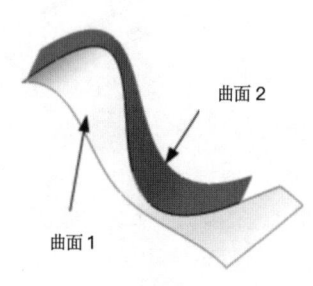　　　　　　图 4-38

03 单击"确定"按钮✓，生成剪裁曲面，如图4-39（b）所示。若在步骤02中选中"移除选择"单选按钮，其产生的剪裁曲面效果如图4-39（c）所示。

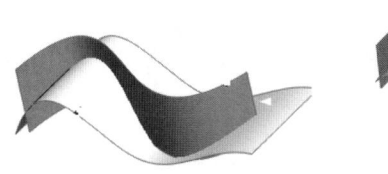

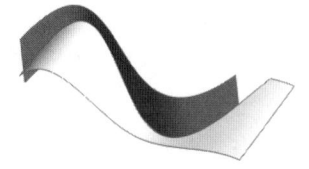

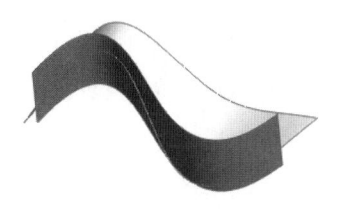

（a）剪裁之前的曲面　　（b）保留选择的剪裁曲面　　（c）移除选择的剪裁曲面

图 4-39

04 若选中"相互"单选按钮，可以将相交的两个曲面互为修剪对象与被修剪对象，能够进行相互之间的修剪，如图4-40所示。

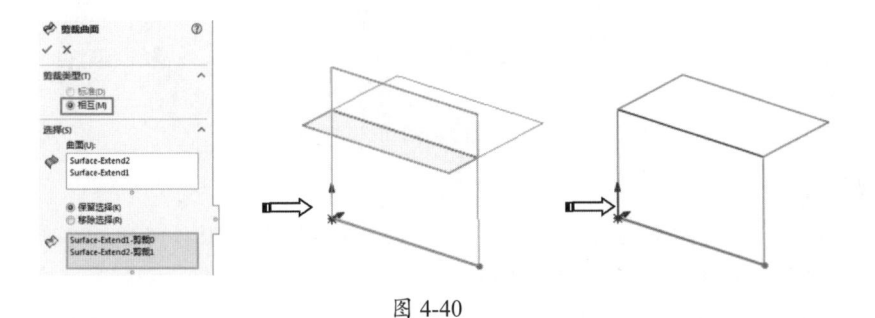

图 4-40

05 如果要恢复剪裁曲面之前的结果，可以使用"解除剪裁曲面"工具，选择已经被剪裁的曲面，即可恢复原始状态，如图4-41所示。

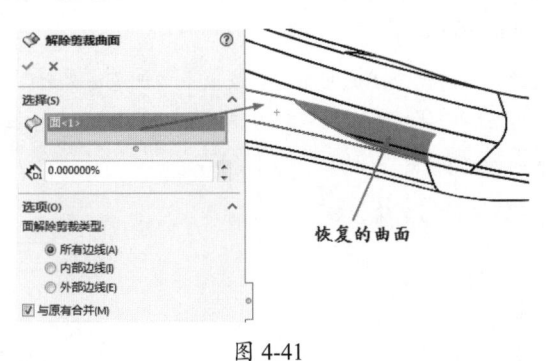

图 4-41

4.3.2　删除与替换曲面

我们可以删除不需要的曲面，或者修复曲面中的破孔以得到完整的曲面，甚至替换模型表面以创造新的形状曲面。接下来，将介绍几种常用的曲面修改工具。

1. 替换面

替换面操作是指用新的曲面实体来取代原有曲面或实体中的某个面。在进行替换时，原实体中与替换面相邻的面会自动剪裁至新曲面实体的边界。值得注意的是，替换曲面实体并不需要与原面具有完全相同的边界。替换面功能在多种情况下都极为实用，例如，可以用一个曲面实体来替换另一个或一组相连的面；也可以在单次操作中，使用相同的曲面实体来替换多组相连的面；此外，在实体或曲面实体中进行面的替换也是其常见应用之一。

替换面的具体操作步骤如下。

01 单击"曲面"选项卡中的"替换面"按钮，或者执行"插入"|"面"|"替换"命令，调出"替换面"属性面板。

02 激活"替换的目标面"框，在图形区域选择面1，激活"替换曲面"框，选择面2。

03 单击"确定"按钮，其替换效果如图4-42所示。

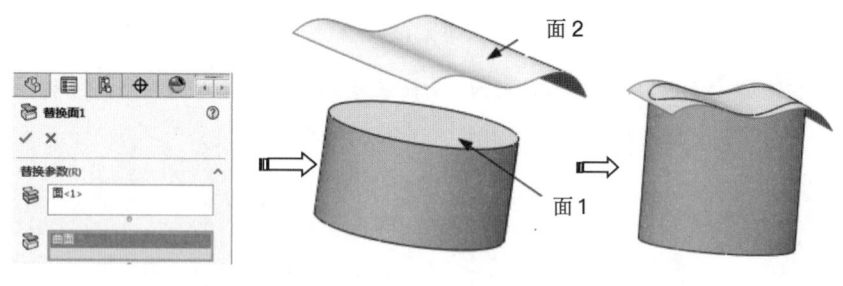

图 4-42

2. 删除面

通过"删除面"工具，可以轻松从实体中移除特定面，从而将其由实体转变为曲面。同样，如果需要从曲面集合中删除个别曲面，该工具也能高效完成。删除面的具体操作步骤如下。

04 单击"曲面"选项卡中的"删除面"按钮，或者执行"插入"|"面"|"删除"命令，调出"删除面"属性面板，如图4-43所示。

05 在属性面板中单击"选择"栏中图标右侧的显示框，然后在图形区域或特征管理器中选择要删除的面，此时要删除的曲面在该显示框中显示。

06 如果选中"删除"单选按钮，将删除所选曲面；如果选中"删除并修补"单选按钮，则在删除曲面的同时，对删除曲面后的曲面进行自动修补；如果选中"删除并填补"单选按钮，则在删除曲面的同时，对删除曲面后的曲面进行自动填充。

07 单击"确定"按钮，完成曲面的删除，如图4-44所示。

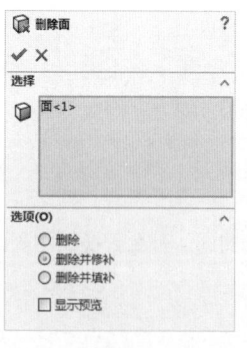

图 4-43 　　　　　图 4-44

第4章　SolidWorks曲面设计

3. 删除孔

"删除孔"可以将曲面中的孔删除，从而修补孔得到完整曲面。单击"删除孔"按钮，调出"删除孔"属性面板。选择曲面中的孔边线，再单击属性面板中的"确定"按钮，完成孔的删除，如图4-45所示。

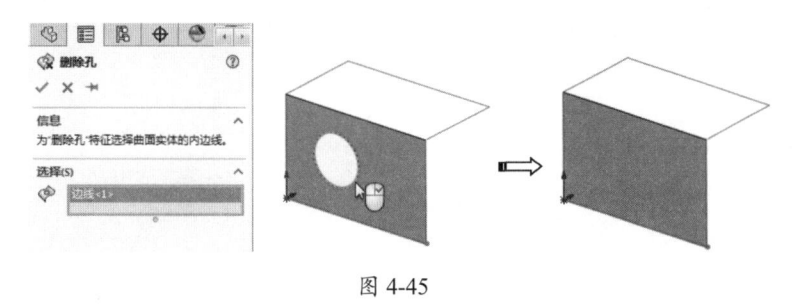

图 4-45

4.3.3　曲面与实体的修改工具

在SolidWorks中，可以使用"曲面加厚"工具，将曲面转换为实体模型。此外，还可以利用曲面来修剪实体，进而改变实体的形状和状态。

1. 曲面加厚

"加厚"功能是根据用户所选的曲面来生成一个具有指定厚度的实体，如图4-46所示。

单击"加厚"按钮，调出"加厚"属性面板，如图4-47所示。

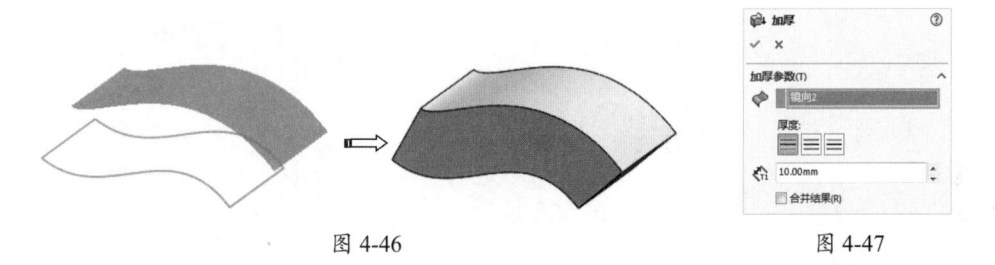

图 4-46　　　　　　　图 4-47

技巧点拨

必须先创建曲面特征，"加厚"命令才变为可用。

"加厚"属性面板中包括3种加厚方法：加厚侧边1、加厚两侧和加厚侧边2。

- 加厚侧边1：此加厚方法是在所选曲面的上方生成加厚特征，如图4-48a所示。
- 加厚两侧：在所选曲面的两侧同时加厚，如图4-48b所示。
- 加厚侧边2：在所选曲面的下方生成加厚特征，如图4-48c所示。

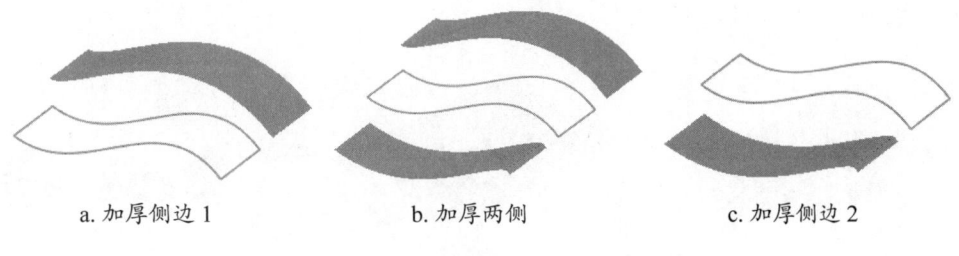

a. 加厚侧边1　　　　b. 加厚两侧　　　　c. 加厚侧边2

图 4-48

117

2. 加厚切除

使用"加厚切除"工具可以分割实体,从而创建多个实体。

> **技巧点拨**
> 仅在图形区中创建了实体和曲面后,"加厚切除"命令才变为可用。

单击"加厚切除"按钮,调出"加厚切除"属性面板,如图 4-49 所示。

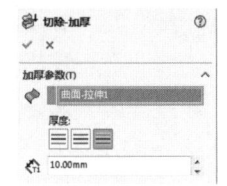

图 4-49

"加厚切除"属性面板中的选项与"加厚"属性面板中完全相同,如图 4-50 所示为加厚切除的操作过程。

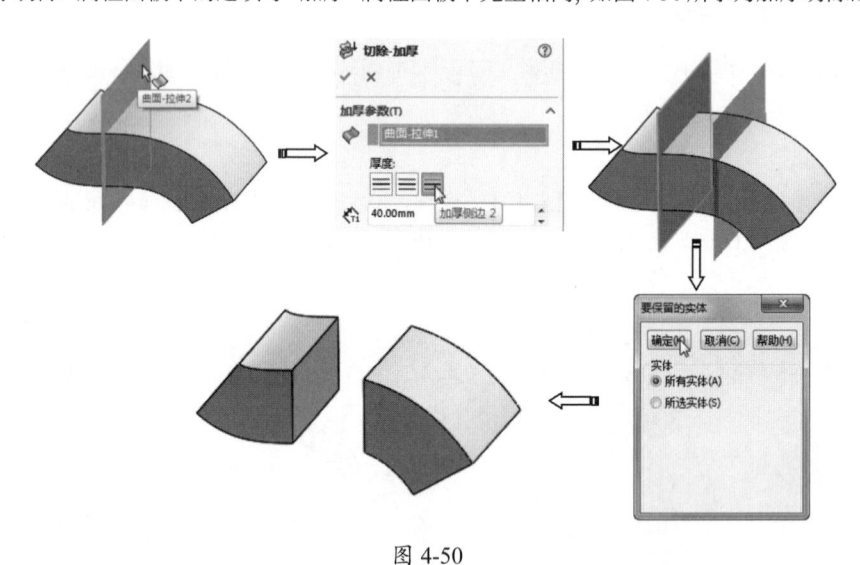

图 4-50

3. 使用曲面切除

"使用曲面切除"工具用曲面来分割实体。如果是多实体零件,可以选择要保留的实体,单击"使用曲面切除"按钮,调出"使用曲面切除"属性面板,如图 4-51 所示。

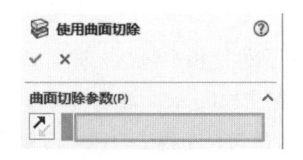

图 4-51

如图 4-52 所示为曲面切除的操作过程。

图 4-52

4.4 综合实战

本节以几个曲面建模案例，将产品造型设计的方法和软件工具指令结合起来，详解操作步骤。

4.4.1 案例一：小汤匙造型设计

本例利用剪裁曲面功能设计如图 4-53 所示的塑胶汤匙，具体的操作步骤如下。

01 新建零件文件。

02 在前视基准面上绘制如图 4-54 所示的草图 1。

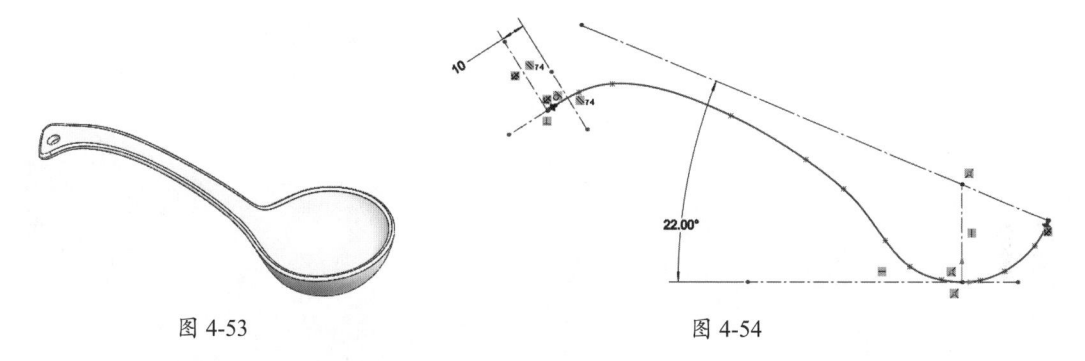

图 4-53

图 4-54

03 利用"旋转曲面"工具，创建如图 4-55 所示的旋转曲面。

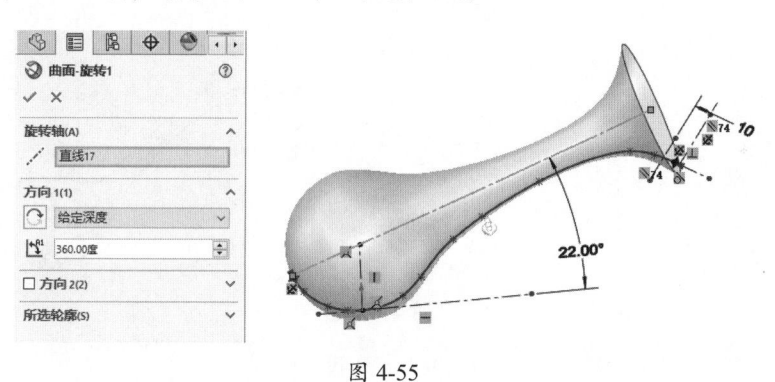

图 4-55

04 在前视基准面绘制如图 4-56 所示的草图 2（样条曲线）。

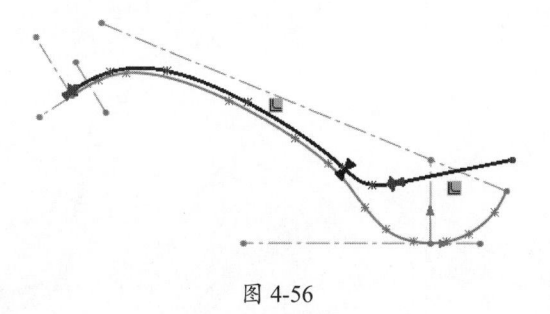

图 4-56

05 单击"剪裁曲面"按钮，调出"曲面 - 剪裁"属性面板。然后选择草图 2 作为剪裁工具，选择要保留的曲面，完成剪裁的结果如图 4-57 所示。

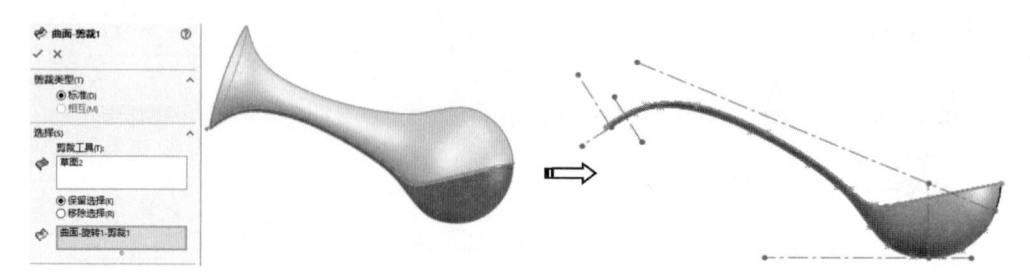

图 4-57

06 同理,在上视基准面继续绘制草图 3,如图 4-58 所示。

07 利用"剪裁曲面"工具,选择草图 3 作为剪裁工具,完成曲面的剪裁操作,如图 4-59 所示。

图 4-58

图 4-59

08 利用"加厚"工具,创建加厚特征,如图 4-60 所示。

图 4-60

09 利用"圆角"工具,创建加厚特征上的圆角特征,如图 4-61 所示。

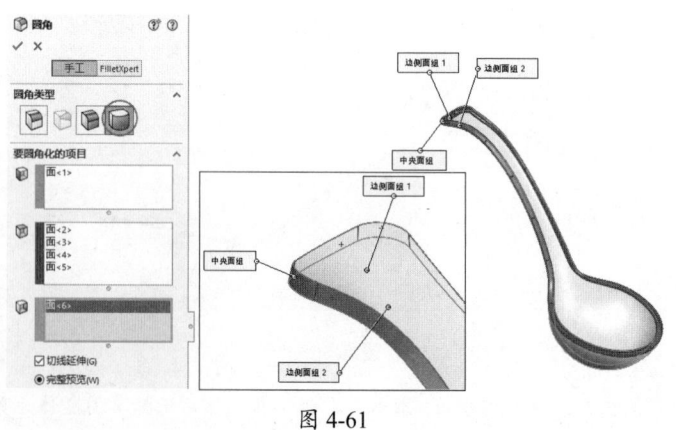

图 4-61

10 新建如图 4-62 所示的基准面 1。

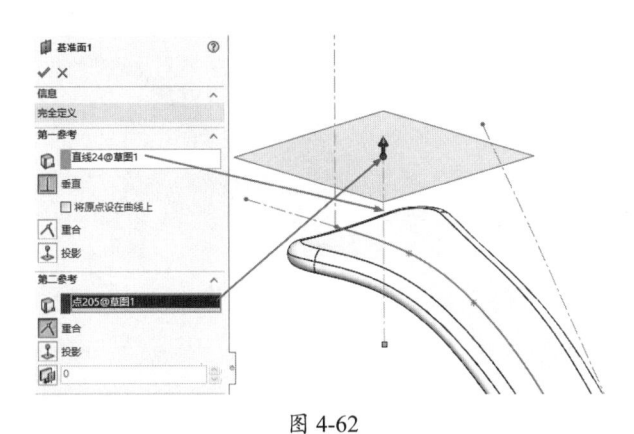

第4章 SolidWorks曲面设计

图 4-62

11 利用"拉伸切除"工具，在基准面1上绘制草图5后，再创建如图4-63所示的汤勺挂孔。

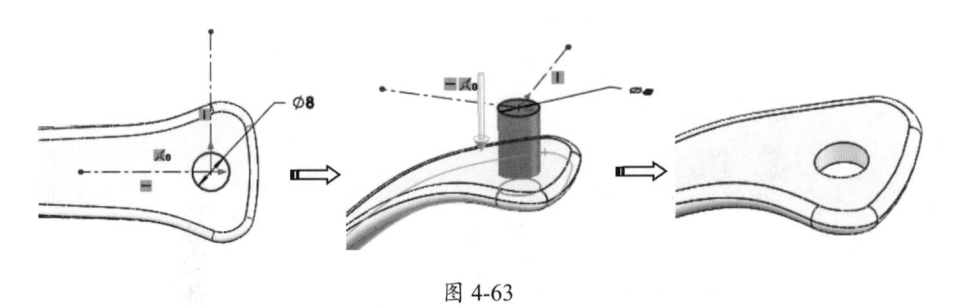

图 4-63

4.4.2 案例二：烟斗造型设计

本例利用旋转曲面、剪裁曲面、扫描曲面、扫描切除、曲面缝合等功能，设计如图4-64所示的烟斗。

01 新建零件文件。

02 利用"草图绘制"工具，选择右视基准面为草图平面，进入草图环境。

03 执行"工具"|"草图工具"|"草图图片"命令，然后打开本例的素材文件"烟斗.bmp"，如图4-65所示。

图 4-64 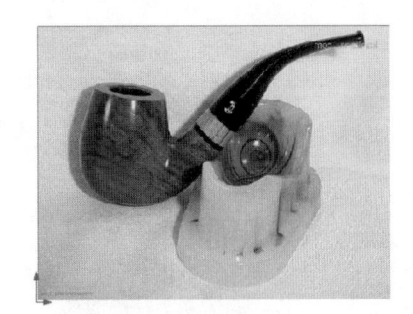　　　　　　　图 4-65

04 双击图片，将图片旋转并移至如图4-66所示的位置。

> **提示**
> 对正的方法是：先绘制几条辅助线，找到烟斗模型的尺寸基准或定位基准。不难看出，烟斗的设计基准就是烟斗的烟嘴部分（圆心）。

121

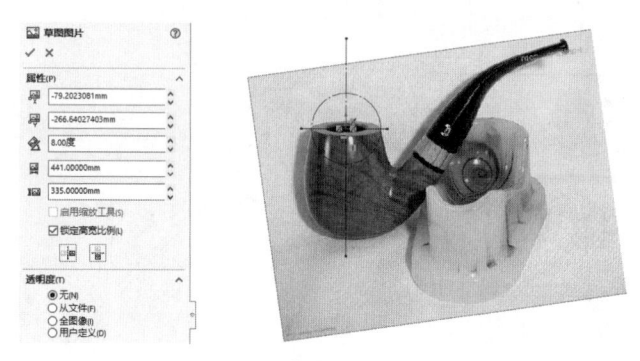

图 4-66

05 执行"样条曲线"命令，按烟斗图片的轮廓绘制草图，如图 4-67 所示。

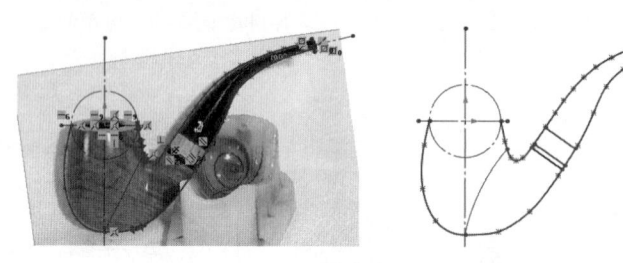

图 4-67

06 利用"旋转曲面"工具，创建如图 4-68 所示的旋转曲面。

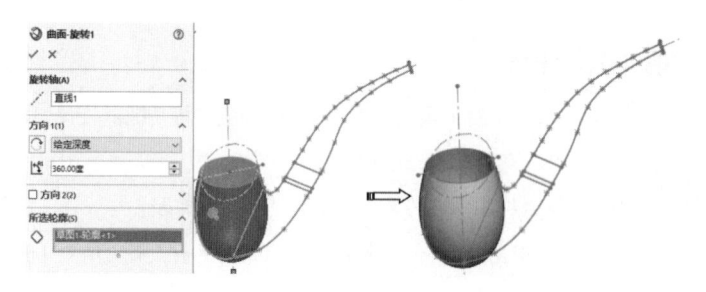

图 4-68

07 利用"拉伸曲面"工具拉伸曲面1，如图 4-69 所示。

08 利用"剪裁曲面"工具，用基准面 1 剪裁旋转曲面，结果如图 4-70 所示。

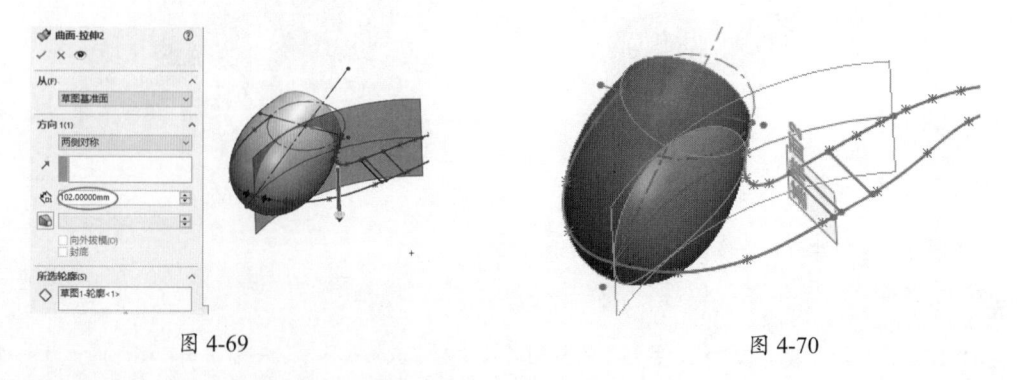

图 4-69　　　　　　　　　　图 4-70

09 利用"基准面"工具创建基准面 2，如图 4-71 所示。

第4章 SolidWorks曲面设计

10 在基准面2上绘制圆草图，圆上点与草图1中直线2端点重合，如图4-72所示。

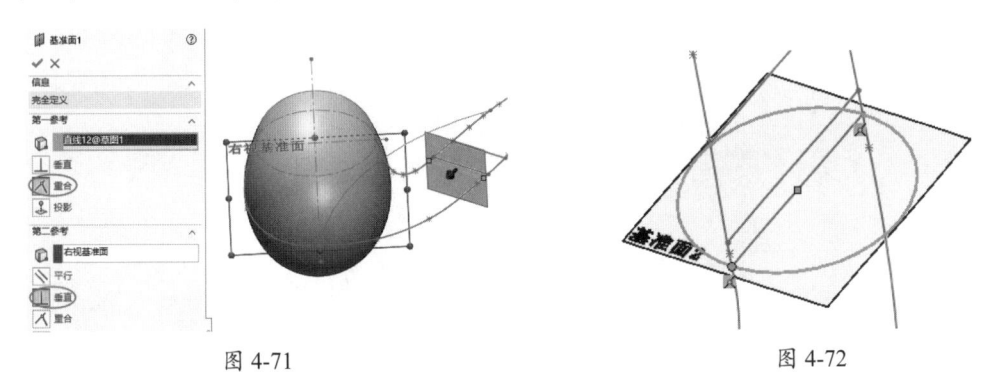

图 4-71　　　　　　　　　　　图 4-72

11 利用"拉伸曲面"工具创建拉伸曲面2，如图4-73所示。

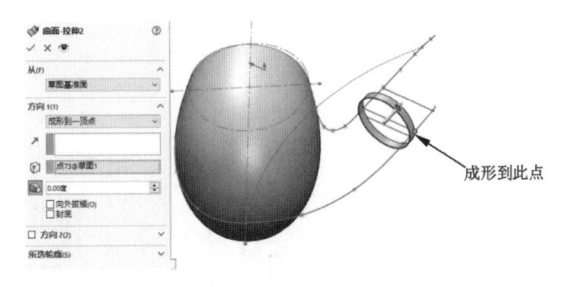

图 4-73

12 在右视基准平面上依次绘制草图3和草图4，如图4-74和图4-75所示。

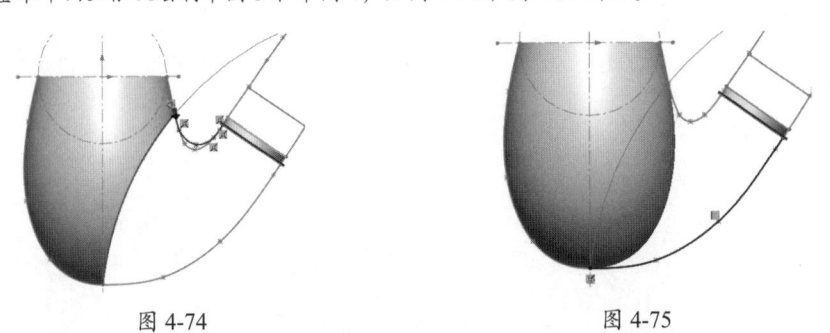

图 4-74　　　　　　　　　　　图 4-75

13 利用"放样曲面"工具，创建如图4-76所示的放样曲面。

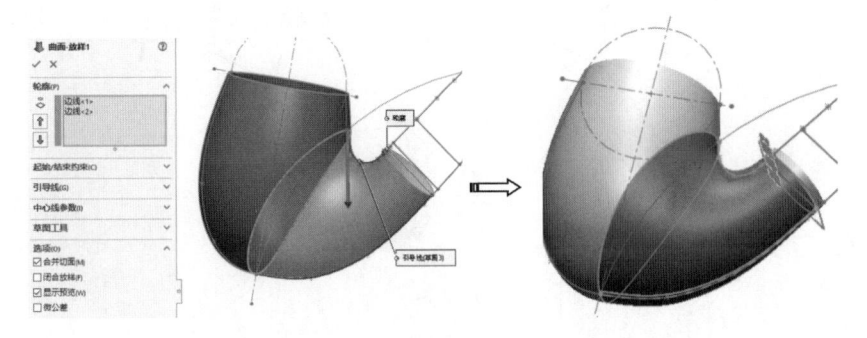

图 4-76

123

14 利用"延伸曲面"工具,创建如图 4-77 所示的延伸曲面。

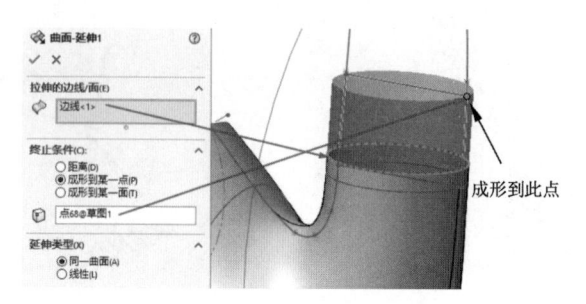

图 4-77

15 利用"基准面"工具创建基准面 2,如图 4-78 所示。

16 在基准面 2 上绘制草图 5——椭圆,如图 4-79 所示。

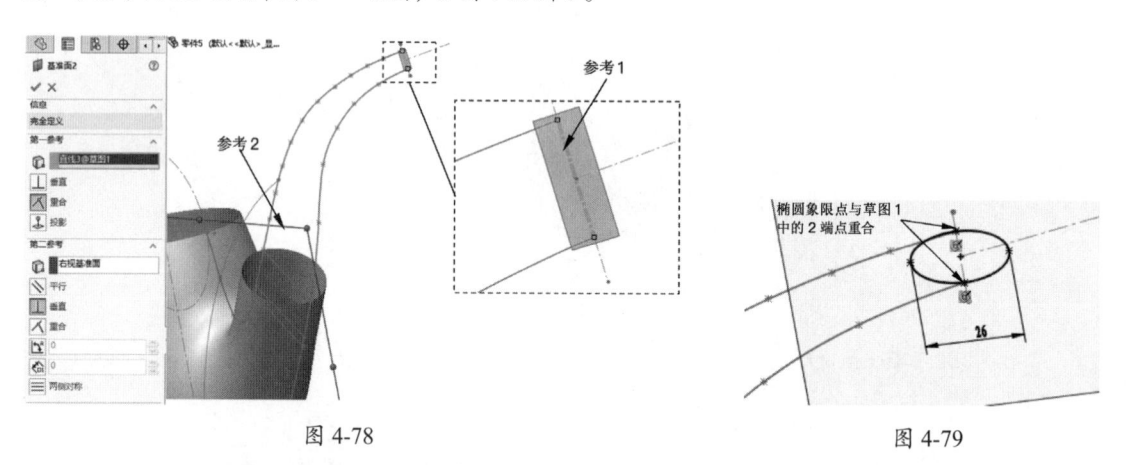

图 4-78

图 4-79

17 在右视基准面上绘制草图 6,如图 4-80 所示。

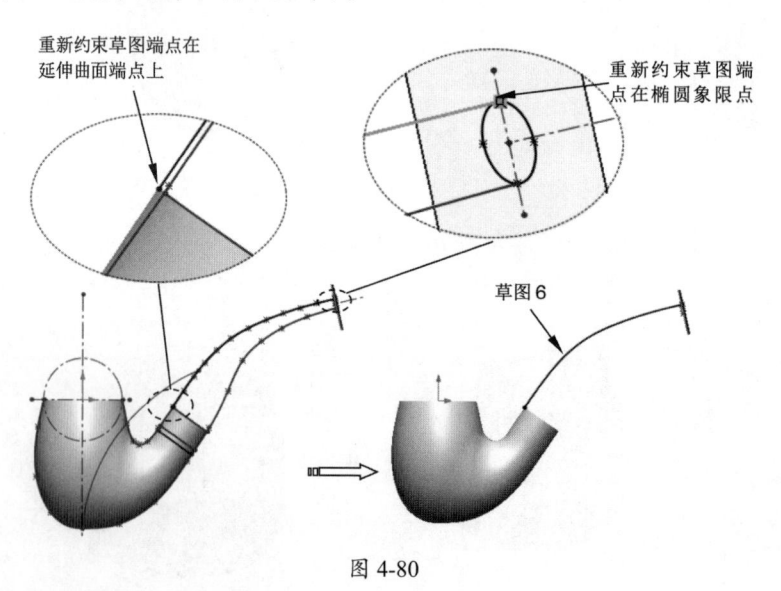

图 4-80

18 同理,在草图 1 基础上,等距绘制草图 7,如图 4-81 所示。

第4章　SolidWorks曲面设计

19　利用"放样曲面"工具，创建如图4-82所示的放样曲面。

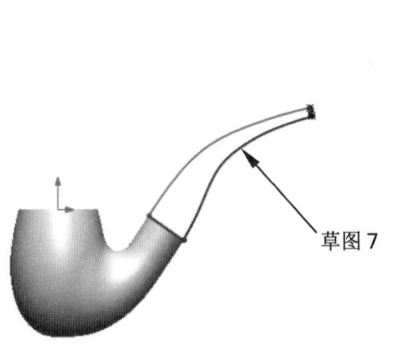

图4-81 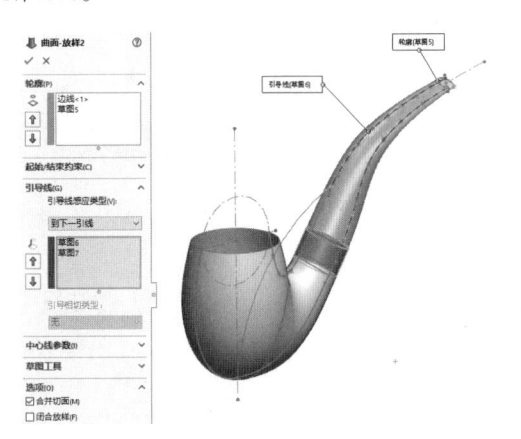　　　　　　　　　图4-82

20　利用"平面区域"工具创建平面，如图4-83所示。

21　利用"缝合曲面"工具，将所有曲面缝合，并生成实体模型，如图4-84所示。

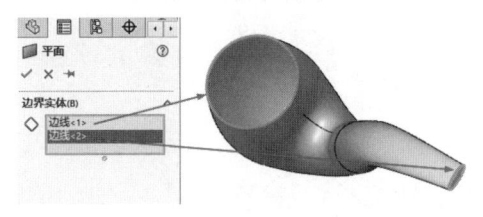

图4-83 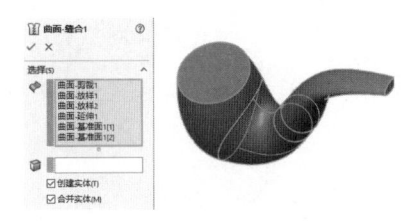　　　　　　　　　图4-84

22　在右视基准面上绘制草图8，如图4-85所示。

23　利用"特征"工具栏中的"扫描"工具，创建扫描特征，如图4-86所示。

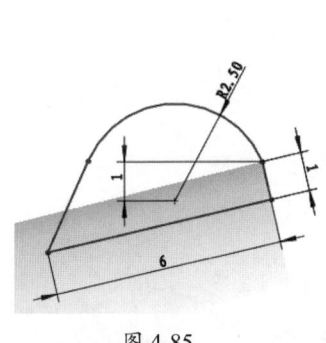

图4-85 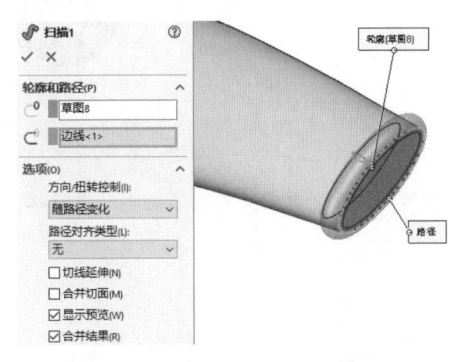　　　　　　　　　图4-86

提示

在创建扫描特征时，务必将"起始处相切类型"和"结束处相切类型"的选项设置为"无"，否则将无法成功创建扫描特征。

24　利用"旋转切除"工具，创建烟斗部分的空腔，草图与切除结果如图4-87所示。

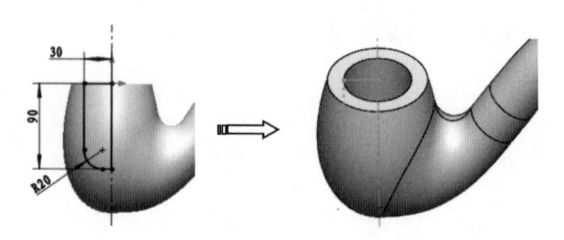

图 4-87

25 在右视基准面绘制草图 10，如图 4-88 所示。

26 在烟嘴平面上绘制草图 11，如图 4-89 所示。

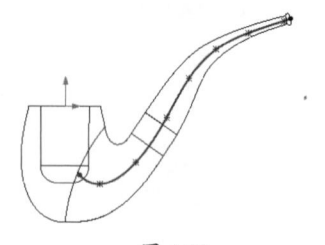

图 4-88 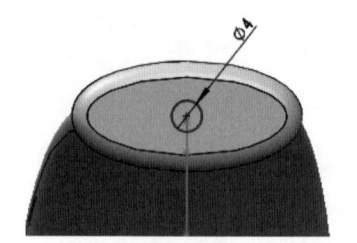　　　　　　　图 4-89

27 利用"扫描切除"工具，创建如图 4-90 所示的扫描切除特征。

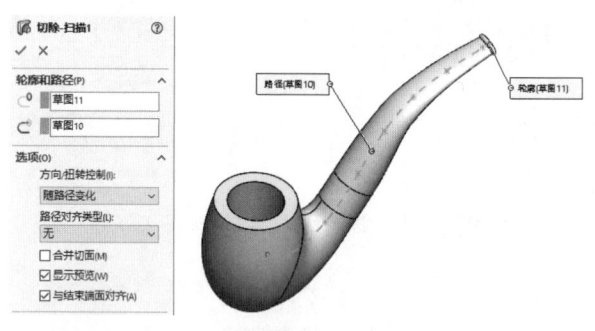

图 4-90

28 利用"倒角"工具，对烟斗外侧边创建倒角特征，如图 4-91 所示。

29 利用"圆角"工具，对烟斗内侧边创建圆角特征，如图 4-92 所示。

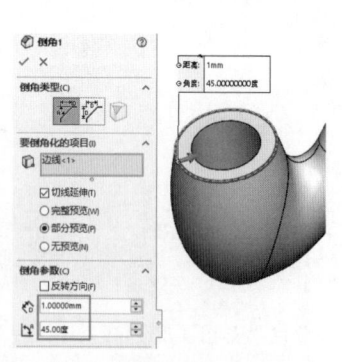

图 4-91 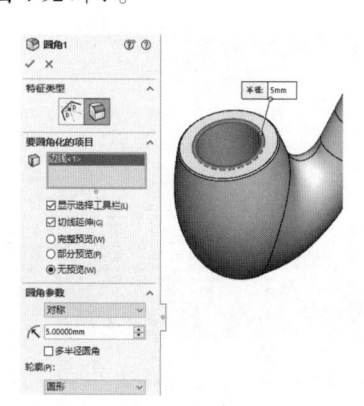　　　　　　　图 4-92

30 对烟嘴部分的边进行圆角处理,如图 4-93 所示。至此,完成了烟斗的整个造型工作,结果如图 4-94 所示。

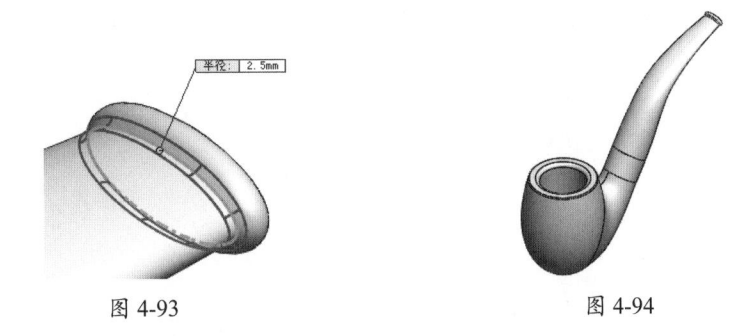

图 4-93

图 4-94

4.4.3 案例三:汤勺造型设计

本例利用拉伸曲面、剪裁曲面、直纹曲面、加厚曲面等工具完成如图 4-95 所示的汤勺造型设计。具体的操作步骤如下。

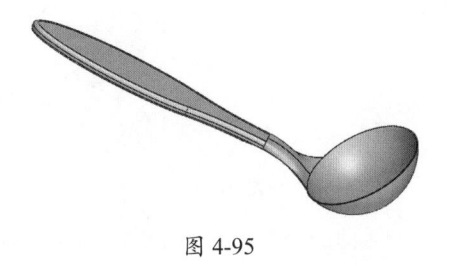

图 4-95

01 新建零件文件。

02 利用"草图绘制"工具在前视基准面上绘制如图 4-96 所示的草图 1。

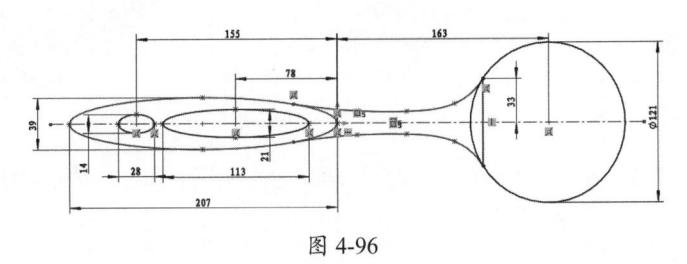

图 4-96

03 利用"草图绘制"工具在上视基准面上绘制如图 4-97 所示的草图 2。

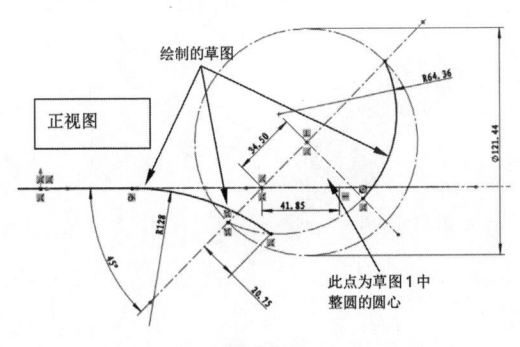

图 4-97

技术要点

由于线条比较多，为了让大家看得更清楚绘制了多少曲线，将原参考草图1暂时隐藏，如图4-98所示。

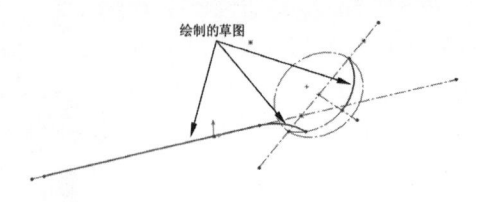

图 4-98

04 利用"拉伸曲面"工具，选择草图2中的部分曲线来创建拉伸曲面，如图4-99所示。

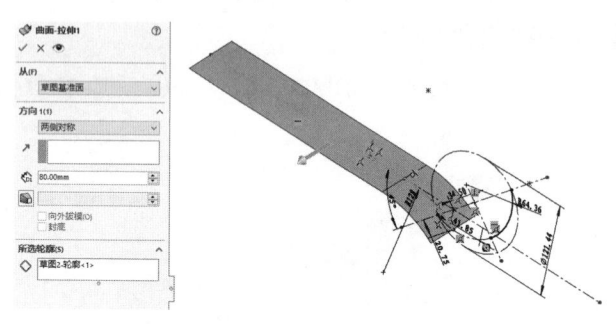

图 4-99

05 利用"旋转曲面"工具，选择如图4-100所示的旋转轮廓和旋转轴来创建旋转曲面。

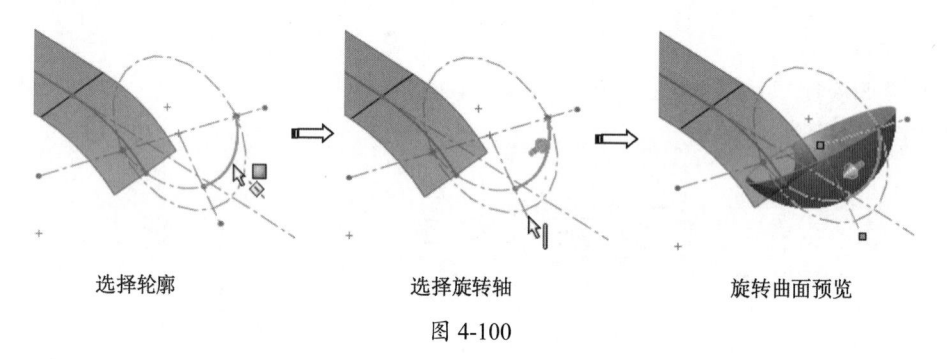

选择轮廓　　　　　　　选择旋转轴　　　　　　旋转曲面预览

图 4-100

06 利用"剪裁曲面"工具，在"曲面-剪裁1"属性面板中选择"标准"剪裁类型，随后选择草图1作为剪裁工具，接着在拉伸曲面中选择要保留的曲面部分，完成剪裁曲面的效果如图4-101所示。

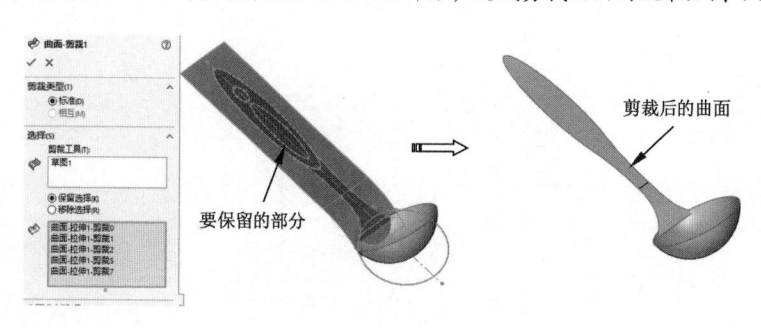

图 4-101

第4章 SolidWorks曲面设计

07 单击"等距曲面"按钮,调出"曲面-等距"属性面板,选择如图4-102所示的曲面进行等距复制。

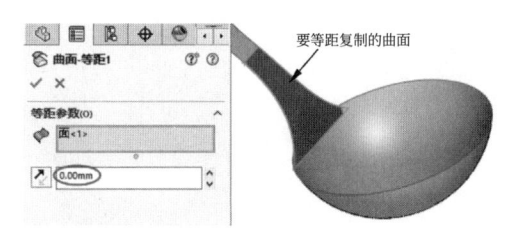

图 4-102

08 利用"基准面"工具,创建如图4-103所示的基准面1。

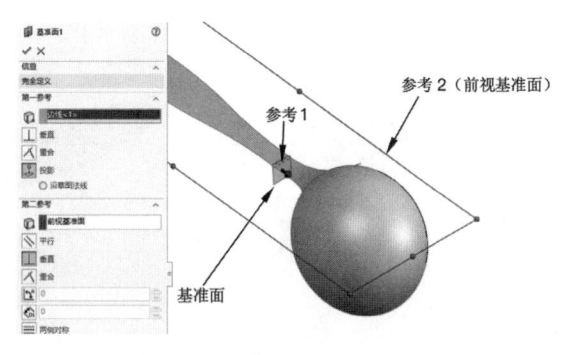

图 4-103

09 利用"剪裁曲面"工具,以基准面1为剪裁工具,剪裁如图4-104所示的曲面(此曲面为剪裁后的曲面)。

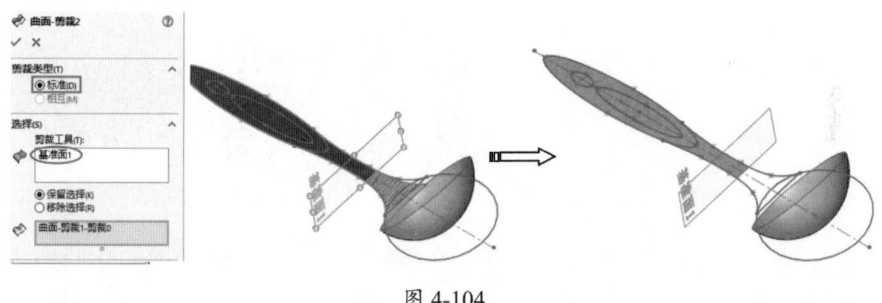

图 4-104

10 单击"加厚"按钮,调出"加厚"属性面板。选择剪裁后的曲面进行加厚,厚度为10.00mm,单击"确定"按钮完成加厚操作,如图4-105所示。

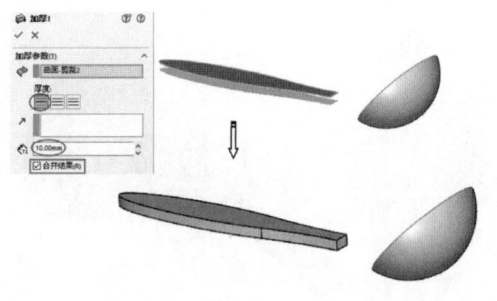

图 4-105

11 利用"圆角"工具，对加厚的曲面进行圆角处理，半径为3.00mm，结果如图4-106所示。

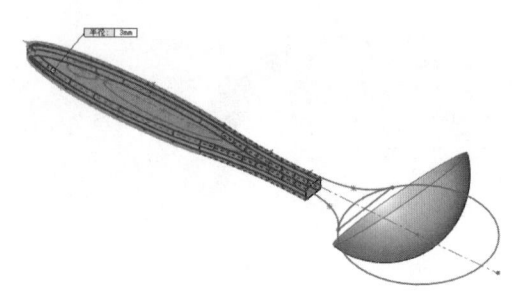

图 4-106

12 单击"删除面"按钮，选择如图4-107所示的两个面并删除。

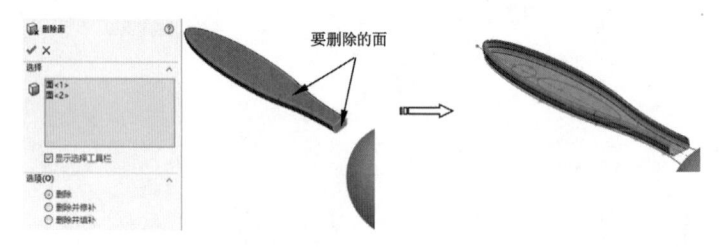

图 4-107

13 单击"直纹曲面"按钮，调出"直纹曲面1"属性面板。选择等距曲面1上的边来创建直纹曲面，如图4-108所示。

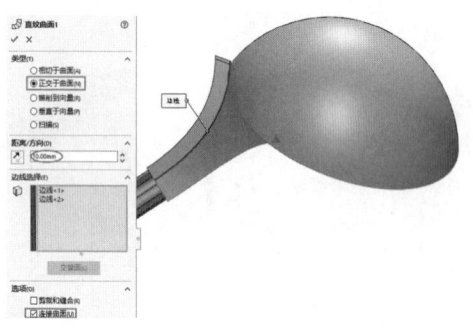

图 4-108

14 利用"分割线"工具，选择上视基准面作为分割工具，选择两个曲面作为分割对象，创建如图4-109所示的分割线1。

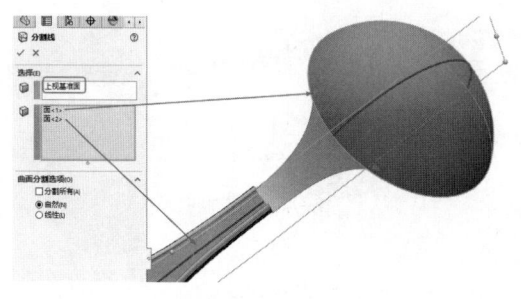

图 4-109

第4章 SolidWorks曲面设计

15 利用"分割线"工具，创建如图4-110所示的分割线2。

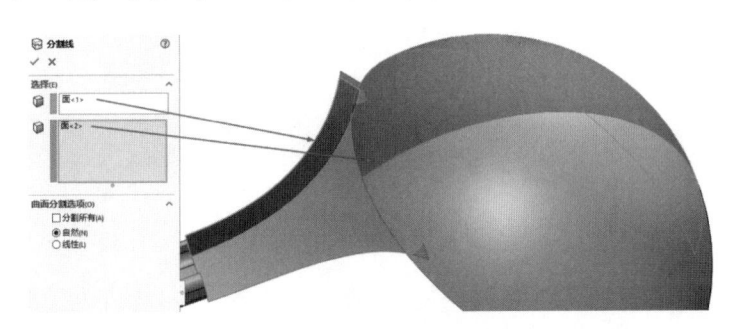

图 4-110

16 在上视基准面绘制如图4-111所示的草图3。

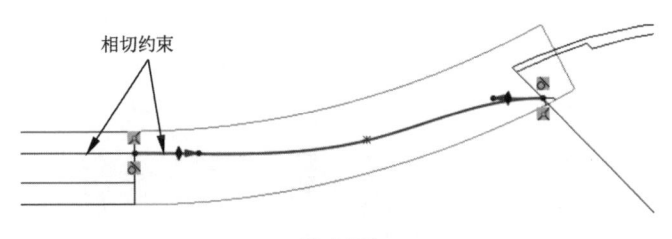

图 4-111

17 利用"投影曲线"工具，将草图3投影到直纹曲面上，如图4-112所示。

18 在上视基准面上绘制如图4-113所示的草图4。

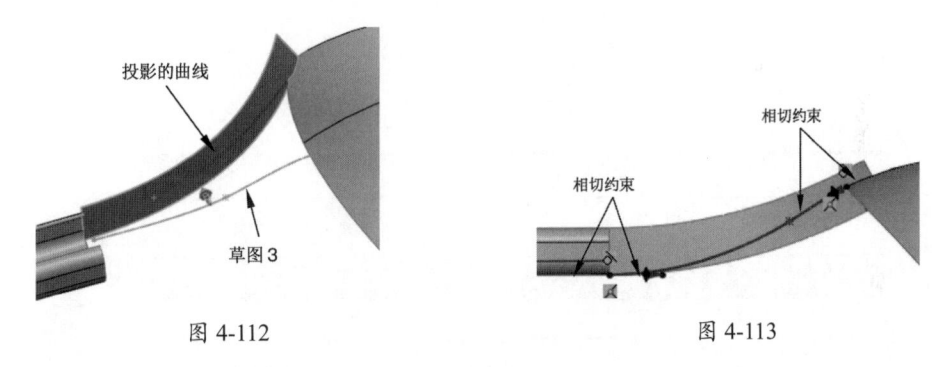

图 4-112   图 4-113

19 利用"组合曲线"工具，选择如图4-114所示的3条边创建组合曲线。

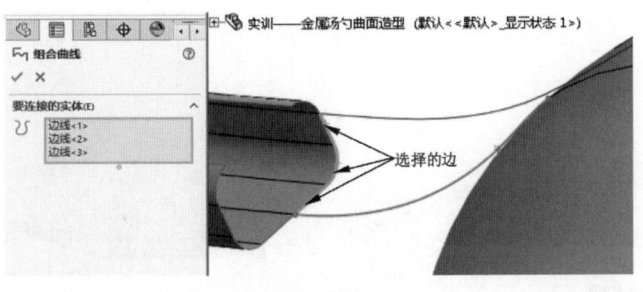

图 4-114

20 利用"放样曲面"工具，创建如图4-115所示的放样曲面。

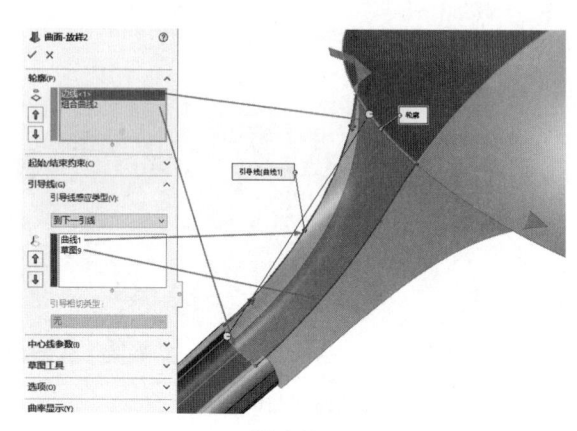

图 4-115

21 利用"镜像"工具,将放样曲面镜像至上视基准面的另一侧,如图 4-116 所示。

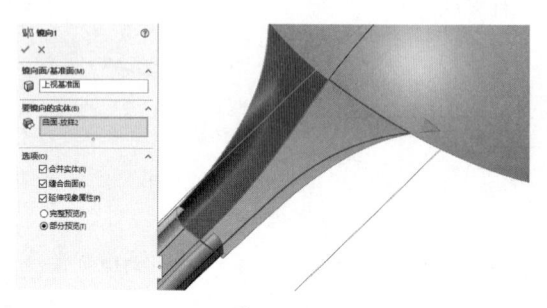

图 4-116

22 在上视基准面上绘制如图 4-117 所示的草图 5。

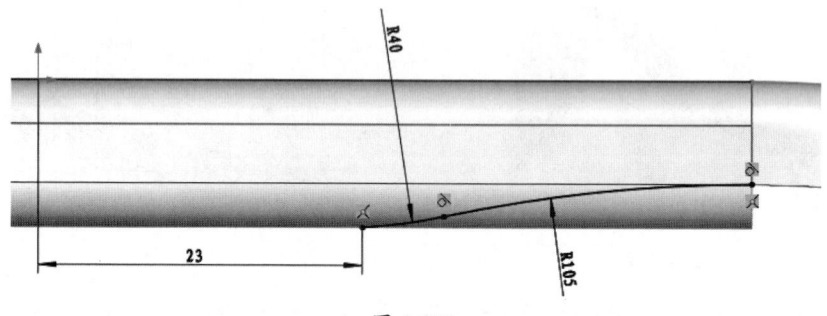

图 4-117

23 利用"剪裁曲面"工具,用草图 5 中的曲线剪裁手柄曲面,如图 4-118 所示。

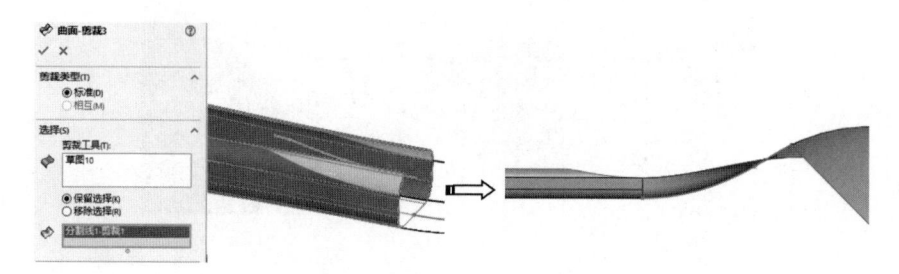

图 4-118

第4章 SolidWorks曲面设计

24 利用"缝合曲面"工具,缝合所有曲面。再执行"加厚"命令,创建厚度为0.80mm的特征。至此,完成了汤勺的造型设计,结果如图4-119所示。

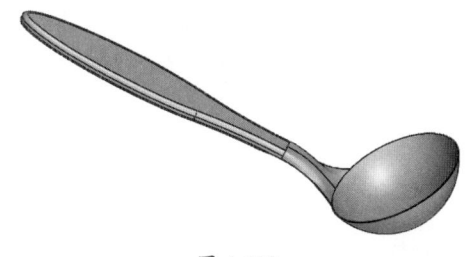

图 4-119

4.4.4 案例四:海豚造型设计

本例利用放样曲面、剪裁曲面等工具完成如图4-120所示的海豚造型设计,具体的操作步骤如下。

图 4-120

01 新建零件文件。

02 利用"草图绘制"工具,在前视基准面上绘制如图4-121所示的草图1。

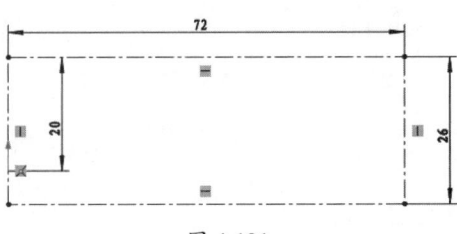

图 4-121

03 利用"草图绘制"工具,绘制如图4-122所示的草图2。

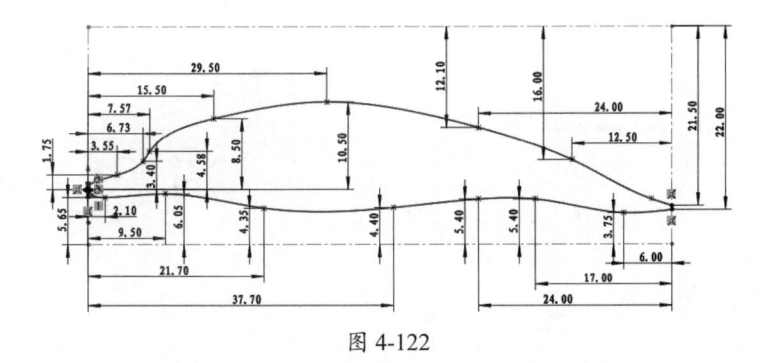

图 4-122

04 在前视基准面上绘制如图 4-123 所示的草图 3。

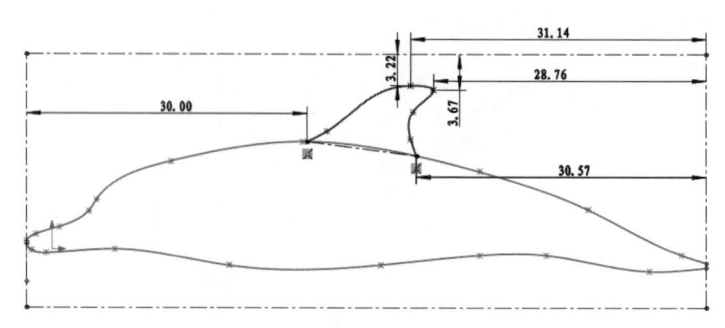

图 4-123

05 在前视基准面上绘制如图 4-124 所示的草图 4（构造斜线）。

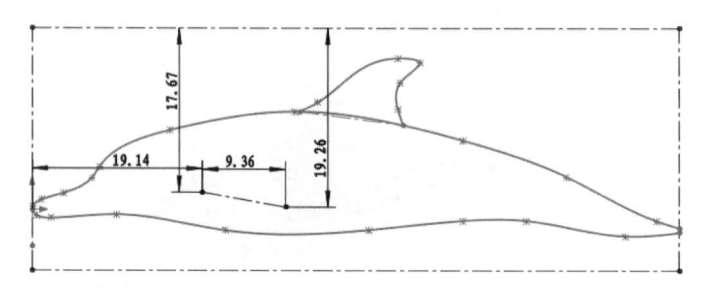

图 4-124

06 利用"基准面"工具，创建基准面 1，如图 4-125 所示。

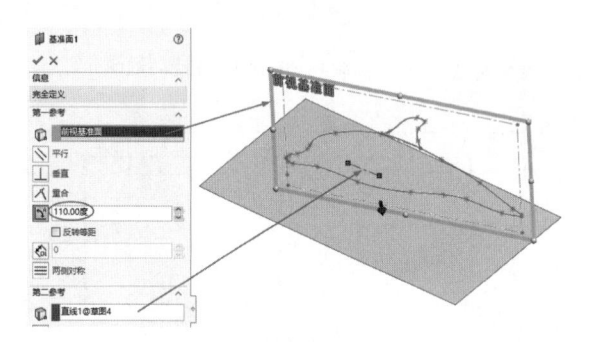

图 4-125

07 同理，创建基准面 2，如图 4-126 所示。

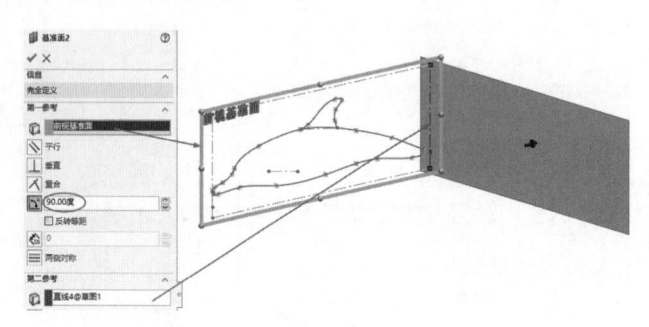

图 4-126

第4章　SolidWorks曲面设计

08 在前视基准面上绘制草图5，如图4-127所示。

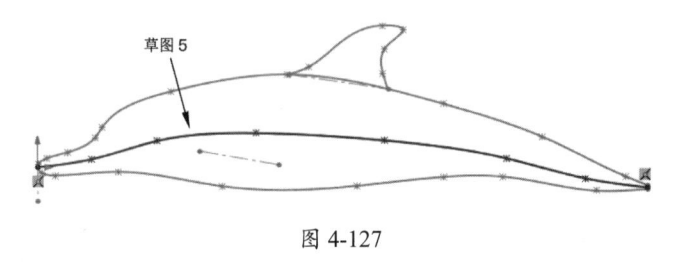

图 4-127

09 在上视基准面上绘制草图6，如图4-128所示。

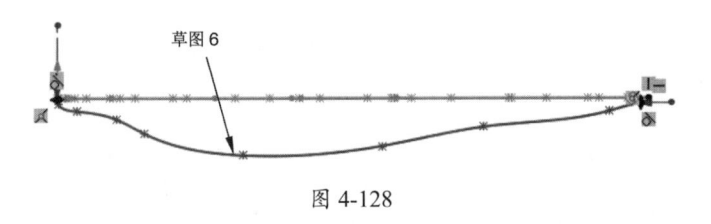

图 4-128

技术要点
绘制样条曲线前，需要绘制一条竖直的构造线，作为样条曲线端点与构造线进行相切约束。

10 在新建的基准面2上绘制如图4-129所示的草图7。

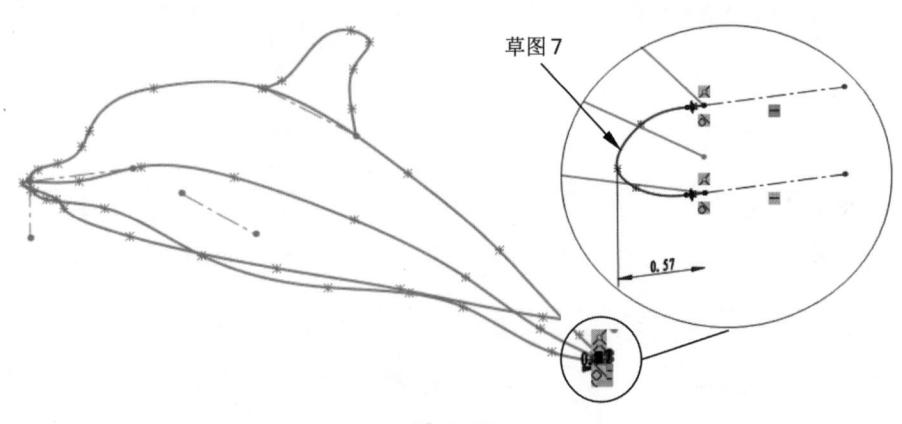

图 4-129

11 在前视基准面上绘制如图4-130所示的草图8。执行"等距实体"命令，基于草图2的草图轮廓进行偏移，偏移距离为0.00mm。

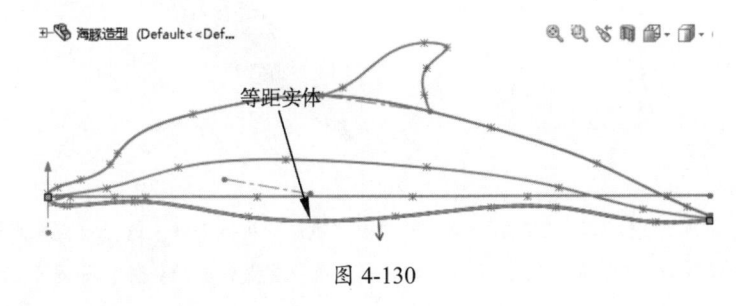

图 4-130

135

12 同理，在前视基准面上绘制基于草图 2 的草图 9，如图 4-131 所示。

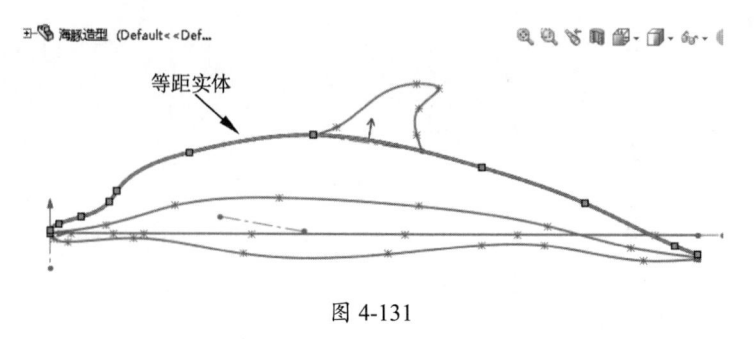

图 4-131

13 执行"插入"|"曲线"|"投影曲线"命令，调出"投影曲线"属性面板。按住 Ctrl 键选择草图 5、草图 6 并进行"草图上草图"投影，如图 4-132 所示。

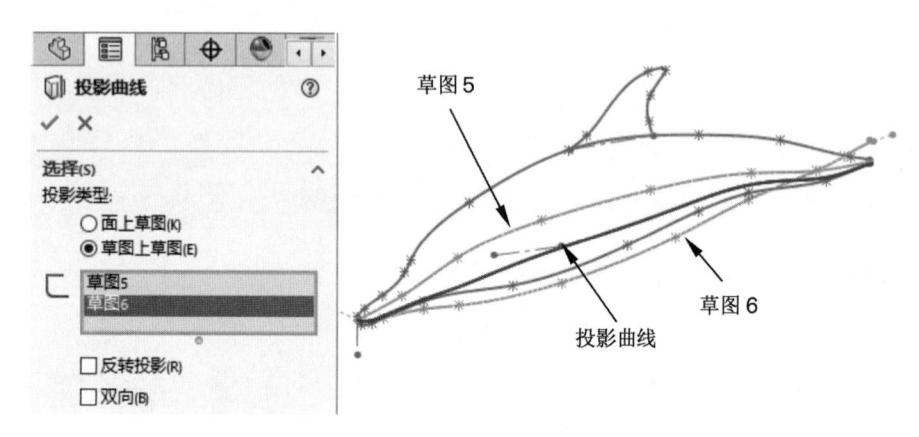

图 4-132

14 单击"放样曲面"按钮，调出"曲面 - 放样 1"属性面板。选择草图 8、草图 9 和投影曲线作为放样轮廓，再选择草图 7 作为引导线。单击"确定"按钮完成放样曲面的创建，如图 4-133 所示。

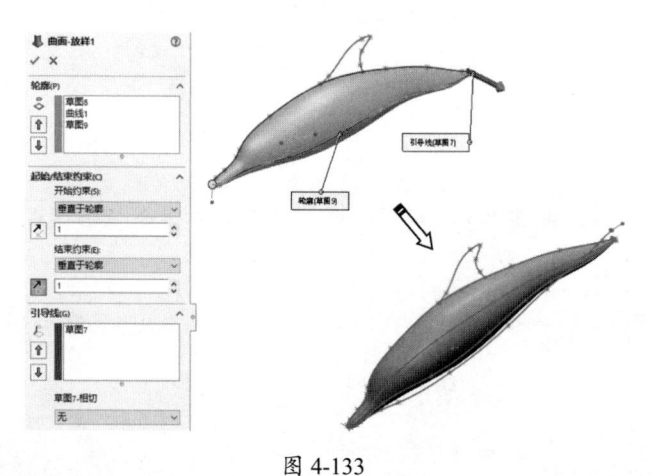

图 4-133

15 执行"插入"|"阵列/镜像"|"镜像"命令，调出"镜像"属性面板。选择前视基准面作为镜像平面，再选择放样曲面作为要镜像的实体，单击"确定"按钮完成曲面的镜像，如图 4-134 所示。

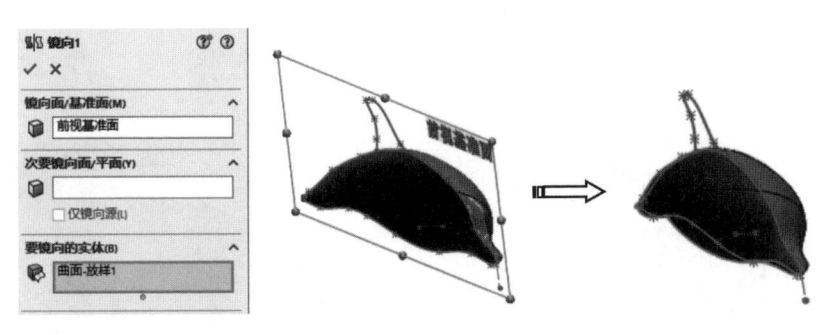

图 4-134

16 利用"基准面"工具,创建基准面 3,如图 4-135 所示。

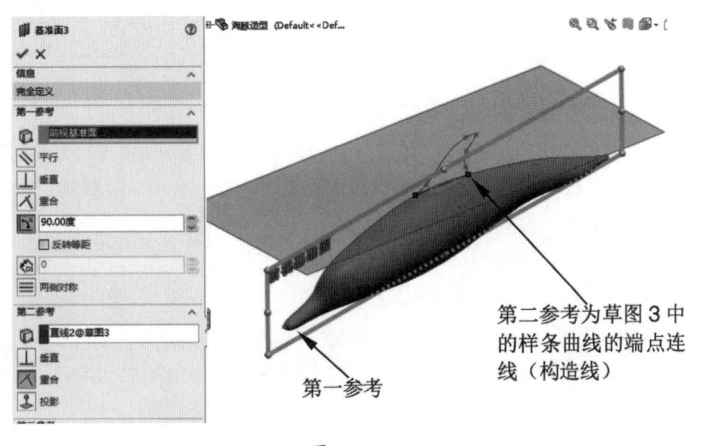

图 4-135

17 在基准面 3 上绘制如图 4-136 所示的草图 10(短轴半径为 1.00mm 的椭圆,长轴端点与草图 3 的端点重合)。

18 在前视基准面上绘制如图 4-137 所示的草图 16。

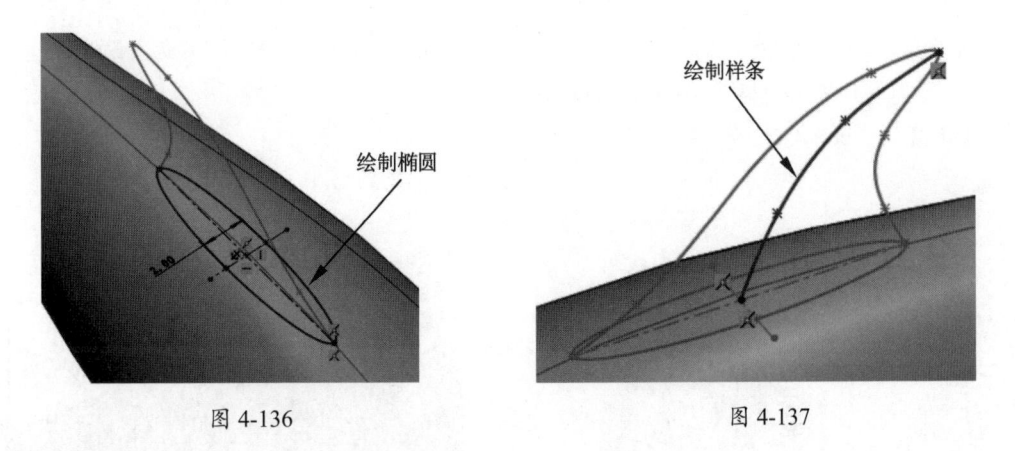

图 4-136   图 4-137

19 进入 3D 草图环境,在草图 16 的样条曲线端点上创建点,如图 4-138 所示。

20 在前视基准面上以草图 3 作为参考绘制草图 12,如图 4-139 所示。

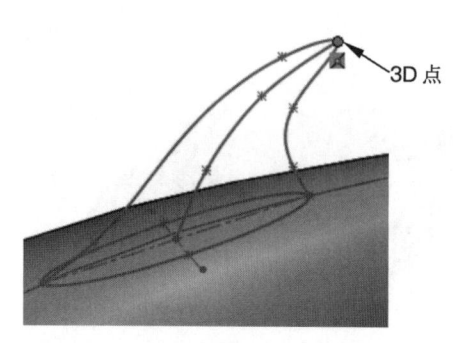

图 4-138 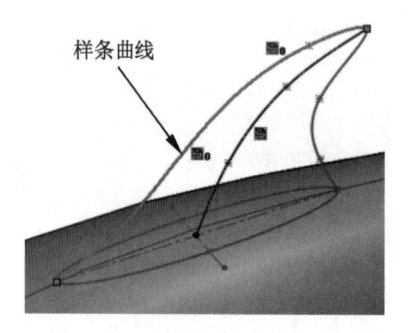　　　　　　　　　　　　　　　图 4-139

技术要点

在基于草图 3 创建样条曲线时，先绘制等距实体，再将其修剪。

21　同理，以草图 3 作为参考绘制草图 13，如图 4-140 所示。

22　单击"曲面放样"按钮，调出"曲面 - 放样 2"属性面板。选择草图 10 和 3D 点作为放样轮廓，选择草图 12 和草图 13 作为放样引导线，如图 4-141 所示。单击"曲面 - 放样 2"属性面板中的"确定"按钮完成放样曲面的创建。

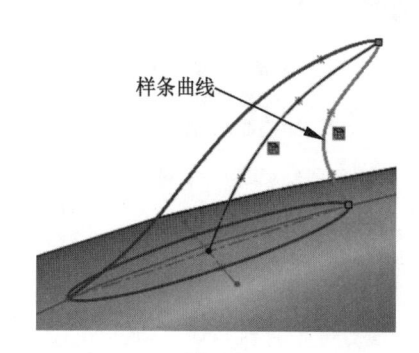

图 4-140 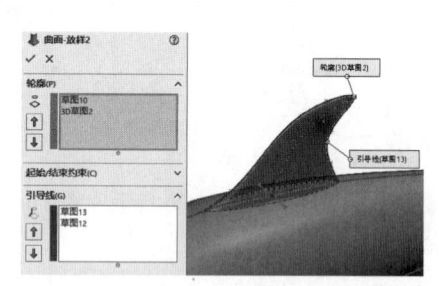　　　　　　　　　　　　　　　图 4-141

23　单击"延伸曲面"按钮，调出"曲面 - 延伸 1"属性面板。选择曲面放样 2 的底边线作为延伸参考，单击"确定"按钮完成延伸，如图 4-142 所示。

24　绘制草图 14，如图 4-143 所示的构造线。

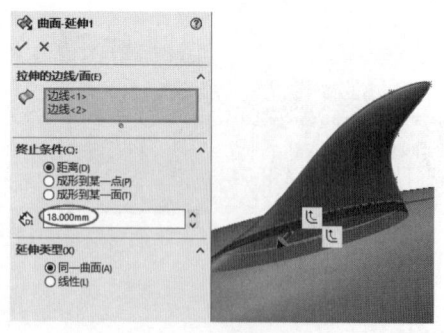

图 4-142 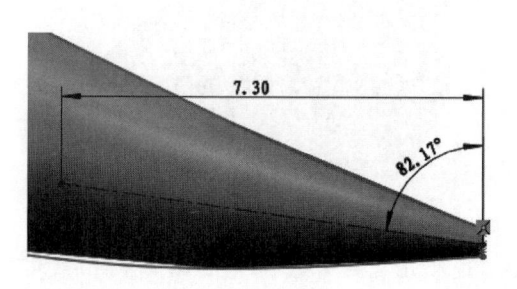　　　　　　　　　　　　　　　图 4-143

第4章 SolidWorks曲面设计

25 利用"基准面"工具，以前视基准面和草图14的构造线作为参考，创建基准面4，如图4-144所示。

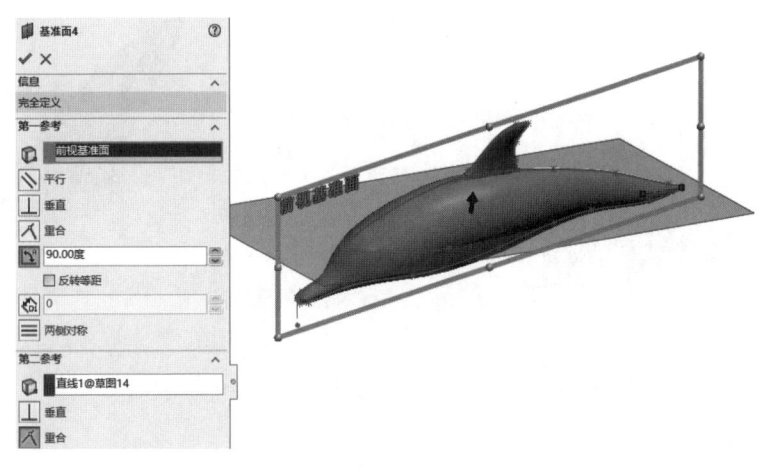

图 4-144

26 在基准面4上绘制草图15，如图4-145所示。

27 在前视基准面上绘制草图16，如图4-146所示。

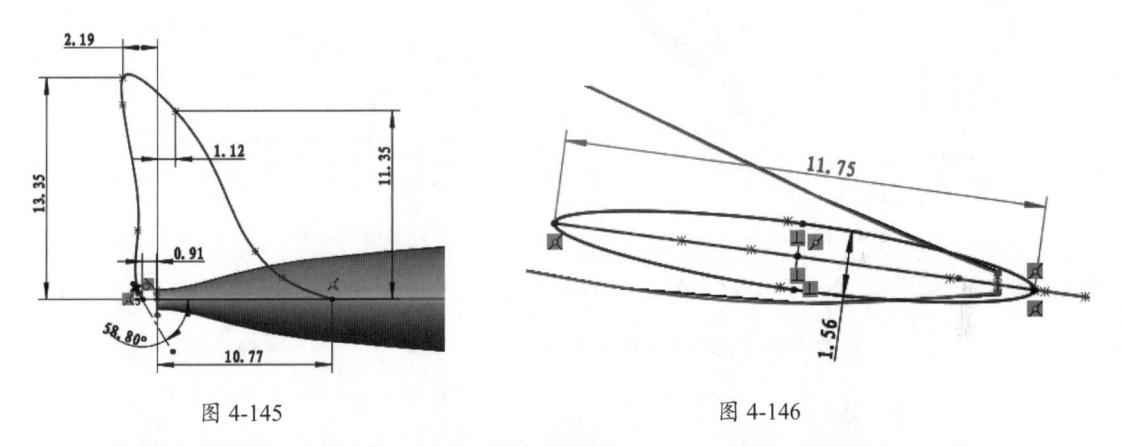

图 4-145

图 4-146

28 在基准面4上连续绘制草图16、草图18和草图19，结果如图4-147~图4-149所示。

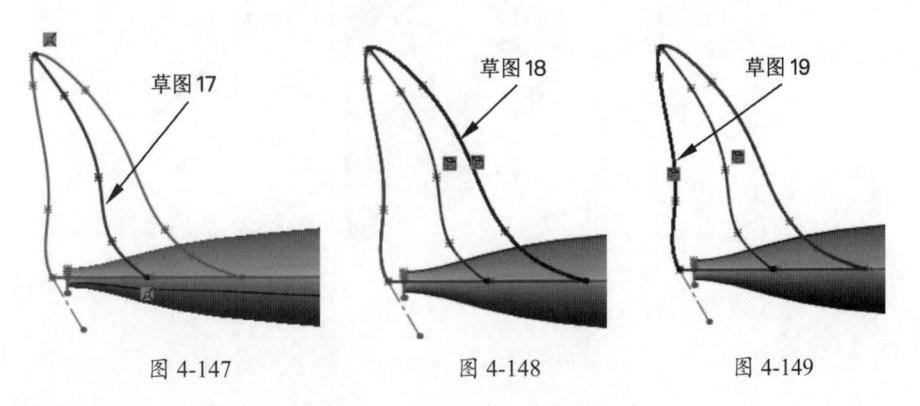

图 4-147

图 4-148

图 4-149

29 进入3D草图环境，在草图16的端点上创建点，如图4-150所示。

30 利用"放样曲面"工具，创建放样曲面3，如图4-151所示。

图 4-150　　　　　　　　　　　　图 4-151

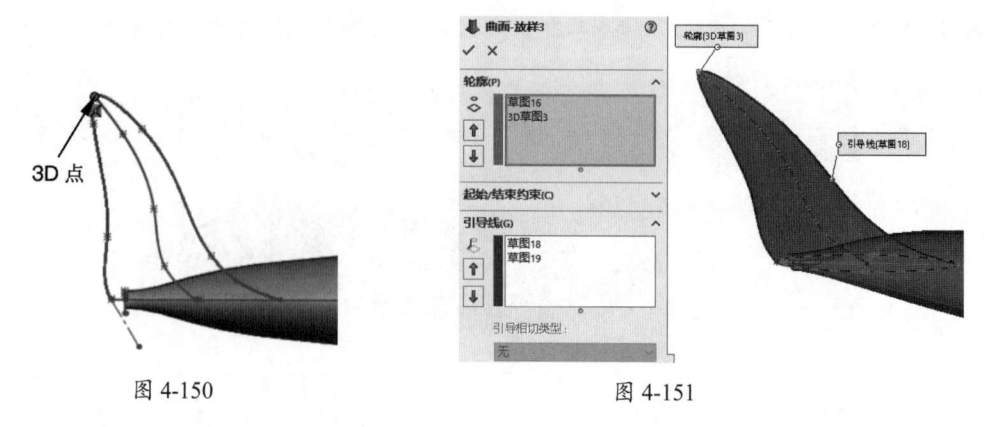

31 利用"镜像"工具,将放样曲面镜像至前视基准面的另一侧,如图 4-152 所示。

32 在基准面 1 上绘制如图 4-153 所示的草图 20。

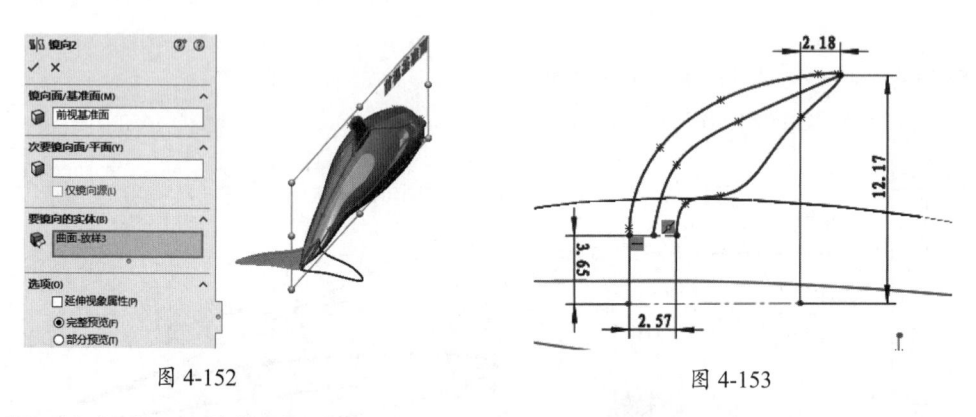

图 4-152　　　　　　　　　　　　图 4-153

33 利用"基准面"工具创建基准面 5,如图 4-154 所示。

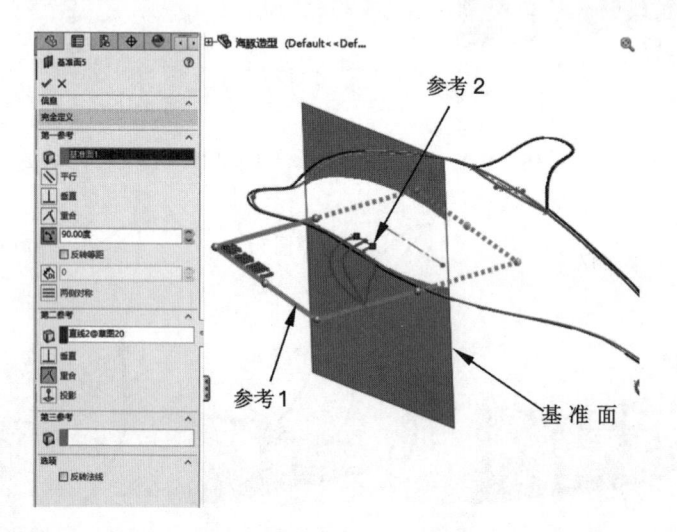

图 4-154

34 在基准面 5 上绘制草图 21,如图 4-155 所示。

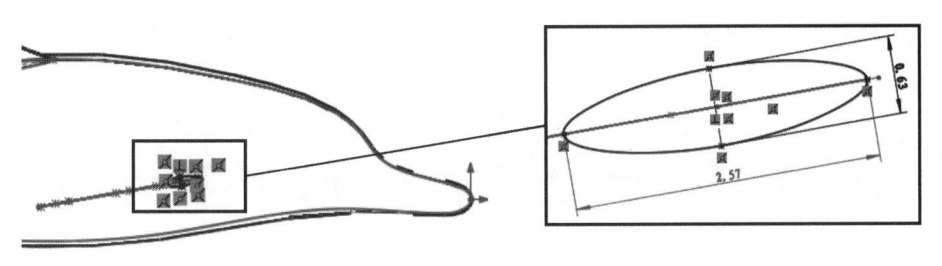

第4章 SolidWorks曲面设计

图 4-155

35 在基准面1上连续绘制草图22、草图23，并进入3D草图环境，创建3D点，如图4-156~图4-158所示。

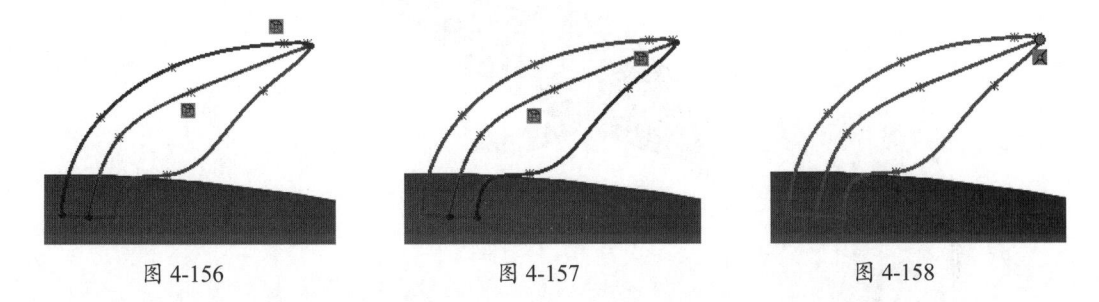

图 4-156　　　　　图 4-157　　　　　图 4-158

36 利用"放样曲面"工具，创建放样曲面4，如图4-159所示。

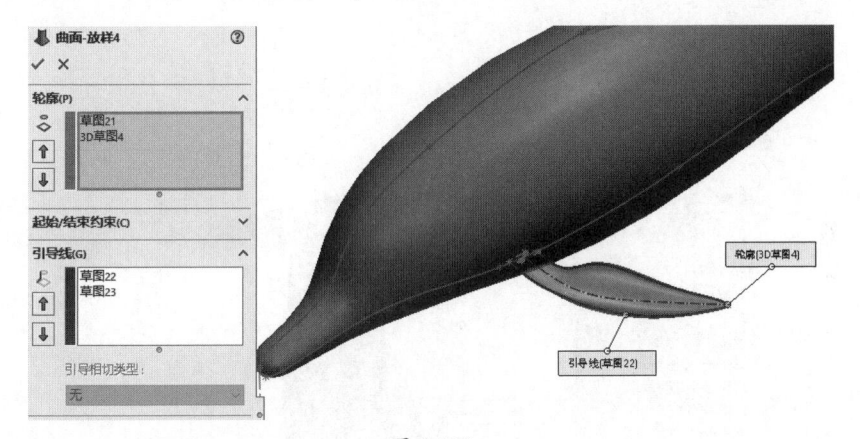

图 4-159

37 创建放样曲面4后，再利用"镜像"工具，将其镜像至前视基准面的另一侧，结果如图4-160所示。

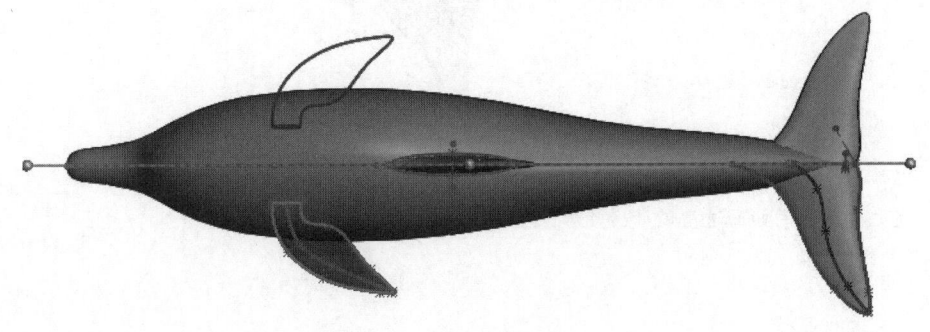

图 4-160

38 单击"剪裁曲面"按钮，调出"曲面-剪裁1"属性面板。选择所有曲面作为要剪裁的曲面，然后选择所有曲面作为要保留的曲面，最后单击"确定"按钮完成剪裁。如图4-161所示。

技术要点

在选择要保留的曲面时，注意鼠标指针选取的位置。剪裁曲面自动将曲面转换成实体。

图 4-161

39 利用"圆角"工具，创建多半径的圆角特征，如图4-162所示。

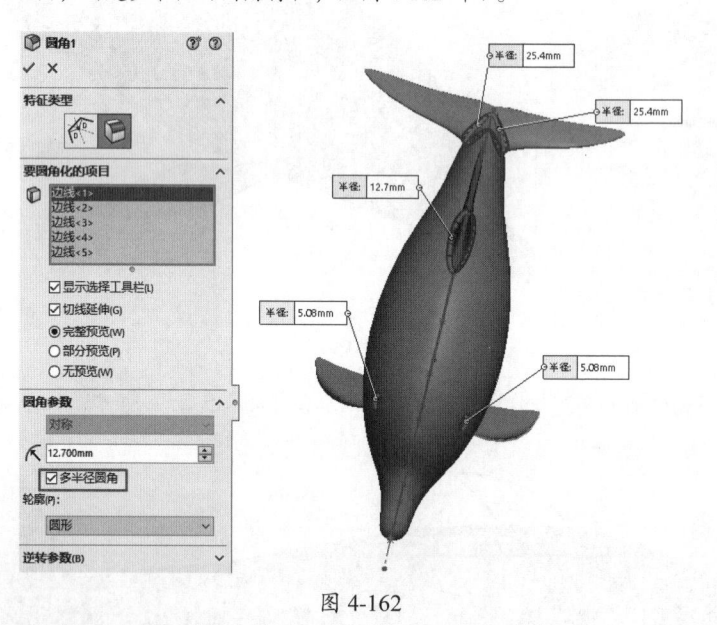

图 4-162

40 至此，完成了海豚的曲面造型设计，最后保存结果。

第 5 章　AI 辅助产品方案设计

AI 技术如今已深入渗透到产品设计的每个流程之中。在概念设计的初始阶段，AI 便能激发出丰富的创意灵感，并迅速形成具体的设计方案。而当进入细节设计的关键环节时，AI 又能通过模拟真实的用户体验，对产品功能和交互进行精细化的优化调整。可以说，AI 技术的引入，不仅显著提升了产品设计的整体效率，更在创新性方面展现出了无可比拟的优势。在本章中，将借助先进的 AI 语言大模型，为设计师们提供强大的辅助力量，共同推动产品研发方案的设计与完善。

5.1 利用 AI 生成产品研发方案

产品研发方案是为开发新产品或优化现有产品而精心制订的全面计划和策略。这一方案贯穿从初步构想到最终上市的全过程，涵盖设计、开发、测试、制造及市场推广等关键环节。其核心目标是确保所推出的产品不仅贴合市场需求，而且在功能、质量、成本效益及可制造性方面均达到优异表现。

一个完整的产品研发方案通常包含以下核心组成部分。
- 需求分析：精准界定产品应具备的功能和性能标准，以确保满足目标消费群体的实际需求。
- 概念设计：创造多个初步设计方案，通过综合评估，遴选出最具潜力和市场前景的设计方向。
- 详细设计：对选定方案进行深化设计，细化到结构布局、材料选择、生产工艺以及用户界面设计等各个层面。
- 原型开发：构建实体模型或虚拟样机，以实验方式校验设计的实操性和有效性。
- 测试与验证：执行多轮测试，保障产品在性能、质量和安全等各个方面均达标。
- 制造规划：明确生产流程，设定详细的生产计划，并精确估算相关的生产成本。
- 市场推广策略：策划市场推广方案，涵盖产品定价、分销渠道以及营销活动等多个维度。
- 项目管理：对整个项目的进度、资源调配和风险管控进行全面规划。
- 反馈与迭代：依据测试结果和市场反响，对产品进行持续的优化和改进。

产品研发方案的成败对产品的市场接受度和商业成绩具有决定性影响。因此，必须对方案进行周密的规划和持续的跟踪管理，确保产品开发的每一个阶段都能符合预期目标。

在本节中，将借助先进的人工智能工具来辅助完成产品研发的初始阶段，这包括产品方案的构思、需求分析以及概念设计等关键环节。通过这种方式，我们能够更加高效地探索创新的产品方向，并加速整个研发流程。

5.1.1 制作产品研发（文本）方案

文心一言，作为百度研发的一款基于人工智能深度学习技术的先进语言大模型，不仅具备生成方案文本的能力，还能根据用户的个性化需求生成相应的产品图。接下来，将以一款人工智能语言聊天小音箱的设计为例，详细阐述方案设计的完整流程。

例 5-1：利用 AI 制作产品设计方案

利用 AI 制作产品设计方案的具体操作步骤如下。

01 首先我们对这款产品没有做任何前期准备工作，也就是对产品的定义及用途还一无所知。接下来在文心一言中开启聊天模式，让文心一言成为我们的好帮手。

02 进入文心一言语言大模型的官网，或者从百度搜索主页进入，如图 5-1 所示。

图 5-1

03 文心一言体验版（文心一言 3.5，对标 ChatGPT3.5）是完全免费的，当然效果是无法与专业付费版（文心一言 4.0，对标 ChatGPT4.0）相比的。虽然是免费使用，但若是新用户，还需要注册账号。注册账号后进入文心一言平台，如图 5-2 所示。

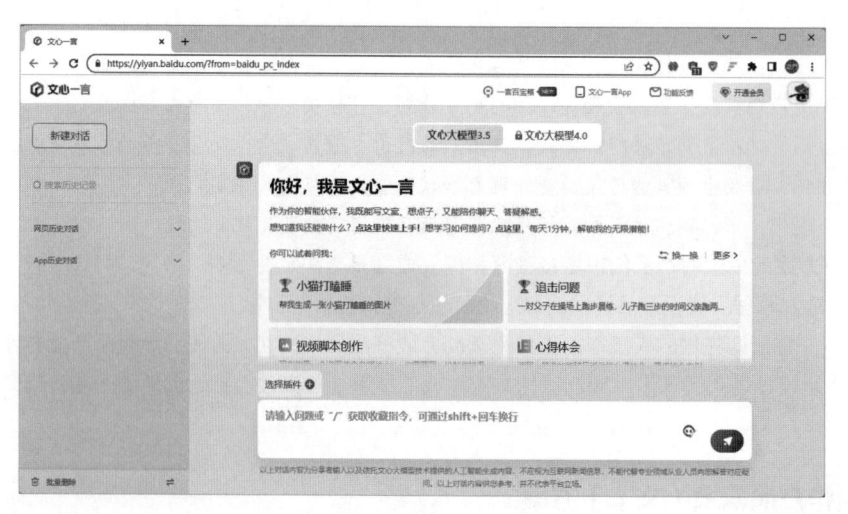

图 5-2

04 文心一言 3.5 是完全免费的，建议新手先使用这个免费版，待熟悉操作及提示词的设置之后，再付费升级到文心一言 4.0。接下来在聊天文本框中输入"我要开发一款人工智能语言聊天的小音箱，请给生成研发方案"，告诉文心一言自己的一些基本想法，想让它给出一些建议，发送聊天信息之后，文心一言快速给出答案，如图 5-3 所示。

第5章　AI辅助产品方案设计

05　此时仅是给出一些比较中肯的研发思路，但我们希望它进一步给出切合实际的研发设计方案，因此在底部的聊天信息文本框中继续输入"请继续生成产品设计方案"并发送给文心一言，文心一言随即生成产品设计方案，如图5-4所示。

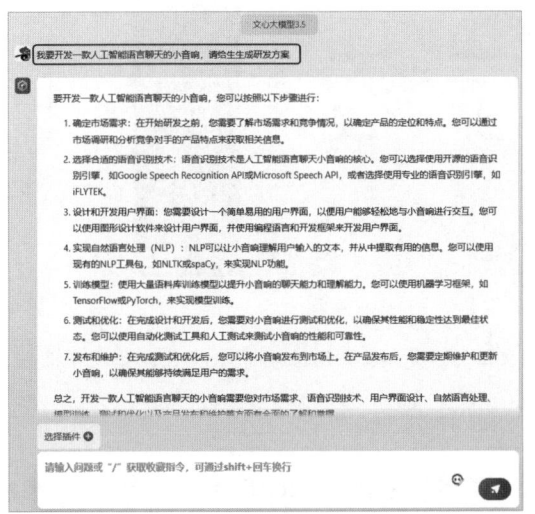

图5-3 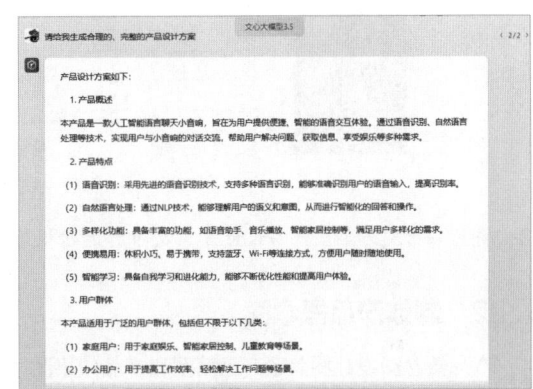　　　　　　　　　　　　　　图5-4

06　如果对自动生成的产品设计方案不太满意，可以在聊天信息底部选择问话选项，使文心一言给出更为全面的回答，如图5-5所示。

07　有了基本的产品设计方案，再结合前面的研发方案，接下来即可确定市场需求（也就是市场调研），对文心一言提出新的要求："给我生成一份'人工智能语言聊天的小音箱'的市场调研报告"，发送聊天信息后自动生成近千字的市场调研报告文本，如图5-6所示。

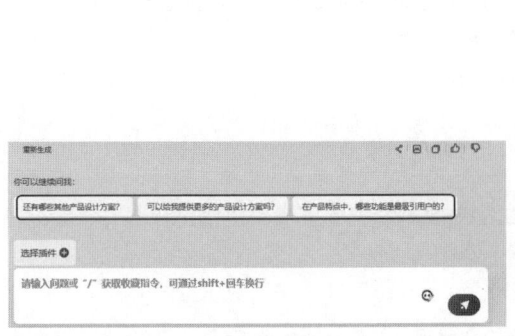

图5-5 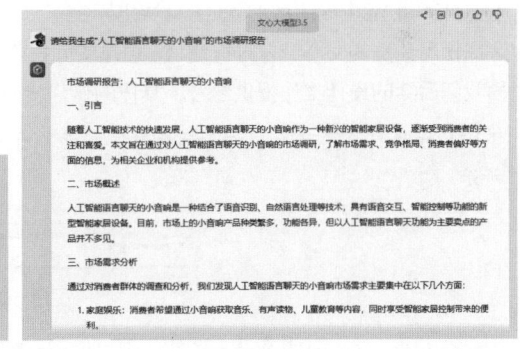　　　　　　　　　　　　　　图5-6

提示

如果你还不会向文心一言提出相关的问题或建议（AI中称为"提示词"），可以在顶部选择"一言百宝箱"选项（这个功能就是提示词），然后在一言百宝箱中找到"职业"|"产品/运营"标签下的"写产品方案"提示词，单击"使用"按钮，即可将该提示词显示在文心一言的聊天文本框中，然后根据你的想法对提示词进行修改即可，如图5-7所示。

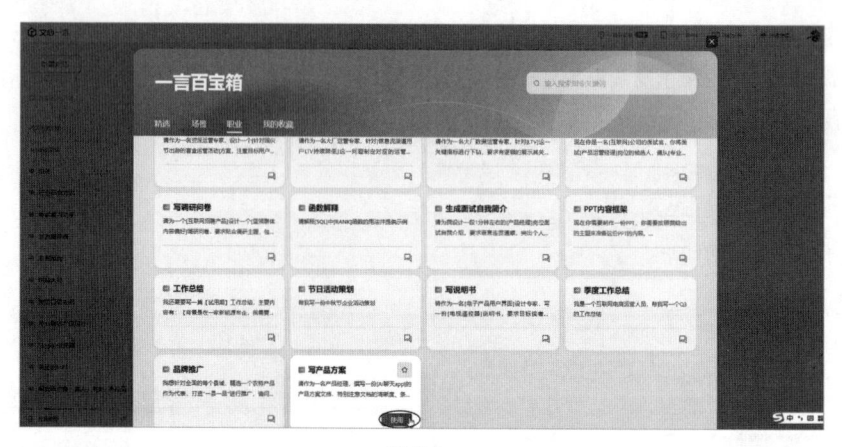

图 5-7

08 将产品研发方案、产品设计方案及市场调研报告的文本一一复制，分别保存到 Word 中形成文字报告。

5.1.2 制作产品概念图

产品概念图设计涵盖了产品草图和产品效果图两个重要阶段。在接下来的流程中，将分别借助百度 AI 及其他先进的人工智能工具来完成这两项设计工作。

在图像生成方面，百度提供了文心一言和文心一格两款强大的工具。文心一言能够在语言聊天界面中即时生成对话式的图像，每次呈现一张精心设计的图片。而文心一格作为一款商业化的 AI 图像生成工具，同样基于强大的 AI 语言大模型，能够一次性生成多张高质量且风格各异的图像，为设计师提供丰富的选择空间。

例 5-2：利用文心一言制作初期的概念图

目前市场上能生成图像的 AI 工具层出不穷，为了验证其图像生成效果是否能满足我们的设计需求，本次选择使用免费的文心一言进行测试。通过实际操作，我们将观察并评估其所生成图像的质量和适用性，从而为我们后续的设计工作提供参考。具体的操作步骤如下。

01 根据产品设计方案让文心一言生成概念产品。在聊天信息文本框输入图像生成的基本要求，如图 5-8 所示。

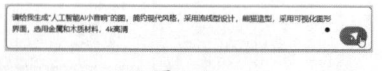

图 5-8

02 发送信息后，文心一言自动生成第一张图像，如图 5-9 所示。若对概念效果不满意，可单击"重新生成"链接，再次生成图像，如图 5-10 所示。当然还可以继续重生成，直到符合要求为止。

提示

人工智能生成的文本和图像都是唯一的，是不可重复的，所以大家在操作自己计算机时的演示结果绝对不会跟笔者演示的结果相同。

03 确定好一张概念图后，选中图片并右击，在弹出的快捷菜单中选择"复制图片"选项，将其保存在产品方案文档中。

图 5-9　　　　　　　　　　　　　　　图 5-10

04 尝试让文心一言生成手绘草图，如图 5-11 所示。

图 5-11

05 从生成的手绘草图看，跟前面一张的参考图相差甚远，根本不是一个思路，这说明了免费的文心一言模型在 AI 生成图像方面还是有欠缺的。

例 5-3：利用文心一格生成产品概念图

进入文心一格网站首页，选择"AI 创作"选项进入 AI 图像生成界面，如图 5-12 所示。

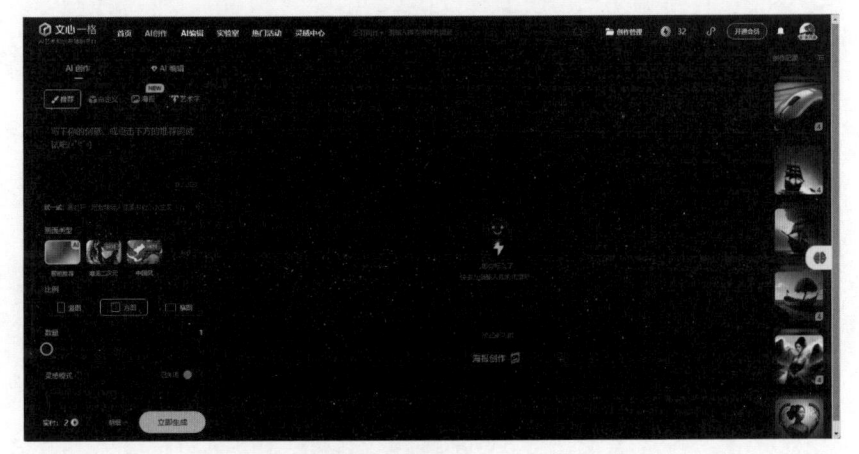

图 5-12

文心一格这款 AI 工具具备两大核心功能：AI 创作与 AI 编辑。AI 创作功能允许用户通过输入文字要求，便能自动生成符合需求的图像，实现了从文本到图像的转化。而 AI 编辑功能则更为强大，它不仅能对 AI 创作的图像进行二次编辑，还能对用户自有的图像进行优化处理，尤其在老旧照片修复和缺损图像复原方面表现卓越。

相较于文心一言这一语音聊天模型所强调的上下文连续性，文心一格更专注于图像生成领域。虽然它不具备上下文连续功能，但在图像质量方面却达到了极高水准，甚至能够输出最终的产品渲染效果图。

值得注意的是，文心一格作为一款商业化的 AI 软件，通常需要付费使用。但官方为新用户提供了福利：赠送 50 电量，即相当于 25 张免费图像生成的机会。此外，用户还可以通过完成任务来赚取额外电量。

接下来，将利用文心一格的强大功能，来生成我们所需的产品概念图。具体的操作步骤如下。

01 进入文心一格的创作界面。首先在提示词文本框中输入"请给我生成'人工智能小音箱'的图，简约现代风格，采用流线型设计，熊猫造型，采用可视化图形界面，选用金属和木质材料，4K 高清"。

02 设置画面类型为"智能推荐"，设置比例为"方图"，设置图像数量设为 2，其他选项保持默认，单击"立即生成"按钮，AI 自动创建图像，如图 5-13 所示。

图 5-13

03 从图像生成的效果来看，图像质量非常高，实景的渲染效果很真实。如果对产品的造型不满意，可以在左侧面板中开启"灵感模式"，再单击"立即生成"按钮，AI 生成具有创意灵感的产品方案，如图 5-14 所示。

图 5-14

04　下面测试文心一格在手绘草图上的表现。在提示词文本框中输入"生成'人工智能小音箱'的手绘线稿图，手绘出三视图，现代简约风格，熊猫造型"，单击"立即生成"按钮，AI自动生成图像，如图5-15所示。

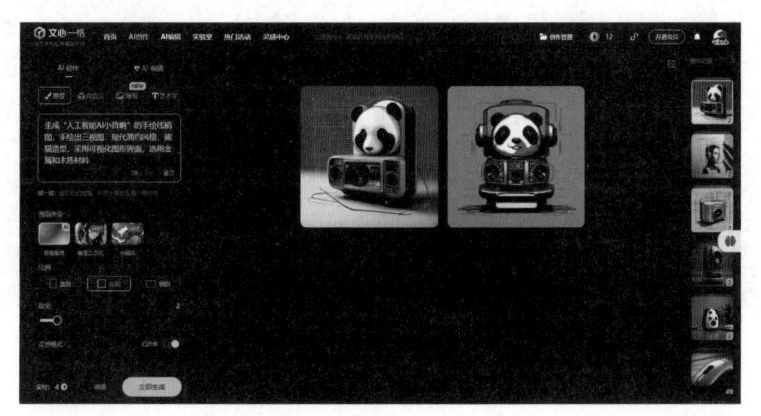

图 5-15

05　从图像效果看，线稿图（草图）没有任何问题，但是产品的造型与之前的效果图完全不是同一种风格，这也验证了文心一格不具有上下文连续性。

5.2　利用 Midjourny 制作产品设计方案图

　　Midjourney，这一由 Anthropic 公司开发的 AI 工具，无疑让人眼前一亮。它仅凭用户简短的文字描述，便能生成令人叹为观止的数字艺术作品。这一创新不仅颠覆了传统的艺术创作流程，更将创作的门槛大大降低。以往，创作出富有创意的图像往往需要深厚的艺术功底和专业技能，然而现在，只需轻敲键盘，输入几个简单的提示词，Midjourney 便能迅速为你呈现多种风格迥异、品质出众的候选图像。

　　Midjourney 的魅力，源于其无与伦比的灵活性和多样性。从逼真写实到抽象梦幻，各种艺术风格信手拈来，让每一位创作者都能在这里找到属于自己的舞台。无须专业技能，也能挥洒无尽的创意。无论是专业设计师、艺术家，还是普通用户，只需输入独特的文字描述，便能欣赏到 Midjourney 不断迭代、愈发精彩的视觉效果。

　　作为一款 Discord 机器人，Midjourney 为用户提供了直观且便捷的交互体验。在 Discord 频道中，用户只需输入提示词，系统便会立刻回应，生成 4 张风格各异的候选图像。用户可以根据自己的喜好对这些图像进行点评，而 Midjourney 则会根据反馈不断优化和完善，直至最终达到用户满意的效果。这种互动式的创作过程，不仅让创意工作变得轻松有趣，更在无形中拉近了人与艺术之间的距离。

5.2.1　Midjourney 中文网站

　　若想在 Discord 中体验 Midjourney 的神奇魅力，用户需要连接到国际网络，因为目前国内网络尚无法直接访问。不过好消息是，Midjourney 已在国内推出中文网站，这一举措极大地便利了国内用户的使用。如图 5-16 所示，Midjourney 中文站的首页界面设计直观且用户友好。

图 5-16

在 Midjourney 中文网站中，用户不仅可以利用 MJ 模型（即 Midjourney 本身）、MX 模型（Stable Diffusion）以及 D3 模型（DALL-E3）来创作出别具一格的绘画作品，还能轻松创建 AI 视频，制作动感十足的广告。此外，网站还提供了丰富的工具箱功能，助力用户完成作品的精细编辑。值得注意的是，Midjourney 采取付费模式，但新注册的会员可享受到一天的免费试用权限，这无疑给了用户一个充分体验其强大功能的绝佳机会。

在首页单击"开始创作"按钮，进入绘画创作页面，如图 5-17 所示。

图 5-17

5.2.2 Midjourney 的提示词

提示词，作为用户与 AI 之间沟通的桥梁，是运用 Midjourney 等 AI 图像生成工具的关键所在。用户通过输入文字描述，即提示词，系统便能据此生成相应的图像，从而实现人与机器的艺术共创。

1. 提示词的基本要点

提示词的撰写对于最终生成图像的质量和效果至关重要。接下来，将详细介绍撰写提示词时需要注意的要点。

首先，提示词应该力求具体、生动且丰富。避免使用诸如"一个苹果"这样简单的描述，而应添加更多细节和情感色彩。例如，"一个鲜嫩多汁的红色苹果，悬挂在繁茂的果树上，沐浴在温暖的阳光下，散发着诱人的香气。"这样的描述不仅涵盖了视觉元素，还融入了味觉和触觉等感官体验，有助于系统生成更具感染力和吸引力的图像。

其次，可以在提示词中加入风格关键词，以指定生成图像的艺术风格。例如，"一个写实主义风格的红色苹果"或"一个印象派风格的红色苹果"。这样做能够让系统根据特定的艺术流派生成相应的图像效果，满足用户多样化的艺术需求。

此外，提示词中还可以巧妙运用一些修饰词来微调图像的细节效果。如"高质量的""细节丰富的""栩栩如生的"等。这些修饰词有助于系统生成更加精致、逼真的图像，提升整体视觉效果。

最后，提示词的长度也不容忽视。过于简单的词语往往无法充分传达创意，而过于冗长的句子则可能导致系统理解困难。通常而言，包含 10~20 个词的提示词能够取得较好的效果。这样的长度既能确保信息的完整性，又有助于系统准确捕捉用户的意图。

2. 提示词中的关键词提炼

在 Midjourney 中，针对产品方案设计，提示词主要涵盖二维插画和三维立体两大表现形式。为了创造出符合期望的图像，可以重点考虑以下 3 个要素，以帮助初步达成设计目标。

（1）主题描述

在描绘场景、故事或其组成元素时，必须关注物体或人物的细节及其相互之间的搭配。例如，描述一个动物园时，我们可能会提到老虎、狮子、长颈鹿，以及它们周围的大树和围栏；或者描述一个小女孩在森林中露营的情景，她身着红裙，头戴白帽。然而，值得注意的是，人工智能并不总是能够准确识别每一个描述中的元素。

为了让 Midjourney 等 AI 工具更精确地理解我们的意图，建议在描述场景中的人物或物体时，采用独立描述的方式，避免使用冗长的文字串联，这样可以减少 Midjourney 无法准确识别的风险。

举例来说，如果我们想要描述"一辆在山巅公路上疾驰的红色跑车"，更佳的方式是将其拆分为几个独立的部分进行描述："一辆跑车，红色外观，正在疾驰，背景是山巅公路。"这样的描述方式更有助于 AI 工具捕捉到我们所追求的场景精髓。如图 5-18 所示，左图是直接输入"一辆在山巅公路上疾驰的红色跑车"所生成的图像，可以看出，它并未能很好地体现出"疾驰"这一动态主题，生成的小轿车呈现一种静止的姿态。而右图则是基于拆分后的描述"一辆跑车，红色，疾驰着，山巅公路"所生成的图像，显然，它更成功地诠释了"疾驰的跑车"这一主题，呈现一种鲜明的动态感。

图 5-18

（2）设计风格

许多设计师在直接传达自己的设计风格时面临困难。为了解决这个问题，在这一环节中，我们会寻找与特定风格相关的关键词作为参考，或者引入设计师喜爱的风格图片，这些图片被称为"垫图"或"喂图"。通过这些关键词和图片，Midjourney 能够结合所提供的风格信息与主题描述，生成与设计师意图相符的图像。

例如，当涉及玻璃、透明塑料、霓虹色彩等透明和反射材质时，我们需要精心选择关键词来引导 AI 的生成。如果想让物体表面呈现透明效果，同时又不暴露其内部的机械结构，这可能需要融入设计师的独特风格，如图 5-19 所示。仅通过控制材质属性往往无法满足这一要求，因为 AI 会默认透明的表面必然会展示出内部结构。然而，一旦内部结构被呈现出来，物体可能会显得过于复杂，从而失去其高级感，如图 5-20 所示。

图 5-19

图 5-20

因此，在这个过程中，关键词的选择变得尤为关键且复杂。目前，最有效的方法是针对每位设计师的特定风格进行"咒语测试"，以找到最适合的关键词组合。

（3）画面设定

在三维设计中，画面设定占据着举足轻重的地位。渲染类型和光线控制等诸多因素都需要纳入考虑，它们的变化将显著影响最终的设计效果。同时，熟练掌握指令使用的高级技巧也至关重要。这些技巧可以通过查阅官方文档来深入学习和掌握。特别值得一提的是，双冒号符号在权重设置和信息分割中发挥着关键作用。

举例来说，当输入中文提示词"热狗"或"热的狗"时，这两者实际上都指向了英文描述 hot dog。因此，无论采用哪种输入方式，最终生成的图像都只能是单一的食品——热狗，如图 5-21 所示。这一实例也说明了在三维设计中，精准把握提示词的重要性。

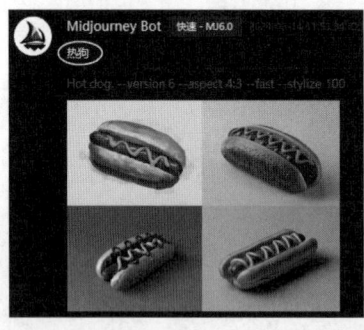

图 5-21

为了确保 Midjourney 能够准确识别，我们可以采用英文提示词 hot:: dog 来进行区分，如图 5-22 所示。在此，双冒号后面可以附加数字来表示权重，数值越大，对应的权重也就越高；同时，权重也可以设定为负数来进行更精细的调整。

提示

在 Midjourney 中，当用户输入中文提示词时，AI 系统会先自动将这些提示词翻译为英文，然后再根据翻译后的英文提示词执行生成操作。

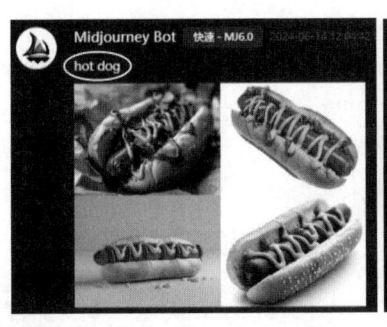

图 5-22

3. 提示词的控图技巧

Midjourney 的提示词功能能够助力用户精准地获取所需图像，而这背后需要掌握一定的控图技巧。这些技巧主要包括以下两点。

（1）提示词的万能公式

掌握了 Midjourney 提示词的万能公式，便相当于握住了图像精确生成的钥匙。这一公式不仅是关键的一环，更是确保 AI 生成图像品质卓越的基石。遵循如图 5-23 所示的万能公式进行提示词输入，能够引导 AI 精准地呈现我们心中的理想图像，满足我们对美的追求与期待。

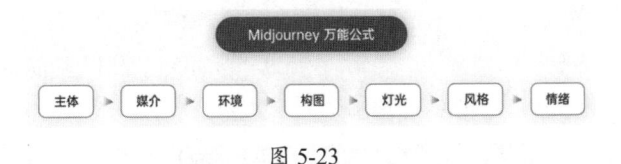

图 5-23

- 主体：作为图像的核心元素或焦点，主体承载着图像的主要内容和视觉吸引力。明确选择主体，有助于 AI 更精准地理解和呈现你所期望的图像。无论是栩栩如生的老虎、宏伟的城堡，还是优雅的舞者，都能成为引人注目的图像主体。
- 媒介：媒介代表着图像的表现形式或材料，传递着不同的质感和风格。从照片到绘画，从插图到雕塑，甚至是涂鸦和拼贴，每种媒介都赋予图像独特的艺术韵味。
- 环境：环境是图像中主体所处的背景或场景，它为主体提供了丰富的背景信息，并增强了图像的故事性和氛围。无论是自然景观、城市风光还是室内场景，环境的选择都能让图像传达出截然不同的情感和氛围。例如，雪地中的狼与森林中的狼所展现的环境氛围截然不同。
- 构图：构图是图像中元素的排列和组织艺术，它引导观者的视线，增强图像的视觉冲击力。三分法、对称构图、黄金比例等构图法则的运用，有助于创造出和谐而引人注目的图像作品。
- 灯光：灯光在图像中扮演着至关重要的角色，它通过设置光源和处理光线来营造不同的情感和氛围。明亮的阳光、柔和的月光以及戏剧性的阴影等灯光效果，都能突出主体并增强图像的立体感。
- 风格：风格是图像所展现的独特艺术特质，它可以是写实的、抽象的、卡通的或复古的等多种多样。选择特定的风格有助于传达特定的情感和个性，使图像更具辨识度和艺术魅力。
- 情绪：情绪是图像中主体或整体所传达的内在感受，它能引发观众的共鸣和感动。通过细腻的细节和表现手法，情绪在图像中得以充分展现，无论是快乐、悲伤、愤怒还是惊讶，都能触动人心。

（2）提示词的"咒语"

"咒语"在魔法世界中是一种能够触发超自然力量或效果的语言形式，它可能包括特定的短语、词组或符号等。在 Midjourney 的语境下，巧妙运用"咒语"可以创作出富有"魔力"的作品。咒语作为提示词的重要组成部分，在整个创作过程中发挥着至关重要的作用。

当用户在 Midjourney 中文站使用 MJ 模型时，无须费心构思"咒语"，只需输入期望获得的精确图像的基本需求（例如，"一座宏伟的城堡"）。随后，开启"自动优化咒语"功能，Midjourney 便会自动为提示词注入强大的"咒语魔力"，从而生成逼真且高清的图像作品。相反，若未启用"自动优化咒语"功能，所生成的图像可能更类似童话中的梦幻场景，如图 5-24 所示。

图 5-24

原本的提示词是"一座宏伟的城堡"，然而，在经过"自动优化咒语"功能的神奇处理之后，我们获得了极为精致且效果逼真的图像，如图 5-25 所示。

图 5-25

5.2.3 Midjourney 辅助产品效果图设计案例

1. 利用 MJ 模型制作产品设计草图

产品设计草图依据不同的表现内容和风格，可以细分为单线表现草图、结构线表现草图、马克笔表现草图、水彩表现草图、铅笔表现草图以及爆炸图式表现草图等多种类型。在产品设计领域，Midjourney 的应用范围极为广泛，而其核心技巧在于如何精准掌握提示词的书写，从而生成符合预期的理想图像效果。

例 5-4：利用 MJ 模型制作产品设计草图

利用 MJ 模型制作产品设计草图的具体操作步骤如下。

01 进入 Midjourney 中文网站主页，选择"MJ 绘画"模块，并选择"MJ6.0（真实质感）"模型作为本例的 AI 模型。

02 在 MJ 的提示词输入框中输入"制作男士剃须刀的产品设计草图"，选中"自动化咒语"复选框，单击"提交"按钮发送提示词，如图 5-26 所示。

第5章　AI辅助产品方案设计

图 5-26

03 Midjourney 自动优化提示词，并按照优化后的提示词开始生成产品设计草图，默认生成 4 张图片，如图 5-27 所示。从生成的产品设计草图看，效果不是很理想，如图 5-28 所示。

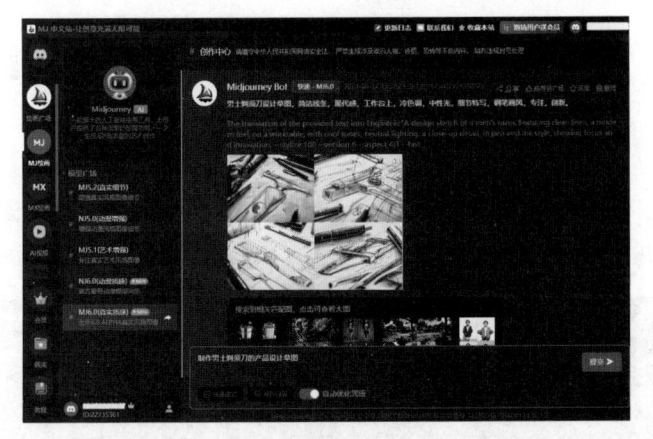

图 5-27

图 5-28

04 接下来可以借助 ChatGPT 帮助我们获得比较好的提示词。在 ChatGPT 中，单击"导入"按钮◎，导入本例源文件夹中的"参考图.jpg"图片文件，然后输入"请参考这张图，给我生成用于 Midjourney 图像生成的提示词。"单击"发送"按钮●后，ChatGPT 自动生成提示词，如图 5-29 所示。

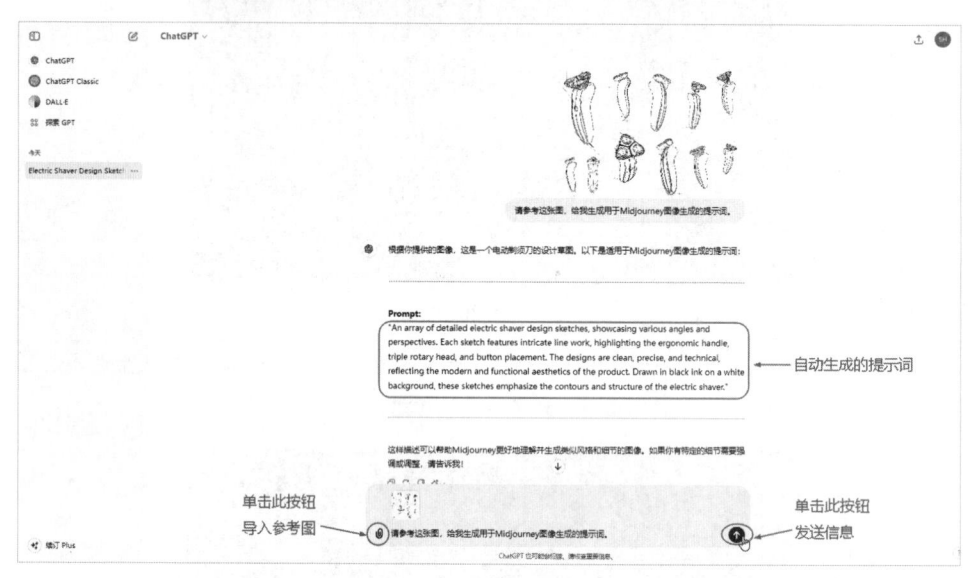

图 5-29

05 复制英文提示词，并粘贴到 Midjourney 中文网站"MJ 绘画"模块的提示词文本框中，取消选中"自动优化咒语"复选框，单击"提交"按钮，开始生成产品设计草图，如图 5-30 所示。

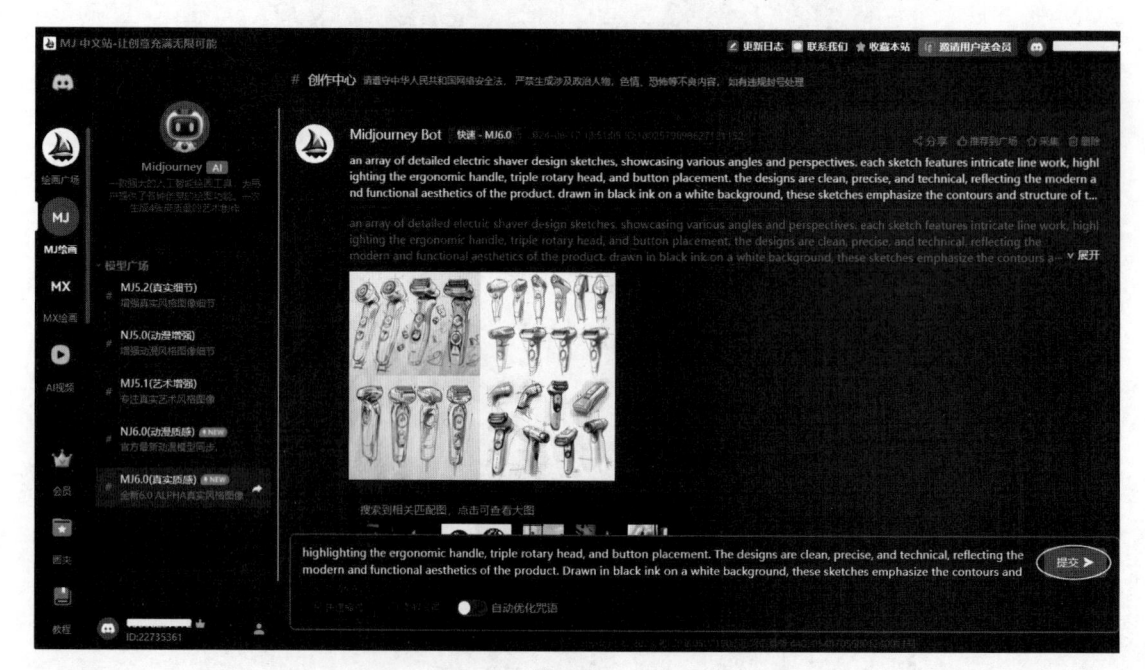

图 5-30

06 放大显示产品设计草图，可见其效果较之前有较大提升，如图 5-31 所示。

第 5 章　AI辅助产品方案设计

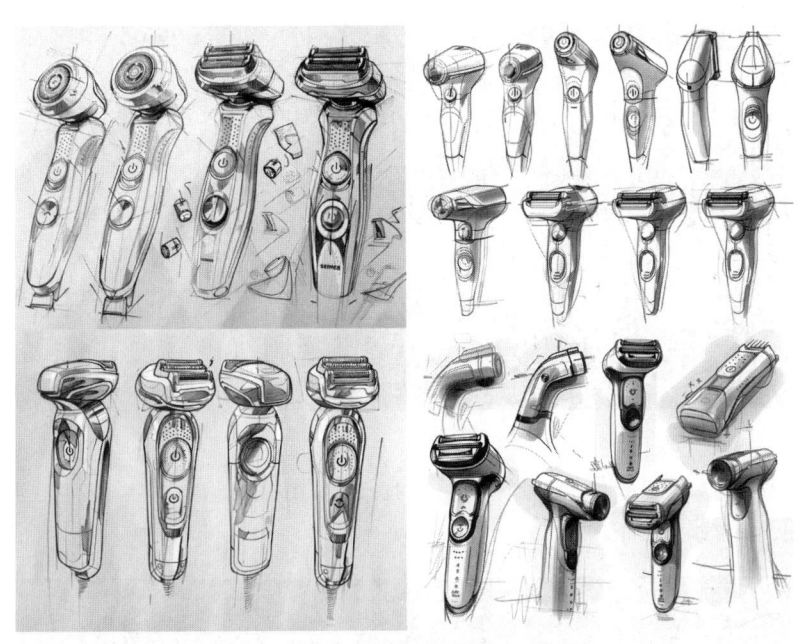

图 5-31

例 5-5：利用 MX 模型制作产品渲染效果图

利用 MX 模型制作产品渲染效果图的具体操作步骤如下。

01 在 Midjourney 中文网站中进入"MX 绘画"模块并切换到"条件生图"选项卡，如图 5-32 所示。

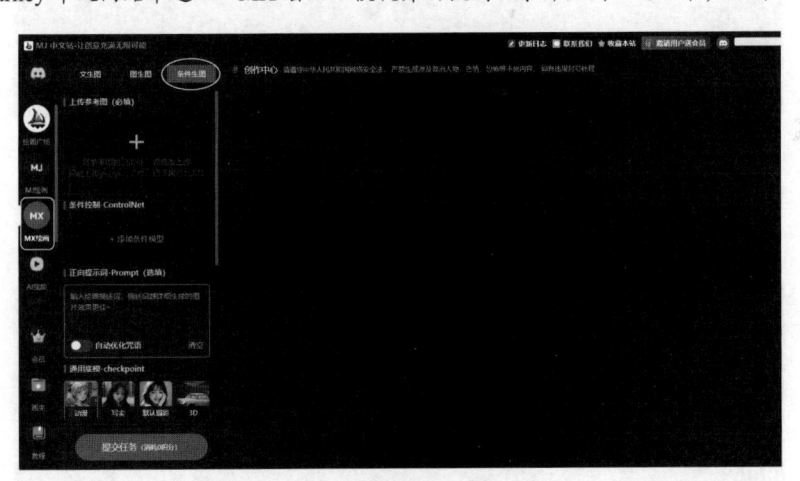

图 5-32

02 在"上传参考图"选项组中单击➕按钮，从本例源文件夹中载入"剃须刀.jpg"图片文件。

03 在"条件控制 -ControlNet"选项组中选择"线稿渲染 Lineart 权重 1"条件处理器。

04 在"正向提示词"框中输入"为剃须刀线稿图进行渲染，效果与实际产品相同"，选中"自动优化咒语"复选框。

05 在"通用底模"选项组中选中"动漫"模型。其他选项保持默认设置，单击"提交任务"按钮，开始生成产品渲染图，如图 5-33 所示。

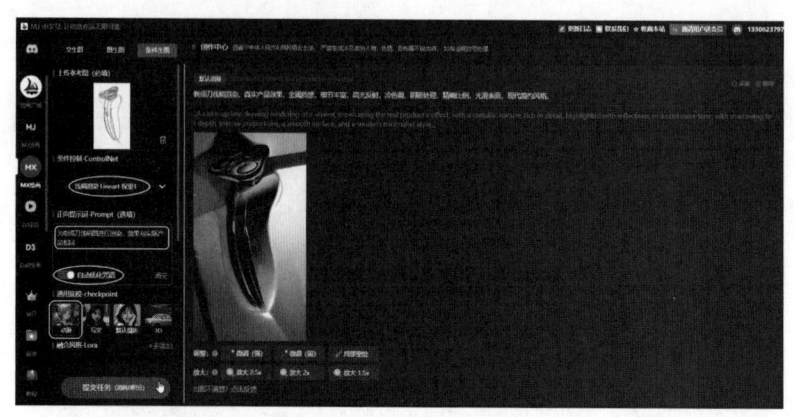

图 5-33

06 在"通用底模"选项组中选中"写实"模型。其他选项保持默认设置,单击"提交任务"按钮,生成产品渲染图,如图 5-34 所示。

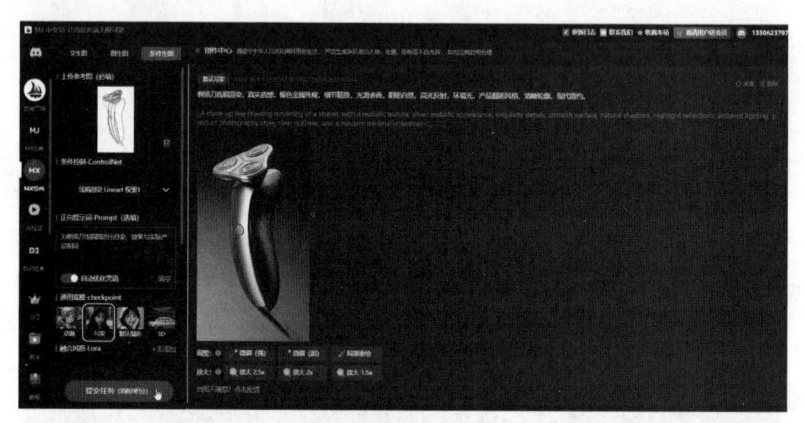

图 5-34

07 在"通用底模"选项组中选中"默认摄影"模型。其他选项保持默认设置,单击"提交任务"按钮,生成产品渲染图,如图 5-35 所示。

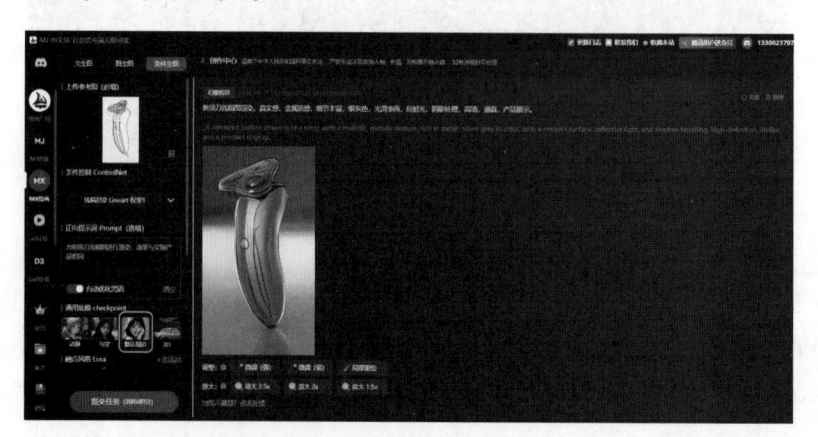

图 5-35

08 在"通用底模"选项组中选中 3D 模型。其他选项保持默认设置,单击"提交任务"按钮,生成产品渲染图,如图 5-36 所示。

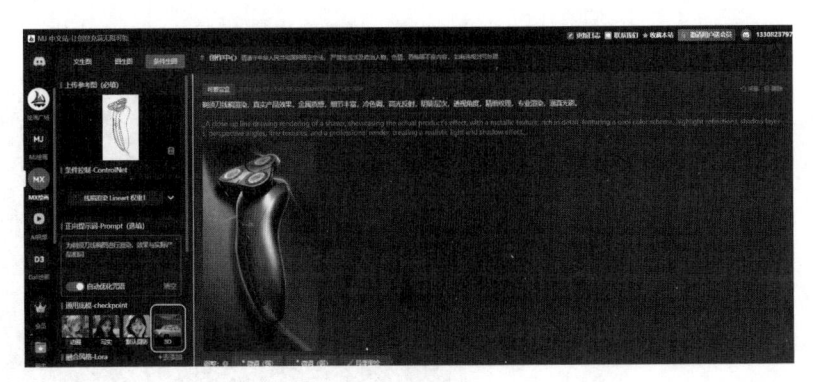

图 5-36

09 从几种风格生成的渲染图来看，3D 风格的效果图最能体现产品的质感，表面光反射、产品细节等最接近真实。

5.3 基于 AI 的产品广告图生成

一旦产品概念图得以生成，工业设计师便可借助三维建模软件来完成精细的模型设计。通过进一步结合人工智能图像生成技术，设计师能够对模型进行高质量的 AI 渲染，并生成吸引人的广告图像。这一过程不仅提升了产品的视觉呈现效果，还有效地增强了产品品牌的市场影响力。

5.3.1 利用 Vizcom 渲染产品模型

Vizcom 是一个创新的 AI 平台，它能够将手绘草图或三维模型转化为令人赞叹的概念图。该平台融合了高质量的照片写实性、创新发现以及出色的设计控制能力，为用户提供了一套全面而强大的绘图工具。这些工具包括便捷的 3D 模型导入功能、高效的协作工作空间，以及多样化的渲染风格选项，从而满足用户在概念设计过程中的各种需求。

例 5-6：利用 Vizcom 渲染产品模型

利用 Vizcom 渲染产品模型的具体操作步骤如下。

01 启动 SolidWorks 2024，打开本例源文件夹中的 bottle.sldprt 模型文件，如图 5-37 所示。

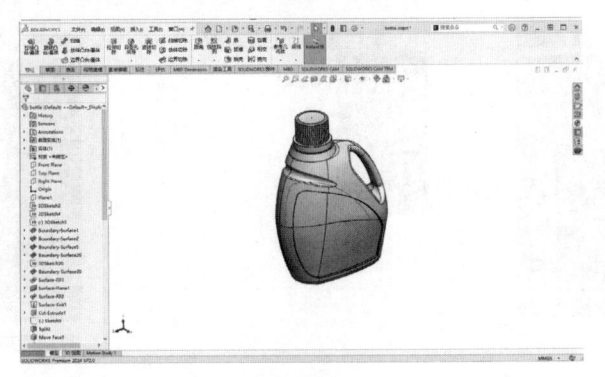

图 5-37

02 执行"文件"|"另存为"命令，将模型另存为 stl 格式文件，如图 5-38 所示。

03 进入 Vizcom 的主页，初次登录需要注册账号，用国内邮箱注册即可。图 5-39 所示为 Vizcom 的主页界面。

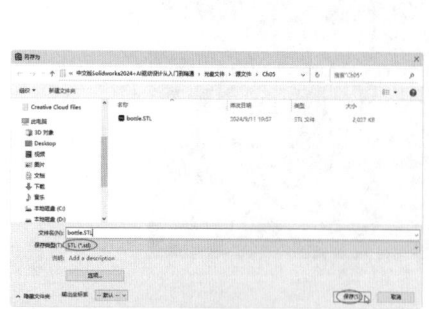

图 5-38

图 5-39

提示

Vizcom 的主页界面为英文界面，可以使用谷歌网页翻译器翻译为中文。

04 在首页的右上角单击"新文件"按钮进入图像创建页面，选择画布尺寸后单击"创造"按钮，如图 5-40 所示。

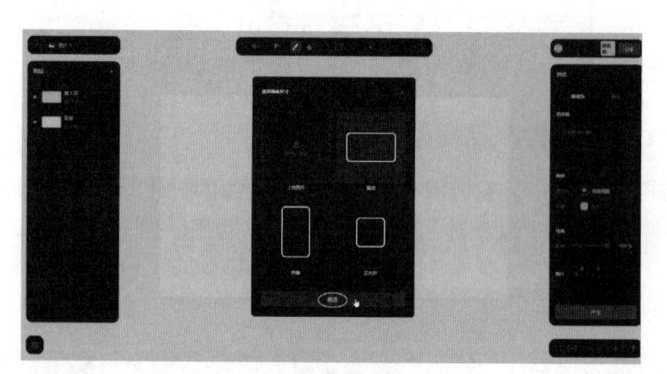

图 5-40

05 进入绘图环境后，在顶部工具栏中单击"插入"|"上传3D模型"按钮，将前面保存的 stl 模型文件导入，如图 5-41 所示。

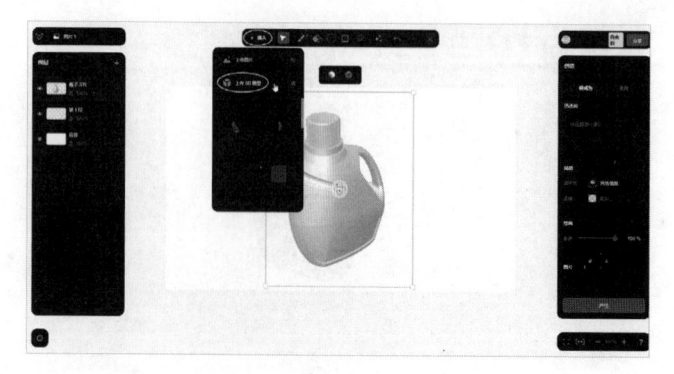

图 5-41

> **提示**
> 也可以将模型截图导入 Vizcom 中进行渲染。

06 导入模型后,在右侧属性面板中单击"描述"按钮,让 AI 分析模型形状后自动生成描述词:White plastic detergent bottle with a ribbed screw cap and a built-in handle, viewed from a slight upper angle(白色塑料洗涤剂瓶,带菱形螺旋盖和内置手柄,从略微偏上的角度观察),在"调色板"列表中选择"外部的"风格,单击"添加"按钮,将本例源文件夹中的图片文件"洗衣液.jfif"载入进来作为渲染参照图,最后单击"产生"按钮,如图 5-42 所示。AI 自动渲染的效果如图 5-43 所示。

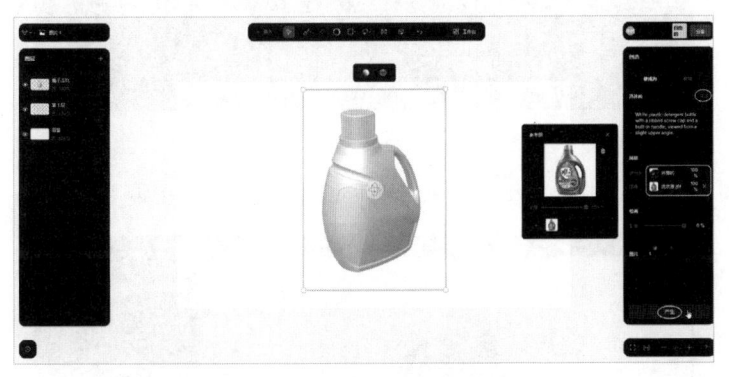

图 5-42

图 5-43

07 单击渲染效果图下方的"添加"按钮完成 AI 渲染操作。单击图像下方工具栏中的"下载"按钮,将效果图导出并下载到本地。

08 利用百度 AI 图像编辑工具进行图片编辑,将产品渲染效果图中的产品部分抠出来,AI 图像编辑工具的首页如图 5-44 所示。

图 5-44

09 在百度AI图像编辑工具的首页中选择"图片编辑"工具,打开"百度AI图片助手"页面,如图5-45所示。

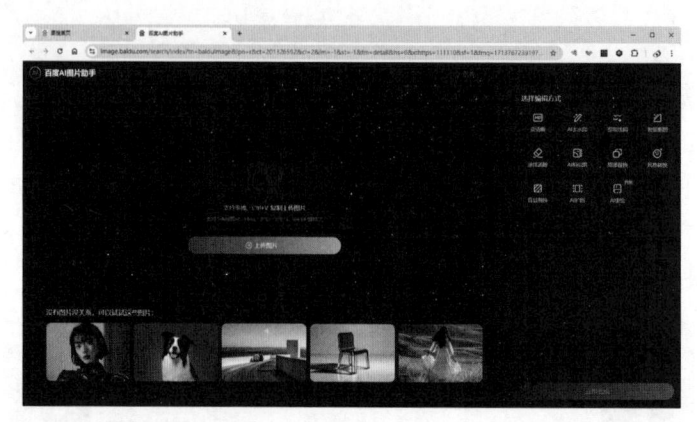

图 5-45

10 单击"上传图片"按钮,将用Vizcom渲染的产品效果图上传到AI编辑页面中,如图5-46所示。

图 5-46

11 在右侧"选择编辑方式"面板中选择"智能抠图"方式,将产品图单独抠出来(去掉背景)。抠出产品图后,单击"下载"按钮,将产品图保存到源文件夹中,如图5-47所示。

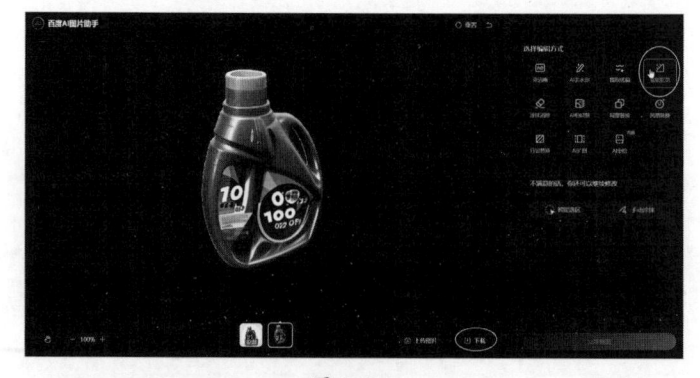

图 5-47

5.3.2 利用 Hidream AI 制作产品电商图

HiDream AI 是一个专为电商客户打造的 AI 制图工具,它极大地简化了设计师的工作流程。设计师无

162

第5章　AI辅助产品方案设计

须再费心策划方案、采购道具、美工置景、布景拍摄以及后期处理等烦琐步骤和相关费用支出。只需轻松上传一张商品图片，HiDream AI 便能一键生成大量真实场景中的商品图，精准还原商品的实际使用场景。这不仅助力商家降低运营成本，提升效率，还能有效打造爆款商品。

HiDream AI 的首页如图 5-48 所示，界面简洁直观，便于用户快速上手。新用户只需使用手机号即可免费注册并试用 HiDream AI，体验其强大的电商图制作功能。接下来，将详细介绍使用 HiDream AI 制作电商图的详细流程。

图 5-48

例 5-7：制作产品电商图

制作产品电商图的具体操作步骤如下。

01 在 HiDream AI 的首页单击"免费试用"按钮，进入 HiDream AI 电商图设计工作台，如图 5-49 所示。

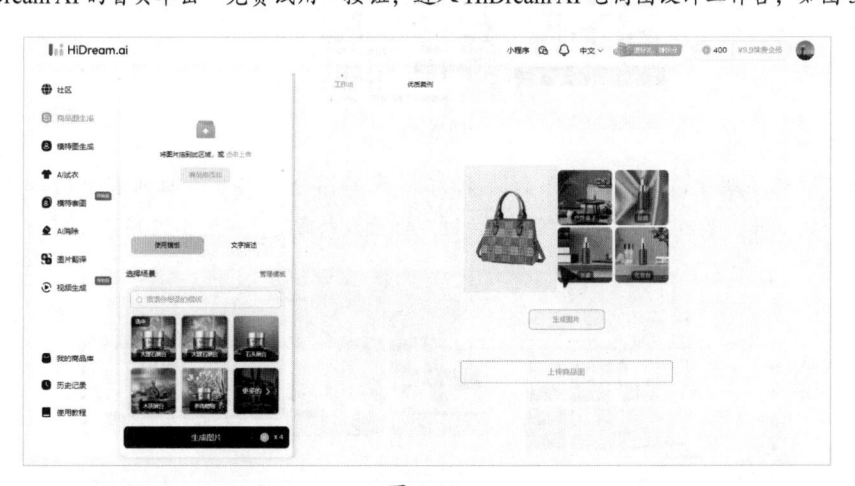

图 5-49

02 HiDream AI 有七大功能：商品图生成、模特图生成、AI试衣、模特套图、AI消除、图片翻译和视频生成，本例使用"商品图生成"功能。在"商品图生成"模式中，首先将前面保存的"洗衣液产品图 .png"文件上传，如图 5-50 所示。

163

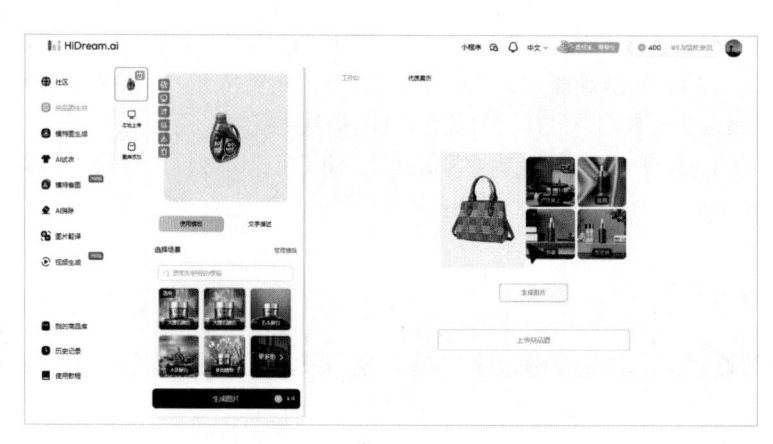

图 5-50

03 为电商图选择合适的场景，可以使用模板，也可以用文字描述。先使用模板来生成电商图。在"选择场景"选项组中单击"更多的"按钮，调出"选择场景"面板，该面板中包含了所有 HiDream AI 的场景模板，在"居家"选项卡中选择"洗衣台"模板，如图 5-51 所示。选择模板后关闭"选择场景"面板。

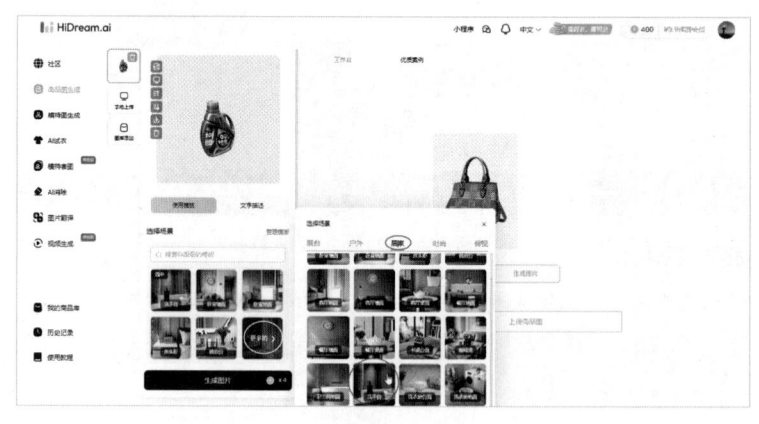

图 5-51

04 在"高级"选项组中，设置生成张数为 4，在"商品图分辨率"下拉列表中选择"淘宝 taobao 800*800"分辨率，最后单击"生成图片"按钮，AI 生成电商图，如图 5-52 所示。

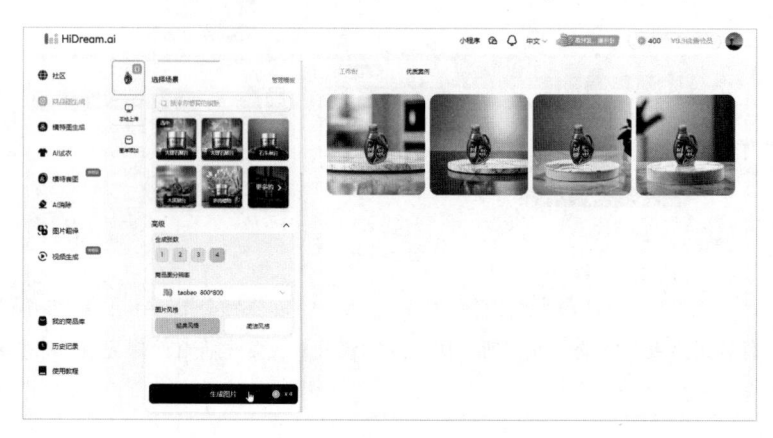

图 5-52

05 从4张电商图中选择一张最优的图片并下载到本地,如图5-53所示。

图5-53

06 从结果看,几张电商图都是有瑕疵的,主要表现在原图跟模板中的展台没有完美契合,因此可选择"文字描述"方式来生成电商图,添加一张参考图,如图5-54所示。

图5-54

07 单击"生成图片"按钮,生成新的电商图,如图5-55所示。

图5-55

08 这几张图从效果看还是不错的,但还有不尽如人意的地方,比较单调。可在"提示词"文本框中输入"背景有水,有水果,有飘带,有泡沫,纯蓝色背景"提示词,单击"生成图片"按钮,再次生成新的电商图,如图5-56所示。

图5-56

09 添加了提示词之后,电商图效果更佳了,下载最好的一张电商图保存到本地。

第6章　AI 辅助机械零件设计

AI 在机械零件设计中发挥了显著的推动作用。AI 技术能够通过深入分析海量数据来优化设计方案，进而提升零件设计的效率和精确度。除此之外，AI 还展现出强大的自动化建模能力，可以迅速生成复杂的三维模型，进一步推动了设计流程的加速。

本章将重点介绍 AI 生成 3D 模型或辅助 3D 建模的实用工具和方法，深入剖析其如何助力设计师更高效、更便捷地完成设计工作。

6.1　AI 零件建模生态系统——ZOO

ZOO 是一个先进的 AI 零件建模基础设施系统，致力于推动硬件设计流程的现代化。该系统提供 GPU 驱动的工具，支持开放 API，赋予用户极大的灵活性。用户既可以选择开发个性化工具，也可以利用预构建的工具，如 KittyCAD 和 ML-ephant，以满足多样化的设计需求。此外，ZOO 基础设施还通过远程流和自动扩展等功能，显著提升设计效率，加速设计成果的产出。

ZOO 系统主要提供两大核心工具：文本转 CAD（Text-to-CAD）功能和可视化建模程序。本节将重点介绍 Text-to-CAD 功能，该功能能够实现将文本描述快速转化为 CAD 模型，极大地简化了设计过程。如需了解更多信息，可以访问 ZOO 系统的官方网站，首页界面如图 6-1 所示，界面简洁直观，便于用户快速上手。

图 6-1

文本转 CAD（Text-to-CAD）功能可以让系统根据简单的文本提示，快速生成机械零件的三维模型。接下来，将通过一个简单的示例，详细阐述文本转 CAD 功能的使用方法，带你领略其便捷与高效。

例 6-1：用 Text-to-CAD 生成机械零件

用 Text-to-CAD 生成机械零件的具体操作步骤如下。

第6章 AI辅助机械零件设计

01 Text-to-CAD 工具是一个独立的 AI 平台，如图 6-2 所示，可以在 ZOO 系统主页的顶部执行"产品"|"文本转 CAD"命令进入。

图 6-2

> **提示**
> Text-to-CAD 的工作界面默认为英文，可以通过浏览器下载扩展程序"谷歌翻译"，将英文网页翻译为中文。

02 在使用 Text-to-CAD 之前，可以参阅平台页面底部的"提示写作技巧"，了解如何输入提示词及注意事项。

03 初次使用 Text-to-CAD，可以选择"提示示例"中的示例来示范操作，比如选择"21齿渐开线斜齿轮"，单击"提交"按钮后将自动生成 21 齿的斜齿轮，如图 6-3 所示。

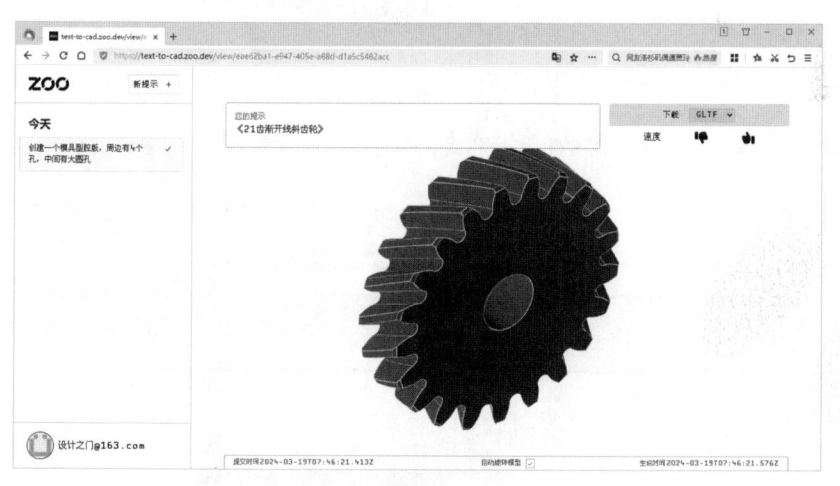

图 6-3

04 单击左上角的"新提示+"按钮，返回 Text-to-CAD 初始界面。在提示词文本框中输入"创建一个模具模板，长、宽和高分别为 200mm、200mm 和 35mm，模板四个角倒圆角处理，且圆角半径为 20mm。在圆角半径的中心点上创建直径为 10mm 的同心圆，在模板中间创建矩形孔，边长为 150mm，四个棱角倒圆角、圆角半径为 5mm"，单击"提交"按钮，如图 6-4 所示。稍后自动生成模板零件模型，如图 6-5 所示。

图 6-4

图 6-5

05 在页面右上角的文件列表中选择 STL 文件格式，会自动下载模型文件，如图 6-6 所示。

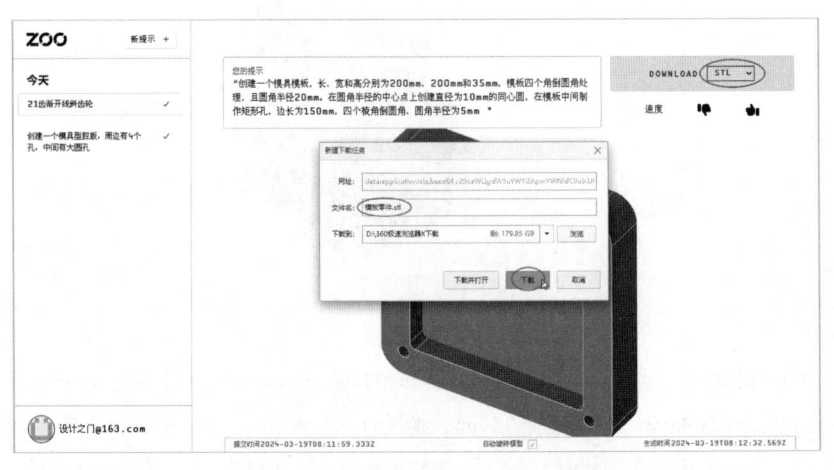

图 6-6

06 打开 SolidWorks 2024，将保存的 stl 模板零件导入，导入的模型为网格模型，如图 6-7 所示。

168

第6章　AI辅助机械零件设计

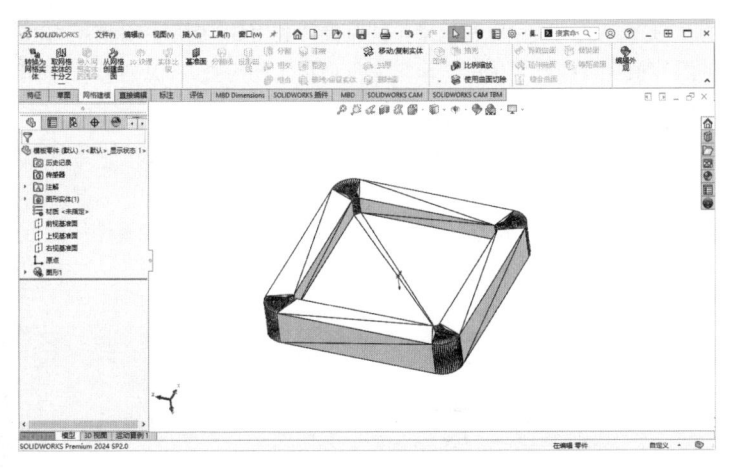

图 6-7

07 在功能区的"网格建模"选项卡中单击"转换到网格实体"按钮，调出"转换到网格实体"属性面板。选取网格模型，最后单击"确定"按钮✓完成实体特征的创建，如图 6-8 所示。

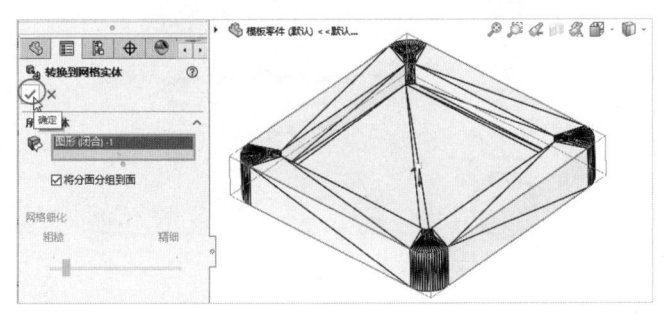

图 6-8

6.2 AI 辅助 OpenSCAD 生成零件模型

ChatGPT 能够生成程序代码，这些代码可以被 OpenSCAD 软件接收并用于生成三维模型。一旦 OpenSCAD 导出了三维模型数据，ChatGPT 便能迅速识别模型信息，并根据用户的具体需求，生成相应的加工工艺或 G 代码程序，从而实现高效、精准的设计到制造的转化。

6.2.1 下载 OpenSCAD

OpenSCAD 是一款免费的开源软件，专门用于创建三维实体对象，支持 Linux/UNIX、Windows 和 macOS 等多种操作系统，并提供中文界面，方便用户操作。

与其他许多免费的 3D 建模软件（如 Blender）相比，OpenSCAD 更注重 CAD 方面的应用，而非艺术性的 3D 建模。因此，当用户需要创建机器零件的精确 3D 模型时，OpenSCAD 是理想的选择。然而，对于希望制作计算机动画电影或逼真有机模型的用户来说，它可能不太适合。

OpenSCAD 的独特之处在于，它并非交互式建模工具，而是类似 2D/3D 编译器。它通过读取描述对象的程序文件来渲染模型，这使用户能够完全掌控建模过程，轻松修改任何步骤，并实现基于可配置参数的设计。

该软件提供两种主要操作模式：预览和渲染。预览模式利用 3D 图形和计算机 GPU 进行快速展示，尽管结果可能是模型的近似值且可能产生伪影，但它非常适用于初步查看和调整；渲染模式则生成精确的几何体和完全细分的网格，以满足用户对模型精度的需求。

在 3D 建模方面，OpenSCAD 支持构造立体几何（CSG）和将 2D 图元拉伸成 3D 模型两种方式，为用户提供了灵活的建模手段。

若需下载 OpenSCAD，可以访问其官方网站。下载页面如图 6-9 所示，需要选择适合你系统的安装程序，如 OpenSCAD-2021.01-x86-64-Installer.exe 进行下载和安装。

图 6-9

6.2.2　安装 OpenSCAD 中文版

OpenSCAD 是一款支持多语言的软件，它能够在安装完成后根据用户所处的地理位置自动启用"界面本地化"功能，从而省去了用户手动指定软件界面语言的步骤。以下是 OpenSCAD 的安装方法。

例 6-2：安装 OpenSCAD 中文版

01 双击 OpenSCAD-2021.01-x86-64-Installer.exe 文件开始安装。在安装窗口中，修改安装路径（一般安装在 C 盘、D 盘或 E 盘），然后单击 Install 按钮，如图 6-10 所示。

02 安装完成后单击 Close 按钮结束安装，如图 6-11 所示。

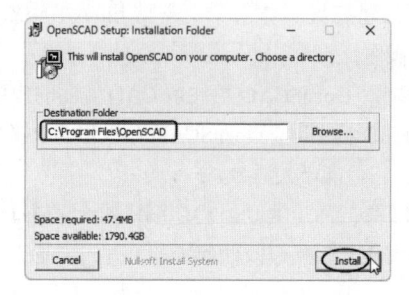

图 6-10 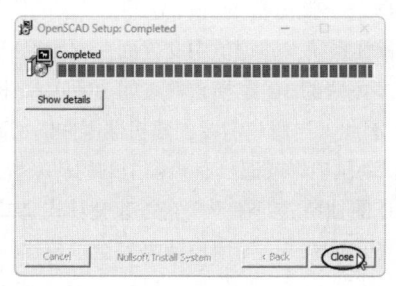　　　　　　　　　　图 6-11

03 在桌面上双击 OpenSCAD 软件图标 ，进入 OpenSCAD 欢迎界面。在欢迎界面中可单击"打开"按钮，打开 OpenSCAD 的示例文件来学习，或者单击"新建"按钮新建 OpenSCAD 文件，并进入 OpenSCAD 工作界面，如图 6-12 所示。

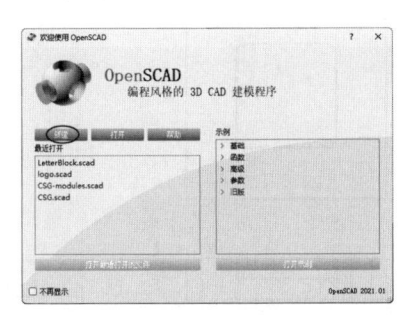

图 6-12

> **提示**
> 如果桌面上没有 OpenSCAD 软件图标 ，可以从 Windows 系统的"所有程序"中找到该软件，然后将其发送到桌面或固定到"开始"屏幕上。

04 如图 6-13 所示为 OpenSCAD 工作界面。在工作界面窗口的左侧区域为代码编辑区，也称"编辑器"，中间黄色背景区域为模型预览区，下方是代码控制台和错误提示区，窗口右侧区域为定制器，定制软件功能的各种选项。

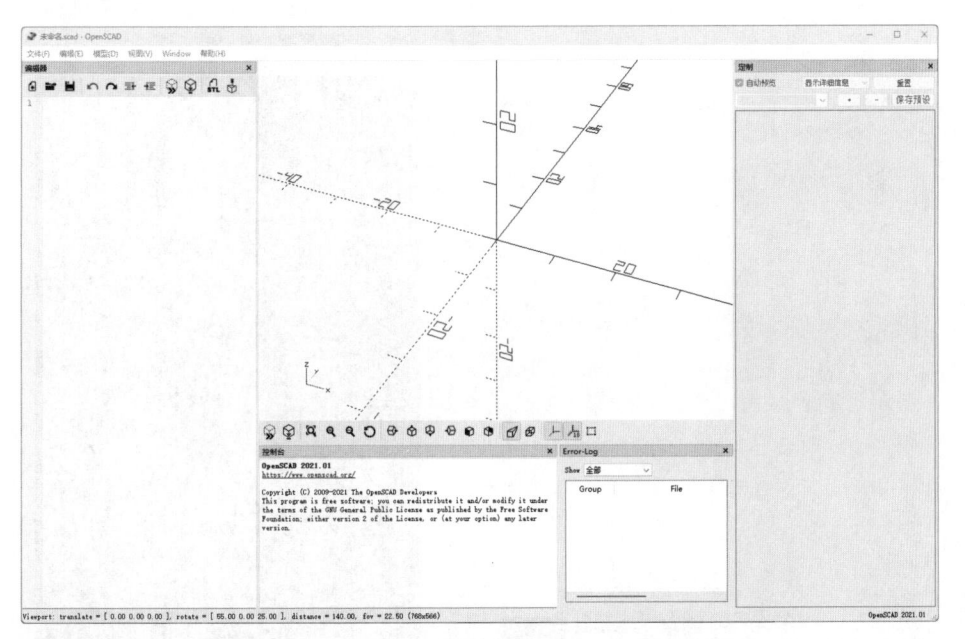

图 6-13

6.2.3　从 ChatGPT 到 OpenSCAD

接下来，将详细介绍如何利用 ChatGPT 生成 OpenSCAD 代码，进而创建出所需的零件模型。目标模型的尺寸和形状如图 6-14 所示，我们将通过一步步的操作指导，帮助你轻松实现模型的构建。

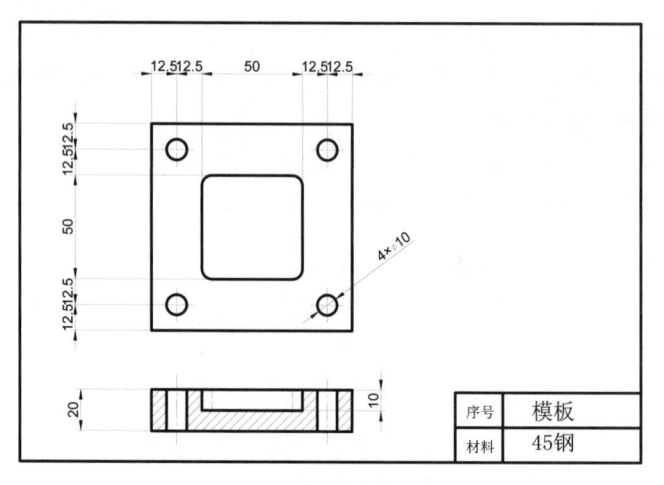

AI+SolidWorks 2024完全实训手册

图 6-14

例 6-3：生成 OpenSCAD 代码创建模型

生成 OpenSCAD 代码创建模型的具体操作步骤如下。

01 在 ChatGPT-4.0（也可使用 ChatGPT-3.5 模型）中，将模型的形状及大小进行详细描述，以便让 ChatGPT 能够正确生成 OpenSCAD 代码。描述模型形状及大小后发送信息，如图 6-15 所示。

02 随后 ChatGPT 自动生成了 OpenSCAD 代码，如图 6-16 所示，单击 Copy code 按钮复制代码。

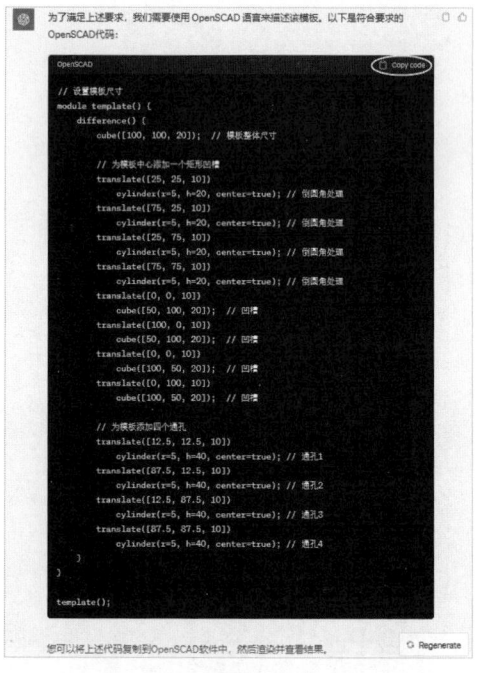

图 6-15　　　　　　　　　　图 6-16

03 新建 OpenSCAD 文件进入 OpenSCAD 工作界面中，将复制的代码粘贴到软件窗口左侧的编辑器中，再单击模型预览区底部的"预览"按钮，预览生成的模型是否符合要求，如图 6-17 所示。

第6章 AI辅助机械零件设计

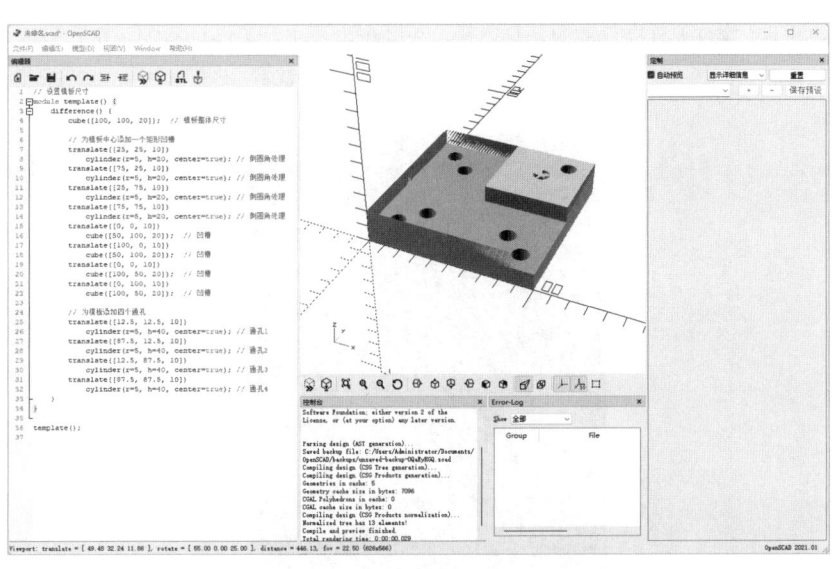

图 6-17

04 从预览结果看,与理想的结果差距还是较大的,需要在 ChatGPT 中继续修正代码。特别是倒圆角处理的部分代码竟然在凹槽代码的前面,显然不符合需求。从模型预览看,凹槽变成了凸起,而且位置也不是在模板的中心。凹槽的圆角处理也变成了4个孔,如图6-18所示。

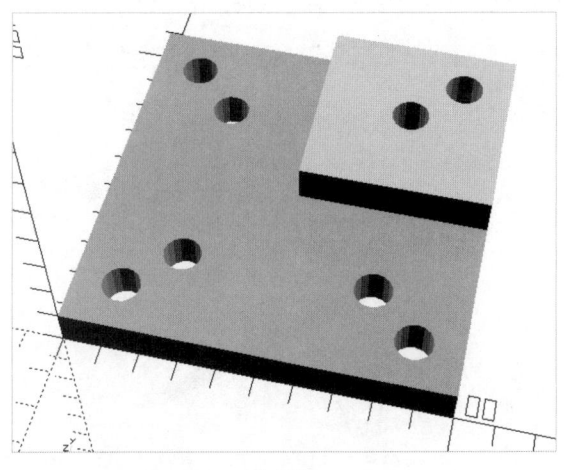

图 6-18

05 返回 ChatGPT 并描述出错的问题,使其重新生成代码,如图 6-19 所示。

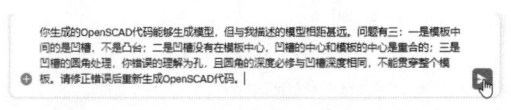

> 你生成的OpenSCAD代码能够生成模型,但与我描述的模型相距甚远。问题有三:一是模板中间的是凹槽,不是凸台;二是凹槽没有在模板中心,凹槽的中心和模板的中心是重合的;三是凹槽的圆角处理,你错误的理解为孔,且圆角的深度必须与凹槽深度相同,不能贯穿整个模板。请修正错误后重新生成OpenSCAD代码。

图 6-19

> **提示**
> 问题描述的方式多种多样,即便你跟随本书书写相同的描述,最终得到的答案也会有所差异。这是因为 ChatGPT 具有避免重复相同答案的特性。笔者在此仅进行演示,希望大家不要以此为依据来质疑笔者为何会采取这样的方式。

173

06 随后 ChatGPT 又给出了新的 OpenSCAD 代码，如图 6-20 所示，复制 OpenSCAD 代码。

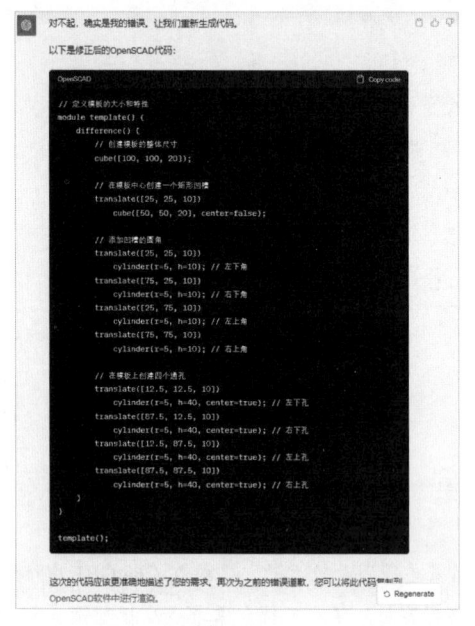

图 6-20

07 将复制的代码粘贴到 OpenSCAD 编辑器中覆盖原代码，并预览模型，如图 6-21 所示。

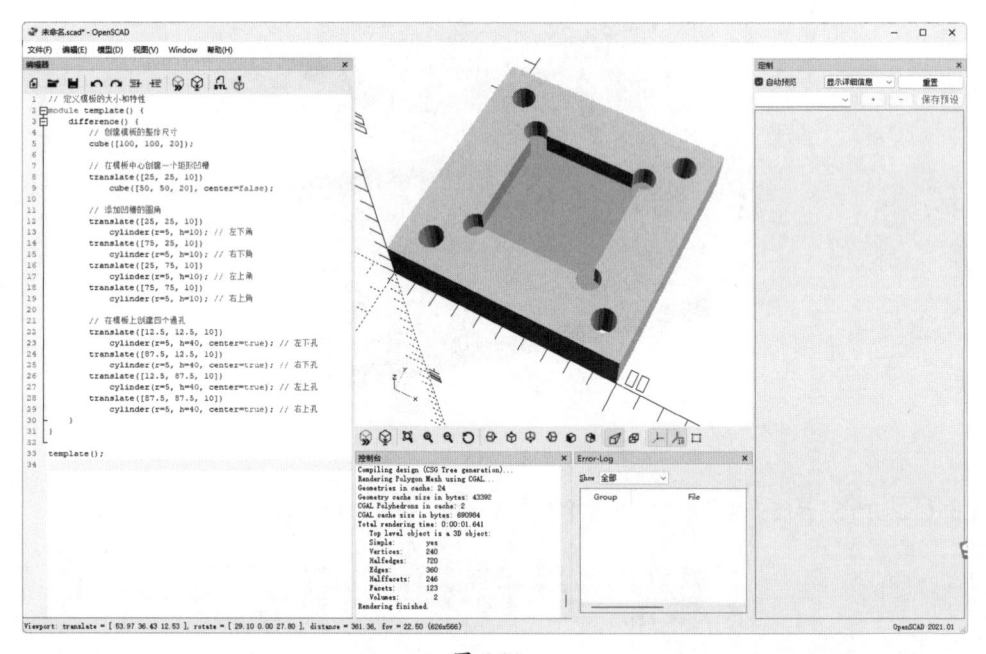

图 6-21

08 从预览的模型可以看出，结果比之前要好很多，基本上是按照描述的需求来生成的结果，但是有一个细节问题，就是这个凹槽的圆角是按照实际工作中设计师所设计的模板来创建的。这应该是描述问题不准确导致的结果。因为我们描述为"凹槽的 4 个角有圆角处理"，ChatGPT 就理解为当前这个样式，接下来修改描述，重新表述为"凹槽的 4 个角有圆弧过渡，且圆弧半径为 R5"，如图 6-22 所示。

第6章 AI辅助机械零件设计

> 本次生成的OpenSCAD代码效果非常不错。但我要重新表述一下凹槽的圆角。重新表述为"凹槽的四个角有圆弧过渡，且圆弧半径为R5"，其他不用改动，请重新生成代码。

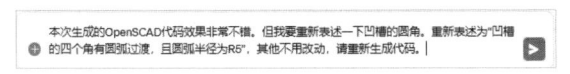

图 6-22

09 将新代码复制并粘贴到 OpenSCAD 编辑器中覆盖原代码，模型预览如图 6-23 所示。发现效果不理想，遂决定采用上一次代码的模型结构，如图 6-24 所示。

提示

如果 ChatGPT 没能正确生成所需的代码，也可以重新建立 ChatGPT 对话，将第一段文本描述重新修改。修改错误需要有耐心，可以和 ChatGPT 多交流几次，直到得到满意的结果为止。

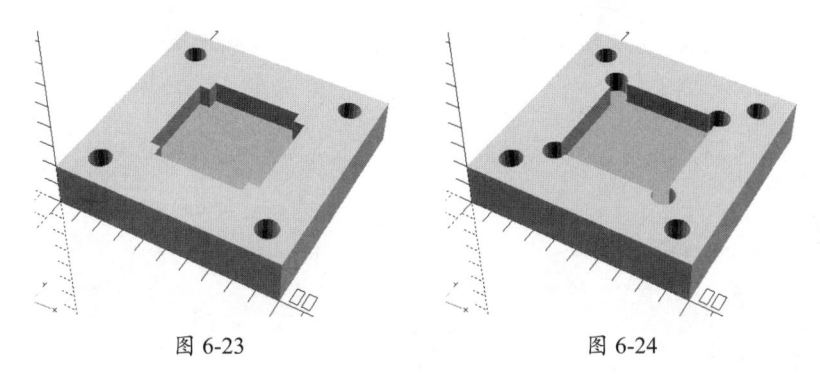

图 6-23　　　　　　　　　图 6-24

10 在预览区底部单击"绘制"按钮，生成模型。然后执行"文件"|"另存为"命令，将文件保存。

6.2.4　将模型转入 SolidWorks

OpenSCAD 所生成的模型并不能被 SolidWorks 直接读取和使用，因此需要进行文件格式转换。在 OpenSCAD 与 SolidWorks 之间，STL、3MF、AMF 等文件格式常被用作互导的桥梁。通过这些格式的转换，用户可以轻松地在 SolidWorks 中导入并应用 OpenSCAD 创建的模型。

例 6-4：转换 OpenSCAD 模型

转换 OpenSCAD 模型的具体操作步骤如下。

01 在 OpenSCAD 中，执行"文件"|"导出"|"导出为 STL"命令，如图 6-25 所示。

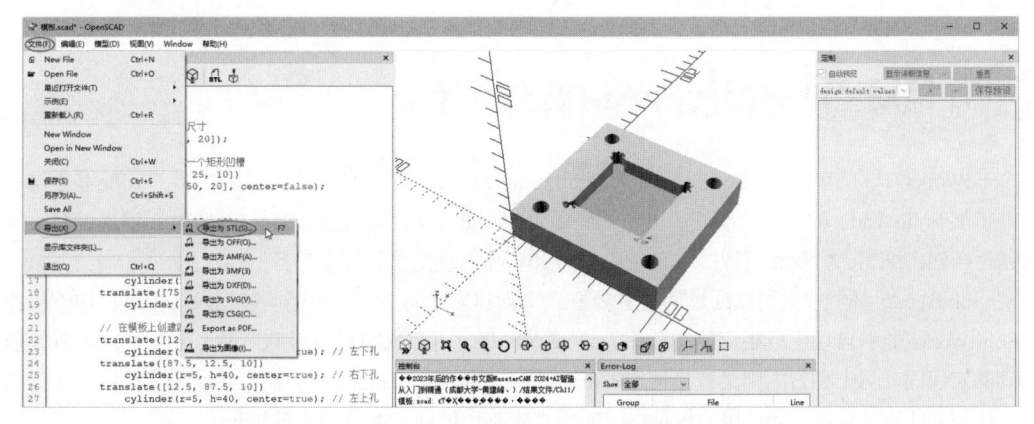

图 6-25

175

02 将 OpenSCAD 文件导出为 STL，并为文件命名，如图 6-26 所示。

图 6-26

03 通过 SolidWorks 2024 将保存的 STL 文件打开，即可在 SolidWorks 进行模型编辑、数控编程等工作，如图 6-27 所示。

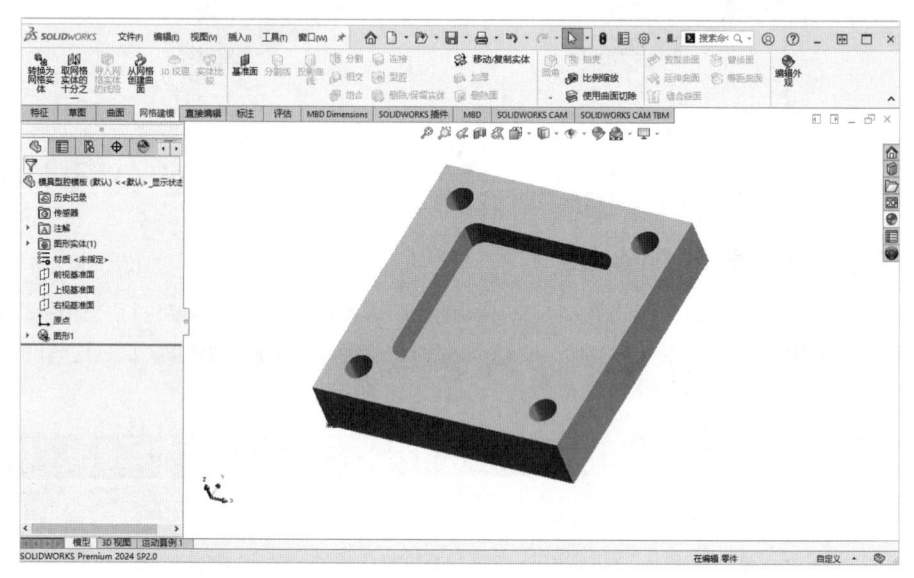

图 6-27

6.3 AI 辅助生成编程代码驱动模型设计

SolidWorks 中的 SWP 宏（SolidWorks Programming Macro）是一种强大的编程工具，它能够自动化、定制并扩展 SolidWorks 的各项功能。这些宏代码通过 Visual Basic for Applications（VBA）语言编写，能够执行包括创建、编辑、分析和管理 SolidWorks 文件和模型在内的多种复杂任务。

在 SolidWorks 环境中，可以通过两种主要方式来创建宏代码。第一种是通过记录建模过程中的操作步骤，SolidWorks 能够自动生成相应的宏代码。这种方式对于不熟悉编程的用户来说十分友好，可以快速生成基础的宏代码。另一种方式则是直接使用 Visual Basic for Applications 编辑器，手动编写执行特定任务的代码。这种方法更加灵活，允许用户根据自己的需求定制和扩展 SolidWorks 的功能。

6.3.1 通过录制过程创建宏代码

以下以一个直槽口凸台特征为例，详细展示整个操作过程的录制，以创建一段可重复使用的宏程序。

例 6-5：创建模型并录制宏

创建模型并录制宏的具体操作步骤如下。

01 启动 SolidWorks 2024，新建零件文件进入零件设计环境。

02 执行"工具"|"宏"|"录制"命令，调出"宏"
工具条。此时已经自动激活运行宏录制的开关，
如图 6-28 所示。

图 6-28

> **提示**
> 为了录制完整的宏代码，建议从 SolidWorks 的欢迎界面开始，执行"工具"|"宏"|"录制"命令，随后新建零件文件并进入零件设计环境。此外，若希望精简代码量，可以直接执行"拉伸凸台/基体"命令，进入草图环境进行绘制。

03 在特征设计树中选中上视基准面，再单击"草图"选项卡中的"草图"按钮进入草图环境，然后利用草图工具绘制一个图形，如图 6-29 所示。

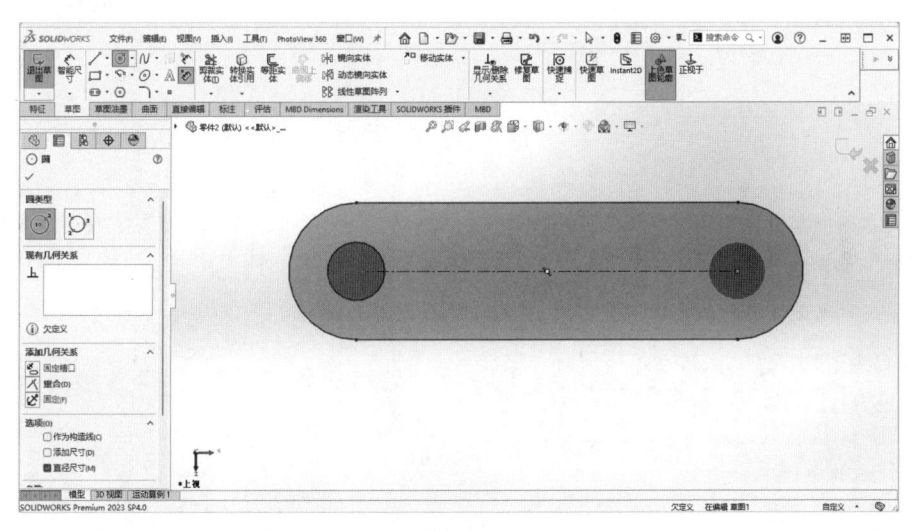

图 6-29

04 绘制草图后单击"退出草图"按钮 退出草图环境。

05 在"特征"选项卡中单击"拉伸凸台/基体"按钮，调出"凸台-拉伸"对属性面板。设置拉伸深度为 50.00mm，单击"确定"按钮 完成凸台特征的创建，如图 6-30 所示。

06 在"宏"工具条中单击"停止宏"按钮■，完成整个宏的录制操作。

07 在随后弹出的"另存为"对话框中，将录制的宏文件保存到指定的路径中。保存文件的命名可以是中文也可是英文，如图 6-31 所示。

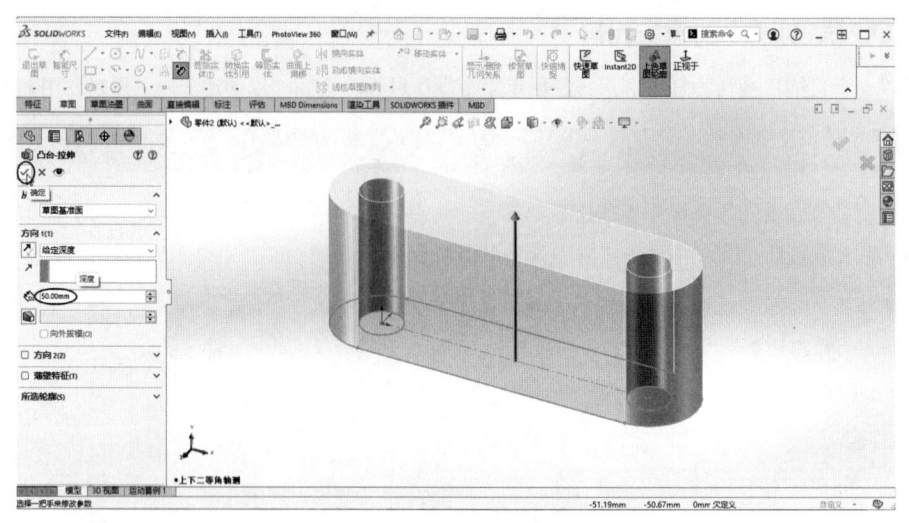

图 6-30

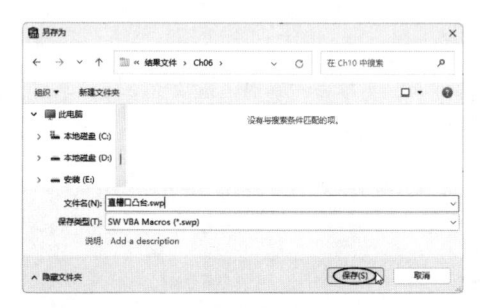

图 6-31

08 重新建立一个零件文件（也可以在当前零件环境中操作）。执行"工具"|"宏"|"运行"命令，或者在"宏"工具条中单击"运行宏"按钮▶，将前面保存的宏文件打开。

09 随后系统自动运行宏命令并创建直槽口凸台特征，如图 6-32 所示。

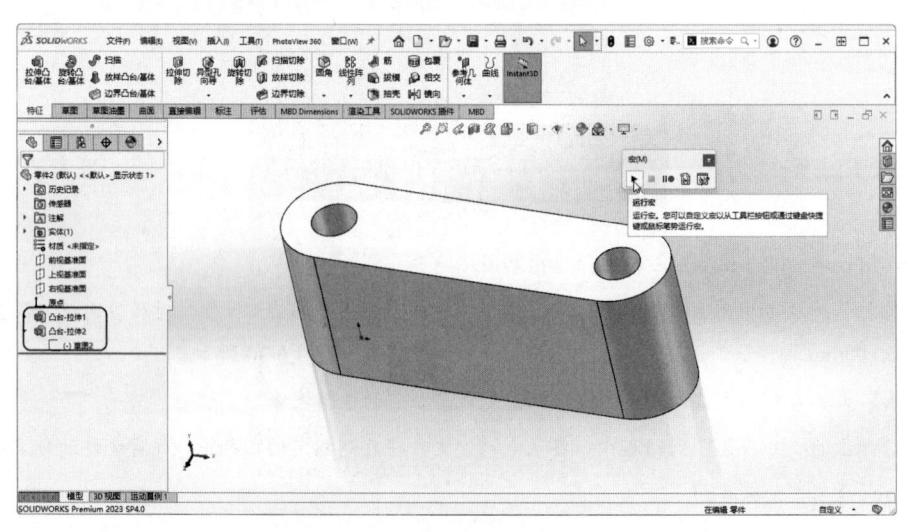

图 6-32

10 在"宏"工具条中单击"编辑宏"按钮，通过单击"打开"按钮将宏文件打开，并弹出宏编辑器窗口，窗口中显示自动创建凸台特征的宏代码，如图 6-33 所示。

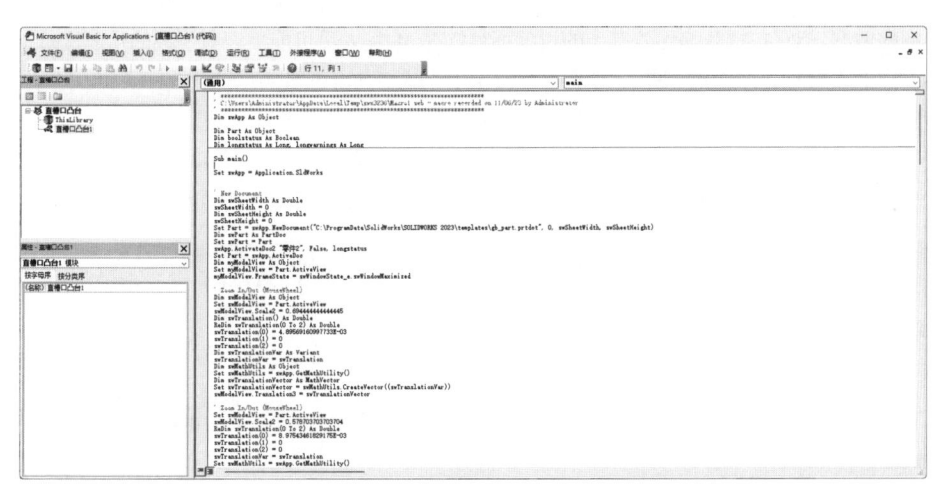

图 6-33

11 复制宏代码，让 ChatGPT 给出代码解释，如图 6-34 所示。

图 6-34

> **提示**
> 若要在 ChatGPT 的聊天信息文本框中转行，可以按 Shift+Enter 键。

12 有了中文注释，可以很清楚地判断宏代码中各行代码的意义，这给手动创建宏提供了正确参考，如图 6-35 所示。

图 6-35

13 可将这些中文注释过的代码复制到宏编辑器窗口中替换原代码并保存，作为代码编写规则的范本使用。

6.3.2 利用 ChatGPT 编写插件代码

ChatGPT 作为一款先进的人工智能语言模型，具备生成各类代码的能力。尽管其生成的代码偶尔会出现运行不畅的情况，但它在提升编程效率上的贡献不容忽视。编程人员可能需要对生成的代码进行手动调整，但这并不妨碍他们对 ChatGPT 的青睐。为了让 ChatGPT 生成更加合理且实用的代码，关键在于引导它理解并遵循特定的编程规范，这通常可以通过提供提示词或者预设的代码模板来达成。

接下来，将以一个简单的标准件插件模型——垫圈为例，详尽阐述如何借助 ChatGPT 生成 VBA 插件代码。此外，还会展示如何构建一个配备面板和文本框的小型插件，以增强其实用性和用户友好性。

例 6-6：创建垫圈标准件插件

创建垫圈标准件插件的具体操作步骤如下。

01 将前文创建的宏程序代码复制到粘贴板，以便在 ChatGPT 中设置提示词。

02 在 ChatGPT 左下角单击账户名，在弹出的功能菜单中选择 Custom instrucions 选项，弹出 Custom instrucions 对话框。

03 在 What would you like ChatGPT to know about you to provide better responses? 文本框中粘贴前面复制的宏代码，在 How would you like ChatGPT to respond? 文本框中输入要求，如图 6-36 所示。

图 6-36

> **提示**
>
> 提示词的字数不超过 1500 字，若是超出了，需要删除一部分代码。How would you like ChatGPT to respond? 中的提示词可以按照你的基本要求输入。如果不输入，ChatGPT 将输出一些无关的内容。

04 单击 Save 按钮完成提示词的定义。接着在聊天文本输入框中输入"请为我生成能在 SolidWorks 中自动创建垫圈标准件的 VBA 宏代码。具体要求是：在 SolidWorks 的零件设计环境中启用宏，然后弹出询问对话框，要求设置垫圈外径、内径和厚度。垫圈是通过调用 SolidWorks 的"拉伸凸台/基体"命令来创建的。"然后单击 Send message 按钮发送信息，如图 6-37 所示。

> **提示**
>
> 在请求 ChatGPT 编写代码时你应明确、具体地阐述你的基本想法和需求。不要仅给出简单的文字指示，而是尽量提供详尽的信息，以便 ChatGPT 能够更准确地完成任务。请注意，问题的详细程度将直接影响答案的精准性。同时，也要避免过于冗长的描述，应言简意赅地表达核心意思，确保信息的有效传达。

第6章　AI辅助机械零件设计

05 随后ChatGPT按照输入要求给出VBA宏代码，如图6-38所示。

图6-37　　　　　　　　　　　　　　　图6-38

06 给出的VBA代码格式跟我们在自定义提示词中的宏代码基本相同，如果没有提示词，ChatGPT给出的代码基本不能用。

07 在代码文本右上角单击Copy code按钮，复制生成的代码。

08 打开SolidWorks，新建零件文件进入零件设计环境。执行"工具"|"宏"|"新建"命令，弹出"另存为"对话框。输入要保存的宏名称，单击"保存"按钮，如图6-39所示。

图6-39

09 接着会调出宏编辑器窗口，也就是VBA编辑窗口。将在ChatGPT中复制的代码粘贴到代码区域，如图6-40所示。

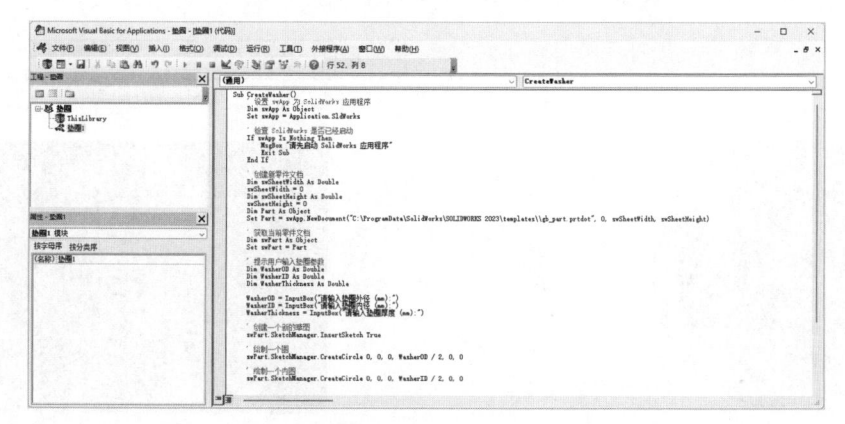

图6-40

181

10 在代码区域上方的工具栏中单击"运行子工程"按钮▶，运行代码。然后在 SolidWorks 零件环境中自动弹出 SolidWorks 对话框，提示输入垫圈外径值，输入 25 后单击"确定"按钮，或者 Enter 键确认，如图 6-41 所示。

> **提示**
> 运行代码后，若未出现任何错误，则表明 ChatGPT 所提供的代码可靠。倘若在运行过程中遇到错误，可以尝试重新生成代码（多次生成直至满足要求为止），或者将遇到的问题反馈给 ChatGPT，以便其进行改进并重新生成代码。对于具备 VBA 编码经验的用户来说，可以自行修正代码中的小错误；而对于没有经验的用户，则需要依赖 ChatGPT 进行修改。

11 接着提示输入垫圈内径，输入 20 并单击"确定"按钮，如图 6-42 所示。

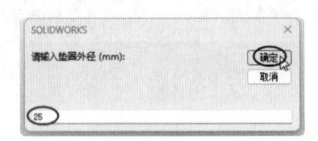

图 6-41 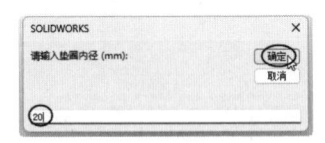　　　　　　　　　　　图 6-42

12 系统再提示输入垫圈的厚度，输入 4，单击"确定"按钮确认输入，如图 6-43 所示。随后系统自动创建出垫圈零件模型，如图 6-44 所示。

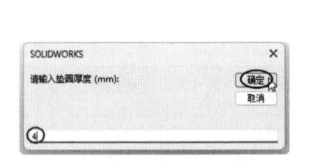

图 6-43 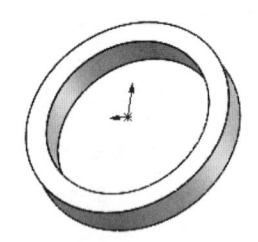　　　　　　　　　　　图 6-44

13 通过检查模型的尺寸，发现模型的比例被放大了 1000 倍，也就是原本外径和内径值是 25mm 和 20mm，但实际却是 25000mm 和 20000mm，如图 6-45 所示。

14 另外，输入外径、内径和厚度值，完全可以在一个对话框中实现，没有必要分 3 次输入，因此将这两个问题反馈给 ChatGPT，使其检查代码并修正，如图 6-46 所示。

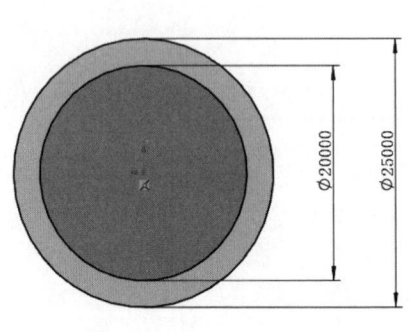

图 6-45 　　　　　　　　　　　图 6-46

第6章　AI辅助机械零件设计

15 复制新生成的代码，并在宏代码编辑器窗口覆盖原代码。运行代码后，弹出询问对话框，输入外径、内径和厚度值，如图6-47所示。3个数字的输入按照提示以逗号隔开。

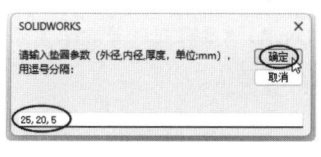

图 6-47

提示

从结果来看，ChatGPT准确地理解了我们的意图，成功地将3个对话框合并为一个，并在对话框中通过括号内的文本明确指导我们如何正确输入信息。这一改进不仅简化了操作界面，还提升了用户体验。

16 生成零件模型，再次检查模型的尺寸比例，发现还是没有改变，这需要进一步向ChatGPT寻求解决方法，如图6-48所示。

17 复制最终生成的新代码，到宏代码编辑器窗口覆盖原代码，运行代码后，自动生成零件模型，进入草图环境检查草图的尺寸比例，结果非常令人满意，单位完全正确，如图6-49所示。

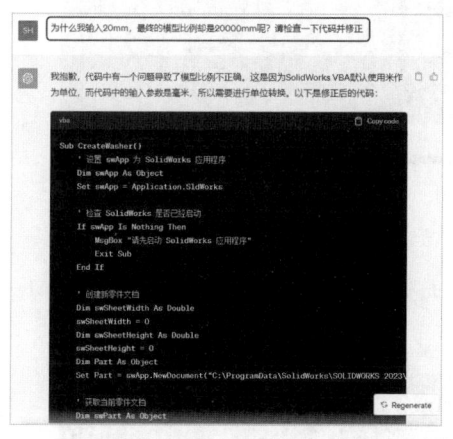

图 6-48 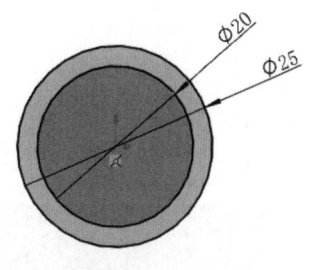　　　　　　图 6-49

18 在宏代码窗口中保存代码，在SolidWorks中保存零件模型文件。

6.4　基于Leo AI的智能组件设计

Leo AI作为全球首个真正意义上的AI工程设计师，具备独特的机械产品造型与结构组件生成能力。该系统通过深度学习技术，对包含数百万种人造产品详细信息的庞大数据集进行探究。在此过程中，Leo AI专注于识别和分类众多建筑组件模型及机械零件，如螺栓、轴承等核心元素。紧接着，它运用所学零件特性，智能地组合与配置这些元素，从而创造出符合设计制造一体化（DFMA）标准的新型产品。DFMA标准倡导在设计初期就兼顾产品的制造与装配效率，力求在成本、生产率及产品质量方面达到最优。因此，Leo AI的这一流程不仅凸显了其卓越的数据分析与模式识别实力，更彰显了在自动化设计制造领域的革新性应用。值得一提的是，Leo AI虽为付费平台，但目前提供14天的免费试用期，其间用户可免费生成多达50个模型。

例 6-7：利用 Leo AI 生成室内组件模型

利用 Leo AI 生成室内组件模型的具体操作步骤如下。

01 进入 Leo AI 官网首页。初次使用 Leo AI 需要注册账号。账号注册后在首页中单击"开始使用 Leo"按钮，进入 AI 文本聊天页面，如图 6-50 所示。

> **提示**
> Leo AI 官网的网页页面均为英文显示，可以通过网页翻译工具（如谷歌网页翻译器）将网页自动翻译成中文，以便于学习和操作。

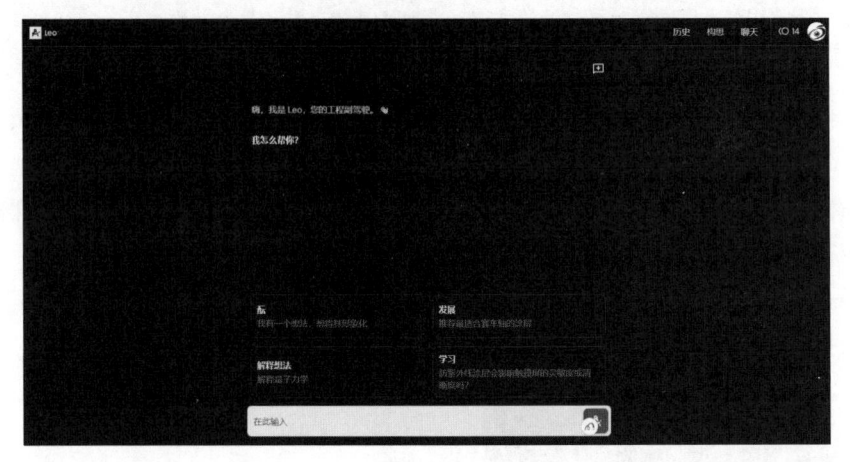

图 6-50

02 在 AI 文本聊天页面中，可以通过输入英文提示词或中文提示词来驱动 Leo AI 生成所需组件模型。例如，在提示词文本框中输入"一套餐厅的桌椅组合"，单击"发送"按钮，将用户需求告知 Leo AI，如图 6-51 所示。

图 6-51

03 随后 Leo AI 会给出用户一个继续操作的动态访问超链接，单击"单击开始"超链接，如图 6-52 所示。

第6章 AI辅助机械零件设计

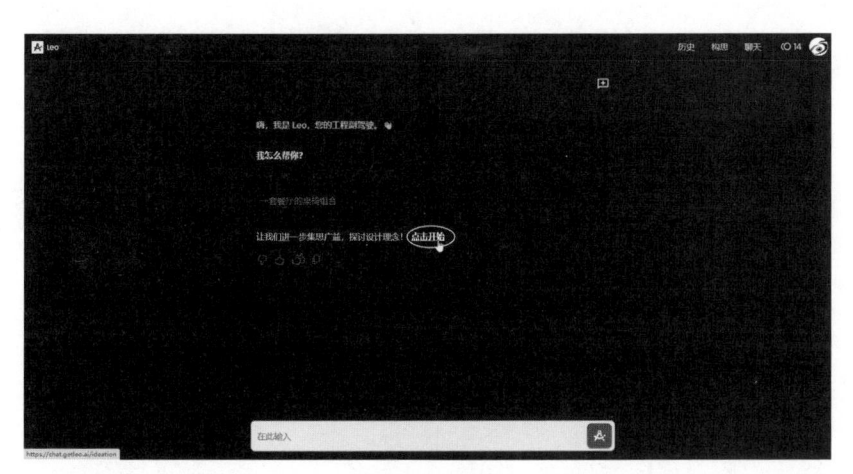

图 6-52

04 接着会进入 Leo AI 图像生成页面，此时 Leo AI 会根据用户的提示词做进一步优化，如果用户对优化不满意，可以通过提示词文本框输入新的提示词来优化设计，若满意 Leo AI 提供的提示词优化结果，可以直接单击"产生"按钮生成模型效果图，同时还会自动生成该模型的"产品概述"，如图 6-53 所示。

图 6-53

05 单击"下载"按钮将"产品概述"下载到本地。在生成的 3 个方案效果图中，选择一个满意的方案（如选择第 2 个方案），将进入该方案的展示页面。单击"下载"按钮可下载效果图。单击"导出 3D"按钮，将根据所选方案效果图来生成逼真的 3D 模型，但由于 Leo AI 目前还处于测试阶段，"导出 3D"功能还不能使用，可以加入候补名单以获得使用权限，如图 6-54 所示。

图 6-54

06 单击"变体"按钮返回 Leo AI 图像生成页面，通过修改提示词或添加图像参照（从本例源文件夹中输入"图像参照.jfif"文件）来更改设计方案，如图 6-55 所示。

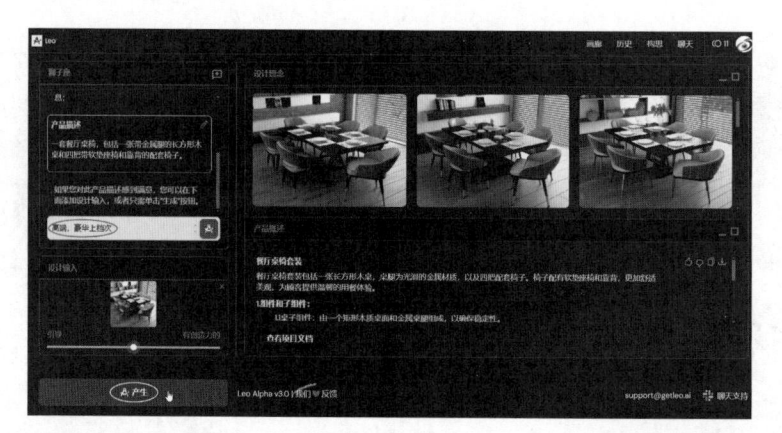

图 6-55

07 在图 6-56 中，左图为图像参照图片，右图为 AI 生成的一个方案图。经两者对比之后，新方案基本符合设计需求。将方案效果图下载到本地。

图像参照图　　　　　　　　　　　　AI 方案图

图 6-56

第 7 章　AI 辅助产品造型设计

人工智能技术已广泛应用于机械设计、产品设计、模具设计以及数控加工等诸多领域，其目的在于提升创新能力、加速设计流程并优化产品质量。通过将 AI 技术与 SolidWorks 等软件深度融合，我们已在零件和工业品的设计过程中实现了智能化与自动化。本章将详细阐述这种结合的具体应用情况，展现其在实践中的强大功能与优势。

7.1　基于 AI 的 3D 模型生成

基于文本的 3D 场景生成技术是一种前沿科技，它能够将自然语言描述转化为细腻的三维场景。该技术融合了自然语言处理（NLP）、计算机视觉与图形学以及深度学习等多个领域，尤其是运用了如生成对抗网络（GAN）或变分自编码器（VAE）等生成模型。通过这种技术的运用，可以将文字中的想象力转化为立体可视的 3D 场景，实现虚拟与现实的完美交融。

7.1.1　3D 模型组件生成与修改——Sloyd AI

Sloyd AI 是一款典型的 3D 生成式 AI 模型，它集文本生成 3D 模型与文本修改模型功能于一身，充分展现了智能化模型创建工具的优势。利用这款工具，可以轻松生成航空航天、武器、建筑（涵盖景观构件）、室内家具、道具等多样化的对象。

例 7-1：利用 Sloyd AI 快速生成建筑模型

利用 Sloyd AI 快速生成建筑模型的具体操作步骤如下。

01 进入 Sloyd AI 的官网首页。

> **提示**
> 为了方便讲解，将原英文网页使用谷歌网页翻译器进行页面翻译。以 360 极速浏览器为例，在窗口顶部单击"扩展程序" 按钮，选择"更多扩展"选项，在打开的"扩展程序"页面中搜索"Google 翻译助手"，然后安装扩展即可。要翻译网页，在打开的英文网页中单击弹出的"翻译"按钮，或者右击，在弹出的快捷菜单中选择"谷歌翻译助手"｜"开启 / 关闭整页翻译"选项。

02 初次使用 Sloyd AI，需要在官网首页右上角单击"报名"按钮，如图 7-1 所示。

03 使用国内邮箱注册成功后登录 Sloyd AI 主页界面，如图 7-2 所示。主页界面显示了 6 个 AI 模块，包括科幻、军队、城市的、中世纪、家具和模块化的。

04 在"城市的"AI 模块中选择"建造"类型，进入"建造"浏览界面。用户可以选择任何一个模型对象，然后利用 AI 文本功能对这个模型进行修改。如选择"公寓楼"模型，再单击"在编辑中打开"按钮，如图 7-3 所示。

图 7-1　　　　　　　　　　　　　　　　图 7-2

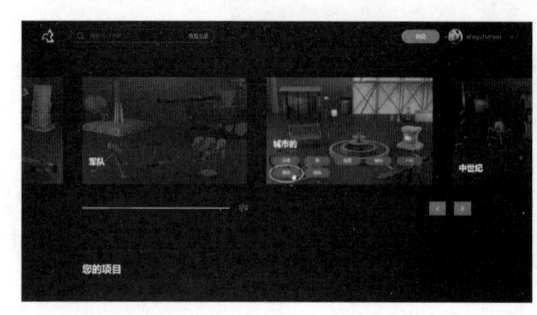

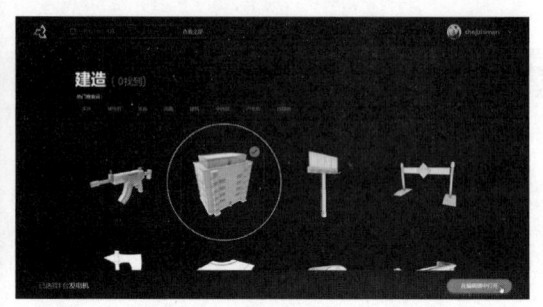

图 7-3

05　随后进入 Sloyd AI 的模型编辑界面。模型的修改包括通过文本指令来修改和通过单击功能按钮来修改。通过文本指令（即提示词）来修改模型，可以修改模型的尺寸和构件的数量。由于 Sloyd AI 文本功能存在 BUG（缺陷），暂无法使用文本修改模型功能。此时可单击"随机发生器"按钮来生成新模型，如图 7-4 所示。

图 7-4

06　在属性面板中依次单击"标准屋顶""山墙屋顶""老虎窗屋顶"及"双背"或"单背"按钮来修改模型。如图 7-5 所示为单击"老虎窗屋顶"按钮和"单背"按钮后的结果。

07　在"古怪""方面""屋顶""视窗"和"门"卷展栏中拖动滑块来精细化修改模型。比如，在"视窗"卷展栏中修改窗户的高度、宽度和窗型等，如图 7-6 所示。

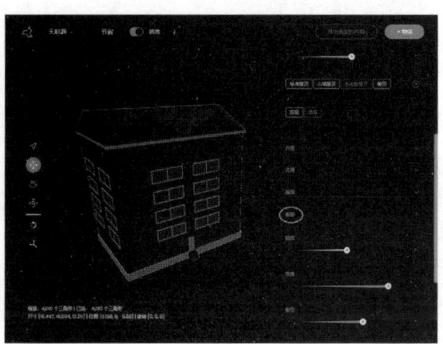

图 7-5　　　　　　　　　　　　　　　图 7-6

08　建筑模型修改完成后，单击"导出选定的内容"按钮，选择 OBJ 格式或 GLB 格式将模型导出，如图 7-7 所示。

09　如果不通过模型库的模型来生成或修改，也可以由文本直接生成建筑模型。在 Sloyd AI 主页界面单击"创造"按钮，如图 7-8 所示。

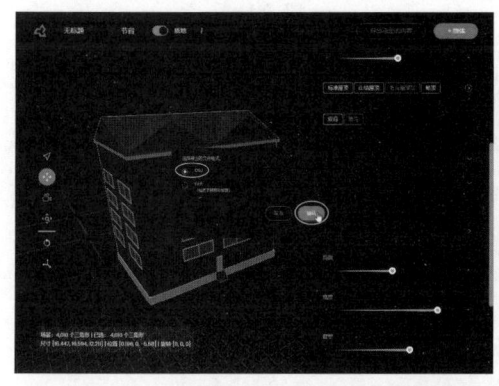

图 7-7　　　　　　　　　　　　　　　图 7-8

10　在出现的网页中单击"添加对象"按钮，添加一个空白对象，随后进入模型编辑环境，如图 7-9 所示。

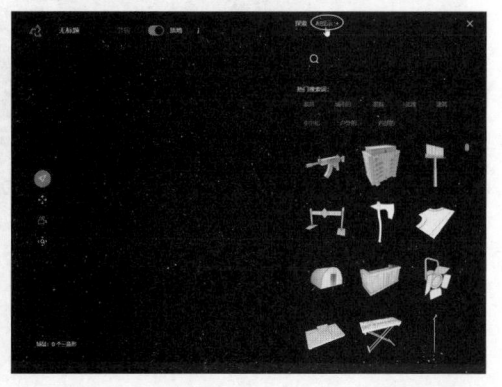

图 7-9

11　在属性面板的顶部单击"AI 提示"按钮，进入"AI 提示"选项卡。系统提示若用提示词来生成模型，仅能生成武器、建筑物、家具和道具这 4 种。不能生成人物、动物和场景。在提示词文本框中输入 sofas（沙发），单击"创造"按钮，自动生成沙发模型，如图 7-10 所示。

> **提示**
> 只能输入英文提示词，否则不能正确生成所需模型，图 7-11 为输入"沙发"中文后生成的模型，与所需的模型差异巨大。

图 7-10　　　　　　　　　　　　　　　图 7-11

12 将沙发模型导出。

7.1.2　多模式人工智能生成工具——Luma AI

Luma AI 的核心技术为 NeRF（Neural Radiance Fields），这是一种先进的三维重建技术。它能够通过文本和少量照片生成、着色并渲染出逼真的 3D 模型。Luma AI 由三大核心模块构成：Dream Machine（梦想机器）、GENIE（精灵）以及 Interactive Scenes（互动场景）。若想体验 Luma AI 的魅力，需要访问其网络平台。GENIE（精灵）的首页界面，如图 7-12 所示。

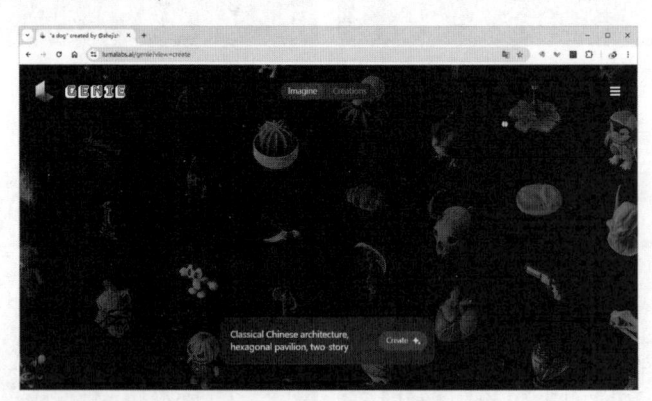

图 7-12

1. 利用文本生成 3D 模型

GENIE（精灵）作为 Luma AI 的重要组成部分，专注于 3D 模型的生成。只需输入文本指令，即可快速获得初步的低质量 3D 模型。随后，借助精细化模型技术，GENIE 能够对这些模型进行进一步细分和优化，从而生成高质量、精细度更高的 3D 模型。

例 7-2：利用文本生成 3D 模型

利用文本生成 3D 模型的具体操作步骤如下。

第7章 AI辅助产品造型设计

01 初次使用 Luma AI 的 GENIE（精灵），需要注册账号，也可直接使用谷歌邮箱登录平台。

02 在 GENIE（精灵）首页下方的聊天对话框中输入英文提示：Classical Chinese architecture, hexagonal pavilion, two-story，然后单击 Greate 按钮，如图 7-13 所示。随后 Luma AI 自动生成 4 张模型图像，如图 7-14 所示。

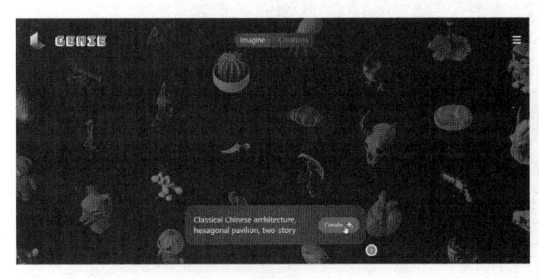

| 图 7-13 | 图 7-14 |

> **提示**
> Luma AI 仅识别英文提示词，所以可以先利用 DeepL 网络翻译器将中文翻译为英文。

03 选择其中一张模型图像（如选择第 4 张），Luma AI 将自动生成低质量的 3D 模型，如图 7-15 所示。

04 若要进一步生成高质量模型，可以在右侧的面板中单击 Make Hi-Res（制作高分辨率）按钮，随后生成高质量模型，如图 7-16 所示。

| 图 7-15 | 图 7-16 |

05 单击 Download 按钮，将模型下载到本地。

2. 利用视频制作 3D 场景模型

Luma AI 的旗舰产品 Dream Machine，是一款基于 DiT 视频生成架构的先进 AI 视频生成模型工具。它能将用户的文本描述和图像素材转化成电影级质量的视频内容。Dream Machine 以快速生成、高度逼真效果和物理准确性为特点，同时支持多样化的摄像机移动，并能精准匹配场景情感。这款工具能在短短 120s 内生成 5s 的高质量视频，且每月为用户提供 30 次免费使用机会，从而打造了一个便捷、高效的视频创作平台。

除了传统的使用手机、专业相机等设备拍摄视频片段，用户还可以借助 AI 技术来生成视频。值得一提的是，抖音也提供了自己的 AI 视频工具——可灵 AI，无论你需要什么样的视频内容，只需在可灵 AI 官方网站上简单描述，它都可以立刻回应你。其主页界面如图 7-17 所示，为用户带来了全新的视频创作体验。

图 7-17

新用户首次登录可灵 AI 平台可用手机注册后再登录。

例 7-3：利用"可灵 AI"生成 AI 视频

利用"可灵 AI"生成 AI 视频的具体操作步骤如下。

01 在可灵 AI 平台首页，选择"AI 视频"模块后进入 AI 视频生成页面，如图 7-18 所示。可灵 AI 视频生成有两种模式：文生视频和图生视频。如果你有好的创意，可以文字表述给可灵 AI，使其生成高质量视频。当然也可以导入图片，使用 AI 让图片灵动起来，生成创意视频。

02 在"文生视频"模式下，在"创意描述"文本框中输入"一个布置温馨的客厅，精装房，现代装修风格，360 度镜头漫游"其他选项保持默认，然后单击"立即生成"按钮，生成视频片段，如图 7-19 所示。

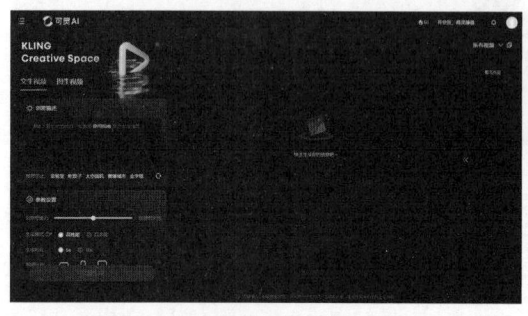

图 7-18   图 7-19

03 单击"下载"按钮 ⬇，将视频下载到本地。

例 7-4：利用视频制作 3D 场景模型

利用视频制作 3D 场景模型的具体操作步骤如下。

01 在 Luma AI 的 GENIE（精灵）主页的右上角，单击 ☰ 按钮展开功能菜单，然后选择 Interactive Scenes（互动场景）模块，如图 7-20 所示。

02 打开 Interactive Scenes 主页，单击 Start Now on Web for Free 按钮，如图 7-21 所示。

03 进入 Interactive Scenes 模型生成界面，单击 Drop a file in this area or click to select 按钮，将本例源文件

夹中的"高性能_16x9_一个布置温馨的客厅_精装房_现代装修风格_360度镜头漫游.mp4"视频文件导入，如图7-22所示。

图 7-20

图 7-21

04 在调出的 Greate 面板中输入标题 fireplace，再单击 Upload（上传）按钮上传视频文件，如图7-23所示。稍后 Luma AI 自动生成 3D 场景模型，如图7-24所示。

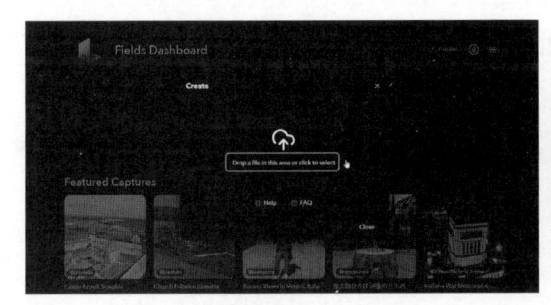

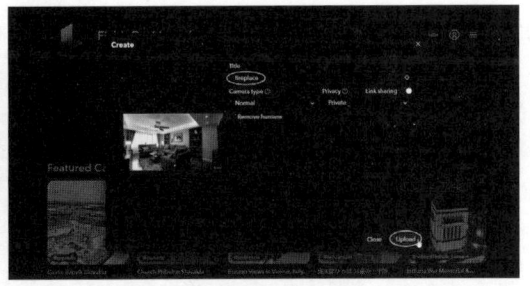

图 7-22

图 7-23

图 7-24

05 单击"下载"按钮 ，将 3D 模型下载到本地，模型文件的格式为 glb。

7.1.3 精细化 3D 模型生成——CSM AI

CSM AI 是一款功能强大的人工智能平台，其核心理念是将任何形式的输入迅速转化为适用于游戏引擎的 3D 资源。该平台能够高效地将照片和视频转化为 3D 世界，满足各种艺术家在不同水平和工作流程中的需求。CSM AI 不仅提供 Web 网页端、手机端，还支持 Discord 应用，这些强大的功能极大地简化了 3D 内容的创建步骤。用户只需上传照片或视频，并按照简洁明了的流程进行 3 次点击，即可迅速获得优质的

193

3D 资源。

下面的案例将详细展示在 CSM AI 网页端，如何通过图片快速生成 3D 模型的全过程。值得一提的是，CSM AI 提供了两种独特的功能模式：图像到 3D 和实时草图转 3D，为用户带来更加灵活多样的 3D 创作体验。

例 7-5：在"图像到 3D"模式下生成 3D 模型

在"图像到 3D"模式下生成 3D 模型的具体操作步骤如下。

01 进入 CSM AI 首页界面。初次使用 CSM AI 需要注册账号，在首页右上角单击"登记"按钮，进入"选择你的计划"页面，然后选择左侧第一个免费计划，如图 7-25 所示。

02 填写注册信息，填写国内邮箱注册即可。

提示
CSM 网页端为英文界面，本例是通过 360 极速浏览器的谷歌翻译插件进行中文翻译的，便于初学者学习。

03 账号注册成功后会自动进入 CSM 操作界面，如图 7-26 所示。

图 7-25　　　　　　　　　　图 7-26

04 单击"图像到 3D"按钮，将本例源文件夹中的"AI 智能音箱效果图 .png"图像文件上传到 CSM 中，如图 7-27 所示。

图 7-27

05 稍后 CSM AI 会自动参考图片并将计算结果（会花几分钟时间）存储在"3D 资产"选项卡中，如图 7-28 所示。

06 单击选中生成的 3D 资产，进入"初步意见"环节，从中可以看到 AI 生成的多视图，此时并没有生成 3D 模型，如图 7-29 所示。

图 7-28 　　　　　　　　　　　　　　　　图 7-29

07 在网页右上角单击"产生"按钮，CSM AI 会自动创建 3D 模型，这个模型仅是预备模型，精度还不够高，如图 7-30 所示。

> **提示**
> 由于该计划是免费的，因此使用 3D 模型生成功能时需要排队等待。若付费用户频繁使用此功能，可能会导致生成失败的问题出现。

08 如果需要更精细的模型（包括完好的造型和纹理），可以单击"细化网格"按钮细化模型。由于生成时间太久，这里不再进一步演示。单击"出口"按钮，将模型下载，选择免费下载的文件格式，如图 7-31 所示。

图 7-30 　　　　　　　　　　　　　　　　图 7-31

7.1.4　生成高质量的 3D 模型——Tripo3d AI

Tripo3d AI 能够生成优质的 3D 模型，然而，为了使其适用于建模需求，还需要借助三维造型软件对模型进行进一步的细化处理。相较于之前介绍的几个 3D 模型 AI 生成工具，Tripo3d AI 在网格质量和纹理细节上表现出更高的水准。值得一提的是，这款工具在国内网络上可以免费使用。接下来，将展示 Tripo3d AI 的具体操作流程。

例 7-6：利用 Tripo3d AI 生成高质量模型

利用 Tripo3d AI 生成高质量模型的具体操作步骤如下。

01 进入 Tripo3d AI 平台官网后，使用邮箱注册账号即可进入 Tripo3d AI 首页界面（默认为英文界面，可翻译网页语言为中文），如图 7-32 所示。

02 在首页界面中单击"免费生成"按钮，进入 AI 创作界面。Tripo3d AI 有两种 AI 生成模式：文本转 3D 和图像转 3D，如图 7-33 所示。

图 7-32　　　　　　　　　　　　　　　　图 7-33

03 在"文本转 3D"模式中，AI 提示词只能输入英文，中文提示词暂不能识别。在提示词框中输入 Cute panda playing snow（可爱的熊猫玩雪），在图像预览区会显示很多与提示词相关的预览模型，如图 7-34 所示。

04 此处可以选择现有的模型。如果不满意，可以单击"草稿"按钮，自定义模型，如图 7-35 所示为自动生成的二维预览图像。

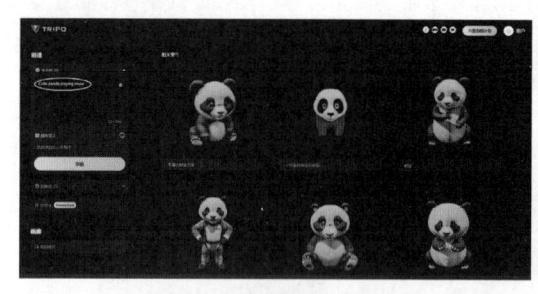

图 7-34　　　　　　　　　　　　　　　　图 7-35

05 若已经生成的 4 幅图像都不好，可以单击"重试"按钮继续生成新的图像，直至满意为止。在生成的 4 幅图像中选择自认为最好的一幅（右上），再单击底部的"产生"按钮，稍后生成 3D 模型。

06 在操作界面左侧的属性面板中，单击"画廊"选项组下的"我的模特"按钮，打开 3D 模型的生成队列，查看模型的生成进度，如图 7-36 所示。经过数分钟的等待，完成了 3D 模型的生成，如图 7-37 所示。

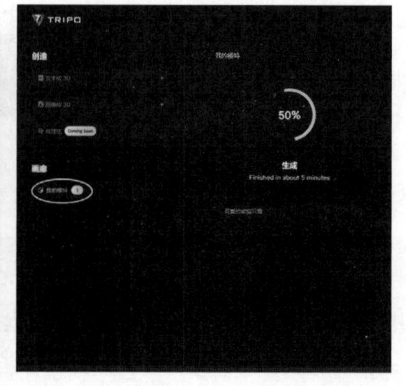

图 7-36

07 单击生成的 3D 模型，将打开该模型的详情展示页，拖动鼠标指针可旋转模型，随后单击右下角的"下载"按钮，将模型下载到本地，下载的文件格式为 glb，如图 7-38 所示。

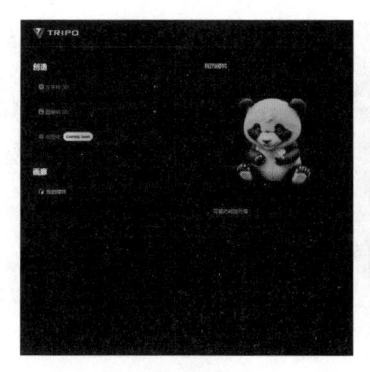

图 7-37

图 7-38

7.1.5 创意 3D 模型生成——Meshy AI

　　Meshy AI 融合了人工智能与机器学习的最新技术，专为设计师、艺术家及开发者匠心打造。无论你是 3D 艺术家、游戏开发者，还是创意编码员，Meshy AI 都能助你实现以前所未有的效率，轻松创建 3D 资源。作为一款创新的 3D 生成 AI 工具箱，Meshy AI 支持通过文本或图像快速生成 3D 效果，从而极大提升了 3D 工作的流程效率。借助 Meshy AI，高质量纹理与 3D 模型的创建仅需要几分钟。

　　Meshy AI 的主页如图 7-39 所示，简洁直观。若是初次使用 Meshy AI，需要先行注册新账号。

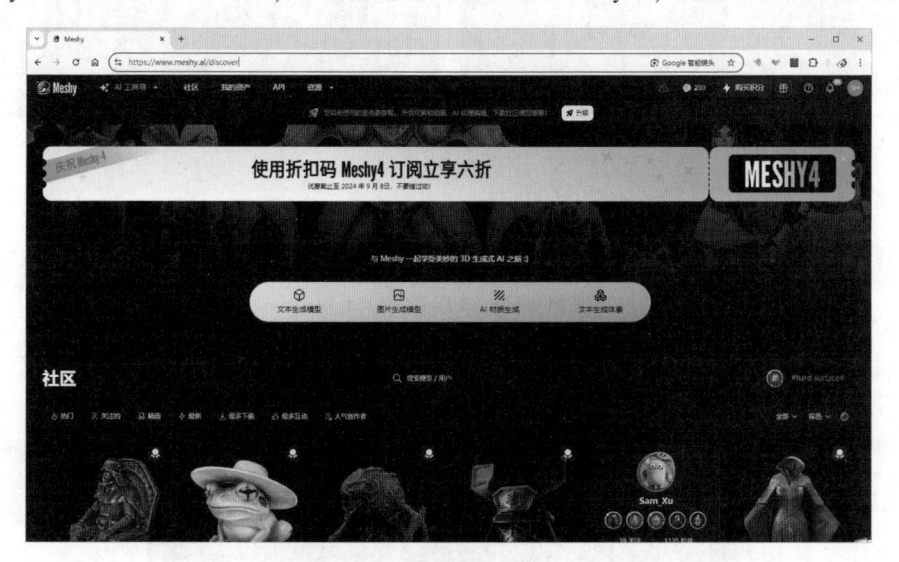

图 7-39

　　Meshy AI 有四大功能：文本生成模型、图片生成模型、AI 材质生成和文本生成体素。下面逐一介绍具体的操作步骤。

例 7-7：Meshy AI 文本生成模型

　　Meshy AI 文本生成模型的具体操作步骤如下。

01 在 Meshy AI 的主页选择"文本生成模型"模式，进入文本生成模型操作界面，如图 7-40 所示。

AI+SolidWorks 2024完全实训手册

02 在"提示词"文本框中输入提示词:"一名东方男性模特,西装革履,手提公文包,戴眼镜,阳刚帅气,行走姿势",保持其他选项的默认设置,单击"生成"按钮,快速生成3D白模型,如图7-41所示。

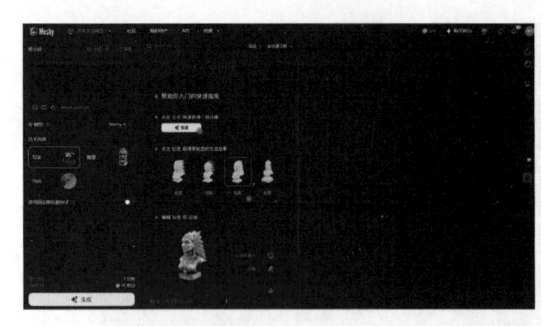

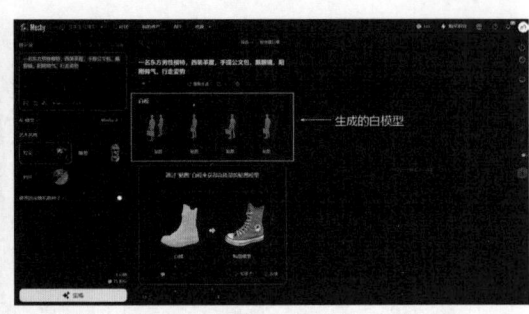

图 7-40   图 7-41

03 默认生成4个白模型,选择其中一个白模型可以预览模型效果,如图7-42所示。

04 在所选白模型下方单击"贴图"按钮,为白模型添加贴图纹理,使其看起来更加真实,图像质量也更高,如图7-43所示。

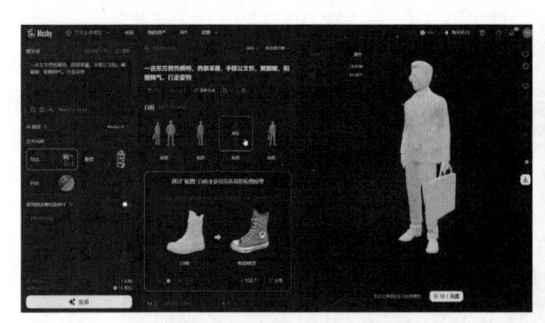

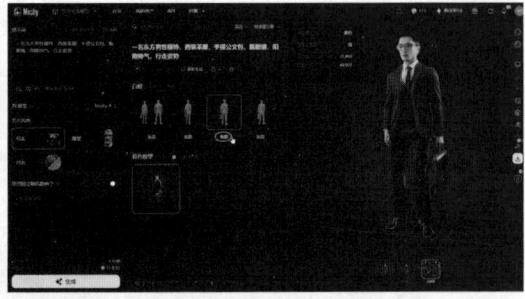

图 7-42   图 7-43

05 在图像预览区单击"下载"按钮,将3D模型下载到本地。

例 7-8:Meshy AI 图片生成模型

Meshy AI 图片生成模型的具体操作步骤如下。

01 单击操作界面左上角的 Meshy 图标返回 Meshy AI 的主页。

02 选择"图片生成模型"模式,进入图片生成模型操作界面,如图7-44所示。

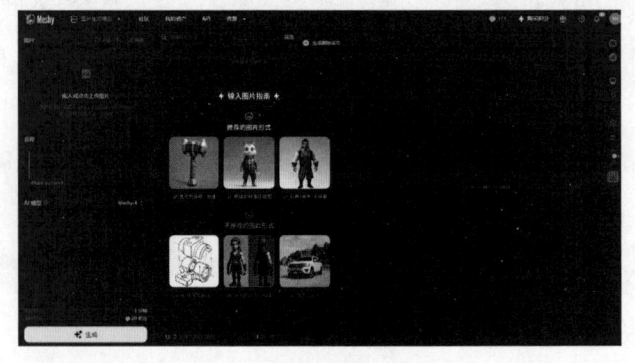

图 7-44

第7章 AI辅助产品造型设计

03 在"图片"选项区单击"拖入或单击上传图片"按钮,将本例文件夹中的"台灯.jpg"图片文件导入,AI系统会自动识别图片并给图片一个标题(显示在"名称"文本框),如图片名称不合理可以重新输入,如图7-45所示。

04 单击"生成"按钮,快速生成模型,在模型预览区显示模型,如图7-46所示。

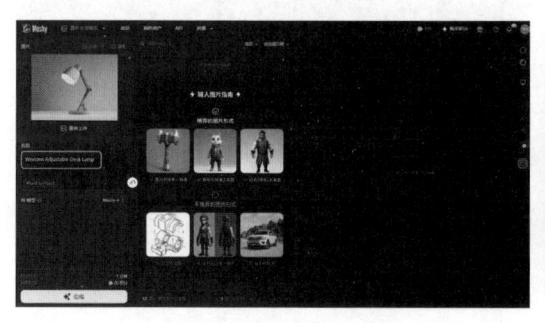

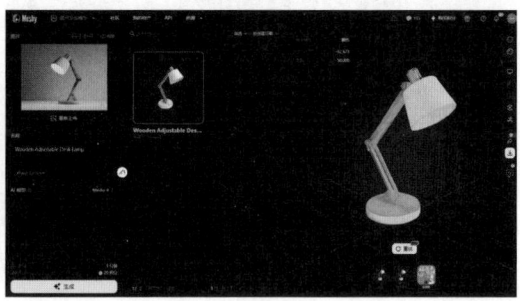

图 7-45　　　　　　　　　　图 7-46

05 单击"下载"按钮，将模型下载到本地。

例 7-9：Meshy AI 材质生成

Meshy AI 材质生成的具体操作步骤如下。

01 单击操作界面左上角的 Meshy 图标,返回 Meshy AI 的主页界面。

02 选择"AI材质生成"模式,进入材质生成操作界面,如图7-47所示。

03 单击"新建"按钮,弹出"创建新项目"对话框。单击"拖放文件到这里或单击上传"按钮,命名项目后将本例源文件夹中的"无人机.stl"模型文件导入,并单击"创建"按钮完成操作,如图7-48所示。

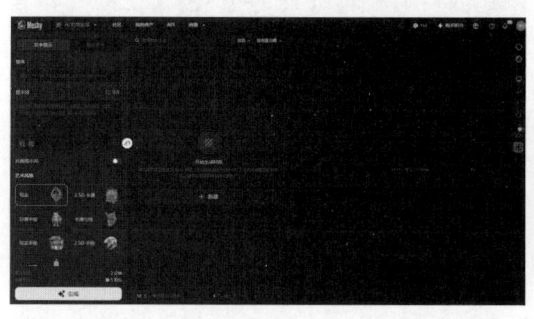

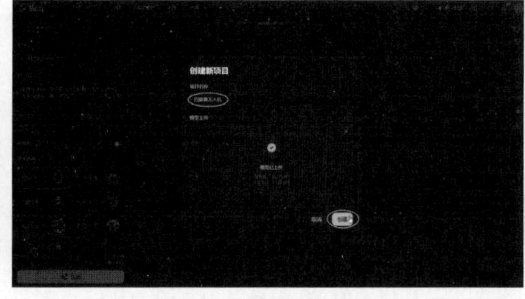

图 7-47　　　　　　　　　　图 7-48

04 在"物体"文本框中输入"一架四旋翼无人机"。在提示词文本框中输入:"机身整体碳纤维,银灰色,机翼PC材质,黑色,支架钢材质,颜色黑色。"

05 保持其他选项的默认设置,单击"生成"按钮,如图7-49所示。

06 生成材质后,预览模型材质,如图7-50所示。最后单击"下载"按钮，将模型和材质下载到本地。

199

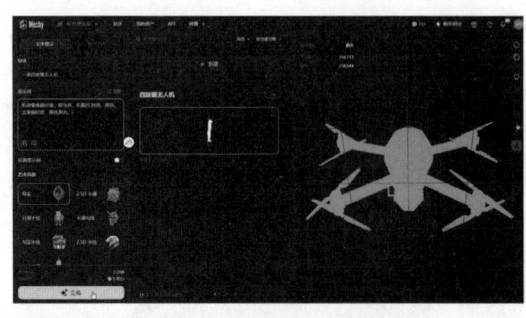

图 7-49 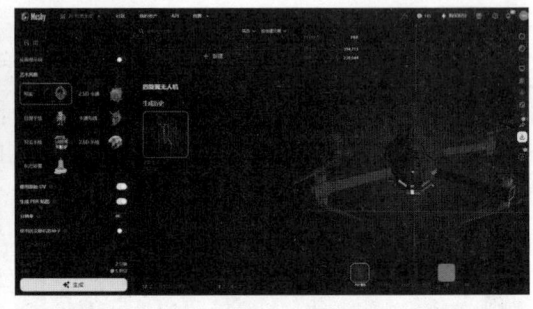　　　　　　　　　　　　　图 7-50

例 7-10：Meshy AI 文本生成体素

这里的"体素"是指由正方体块构成模型，比如磁力方块玩具就是由小小磁力方块组成。Meshy AI 文本生成体素的具体操作步骤如下。

01 单击操作界面左上角的 Meshy 图标，返回 Meshy AI 的主页界面。

02 选择"文本生成体素"模式，进入文本生成体素操作界面，如图 7-51 所示。

03 在"提示词"文本框中输入"一架 F22 战机"，单击"生成"按钮，生成体素模型，如图 7-52 所示。

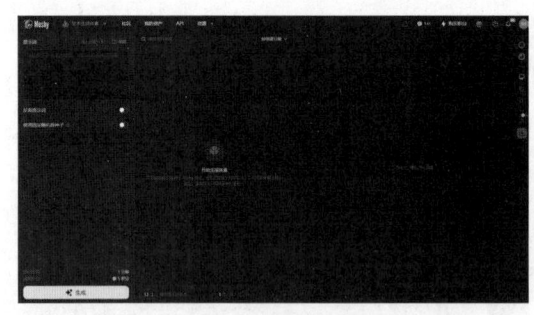

图 7-51 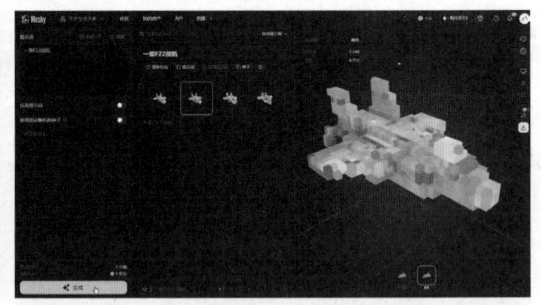　　　　　　　　　　　　　图 7-52

04 单击"下载"按钮，将模型和材质下载到本地。

7.2 基于 AI 模型系统的造型设计

Innovector 建模软件独树一帜，它完美融合了 CAD 技术、内置数据管理功能、实时协作工具以及业务分析，构成了一个全面的三维产品开发平台。特别值得一提的是，Innovector 专为手机和平板设备打造，作为一款 3D 打印专用的建模软件，它极大地提升了移动端 3D 打印 CAD 的用户体验。通过 Innovector App，工程师和设计师能够随时随地利用平板电脑或手机进行 3D 建模，并享受直接打印带来的便捷与乐趣。

7.2.1 Innovector 的安装与界面

为了让新用户能够更方便地在计算机上学习和使用 Innovector，我们提供了一种解决方案：通过计算机桌面模拟器，将手机端的 Innovector App 模拟成计算机端软件。这样，就能在计算机上轻松体验并掌握 Innovector 的各项功能。

第7章　AI辅助产品造型设计

例 7-11：下载模拟器和 Innovector App

下载模拟器和 Innovector App 的具体操作步骤如下。

01 通过百度搜索 "Innovector 电脑版"，然后进入 Innovector 电脑版软件下载页面，下载 Innovector 电脑版程序，如图 7-53 所示。

02 在模拟器和 Innovector App 下载完成后，系统会自动完成两者的安装。Innovector 建模程序其实是手机端程序，在计算机端是通过模拟器来显示与操作 Innovector 建模程序的。在 Windows 系统桌面上双击 "Innovector 建模程序" 图标 启动模拟器。在模拟器中单击 "启动" 按钮，启动 Innovector 建模程序，如图 7-54 所示。

图 7-53　　　　　　　　　　　图 7-54

03 Innovector 首页界面是竖屏界面，与手机界面一致，如图 7-55 所示。如果需要变成平板电脑的横屏界面，可以在右侧菜单中执行 "更多" | "旋转屏幕" 命令，将屏幕旋转，结果如图 7-56 所示。

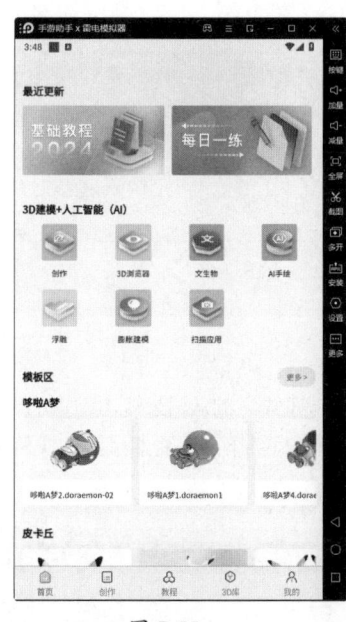

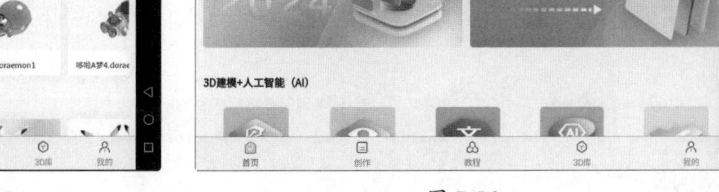

图 7-55　　　　　　　　　　　图 7-56

Innovector App 有 7 种功能，包括创作、3D 浏览器、文生物、AI 手绘、浮雕、膨胀建模和扫描应用。每一个功能都嵌入了 AI，可以帮助用户快速完成设计。Innovector 操作界面下方有 4 个功能区选项卡：首页、

201

创作、教程、3D库和我的。

- "首页"选项卡：Innovector App 的首页界面显示了软件更新信息、所有的 3D 建模和 AI 功能、模板区及屏幕右侧的菜单栏。
- "创作"选项卡："创作"选项卡显示的是 Innovector 建模操作主界面。在"3D 建模＋人工智能（AI）"选项区中单击"创作"按钮，或者直接进入"创作"选项卡，会调出"登录/注册"界面，新用户用手机注册和登录即可，如图 7-57 所示。
- "教程"选项卡：显示 Innovector 建模教程，如图 7-58 所示。

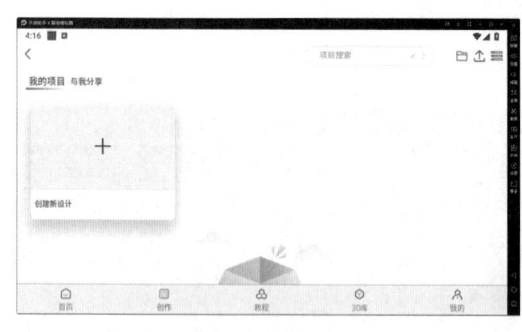

图 7-57    图 7-58

- "3D 库"选项卡：显示 Innovector 官方提供的 3D 模型，可以选择 3D 模型直接进行 3D 打印，如图 7-59 所示。
- "我的"选项卡：该选项卡显示用户的账号信息和用户管理选项，如图 7-60 所示。

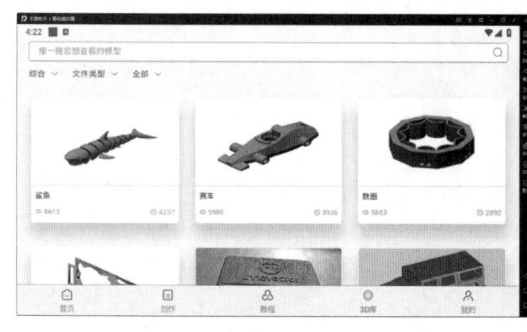

图 7-59    图 7-60

7.2.2　Innovector 建模与 AI 辅助设计

Innovector 不仅提供基本建模功能，支持机械零件的设计，还融合了先进的 AI 技术。用户可以选择借助 AI 辅助完成零件建模，甚至直接生成 3D 模型，极大提升了设计效率。接下来，将通过具体实例来详细展示这些功能。

例 7-12：专业建模

专业建模的具体操作步骤如下。

01 在"创作"选项卡的"我的项目"选项组中单击"创建新设计"按钮＋，选择"专业"项目类型，单击"确认"按钮创建一个新的项目，如图 7-61 所示。

第7章　AI辅助产品造型设计

图 7-61

02 进入零件创作环境，在屏幕中间选中上视基准面，再单击界面左上角的"草图"按钮，弹出"草图"对话框。单击"确定"按钮进入草绘环境，如图 7-62 所示。

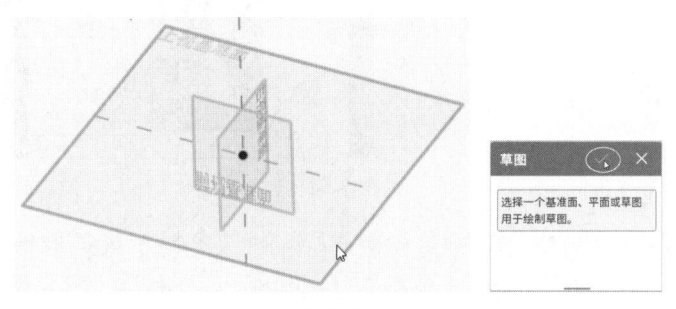

图 7-62

03 在随后弹出的草图工具菜单中选择"AI手绘"工具，然后手绘曲线（近似心形），AI将自动识别曲线形状，并给出一些近似图形以供选择，选择最理想的图形并单击"确定"按钮确定，如图 7-63 所示。

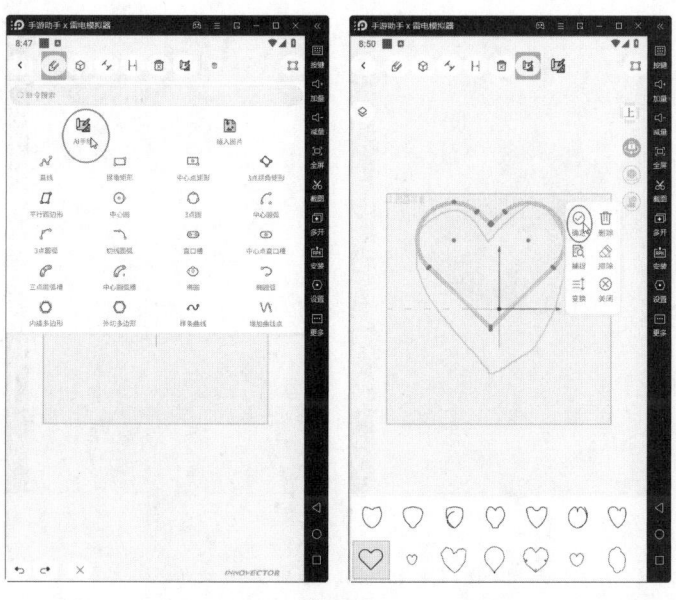

图 7-63

04 绘制曲线后，在界面左上角单击"实体"按钮，展开实体工具菜单，再单击"拉伸"按钮，在调出的"拉伸"面板中设置"深度"值为20，最后单击"应用"按钮完成拉伸特征的创建，如图7-64所示。创建完成后关闭"拉伸"面板。

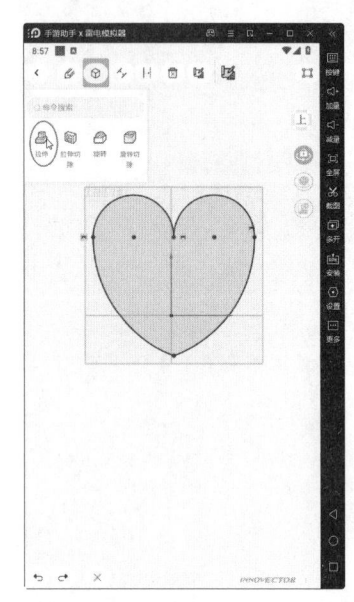

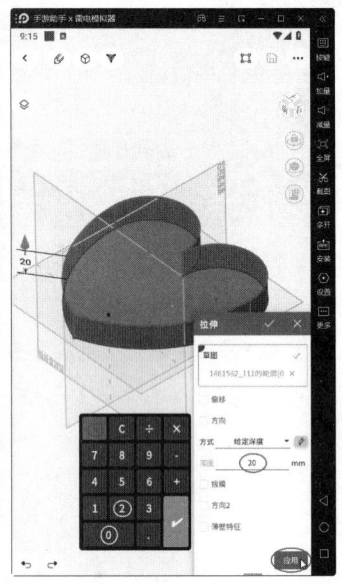

图 7-64

05 在界面顶部单击"渲染"按钮，展开渲染菜单。在渲染菜单中单击"AI 渲染"按钮，调出 AI 渲染面板。在 AI 渲染面板的提示词框中输入"金属材质，红色的心"，选择"真实感"风格类型，最后单击面板底部的"AI 渲染"按钮，开始 AI 渲染，如图 7-65 所示。

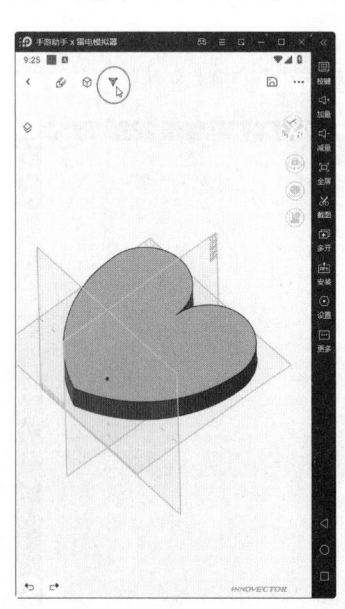

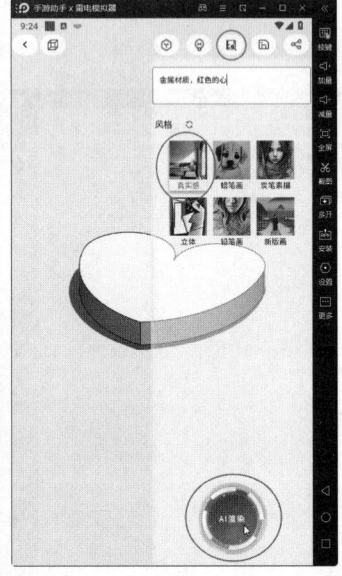

图 7-65

06 稍后得到渲染效果，可以单击效果图以查看大图，如图 7-66 所示。

第7章　AI辅助产品造型设计

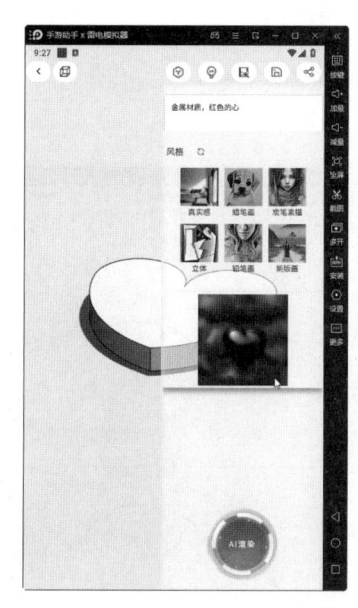

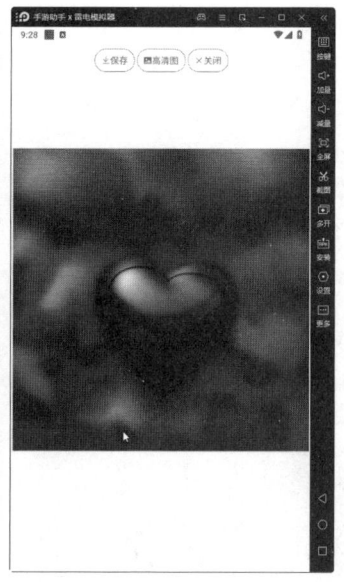

图 7-66

07 单击"高清图"按钮可以得到更为高清的图片,单击"保存"按钮将效果图片自动保存到手机端的文件存放路径中。

08 在零件创作界面中单击右上角的···按钮,界面底部会展开文件管理菜单。在文件管理菜单中单击"3D打印"按钮可以连接3D打印机打印模型,也可以单击"3D浏览"按钮将模型导出到3D浏览器中进行浏览查看。

09 如果要导出模型文件,单击"导出"按钮,在调出的"导出"面板中选择"3D模型"选项,展开导出文件格式的选项,实体模型一般选择STEP格式,接着选择文件保存方法,选择"保存文件"方式将保存在手机端的文件夹中(此处使用的是电脑版,不建议选择此方式),选择"通过邮件发送"方式,将模型文件发送到用户邮箱中,再通过邮箱将模型文件下载到本地,如图7-67所示。

图 7-67

例 7-13：涂鸦建模

涂鸦建模的具体操作步骤如下。

01 在"创作"选项卡的"我的项目"选项组中单击"创建新设计"按钮+,选择"涂鸦"项目类型,单击"确认"按钮创建一个新的项目，如图7-68所示。

02 进入涂鸦创作环境后，使用默认的画笔，在下方绘图区域中随意画出图形，上方预览区中会实时显示生成的曲面模型，如图7-69所示。

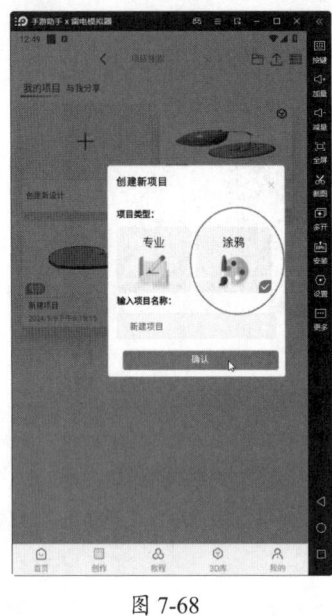

图7-68 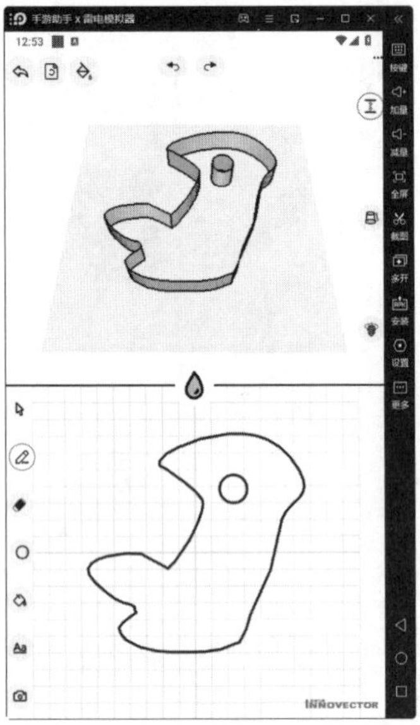　　　　　　　　图7-69

03 若要生成实体模型，可以单击"填充"按钮◆在图形中间单击以填充内部区域，随后曲面模型变成实体模型，如图7-70所示。

04 此外，还可以单击"擦除"按钮◆，将图形擦除，并重新涂鸦绘制。创建模型后，选中绘制的图形，会显示图形编辑边框，拖动边框可以改变图形的形状和方向（并实时改变模型），如图7-71所示。

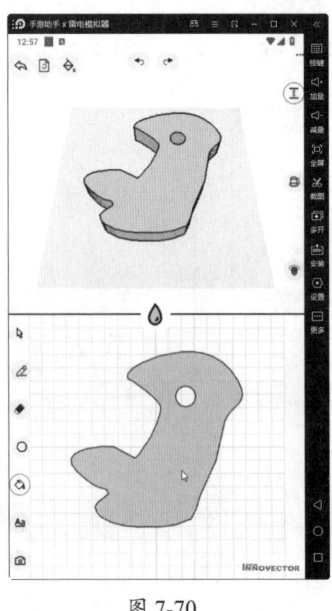

图7-70 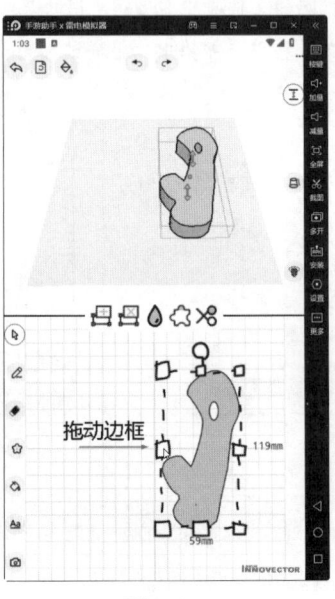　　　　　　　　图7-71

05 通过邮件发送的方式，将模型文件下载到本地。

例 7-14：文生物

文生物的具体操作步骤如下。

01 在 Innovector 首页界面的"3D 建模 + 人工智能（AI）"选项区中单击"文生物"按钮，进入文生物创作环境。

02 在提示词文本框中输入"台灯"，再单击"立即生成"按钮，如图 7-72 所示。

03 稍后在零件创作环境中显示生成的台灯模型，如图 7-73 所示。由于 AI 模型的算法或欠缺模型训练的问题，生成的模型精度比较差。

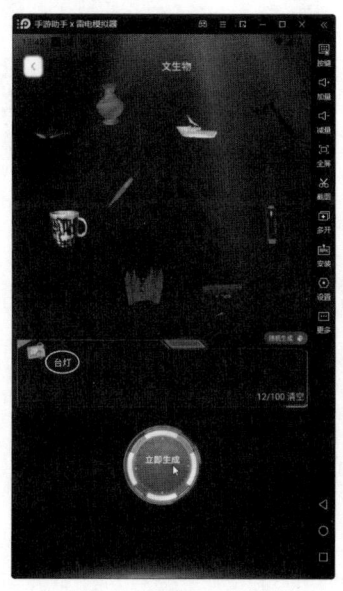

图 7-72 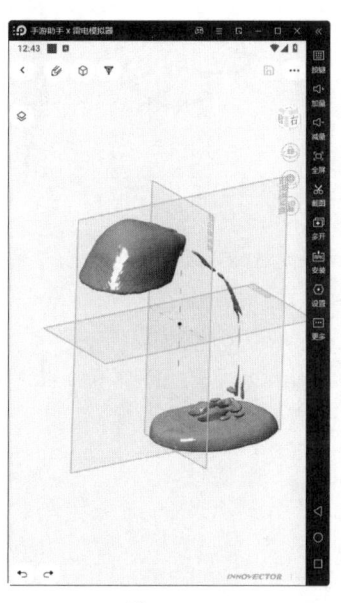　　　　　　图 7-73

04 可将模型通过邮件发送并下载到本地。

例 7-15：AI 手绘

AI 手绘的具体操作步骤如下。

01 在 Innovector 首页界面的"3D 建模 + 人工智能（AI）"选项区中单击"AI 手绘"按钮，进入 AI 手绘创作环境。

02 在创作界面的下方为绘图区，上方为模型预览区。在绘图区中利用鼠标指针绘制任意图形，Innovector 的 AI 模型会根据所绘图形给出一些近似模型，如图 7-74 所示。

03 选择一个符合设计意图的模型，模型预览区会显示该模型，如图 7-75 所示。

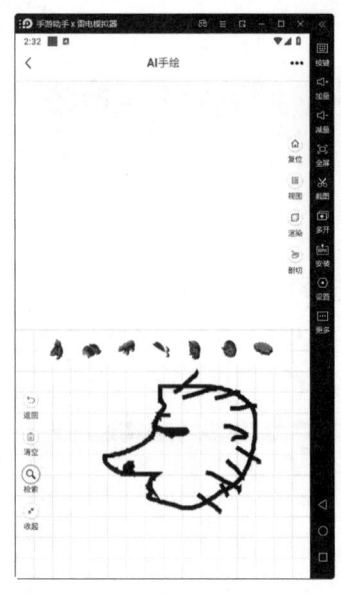

图 7-74　　　　　　　　　　图 7-75

04 将模型通过邮件发送的方式下载到本地。

第 8 章 零件装配设计

本章旨在为读者深入剖析 SolidWorks 2024 的装配设计流程，内容涵盖从装配体的初步构建，到零部件的压缩与轻化处理，再到装配体干涉的全面检测，同时探讨如何灵活控制装配体的显示方式，并深入解析其他高级装配技术，直至最终呈现详尽的装配体爆炸视图，从而帮助读者全面掌握这一设计过程的精髓。

8.1 装配概述

在工程设计中，装配环节至关重要，它指的是将众多零部件精妙地组合在一起，从而构建一个功能完备、协调运作的整体系统或产品。这一过程不仅要求将各个部件准确无误地置于其应在的位置，更需要确保它们之间能够完美契合、严格符合设计要求，最终实现产品的预期功能。

8.1.1 计算机辅助装配设计

计算机辅助装配设计是一种利用计算机软件和工具来辅助并优化产品装配流程的方法。通过运用 CAD 软件及其他辅助工具，该方法能够更迅速、更精确地创建、分析和优化产品的装配过程。

1. 产品装配建模

产品装配建模是一种能够全面且准确地传达各种装配体设计参数、装配层次及装配细节的产品模型。这一模型在产品设计流程中扮演着数据管理中枢的角色，是推动产品开发以及灵活应对设计变动的关键工具。它不仅详尽地描绘了零部件的固有属性，更深入地阐释了零部件之间的层次逻辑、装配联系，以及在不同装配层级中设计参数的相互制约与传递。构建这样的产品装配模型，旨在确立一个完备的装配信息表达体系。这不仅能助力系统对产品设计提供全方位的支持，同时也为 CAD 系统中的装配自动化和工艺规划提供了丰富的信息基础，进而对设计进行深入的分析与评价。如图 8-1 所示，便是基于 CAD 系统所进行的产品零部件装配实例。

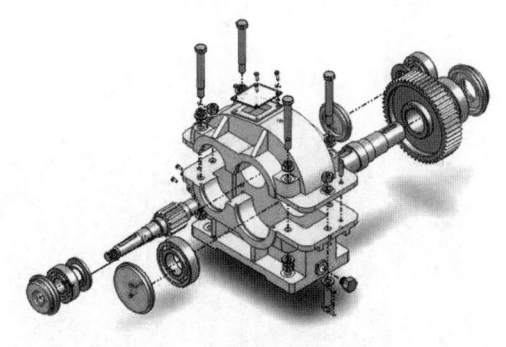

图 8-1

2. 部件可视化

借助计算机辅助设计软件，设计者可以实时观察产品的装配结构，从而更深入地理解并评估整体产品的构造与组成。

3. 约束和关系建立

在 CAD 软件中，我们利用约束和关系来确保零部件在装配过程中能够正确地定位和相互作用，这涵盖了旋转、对齐、配合等多种操作，从而保证装配的精确性和功能性。

4. 碰撞检查

通过运用计算机软件进行碰撞检测，能够确保在装配过程中各个部件之间不会发生干涉或碰撞，从而有效预防潜在的装配问题，提升装配的准确性和效率。

5. 优化设计及装配仿真

借助装配环境，设计者可以对装配过程进行优化。通过模拟和分析不同方案，探索更佳的零部件布局与组合方式。随后，对装配的功能和性能进行深入分析，确保系统能够按照设计初衷顺利运作。

6. 协同设计

装配体平台支持团队成员在不同地点同步参与装配设设计工作。通过在线协作，团队成员可以实时共享和修改装配模型，这一方式有效减少了设计过程中的错误，并提升了团队协作的效率。

8.1.2 进入装配环境

在新建文件时，通过弹出的"新建 SOLIDWORKS 文件"对话框选择"装配体"模板，然后单击"确定"按钮即可新建一个装配体文件并直接进入装配环境，如图 8-2 所示。还可以在零部件环境中，执行"文件"|"从零部件制作装配体"命令，切换到装配环境。

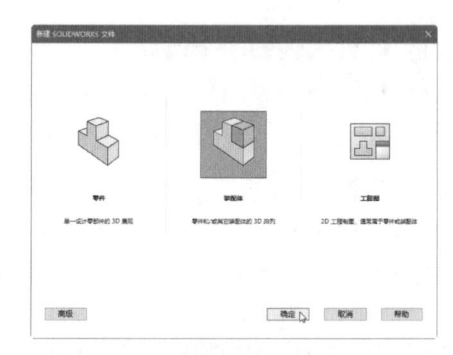

图 8-2

当创建或打开一个装配体文件时，将进入 SolidWorks 的装配环境。这个环境与零部件编辑环境相似，包含了菜单栏、选项卡、设计树、控制区以及零部件显示区。在界面左侧的控制区内，详细列出了构成当前装配体的所有零部件。而在设计树的底部，设有一个专门的装配文件夹，用于展示所有零部件之间的配合关系，如图 8-3 所示。

图 8-3

值得注意的是，由于 SolidWorks 提供了个性化的界面定制功能，因此本书中所展示的装配操作界面可能与读者实际使用的界面存在差异。然而，大部分的基础界面元素和布局应保持一致。

8.2 开始装配体

在用户新建装配体文件并进入装配环境时，在属性管理器中会展示"开始装配体"属性面板，如图 8-4 所示。具体的操作步骤如下。

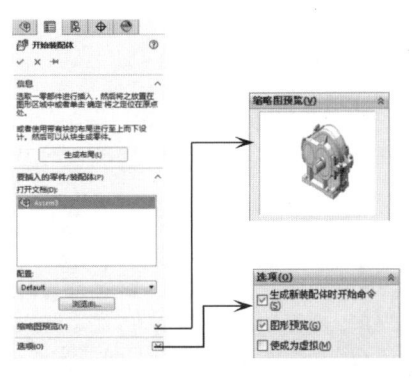

图 8-4

01 在"开始装配体"属性面板中，可以单击"生成布局"按钮，以直接进入布局草图环境，从而绘制草图来定义装配零部件的位置。

02 通过单击"浏览"按钮，可以浏览所需的装配体文件位置，并将其插入当前的装配环境中，随后可以进行装配的设计、编辑等操作。

8.2.1 插入零部件

"插入零部件"功能赋予用户向新装配体或现有装配体中添加零部件的能力。此功能涵盖了多种装配手段，具体包括：零部件的插入、新零部件的创建、全新装配体的生成，以及配合复制的方法，从而为用户提供全方位的装配操作选择。

1. 插入零部件

"插入零部件"工具是专为在现有装配体中引入新零部件而设计的。用户采用自下而上的装配策略，即先在零部件环境中完成建模工作，随后利用此工具将建模好的零部件插入装配体中。最后，通过"配合"功能精确调整零部件的位置。当单击"插入零部件"按钮 时，属性管理器会展示相应的"插入零部件"面板，该面板中的选项设置与"开始装配体"面板保持一致，因此不再赘述。

> **提示**
> 在自上而下的装配设计流程中，首个被插入的零部件被视作"主零部件"，这是因为后续添加的零部件都将以其作为装配的基准和参考。

2. 新零部件

借助"新零部件"工具，用户能够在相关联的装配体环境中设计出全新的零部件。在这一过程中，用户可以充分利用其他装配体零部件的几何特征来辅助设计。但请注意，此工具仅在用户选择了自上而下的

211

装配方式后方可启用。

> **提示**
> 在创建与装配体相关联的新零部件之前，用户可以预设默认操作，选择将新零部件保存为独立的外部文件，或者将其作为装配体内部的虚拟零部件进行保存。

新零部件的具体操作步骤如下。

01 在"装配体"选项卡中执行"新零部件"命令后，特征管理器设计树中显示一个空的"[零部件1^装配体1]"的虚拟装配体文件，而且鼠标指针变为 ，如图8-5所示。

02 当鼠标指针在设计树中移至基准面位置时，鼠标指针则变为 ，如图8-6所示。指定一基准面后，就可以在插入的新零部件文件中创建模型了。

图 8-5 　　　　　　　　　图 8-6

03 对于内部保存的零部件，用户无须选择基准面，而是可以单击图形区域的空白处，从而将空白零部件添加到装配体中。用户可以编辑或打开空白零部件文件，并创建几何体。如果零部件的原点与装配体的原点重合，那么零部件的位置将会是固定的。

3. 新装配体

若需要在装配体的任意层级中引入子装配体，可利用"新装配体"工具。创建子装配体后，即可通过多种方式向其内部添加零部件。这种方法遵循自上而下的设计理念。同时，所插入的新子装配体文件将以虚拟装配体文件的形式存在。

4. 随配合复制

使用"随配合复制"工具，可以在复制零部件或子装配体的同时，一并复制它们所关联的配合关系。例如，当在"装配体"选项卡中执行"随配合复制"命令，并在减速器装配体中复制一个"被动轴通盖"零部件时，属性管理器会调出"随配合复制"属性面板。在该面板上，会清晰地列出该零部件在装配体中的所有配合关系，如图8-7所示。

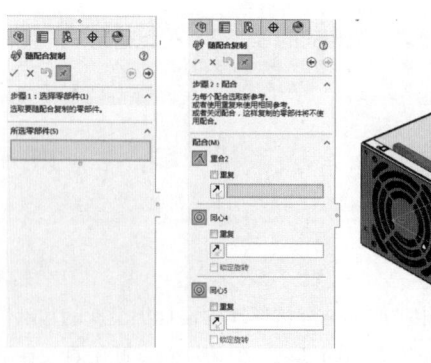

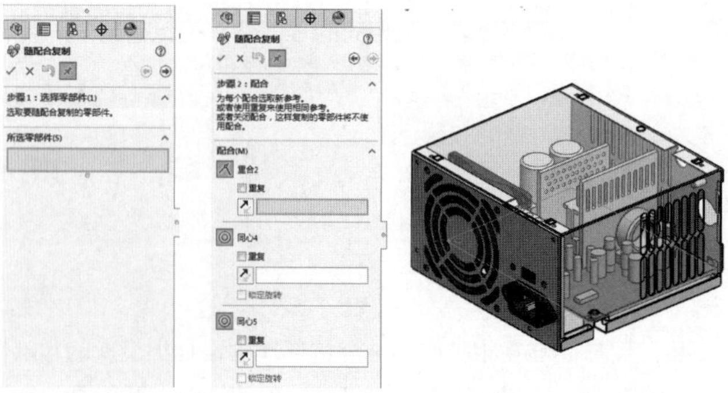

图 8-7

8.2.2 配合

配合是指在装配体中,为零部件之间建立几何约束关系的过程。当零部件被逐一引入装配体时,除了首个被引入的零部件或子装配体默认处于固定状态,其余零部件在初始状态下均未添加配合,因此它们处于"浮动"状态。在装配环境中,这些浮动的零部件可以沿 3 个坐标轴自由移动,并能围绕这些轴进行旋转,拥有 6 个自由度。通过添加配合关系,可以对零部件的某些自由度进行限制,实现不完全约束。当配合关系足以限制零部件的所有 6 个自由度时,该零部件即达到完全约束状态,也就是"固定"状态,类似首个被插入的零部件(默认情况下为"固定"),此时它无法再被移动。

> **提示**
> 通常情况下,首个插入的零部件默认为固定状态,但用户可以通过右击,在弹出的快捷菜单中选择"浮动"选项,来解除其固定状态。

在"装配体"选项卡中,单击"配合"按钮 后,属性管理器中调出"配合"属性面板。该面板下的"配合"选项卡涵盖了添加标准配合、机械配合以及高级配合的选项,而"分析"选项卡则提供了对所选配合进行分析的功能,如图 8-8 所示。

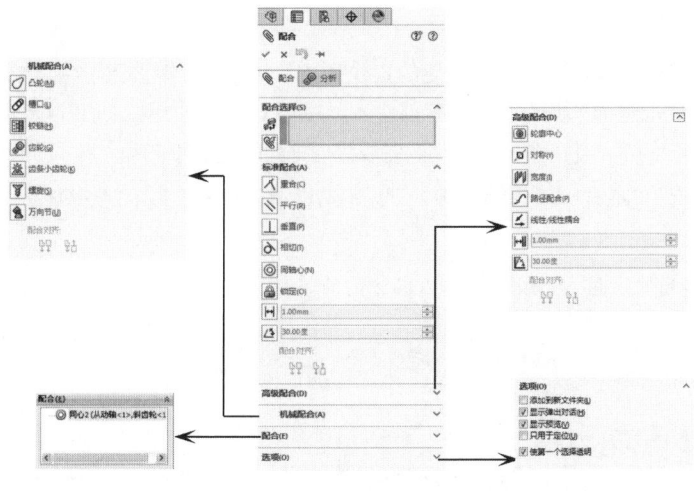

图 8-8

8.3 控制装配体

在 SolidWorks 的装配流程中,若需要多次装配相同的零部件,可以借助"阵列"或"镜像"功能,以简化操作并避免重复插入。同时,"移动"和"旋转"功能则可以用于对零部件进行平移或旋转调整。

8.3.1 零部件的阵列

在 SolidWorks 的装配环境中,可以选择多达 7 种不同的零部件阵列类型。然而,在实际应用中,最常用的零部件阵列类型主要包括圆周零部件阵列、线性零部件阵列以及阵列驱动零部件阵列。

1. 圆周零部件阵列

"圆周零部件阵列"工具旨在帮助用户轻松创建围绕某一旋转轴呈圆形排列的多个相同零部件实例。只需指定旋转轴、设定旋转角度,并确定实例的数量,该工具便能迅速生成一圈零部件的复制品,从而极大地方便了用户快速完成围绕中心点或轴线的零部件布局。具体的操作步骤如下：

01 在"装配体"选项卡中，通过在"线性零部件阵列"菜单中选择"圆周零部件阵列"选项，属性管理器将显示"圆周阵列"属性面板，如图8-9所示。

02 在"圆周阵列"属性面板中，可以指定阵列轴、角度、实例数（也就是阵列中的零部件数量），以及要进行阵列的具体零部件。设置完成后，就生成零部件的圆周阵列，如图8-10所示。

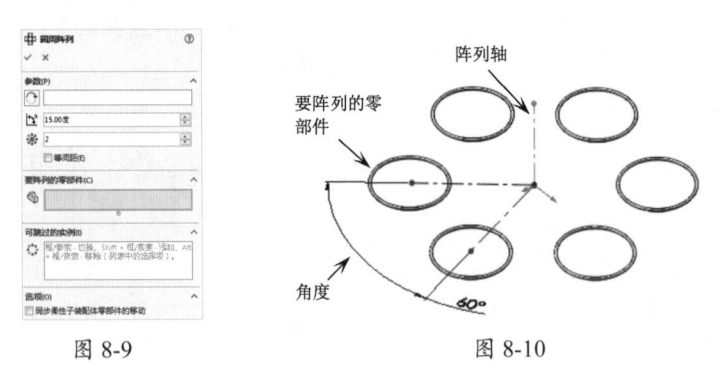

图 8-9　　　　　　　　图 8-10

2. 线性零部件阵列

"线性零部件阵列"工具是用于沿着设定的直线路径，有序排列多个相同零部件实例的便捷工具。用户可以通过选定一个基础特征（通常为一个零部件），并明确阵列的方向、间距以及实例数量，来快速生成一行或一列整齐划一的零部件副本，从而高效完成线性排列的零部件布局。具体的操作步骤如下。

01 在"装配体"选项卡中单击"线性零部件阵列"按钮 ，属性管理器中显示"线性阵列"属性面板，如图8-11所示。

02 当指定了线性阵列的方向1、方向2，以及各方向的间距、实例数之后，即可生成零部件的线性阵列，如图8-12所示。

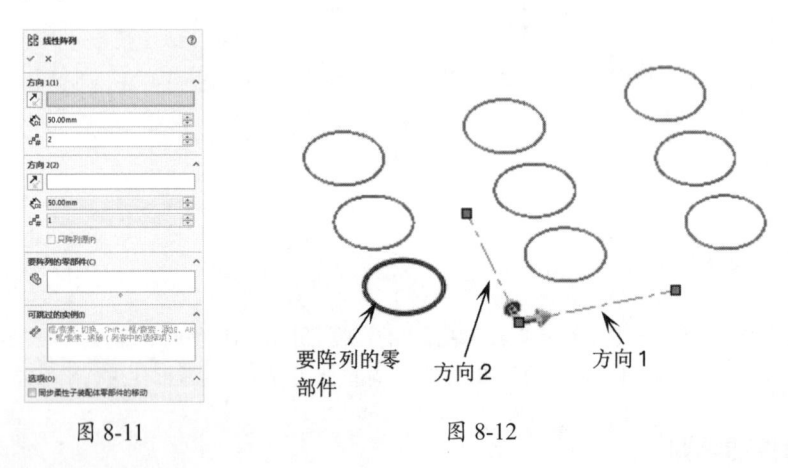

图 8-11　　　　　　　　图 8-12

3. 阵列驱动零部件阵列

"阵列驱动零部件阵列"类型是一种依据参考零部件中的特征来进行驱动的阵列方式，它在装配Toolbox标准件时尤为实用，能够大大提高装配效率和准确性。具体的操作步骤如下。

01 在"装配体"选项卡中的"线性零部件这里"菜单中选择"特征驱动特征零部件阵列"选项 ，属性管理器中显示"阵列驱动"属性面板，如图8-13所示。

第8章 零件装配设计

02 当指定了要阵列的零部件（螺钉）和驱动特征（孔面）后，系统自动计算出孔盖上有多少个相同尺寸的孔并生成阵列，如图8-14所示。

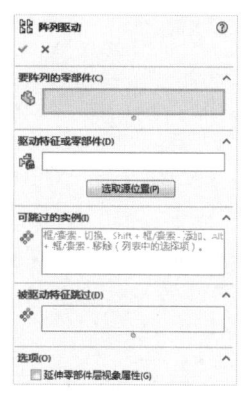

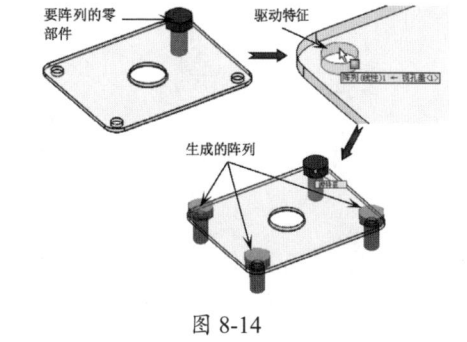

图 8-13　　　　　　　　　图 8-14

8.3.2 零部件的镜像

若已有一个对称结构的参考零部件，并希望创建一个相应的镜像版本，那么"零部件的镜像"工具将是理想选择。此功能能够迅速生成一个新的零部件，该新零部件既可以是原零部件的精确复制，也可以是其在相反方位上的镜像呈现。具体的操作步骤如下。

01 在"装配体"选项卡中的"线性零部件阵列"菜单中选择"镜像零部件"选项，属性管理器中显示"镜像零部件"属性面板，如图8-15所示。

02 当选择了镜像基准面和要镜像的零部件后（完成第1个步骤），在属性面板顶部单击"下一步"按钮进入第2个步骤。在第2个步骤中，可以为镜像的零部件选择镜像版本和定向方式，如图8-16所示。

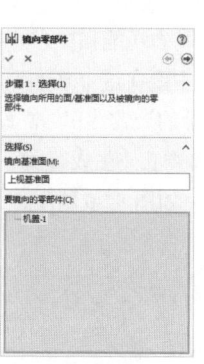

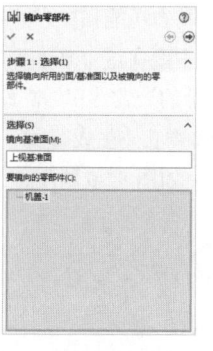

图 8-15　　　　　　　　　图 8-16

03 在第2个步骤中，复制版本的定向方式有4种，如图8-17所示。相反方位版本的定向方式仅有一种，如图8-18所示。生成相反方位版本的零部件后，图标会显示在该项目旁边，表示已经生成该项目的一个相反方位版本。

> **提示**
> 对于设计库中的Toolbox标准件，镜像零部件操作后的结果只能是复制类型，如图8-19所示。

图 8-17

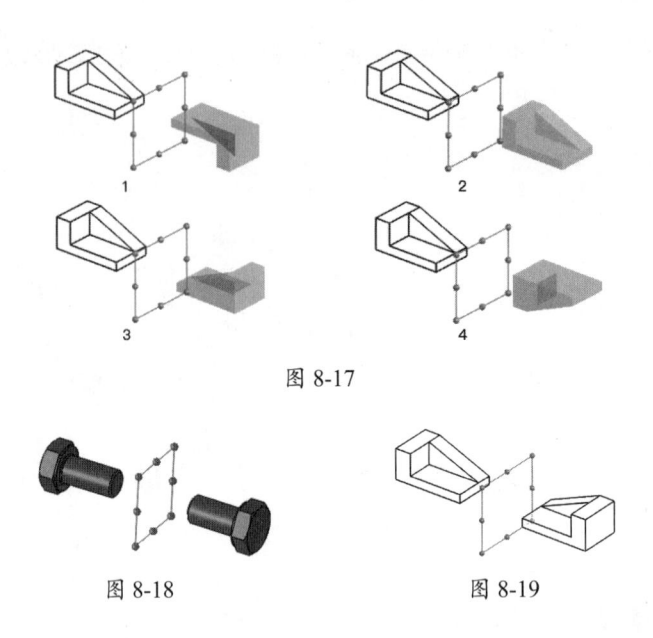

图 8-18　　　　　　　　　　　图 8-19

8.4　布局草图

利用布局草图进行装配体设计是一项极为实用的技术。装配布局草图能够精确地掌控零部件和特征的尺寸与位置。一旦对装配布局草图进行修改，所有相关的零部件都会随之更新。此外，若将装配设计表与布局草图相结合，这一功能将得到进一步拓展，能够自动化地生成装配体的多种不同配置。

8.4.1　建立布局草图

自上而下设计是一种装配模型设计方法，它从装配模型的顶层开始，通过在装配环境中逐步创建零部件来完成整个设计。在设计初期，用户会根据装配模型的基本功能和要求，在顶层装配中构建布局草图，这个草图将成为装配模型的顶层骨架。随后的设计过程将主要在这个基本骨架的基础上进行复制、修改、细化和完善，直至完成整个设计。这种方法有助于保持设计的一致性和提高设计效率。

若要建立装配布局草图，只需在"开始装配体"面板中单击"生成布局"按钮，即可进入 3D 草图环境。此时，特征管理器设计树中将自动生成一个"布局"文件，如图 8-20 所示。

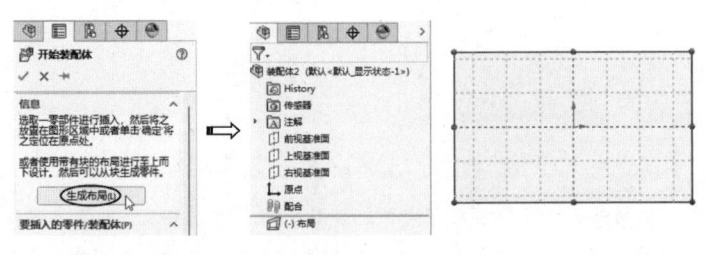

图 8-20

8.4.2　基于布局草图的装配体设计

布局草图在装配模型中占据着举足轻重的地位，它不仅代表了关键的空间位置和形状，更深刻地反映了构成装配体模型的各个零部件之间的拓扑关系。在自上而下的装配设计流程中，布局草图作为核心组成部分，充当着连接各个子装配体的桥梁和纽带。因此，在创建布局草图的过程中，重点应放在捕捉和展现各子装配体及零部件在最初总体装配布局中的相互联系和依赖关系上。具体的操作步骤如下。

01 在布局草图环境中绘制如图 8-21 所示的草图，完成布局草图绘制后单击"布局"按钮 退出 3D 草图环境。

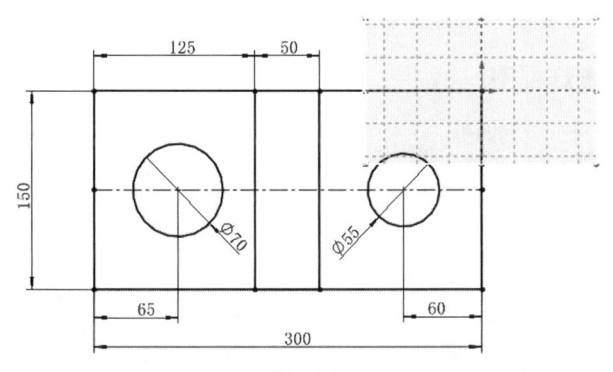

图 8-21

02 从绘制的布局草图中可以看出整个装配体由 4 个零部件组成。在"装配体"选项卡中，使用"新零件"工具，生成一个全新的零部件文件。在特征管理器设计树中选中该零部件文件，然后右击，在弹出的快捷菜单中选择"编辑"选项，即可激活新零部件文件，进入零部件设计环境并开始创建新的零部件特征。

03 使用"特征"选项卡中的"拉伸凸台/基体"工具，基于布局草图重新绘制 2D 草图，创建拉伸特征，如图 8-22 所示。

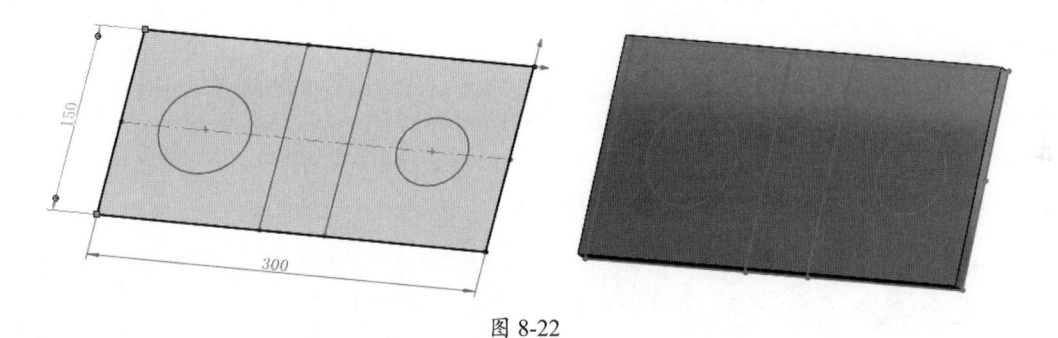

图 8-22

04 创建拉伸特征后，在"草图"选项卡中单击"编辑零部件"按钮，完成第一个零部件的设计。采用同样的方法可以依次创建其他零部件，最终完成整个装配体模型，如图 8-23 所示。

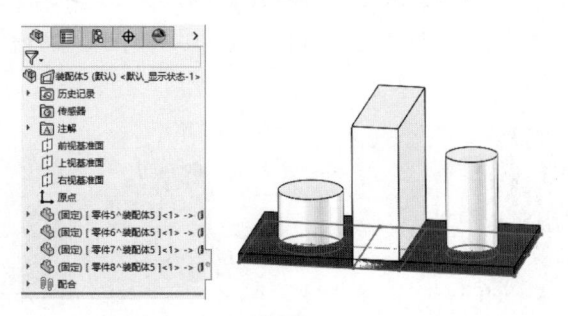

图 8-23

8.5 创建爆炸视图

装配体爆炸视图是一种图示，它将装配模型中的各个组件根据其装配关系进行分离，并在原位置进行展示。通过创建爆炸视图，用户可以更加便捷地观察装配体中的各个零部件以及它们之间的装配关系，如图 8-24 所示。

8.5.1 生成或编辑爆炸视图

创建爆炸视图的具体操作步骤如下。

01 在"装配体"选项卡中单击"爆炸视图"按钮，属性管理器中显示"爆炸"属性面板，如图 8-25 所示。

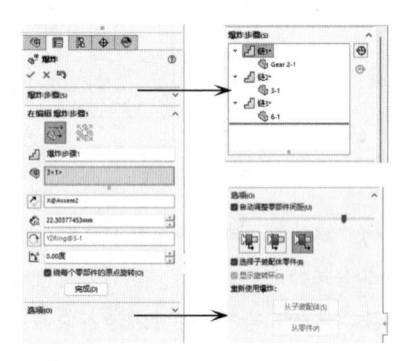

图 8-24

图 8-25

02 激活"爆炸步骤零部件"列表，在图形区选择要爆炸的零部件，随后图形区显示三重轴，如图 8-26 所示。

> **提示**
> 只有在改变零部件位置的情况下，所选的零部件才会显示在"爆炸步骤"选项区的列表中。

03 查看当前爆炸步骤所选的方向，可以单击"反向"按钮改变方向。

04 设置爆炸距离，输入值以设定零部件的移动距离。

05 如果要旋转旋转零部件，可以单击"轴"按钮，在图形区中选择旋转轴。然后输入旋转值以设定零部件的旋转角度。单击"完成"按钮，将应用每一次的零部件位置变换。

06 选中"自动调整零部件间距"复选框，将沿轴自动均匀地分布零部件组的间距。有 3 种间距的自动调整方式。

07 选中"选择子装配体零部件"复选框，可以选择子装配体的单个零部件。反之，则选择整个子装配体。

除了在面板中设定爆炸参数来生成爆炸视图，用户可以自由拖动三重轴的轴来改变零部件在装配体中的位置，如图 8-27 所示。

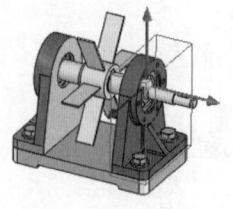

图 8-26

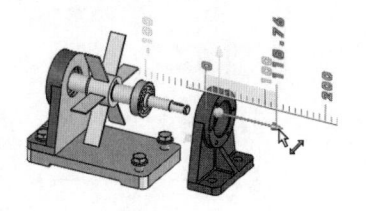

图 8-27

8.5.2 添加爆炸直线

创建爆炸视图后,可以通过添加爆炸直线来清晰地展示零部件在装配体中的移动轨迹。具体的操作步骤如下。

01 在"装配体"选项卡中单击"爆炸直线草图"按钮,属性管理器中显示"步路线"属性面板,并自动进入 3D 草图环境,而且调出"爆炸草图"工具条,如图 8-28 所示。"步路线"属性面板可以通过单击"爆炸草图"选项卡中的"步路线"按钮来打开或关闭。

02 在 3D 草图环境使用"直线"工具来绘制爆炸直线,如图 8-29 所示,绘制后将以幻影线显示。

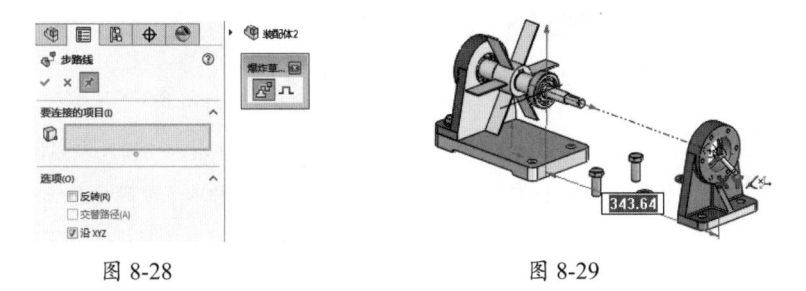

图 8-28　　　　　图 8-29

03 在"爆炸草图"工具条中单击"转折线"按钮,然后在图形区中选择爆炸直线并拖动草图线条,以将转折线添加到该爆炸直线中,如图 8-30 所示。

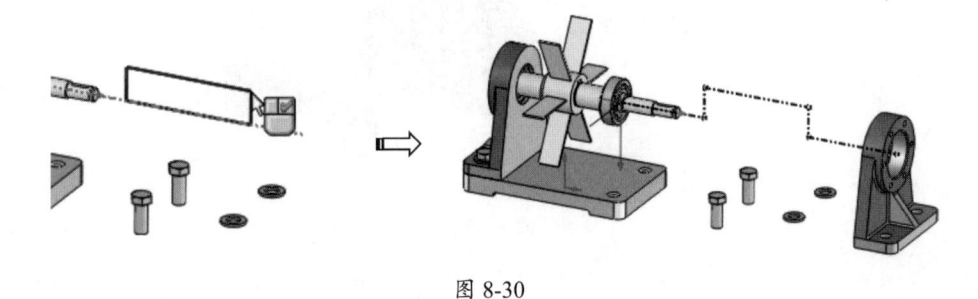

图 8-30

8.6 综合案例

SolidWorks 的装配设计包含两种主要方法:自上而下设计和自下而上设计。接下来,将通过两个典型的装配设计实例,详细阐述这两种设计方法的操作流程及特点。

8.6.1 案例一:台虎钳装配设计

台虎钳,作为一种安装在工作台上的工具,主要用于稳固夹持加工工件。其结构主要由固定钳座和活动钳座两大部分组成。在本例中,将采用自下而上的设计方法来进行台虎钳的装配工作。图 8-31 展示了台虎钳装配体的全貌。

1. 装配活动钳座子装配体

装配活动钳座子装配体的具体操作步骤如下。

01 新建装配体文件,进入装配环境。

02 在属性管理器中的"开始装配体"面板中单击"浏览"按钮,将本例的"活动钳口.sldprt"零部件文件插入装配环境,如图8-32所示。

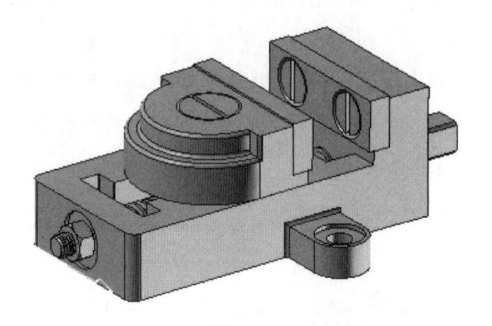

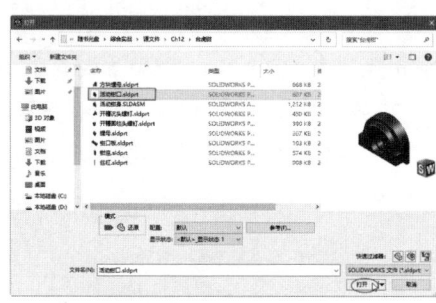

图8-31　　　　　　　　　　　　　　图8-32

03 在"装配体"选项卡中单击"插入零部件"按钮,属性管理器中显示"插入零部件"属性面板。在该面板中单击"浏览"按钮,将本例的"钳口板.sldprt"零部件文件插入装配环境并任意放置,如图8-33所示。

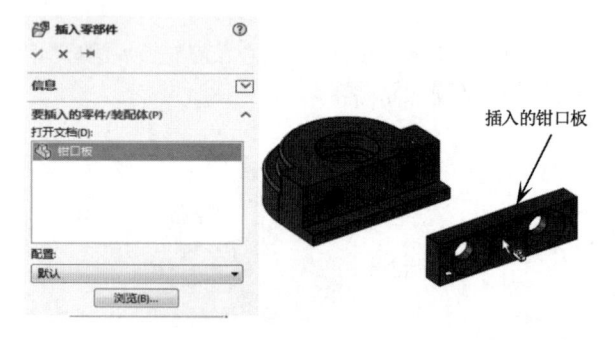

图8-33

04 同理,依次将"开槽沉头螺钉.sldprt"和"开槽圆柱头螺钉.sldprt"零部件插入装配环境,如图8-34所示。

05 在"装配体"选项卡中单击"配合"按钮,属性管理器中显示"配合"属性面板。然后在图形区中选择钳口板的孔边线和活动钳口中的孔边线作为要配合的实体,如图8-35所示。

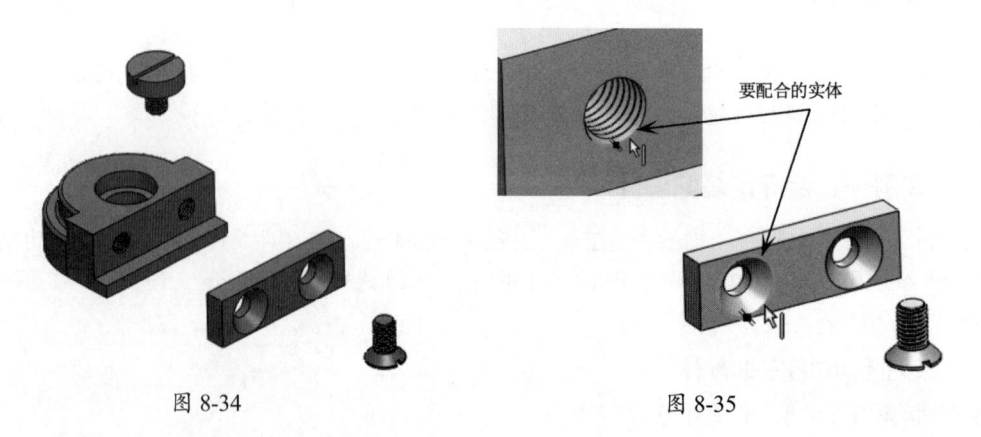

图8-34　　　　　　　　　　　　　　图8-35

06 钳口板自动与活动钳口孔对齐,并调出标准配合工具栏。在该工具栏中单击"添加/完成配合"按钮,完成"同轴心"配合,如图8-36所示。

第8章 零件装配设计

07 在钳口板和活动钳口零部件上各选择一个面作为要配合的实体，随后钳口板自动与活动钳口完成"重合"配合，在标准配合工具栏中单击"添加/完成配合"按钮✓完成配合，如图8-37所示。

08 选择活动钳口顶部的孔边线与开槽圆柱头螺钉的边线作为要配合的实体，并完成"同轴心"配合，如图8-38所示。

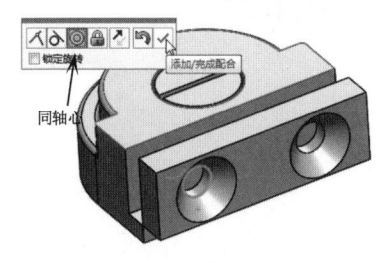

图 8-36 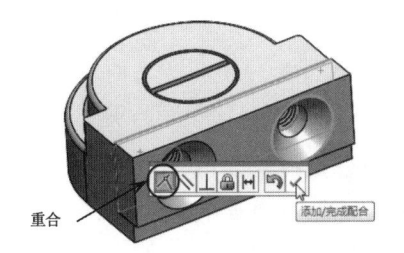　　　　　　　　　图 8-37

> **提示**
> 一般情况下，有孔的零部件使用"同轴心"配合与"重合"配合或"对齐"配合；无孔的零部件可用除"同轴心"外的配合来配合。

09 选择活动钳口顶部的孔台阶面与开槽沉头螺钉的台阶面作为要配合的实体，并完成"重合"配合，如图8-39所示。

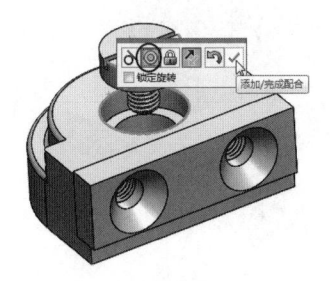

图 8-38 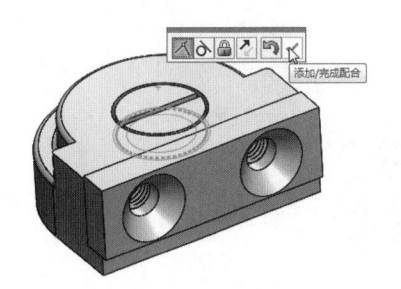　　　　　　　　　图 8-39

10 同理，对开槽沉头螺钉与活动钳口使用"同轴心"配合和"重合"配合，结果如图8-40所示。

11 在"装配体"选项卡中单击"线性零部件阵列"按钮，属性管理器中显示"线性阵列"属性面板。然后在钳口板上选择一边线作为阵列参考方向，如图8-41所示。

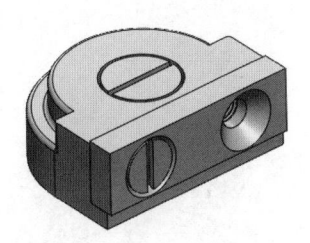

图 8-40 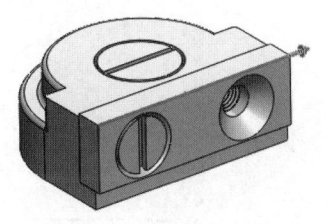　　　　　　　　　图 8-41

12 选择开槽沉头螺钉作为要阵列的零部件，在输入阵列距离及阵列数量后，单击属性面板的"确定"按钮✓，完成零部件的阵列，如图8-42所示。

13 活动钳座装配体设计完成，将装配体文件另存为"活动钳座.SLDASM"，然后关闭窗口。

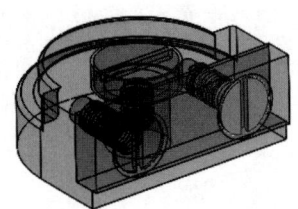

图 8-42

2. 装配固定钳座

装配固定钳座的具体操作步骤如下。

01 新建装配体文件，进入装配环境。

02 在属性管理器中的"开始装配体"属性面板中单击"浏览"按钮，然后将本例的"钳座.sldprt"零部件文件插入装配环境，以此作为固定零部件，如图 8-43 所示。

03 同理，使用"装配体"选项卡中的"插入零部件"工具，执行相同操作依次将丝杠、钳口板、螺母、方块螺母和开槽沉头螺钉等零部件插入装配环境，如图 8-44 所示。

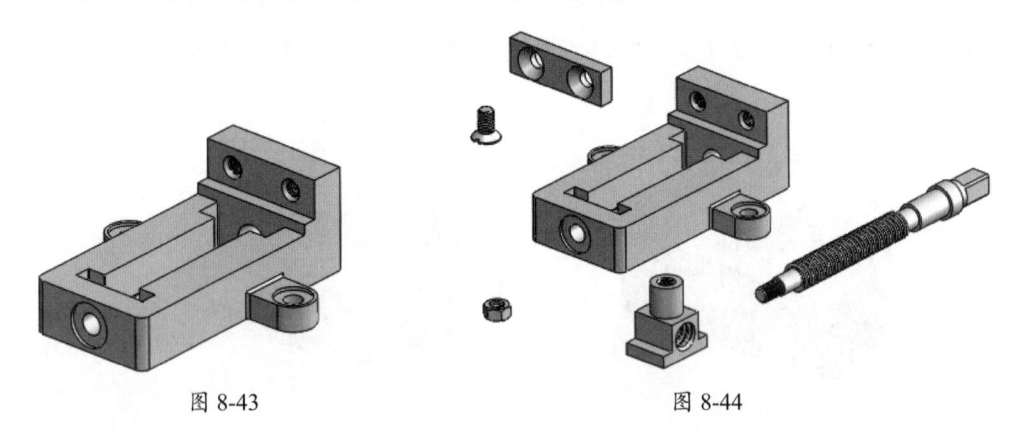

图 8-43　　　　　图 8-44

04 首先装配丝杠到钳座上。使用"配合"工具，选择丝杠圆形部分的边线与钳座孔边线作为要配合的实体，使用"同轴心"配合。然后选择丝杠圆形台阶面和钳座孔台阶面作为要配合的实体，并使用"重合"配合，配合的结果如图 8-45 所示。

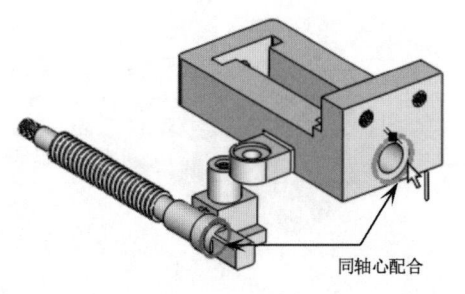

图 8-45

05 装配螺母到丝杠上。螺母与丝杠的配合也使用"同轴心"配合和"重合"配合，如图 8-46 所示。

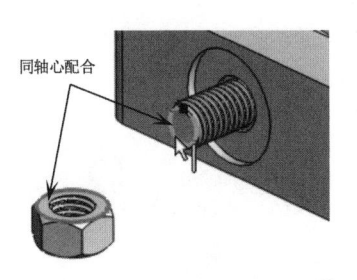

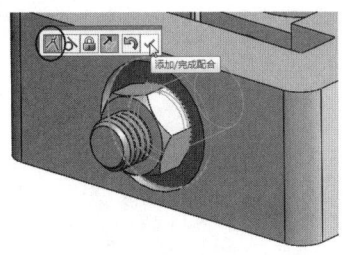

第8章 零件装配设计

图 8-46

06 装配钳口板到钳座上。装配钳口板时使用"同轴心"配合和"重合"配合,如图8-47所示。

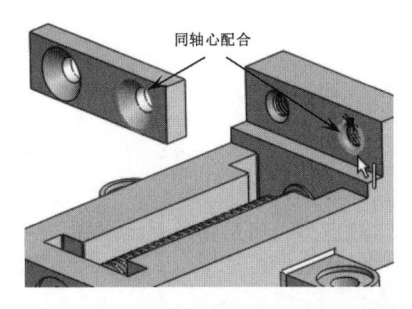

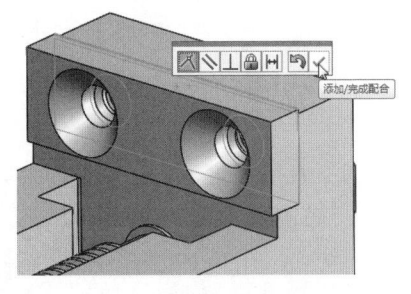

图 8-47

07 装配开槽沉头螺钉到钳口板。装配钳口板时使用"同轴心"配合和"重合"配合,如图8-48所示。

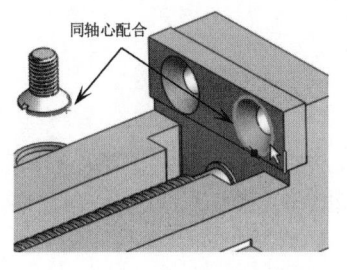

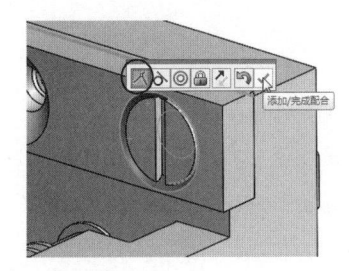

图 8-48

08 装配方块螺母到丝杠。装配时方块螺母使用"距离"配合和"同轴心"配合。选择方块螺母上的面与钳座面作为要配合的实体后,方块螺母自动与钳座的侧面对齐,如图8-49所示。此时,在标准配合工具栏中单击"距离"按钮,然后在"距离"文本框中输入70.00mm,再单击"添加/完成配合"按钮,完成距离配合,如图8-50所示。

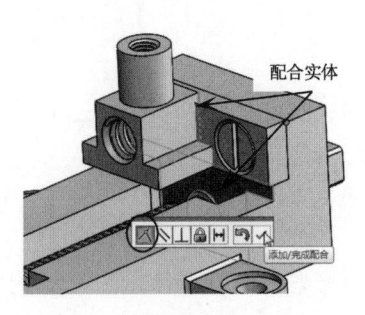

图 8-49 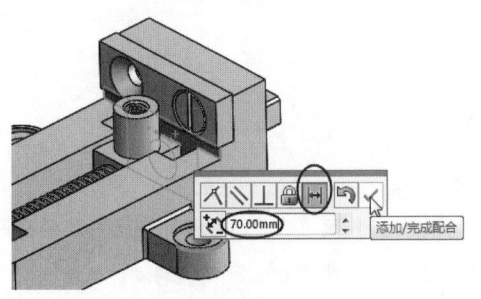   图 8-50

223

09 对方块螺母和丝杠再使用"同轴心"配合，配合完成的结果如图8-51所示。配合完成后，关闭"配合"面板。

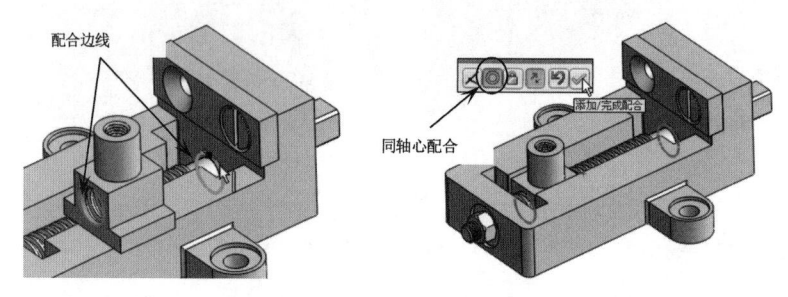

图 8-51

10 使用"线性阵列"工具，阵列开槽沉头螺钉，如图8-52所示。

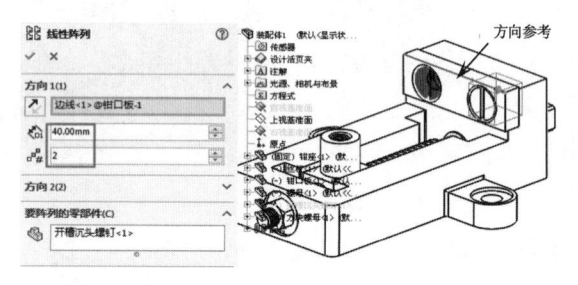

图 8-52

3. 插入子装配体

插入子装配体的具体操作步骤如下。

01 在"装配体"选项卡中单击"插入零部件"按钮，属性管理器中显示"插入零部件"属性面板。

02 在属性面板中单击"浏览"按钮，在"打开"对话框中将先前另存为"活动钳身"的装配体文件打开，如图8-53所示。

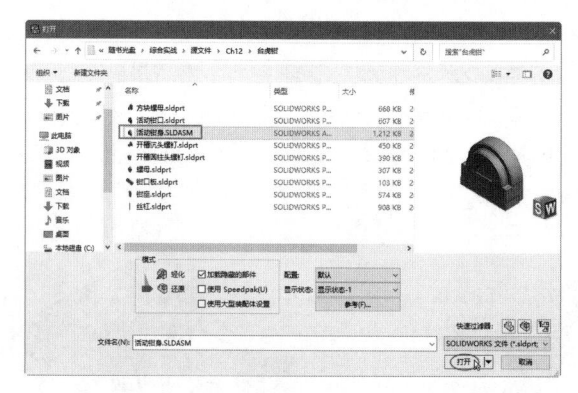

图 8-53

03 打开装配体文件后，将其插入装配环境并任意放置。

04 添加配合关系，将活动钳座装配到方块螺母上。装配活动钳座时先使用"重合"配合和"角度"配合将活动钳座的方位调整好，如图8-54所示。

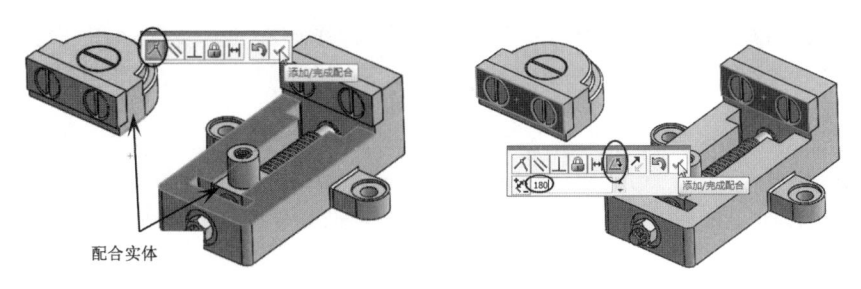

图 8-54

05 使用"同轴心"配合,使活动钳座与方块螺母完全同轴配合在一起,如图 8-55 所示。完成配合后关闭"配合"面板。

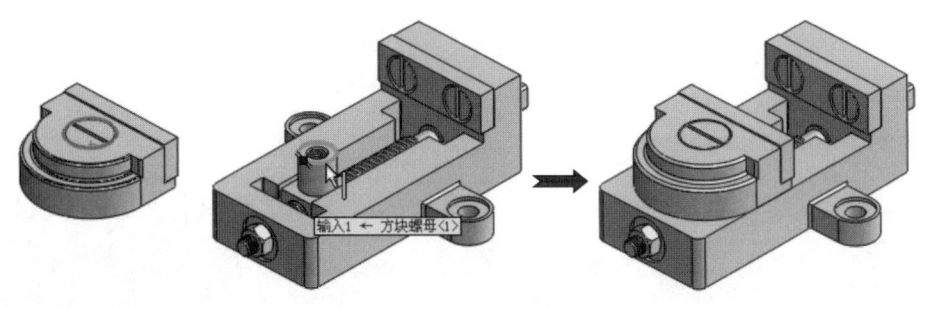

图 8-55

06 至此,台虎钳的装配设计工作已全部完成。最后将结果另存为"台虎钳.SLDASM"装配体文件。

8.6.2 案例二:切割机工作部装配设计

型材切割机是一种高效的电动工具,其工作原理基于砂轮磨削,通过高速旋转的薄片砂轮来精确切割各类型材。本例将着重介绍如图 8-56 所示的切割机工作部装配体的装配设计。

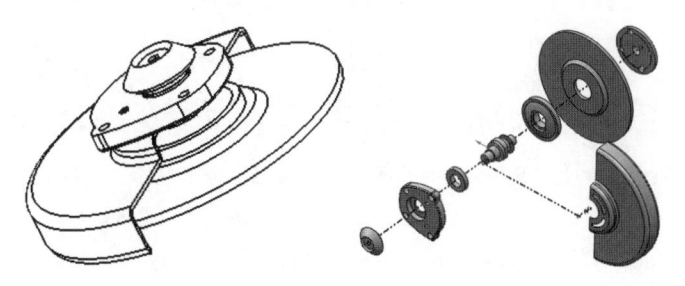

图 8-56

关于切割机工作部装配体的装配设计,我们进行了以下分析。

首先,我们将采用"自下而上"的装配设计方式来完成切割机工作部的装配。这种方式能够确保每个零部件都按照其功能和位置逐一进行组装,从而实现整体结构的稳定性和精确性。

其次,在盘类和轴类零部件的装配过程中,主要运用"同轴心"与"重合"的配合关系。这种配合方式能够确保这些零部件在旋转或传递动力时,能够保持高度的同心性和一致性,从而提高切割机的整体性能。

此外,针对个别零部件,我们还需要采用"距离"配合和"角度"配合来调整它们在装配体中的位置和角度。这种灵活的配合方式能够确保每个零部件都能够准确地安装在预定的位置上,并且与其他零部件形成协调的工作关系。

最后，在装配完成后，将使用"爆炸视图"工具来创建爆炸视图。这一步骤不仅能够帮助我们清晰地展示装配体中各个零部件之间的层次和关系，还能够为后续的维护、调试和改进工作提供有力的支持。

操作步骤

01 新建装配体文件，进入装配环境。

02 在属性管理器的"开始装配体"属性面板中单击"浏览"按钮，然后将本例的"轴.sldprt"零部件文件打开，如图8-57所示。

> **提示**
> 要想插入的零部件与原点位置重合，直接在"开始装配体"属性面板中单击"确定"按钮✓。

03 在"装配体"选项卡中单击"插入零部件"按钮，属性管理器显示"插入零部件"属性面板。在该属性面板中单击"浏览"按钮，然后将本例的"轴.sldprt"零部件文件插入装配工具中并任意放置，如图8-58所示。

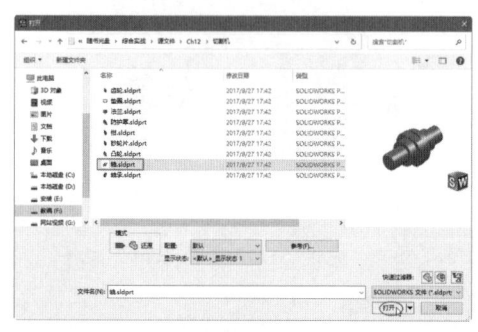

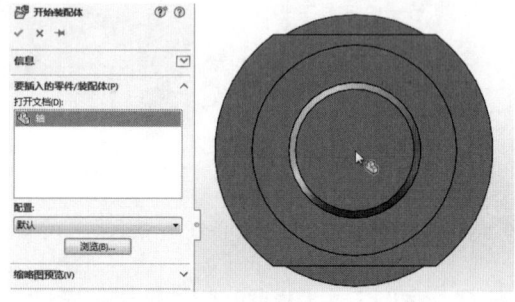

图8-57　　　　　　　　　　　图8-58

04 对轴零部件进行旋转操作，这是为了便于装配后续插入的零部件。在特征管理器设计树中选中轴零部件并在弹出的菜单中选择"浮动"选项，将"固定"设定为"浮动"。

> **提示**
> 只有当零部件的位置状态为浮动时，才能移动或旋转该零部件。

05 在"装配体"选项卡上单击"旋转零部件"按钮，属性管理器显示"旋转零部件"属性面板。在图形区选择轴零部件作为旋转对象，然后在属性面板的"旋转"选项区中选择"由三角形XYZ"选项，并输入△X值为180，再单击"应用"按钮，完成旋转操作，如图8-59所示。完成旋转操作后关闭面板。

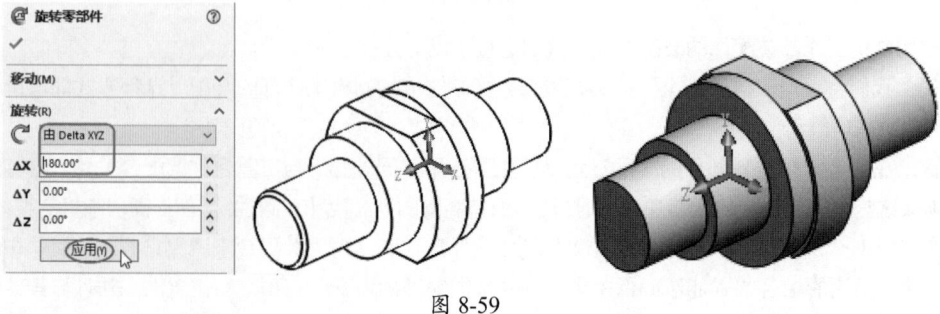

图8-59

06 完成旋转操作后,重新将轴零部件的位置状态设为"固定"。

> **提示**
> 当在"移动零部件"属性面板中展开"旋转"选项区时,该面板的属性发生变化,即由"移动零部件"面板变为"旋转零部件"面板。

07 使用"插入零部件"工具,依次从本例素材文件夹中将法兰、砂轮片、垫圈和钳零部件插入装配体中,并任意放置,如图8-60所示。

08 装配法兰。使用"配合"工具,选择轴的边线和法兰孔边线作为要配合的实体,法兰与轴自动完成同轴心配合。单击标准配合工具栏上的"添加/完成配合"按钮,完成同轴心配合,如图8-61所示。

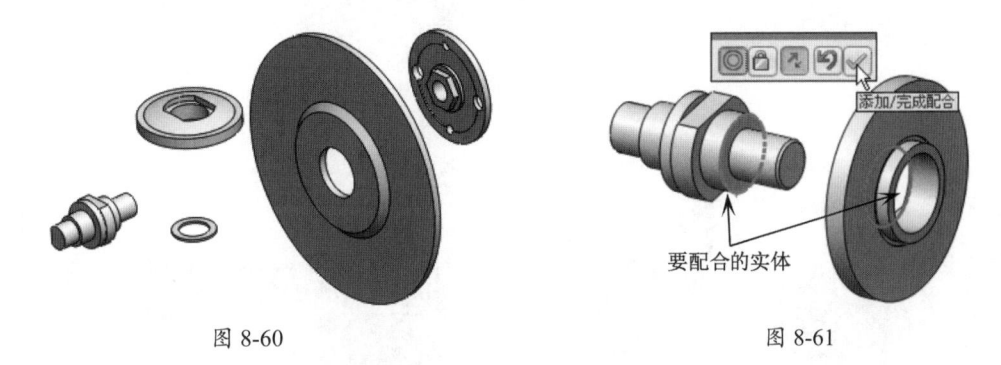

图 8-60　　　　　图 8-61

09 选择轴肩侧面与法兰端面作为要配合实体,然后使用"重合"配合来配合轴零部件与法兰零部件,如图8-62所示。

图 8-62

10 装配砂轮片。装配砂轮片时,对砂轮片和法兰使用"同轴心"配合和"重合"配合,如图8-63所示。

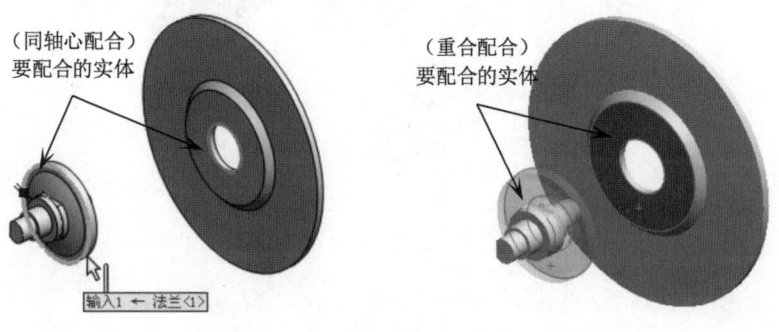

图 8-63

11 装配垫圈。装配垫圈时，对垫圈和法兰使用"同轴心"配合和"重合"配合，如图8-64所示。

12 装配钳零部件。装配钳零部件时，首先对其进行同轴心配合，如图8-65所示。

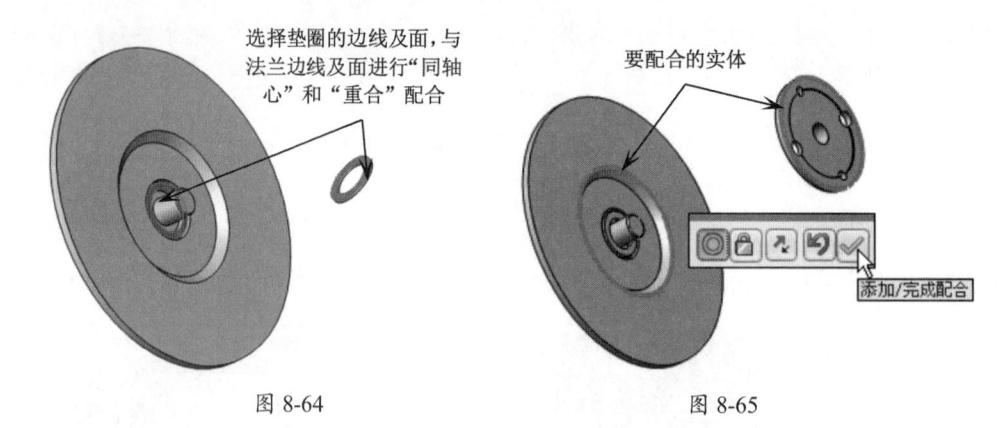

图 8-64

图 8-65

13 选择钳零部件的面和砂轮片的面使用"重合"配合，然后在标准配合工具栏上单击"反转配合对齐"按钮，完成钳零部件的装配，如图8-66所示。

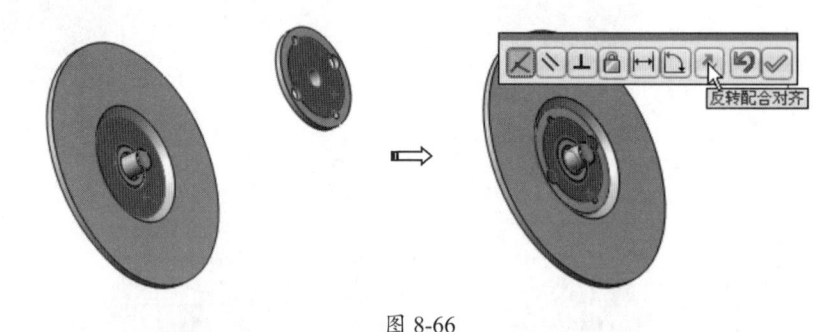

图 8-66

14 使用"插入零部件"工具，依次将本例素材文件夹中其余零部件（包括轴承、凸轮、防护罩和齿轮）插入装配体，如图8-67所示。

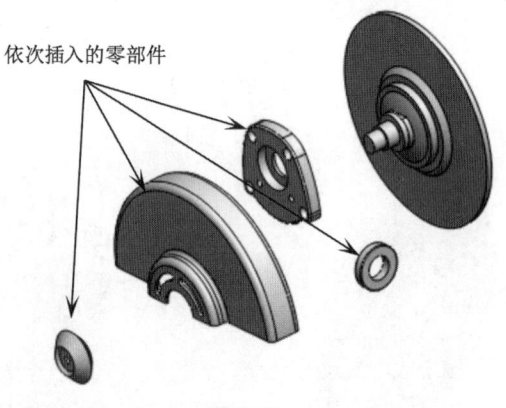

图 8-67

15 装配轴承。装配轴承将使用"同轴心"配合和"重合"配合，如图8-68所示。

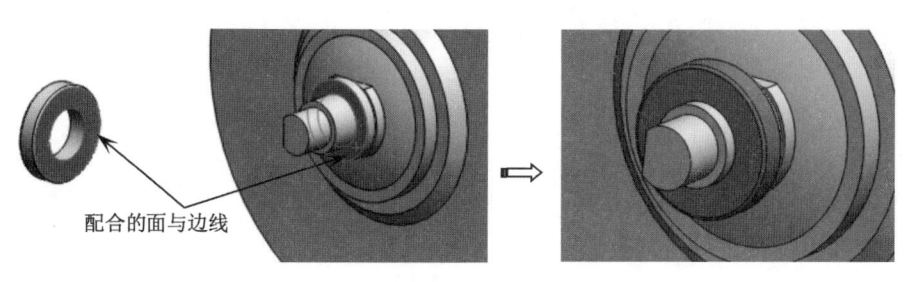

图 8-68

16 装配凸轮。选择凸轮的面及孔边线分别与轴承的面及边线应用"重合"配合和"同轴心"配合,如图 8-69 所示。

图 8-69

17 装配防护罩。首先对防护罩和凸轮使用"同轴心"配合,然后使用"重合"配合,如图 8-70 所示。

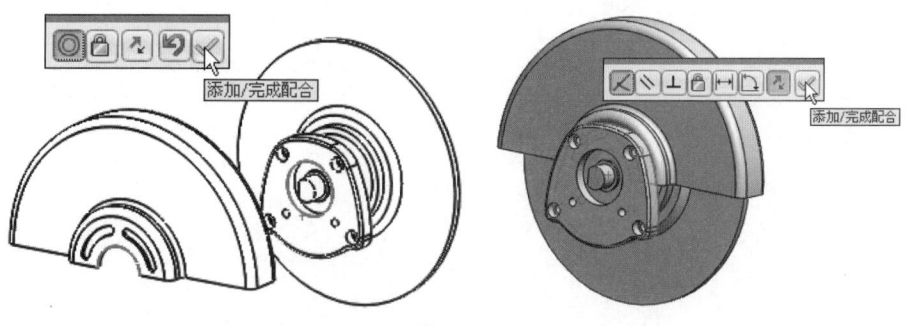

图 8-70

18 选择轴上一侧面和防护罩上一截面作为要配合的实体,然后使用"角度"配合,如图 8-71 所示。

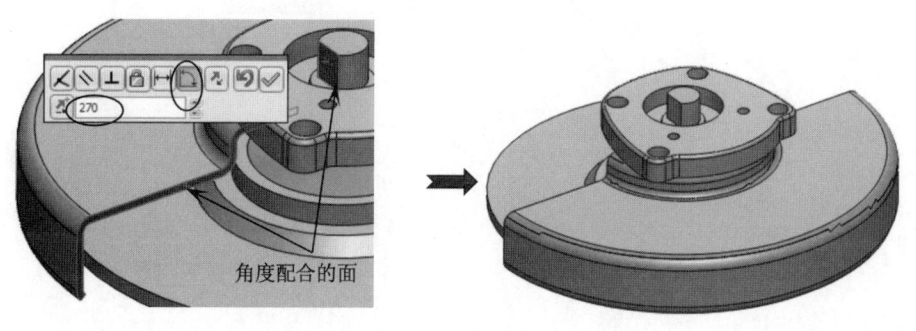

图 8-71

19 对齿轮和凸轮使用"同轴心"配合和"重合"配合，结果如图 8-72 所示。完成所有配合并关闭"配合"面板。

20 使用"爆炸视图"工具和"爆炸直线草图"工具，创建切割机的爆炸视图，如图 8-73 所示。

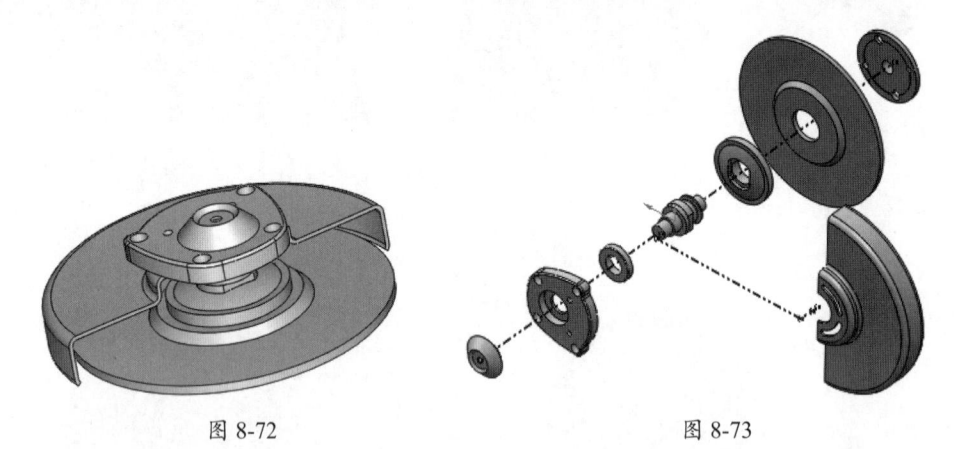

图 8-72

图 8-73

21 至此，切割机装配体设计完成，最后将装配体文件另存为"切割机.SLDASM"，然后关闭窗口。

第 9 章 AI 辅助数控编程与加工

SolidWorks CAM 是一款与 SolidWorks 紧密集成的计算机辅助制造软件，实现了从设计到制造环节的无缝衔接。它支持包括铣削和车削在内的多种加工方式，并能智能生成加工路径，从而优化整个加工流程。作为一款基于 AI 算法的先进 CAM 系统，SolidWorks CAM 在 SolidWorks 设计环境中发挥着关键作用，不仅能自动创建高效的加工路径，还能对加工过程进行精细优化，并生成精确的刀具路径，极大地提升了制造效率与精度。

9.1 SolidWorks CAM 数控加工基本知识

在机械制造领域，数控加工技术的应用显著提升了生产效率，稳定了加工质量，缩短了加工周期，并增强了生产的灵活性。这一技术能够实现对各类复杂精密零件的自动化加工，图 9-1 展示的数控加工中心便是其典型代表。此外，数控加工中心还便于工厂或车间实施计算机管理，进而减少了车间所需设备的总数，节省了人力资源，并改善了劳动条件。这些优势不仅有助于加速产品的开发和更新换代，还提高了企业对市场变化的适应能力，从而为企业带来了更为综合且显著的经济效益。

图 9-1

9.1.1 数控机床的组成与结构

数控机床（NC 机床）是采用数控技术进行控制的先进机床。作为一种高效的自动化数字加工设备，它严格遵循预设的加工程序，对被加工工件进行自动加工。这些直接用于加工的程序，无论是通过手工输入、网络传输还是 DNC 传输，都被称为"数控程序"。数控程序的执行则依赖于数控系统内部的软件，而数控系统正是数控机床工作的核心所在。

数控机床主要由几个关键部分组成：机床本体、数控系统、驱动装置以及辅助装置。机床本体是负责各种切割加工的机械结构，它包括了支承部件如床身、立柱，主运动部分如主轴箱，以及进给运动部件如工作台滑板、刀架等。数控系统，也被称为 CNC 装置，是数控机床的大脑，通常由一台专用计算机担任。驱动装置则是数控机床执行动作的动力来源，包括主轴电动机、进给伺服电动机等。最后，辅助装置涵盖了数控机床的一系列配套部件，例如刀库、液压装置、启动装置、冷却系统、排屑装置、夹具以及换刀机械手等。

图 9-2 展示了一台常见的立式数控铣床，它是数控机床家族中的一员。

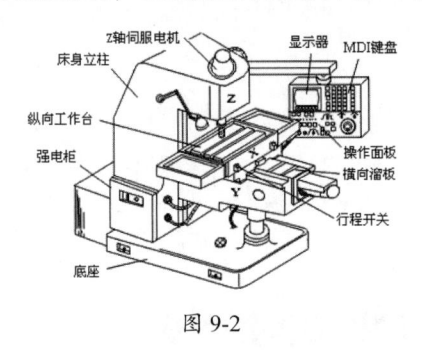

图 9-2

9.1.2 数控加工原理

在操作工人使用机床加工零件的过程中，对机床各项动作的控制显得尤为重要。其中包括了对动作执行顺序的精准把控，以及对机床各运动部件位移量的细致调节。若采用传统机床进行加工，诸如启动、停止、刀具进给、方向切换、主轴变速以及切削液的开关等操作，均须依赖操作工人的手工直接控制。

1. 数控加工的一般工作原理

在使用自动机床和仿形机床进行加工时，操作和运动参数是通过精心设计的凸轮、靠模以及挡块等装置，以模拟量的方式进行控制的。这些机床虽然能够处理较为复杂的零件，并展现出一定的灵活性和通用性，但是，其加工精度却受到凸轮和靠模制造精度的限制。此外，工序的准备时间也相当漫长。相比之下，数控加工则提供了更为高效和精确的解决方案，其一般工作原理如图 9-3 所示。

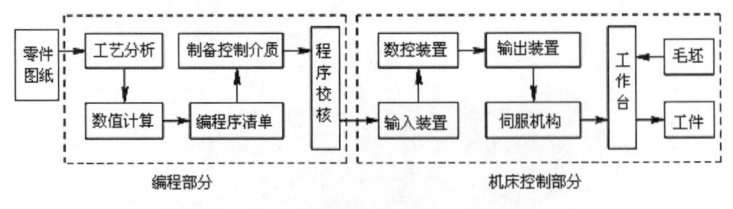

图 9-3

机床上的刀具与工件之间产生的相对运动，称为"表面成形运动"，也可以简称为"成形运动"或"切削运动"。而数控加工，则特指数控机床依据数控程序所预设的轨迹（这一轨迹被称为"数控刀轨"）来进行这种表面成形运动，从而精确地塑造出产品的表面形状。图 9-4 展示了平面轮廓加工的基本过程，而图 9-5 则描绘了曲面加工中的切削情况。

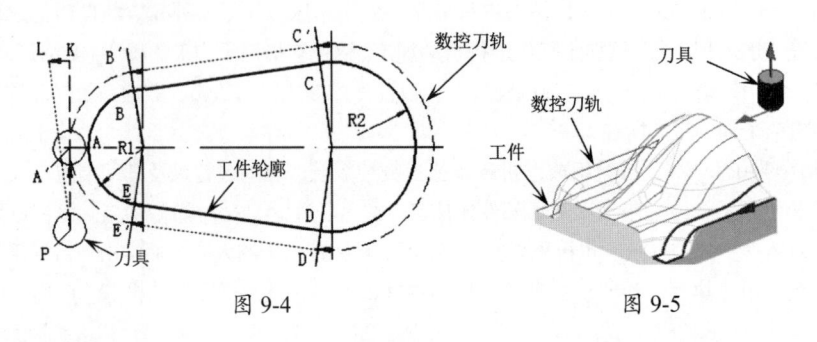

图 9-4

图 9-5

2. 数控刀轨

数控刀轨是由一系列简单的线段相互连接形成的折线,其中的连接点被称为"刀位点"。在加工过程中,刀具的中心点会沿着这条刀轨,依次经过每一个刀位点,精确地切削出工件的预期形状。

当刀具从一个刀位点移动到下一个刀位点时,这种运动被称为"数控机床的插补运动"。由于数控机床主要执行直线或圆弧这两种基础运动来完成插补,因此,数控刀轨实际上是由大量的直线段和圆弧段将各个刀位点连接起来形成的折线。

数控编程的主要任务是精确计算出这条数控刀轨,并将其以程序的形式传输给数控机床。而这一过程的核心,便是准确计算出数控刀轨上的每一个刀位点。

在数控加工过程中,存在两种与数控编程直接相关的误差。

- 刀轨的插补误差:由于数控刀轨只能由直线和圆弧组成,因此它只能近似地模拟出理想的加工轨迹,如图 9-6 所示,这种近似模拟带来的误差即为插补误差。
- 残余高度误差:在进行曲面加工时,相邻的两条数控刀轨之间会留下一些未被切削的区域,如图 9-7 所示。这些未切削区域造成的高度差被称为"残余高度",它直接影响加工表面的粗糙度。

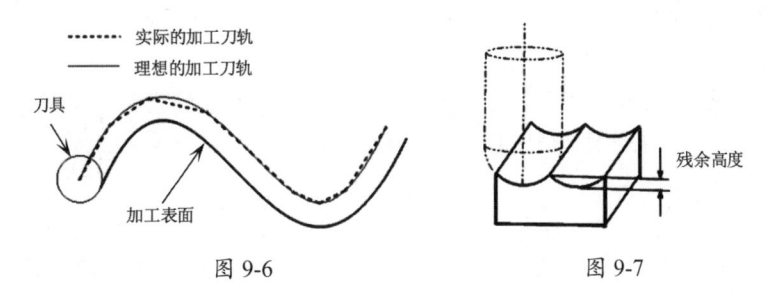

图 9-6

图 9-7

9.1.3　SolidWorks CAM 简介

世界级 CAM 技术已将行业领先的 CAMWorks 软件集成至 SolidWorks 平台。这款经过生产验证的 CAM 解决方案与 SolidWorks 无缝衔接,通过提供基于规则的加工和自动特征识别,显著简化和自动化了 CNC 制造流程。

SolidWorks CAM 提供两个版本:基础标准版(SolidWorks CAM Standard)和专业版(SolidWorks CAM Professional),后者可以从官网下载。在 SolidWorks 2024 中,内嵌的 CAMWorks 为基础标准版,支持 2.5/3 轴铣削、孔加工及车削加工。

CAMWorks 利用基于知识的规则为加工特征分配适当的工艺。其工艺数据库不仅包含加工过程计划数据,还可以根据加工设备类型自定义加工方法。该数据库中的加工信息涵盖以下几个方面。

- 机床:提供 CNC 设备、相应控制器及刀具库的虚拟机床模型。
- 刀具:刀具库全面覆盖公司设备中的所有刀具。
- 特征与操作:为各种特征类型、终止条件及规格的组合提供详细的加工顺序和操作指南。
- 切削参数:包含用于计算进给率、主轴转速以及适配毛坯材料和刀具材料的关键信息。

在 SolidWorks 2024 中,CAMWorks 的加工工具集中在 SolidWorks CAM 选项卡内,方便用户快速访问,如图 9-8 所示。

图 9-8

CAM 的核心目标是生成包含刀具路径的 NCI 文件，这些文件涵盖了切削刀具路径、机床进给率、主轴转速以及 CNC 刀具补偿等关键数据。随后，通过后处理器将这些数据转化为特定机床控制器能理解的NC 指令。在 SolidWorks 2024 中，CAMWorks 的数控加工流程遵循以下步骤。

1. 导入待加工的模型。
2. 确定加工类型并选择合适的机床。
3. 定义加工过程中所使用的刀具。
4. 设置加工坐标系，确保加工精度。
5. 定义毛坯，即加工前的原材料形状。
6. 识别并定义可加工的特征。
7. 选择适当的加工操作，并调整相关加工参数以优化加工效果。
8. 生成刀具轨迹，并进行模拟仿真以验证加工过程的可行性。
9. 输出加工程序文件，供机床控制器执行。

9.2 通用参数设置

在使用 CAMWorks 进行数控编程时，无论选择哪种加工切削方式来处理零件，都需要先完成一系列相同的准备步骤，这些步骤主要涉及通用加工切削的参数设置。

9.2.1 定义加工机床

机床的定义实质上就是确定加工类型的过程。常见的数控加工类型涵盖铣削、车削、钻削以及线切割等，其中钻削和线切割被归类为铣削加工的一种。在 SolidWorks CAM 环境中，可以通过单击 SolidWorks CAM 选项卡中的"定义机床"按钮 ，或者在 SolidWorks CAM 刀具树中右击"机床"项目并选择"编辑定义"选项，弹出"机床"对话框，如图 9-9 所示，从而进行相关的机床设置和配置。

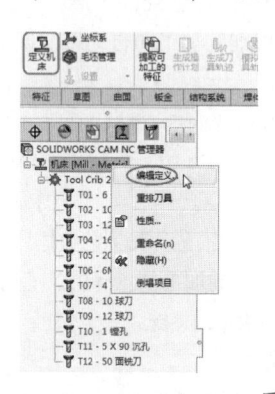

图 9-9

1. 选择可用机床

通过"机床"对话框，用户可以定义机床类型、刀具、加工后处理设置以及加工轴等关键参数。在"机床"选项卡下，从"可用机床"列表中选择适合的机床后，需要单击"选择"按钮进行确认，如图 9-10 所示。系统默认的机床类型为 Mill–Metric，该类型支持 2.5 轴、3 轴以及孔加工操作。

2. 定义刀具库

在"刀具库"选项卡中，用户可以定义和管理刀具库中的刀具。这些刀具将在后续的铣削加工操作中供选择和使用，如图9-11所示。

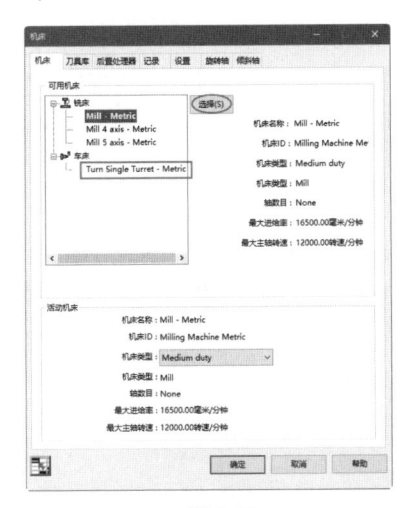

图 9-10

图 9-11

在"刀具库"选项卡中，不仅可以新建刀具并将其添加到库中，还可以从库中选择已有刀具进行编辑定义，或者执行删除库中刀具、保存刀具库等操作，以满足不同的加工需求。

3. 后置处理器

后置处理器负责将生成的刀轨数据转换为特定数控系统所需的NC程序代码。如图9-12所示的"后处理器"选项卡中，提供了包括法拉科FANUC、艾科瑞ANILAM、AllenBradley、西门子以及东芝等多种数控系统的选择。用户在可用的后置处理器列表中选择合适的处理器后，需要单击"选择"按钮进行确认，以确保程序代码的准确性和兼容性。

4. 设置旋转轴和倾斜轴

图9-13展示了"设置"先看看，用户可以在此选项卡中定义加工坐标系、设置主轴转速与方向，以及为车削加工指定加工工作面。此外，用户还可以选择是否显示代码坐标的刀路、刀具补偿等选项，以满足不同的加工需求和提升加工精度。

图 9-12

图 9-13

9.2.2 定义毛坯

毛坯是制造过程中用于加工成零件的初始材料。系统默认的毛坯是一个能够紧密包围零件的最小立方体，以确保加工过程中的材料充足。用户可以通过对这个包围块进行尺寸补偿，或者使用草图和高度参数来自定义毛坯的形状。目前，草图支持长方形和圆形两种基本形状，以满足不同零件的加工需求。

1. 毛坯管理

在 SolidWorks CAM 环境中，可以通过多种方式调出"毛坯管理器"属性面板。具体而言，可以单击 SolidWorks CAM 选项卡中的"毛坯管理"按钮 ，或者在 SolidWorks CAM 特征树、SolidWorks CAM 操作树、SolidWorks CAM 刀具树中右击"毛坯管理"项目，并选择快捷菜单中的"编辑定义"选项（也可以双击"毛坯管理"项目）。通过这些操作，用户可以方便地访问并管理毛坯设置，如图 9-14 所示。

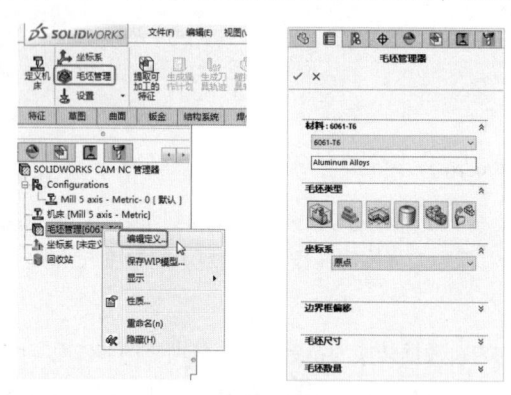

图 9-14

"毛坯管理器"属性面板为用户提供了 6 种灵活的定义毛坯的方法。

- 包络块 ：这种方法通过包络零件的边界来形成一个与 X、Y 和 Z 轴对齐的矩形块。用户可以在下方的"边界框偏移"选项区中自定义矩形块的偏移量，以满足特定的加工需求。
- 预定义的包络块 ：此选项允许用户从系统预定义的包络块尺寸中选择，以快速创建毛坯。这些预定义的尺寸也被称为"规格型号"，在选择特定型号后，还可以根据需要调整尺寸。
- 拉伸草图 ：对于外形不规则的零件毛坯，这种方法非常适用。用户可以通过绘制草图并对其进行拉伸操作，从而得到自定义的毛坯形状。
- 圆柱体 ：专为圆柱形加工零件设计，这种方法能够更有效地利用毛坯原材料，减少浪费。
- STL 文件 ：如果用户选择此类型，则可以直接从外部载入 STL 文件来定义毛坯。这些 STL 文件通常是由外部 CAD 系统创建的，为用户提供了更广泛的毛坯定义选择。
- 零件文件 ：用户还可以选择从外部载入 SolidWorks 零件模型作为毛坯使用。这种方法使毛坯的定义更加灵活和精确，能够紧密配合用户的特定加工需求。

2. 铣削零件设置（定义加工平面）

铣削零件设置涉及对铣削工件的加工面进行定义，即确定在进行工件切削时与刀具轴垂直的加工平面。正确的轴向定义应指向刀具向下铣削的方向，如图 9-15 所示。完成毛坯零件的定义后，可以在 SolidWorks CAM 选项卡中单击"设置"|"铣削设置"按钮 ，以调出"铣削设置"属性面板，进一步配置铣削参数，如图 9-16 所示。

第9章　AI辅助数控编程与加工

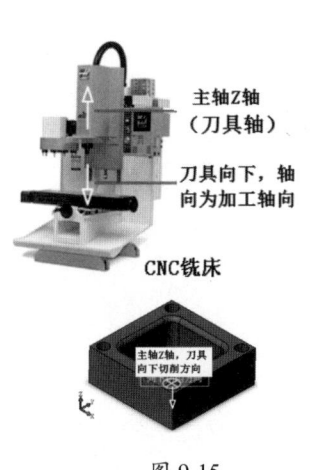

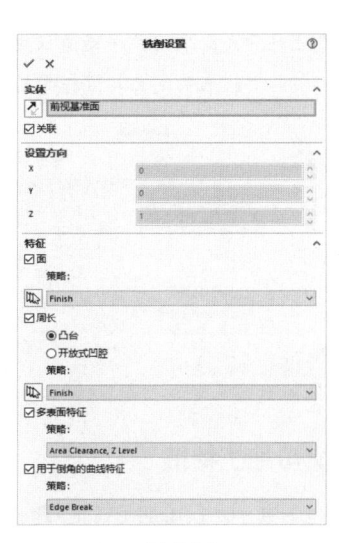

图 9-15　　　　　　　　　　　图 9-16

"铣削设置"属性面板中包含多个选项区，它们各自的作用如下。

- "实体"选项区：该选项区允许用户从工件中选择已存在的平面，并将其作为机床主轴 Z 轴的参考方向。
- "设置方向"选项区：此选项区用于定义在工件绝对坐标系中，机床主轴 Z 轴刀具向下的方向。这确保了切削过程中的准确性和一致性。
- "特征"选项区：在该选项区，可以设置加工模型的各种特征，包括面、周长以及多表面特征。值得注意的是，当建立铣削加工面时，系统也会自动识别和创建相应的特征。这大幅简化了加工设置的复杂性，并提高了工作效率。

9.2.3　定义夹具坐标系统

夹具坐标系统，也被称为"加工坐标系"或"后置输出坐标系"，在加工零件过程中起着至关重要的作用。为确保加工的精确性，必须为零件定义夹具坐标系。这一坐标系的创建既可以在定义机床时的"机床"对话框的"设置"选项卡中进行，也可以选择后续独立创建。

在 SolidWorks CAM 环境中，可以通过单击 SolidWorks CAM 选项卡中的"坐标系"按钮，轻松访问"夹具坐标系统"属性面板。该属性面板提供了两种定义夹具坐标系的方式：一种是直接采用 SolidWorks 自身的坐标系，另一种则是允许用户根据实际需求自定义坐标系。这两种方式为用户提供了灵活性和便利性，以满足不同加工场景的需求。

- SolidWorks 坐标系：此方式直接指定利用基准坐标系所建立的参考坐标系来充当加工坐标系，为用户提供了一个基于软件默认设置的便捷选项，如图 9-17 所示。

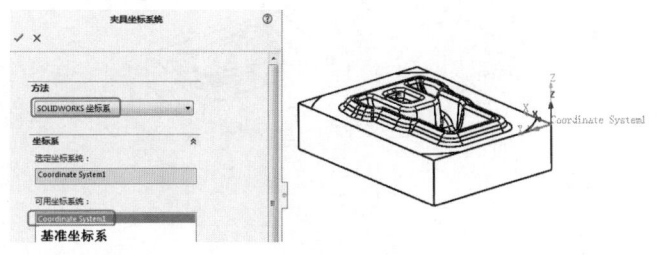

图 9-17

- 用户定义：此种方式要求用户手动选择主模型中的特定点（或参考点）以确立夹具坐标系的原点，随后依据模型的形状来确定夹具坐标系的轴向，如图 9-18 所示。

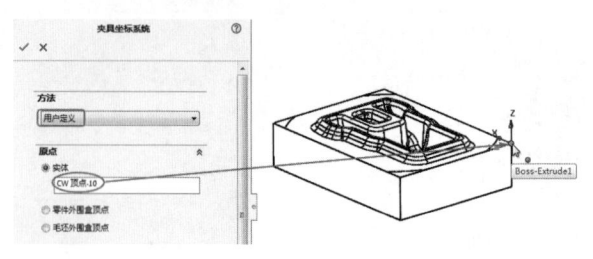

图 9-18

9.2.4 AI 定义可加工特征

在 SolidWorks CAM 中，仅可加工特征方能进行加工操作。定义这些可加工特征可以通过以下两种方法实现。

1. 自动特征识别

自动特征识别技术能够深入分析零件的形状，并尝试识别那些最常见且适合进行铣削、车削等加工操作的特征。根据零件的复杂程度，这项技术可以显著节省大量时间，提高工作效率。值得一提的是，自动特征识别是建立在人工智能算法基础上的智能抓取工具，具有高度的智能化和自动化特点。图 9-19 展示了利用"提取可加工的特征"工具进行自动提取的铣削加工特征，清晰呈现了这项技术的实际应用效果。

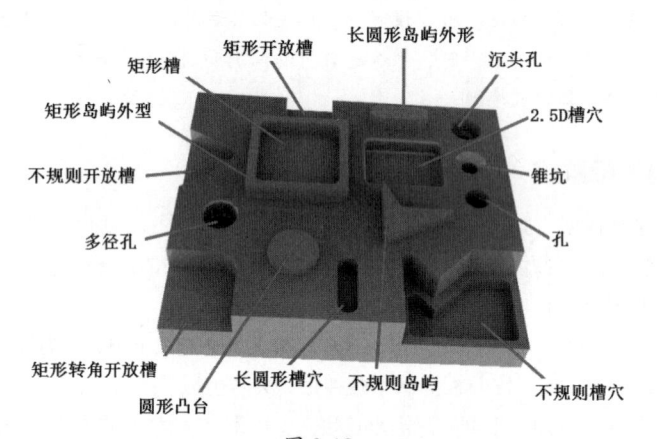

图 9-19

自动识别可加工特征的操作方法是：在 SolidWorks CAM 选项卡中单击"提取可加工的特征"按钮，系统会自动识别当前模型中所有可加工的特征，如图 9-20 所示。

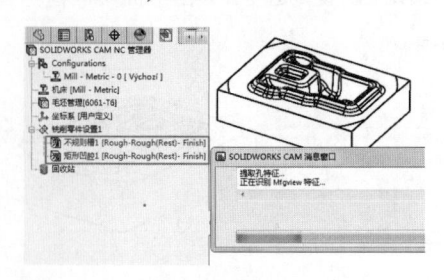

图 9-20

2. 交互添加新特征

若"提取可加工的特征"工具未能准确识别期望加工的特征，可以在 CAM 特征树中的"铣削零件设置"项目位置右击，从弹出的快捷菜单中选择"2.5 轴特征""零件周长"或"多曲面特征"等选项。另外，也可以通过 SolidWorks CAM 选项卡中的"特征"菜单来选择相应的选项，以手动方式识别出所需的可加工特征。这一操作过程如图 9-21 所示，可以满足更精确的加工需求。

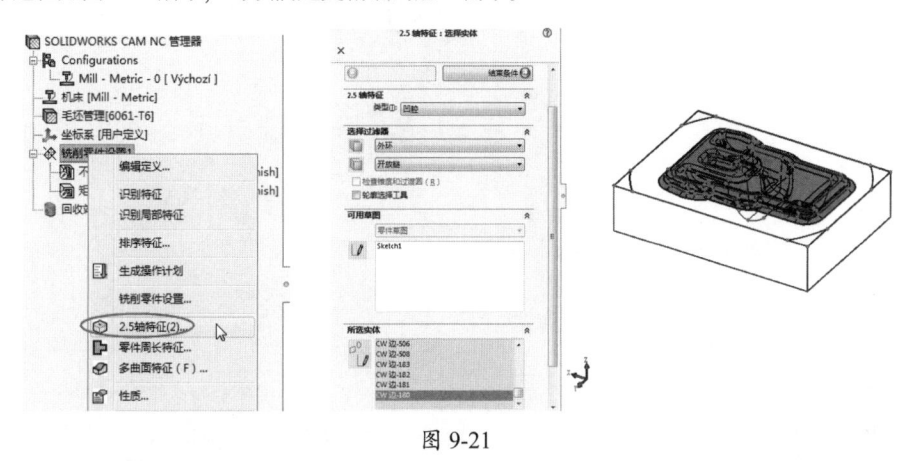

图 9-21

9.2.5 生成操作计划

当 SolidWorks CAM 成功提取出可加工特征后，它会根据工艺技术数据库中的信息，为这些特征自动建立相应的加工操作。然而，在某些特定情况下，工艺技术数据库中定义的加工操作可能无法满足零件的全部加工需求。此时，就需要我们添加额外的操作来弥补这一不足。具体来说，可以在 SolidWorks CAM 选项卡中利用"2.5 轴铣削操作""孔加工操作""3 轴铣削操作"或"车削操作"等工具命令来创建新的加工操作。完成这些设置后，只需在 SolidWorks CAM 选项卡中单击"生成操作计划"按钮，SolidWorks CAM 便会自动创建出一系列铣削加工操作，以完成零件的全面加工。这些生成的操作将被整齐地列在"铣削零件设置"项目组中，方便用户查看和管理，如图 9-22 所示。

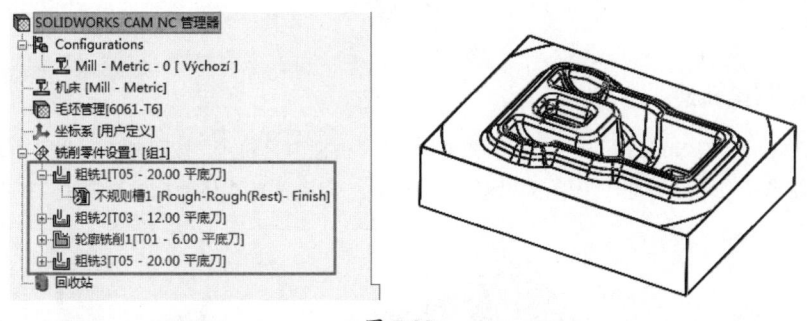

图 9-22

在生成的这些操作中，用户可以根据实际的加工需求来自定义加工操作的参数。只需在"铣削零件设置"项目组中双击特定的操作，即可弹出"操作参数"对话框，如图 9-23 所示。这一功能为用户提供了灵活的调整空间，以确保加工过程更加符合实际需求和期望。

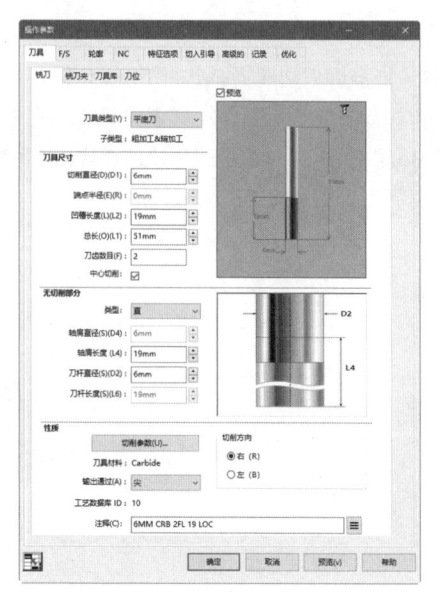

图 9-23

9.2.6　生成刀具轨迹

完成加工操作的参数设置后，可以单击"生成刀具轨迹"按钮，自动生成所有加工操作的刀具轨迹，如图 9-24 所示。

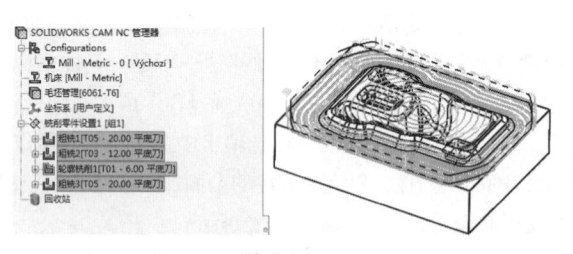

图 9-24

9.2.7　模拟刀具轨迹

生成刀具轨迹后，在 SolidWorks CAM 选项卡中单击"模拟刀具轨迹"按钮，会调出"模拟刀具轨迹"属性面板，同时系统自动应用毛坯。单击"运行"按钮，自动播放实体模拟仿真视频，如图 9-25 所示。

图 9-25

9.3 数控加工案例

下面以2.5轴、3轴及车加工系统的实际加工为例,详细介绍铣削加工的加工刀路创建方法。

9.3.1 案例一:2.5轴铣削加工

2.5轴铣削涵盖了多种加工特征,包括自动生成的粗加工、精加工、螺纹铣削(无论是单点还是多点)、钻孔、镗孔、铰孔以及螺丝攻等。这种加工方式不仅提供了快速的切削循环,还具备过切保护功能,从而确保了加工过程的安全与效率。此外,2.5轴铣削加工还支持使用多种刀具,如端铣刀、球刀、锥度刀、锥孔刀、螺纹铣刀以及圆角铣刀,以满足不同加工需求。

接下来,将以一个典型的机械零件为例,详细介绍几种常见的2.5D铣削加工操作。该机械零件如图9-26所示,通过对其进行数控加工,可以充分展示2.5轴铣削在机械制造领域中的广泛应用与实用价值。

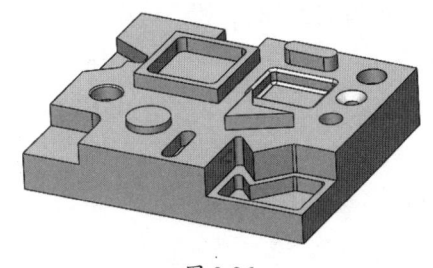

图 9-26

1. 创建加工操作前的准备工作

01 打开本例素材文件 mill2ax_2.sldprt。

02 由于 SolidWorks CAM 默认使用的是 2.5/3 轴铣削机床,所以无须再重新定义机床。

03 单击"坐标轴"按钮,调出"夹具坐标系统"属性面板。在模型中拾取一个顶点作为夹具坐标系原点,如图9-27所示。单击"确定"按钮✓完成夹具坐标系的建立。

04 单击"毛坯管理"按钮,在调出的"毛坯管理器"属性面板中,保留默认的"包络块"类型,在"边界框偏移"选项区中设置 Z+ 参数为 2mm,再单击"确定"按钮✓完成毛坯的创建,如图9-28所示。

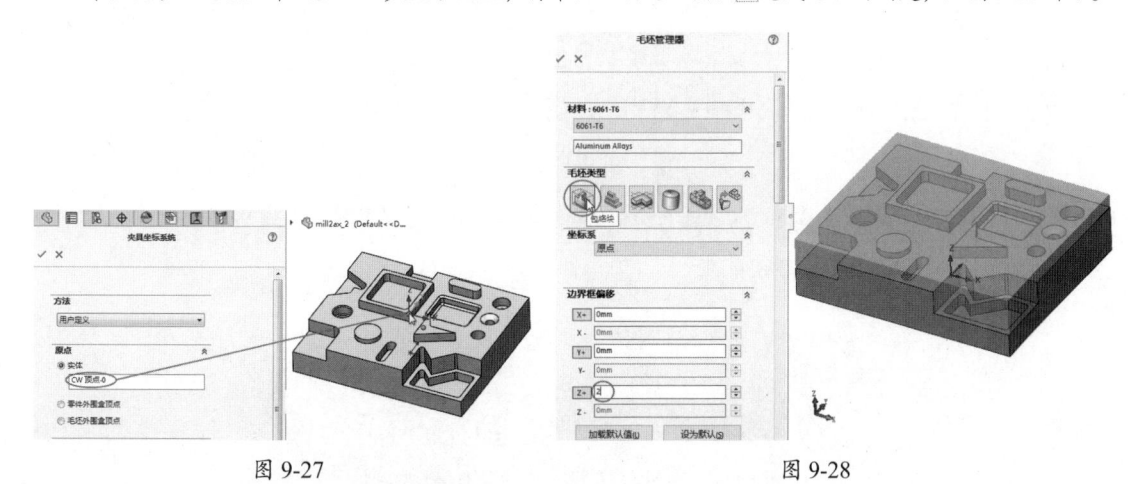

图 9-27   图 9-28

05 单击"提取可加工特征"按钮,CAM 自动识别零件模型中所有能加工的特征,识别的结果如图9-29所示。

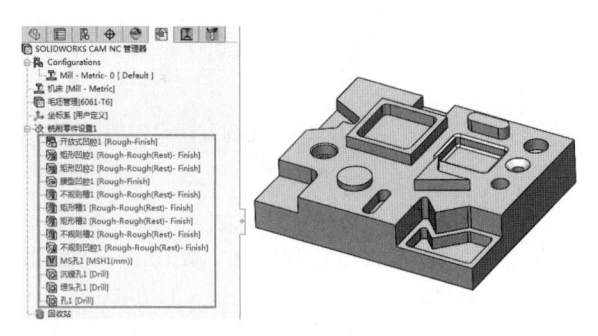

图 9-29

2. 创建加工操作并模拟仿真

01 单击"生成操作计划"按钮，CAM 自动完成对提取特征创建合适的加工操作，如图 9-30 所示。

02 从生成的操作来看，有些操作的图标有黄色的警示符号，这说明此操作存在一定的问题。右击此图标，在弹出的快捷菜单中选择"哪儿错了？"选项，如图 9-31 所示。

03 弹出"错误"对话框，从中可以找到问题所在，单击"清除"按钮，如图 9-32 所示。同理，对于其他出错的操作，也执行此清除动作。

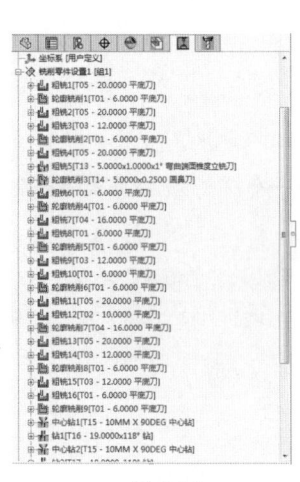

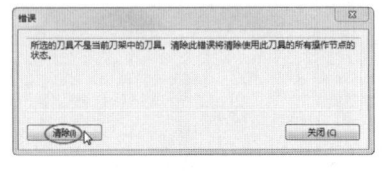

图 9-30　　　　图 9-31　　　　图 9-32

04 单击"生成刀具轨迹"按钮，CAM 自动创建所有加工操作的刀具轨迹，如图 9-33 所示。

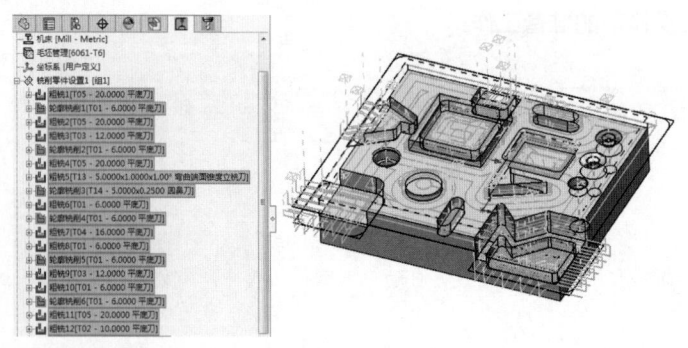

图 9-33

第9章　AI辅助数控编程与加工

05 在CAM操作树中选中所有加工操作，再单击"模拟刀具轨迹"按钮，调出"模拟刀具轨迹"属性面板，单击"运行"按钮，进行刀具轨迹的模拟仿真，效果如图9-34所示。

图 9-34

06 单击"保存"按钮保存数控加工文件。

9.3.2 案例二：3轴铣削加工

三轴加工技术广泛应用于各类零件的粗加工、半精加工及精加工环节，尤其擅长处理那些2.5轴铣削无法应对的复杂曲面零件粗加工任务。例如，如图9-35所展示的模具成型零件，便可通过三轴加工技术实现高精度、高效率的加工效果。

接下来，将通过详细解析一个典型模具零件的粗加工过程，来深入探讨SolidWorks CAM的3轴铣削加工技术。该待加工零件如图9-36所示，其复杂的形状和结构充分展示了3轴铣削在模具制造领域的重要应用。

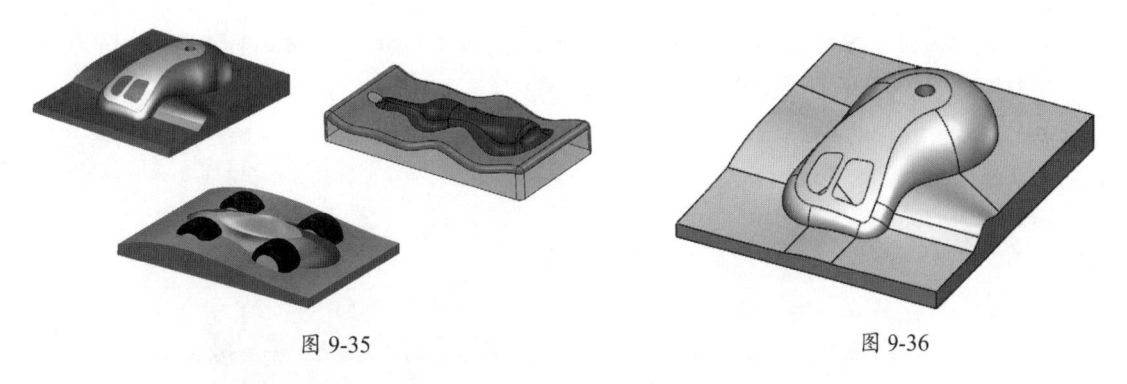

图 9-35　　　　　　　　　　图 9-36

1. 创建加工操作前的准备工作

01 打开本例素材文件 mill3ax_4.sldprt。

02 单击"坐标系"按钮，调出"夹具坐标系统"属性面板。选中"零件外围盒顶点"单选按钮，接着在预览显示的零件外围盒顶面拾取中间点作为夹具坐标系原点，再在"轴"选项区中激活Z轴收集框，在零件模型上选择竖直边作为参考，并单击按钮更改方向，结果如图9-37所示。最后单击"确定"按钮完成夹具坐标系的建立。

03 单击"毛坯管理"按钮，在调出的"毛坯管理器"属性面板中，保留默认的"包络块"类型，单击"确定"按钮完成毛坯的创建，如图9-38所示。

图 9-37　　　　　　　　　　　　　　　　　图 9-38

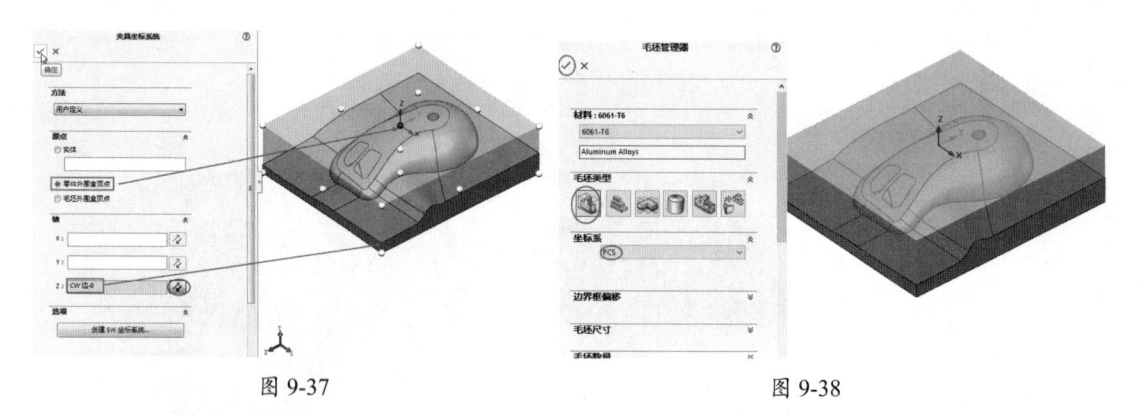

04 单击"设置"|"铣削设置"按钮，调出"铣削设置"属性面板，在图形区中展开特征树，选择 Plane2 平面作为加工平面，单击"反向所需实体"按钮更改方向，如图 9-39 所示。

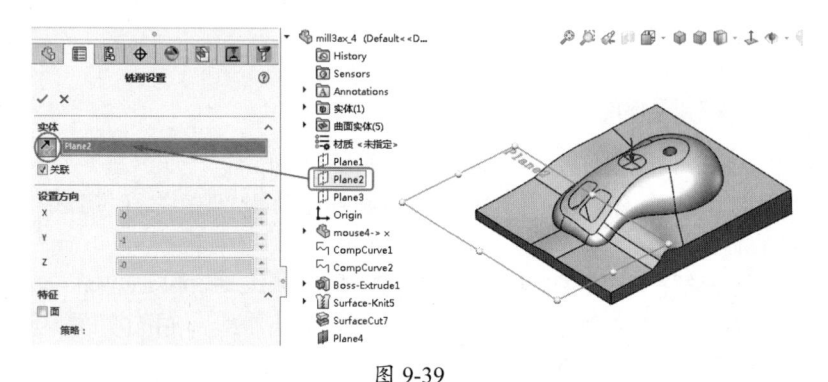

图 9-39

05 在 CAM 特征树或 CAM 操作树中选中"铣削零件设置"项目，然后在 SolidWorks CAM 选项卡中单击 "特征"|"多表面特征"按钮，调出"多表面特征"属性面板。

06 在"面选择选项"选项区单击"选择所有面"按钮，自动选取成型零件中的所有面，接着单击"清除表面"按钮，将"选择的面"列表中的几个面（排在后面的是零件的 4 个侧面和 1 个底面）清除，结果如图 9-40 所示。

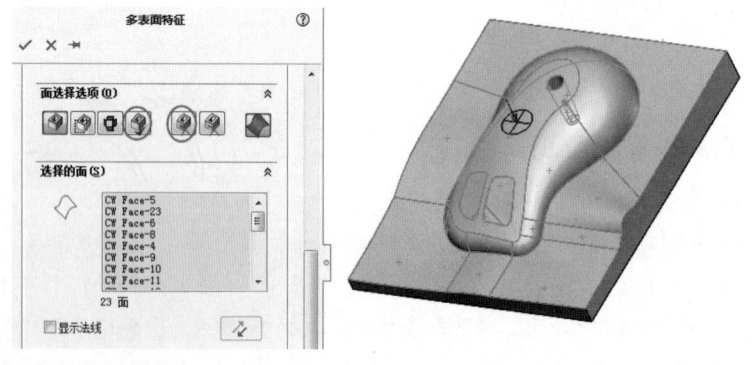

图 9-40

2. 创建加工操作并模拟仿真

01 单击"生成操作计划"按钮，CAM 自动创建针对所选曲面的合适的加工操作，如图 9-41 所示。

02 单击"生成刀具轨迹"按钮 ，CAM 自动创建所有加工操作的刀具轨迹，如图 9-42 所示。

图 9-41

图 9-42

03 在 CAM 操作树中选中所有加工操作，再单击"模拟刀具轨迹"按钮 ，调出"模拟刀具轨迹"属性面板，单击"运行"按钮 ，进行刀具轨迹的模拟仿真，如图 9-43 所示。

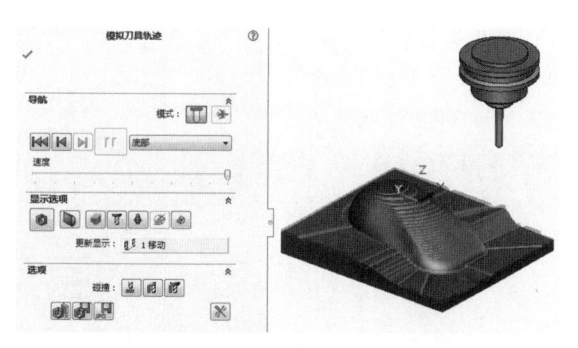

图 9-43

04 单击"保存"按钮 保存数控加工文件。

9.3.3 案例三：车削加工

车削加工是一种在车床上利用刀具对旋转的工件进行切削的方法，由于这种加工方式仅限于处理圆截面工件，因此具有其独特性。CNC 车床则能够执行多种不同类型的制程加工，根据其功能和特点，通常可以将其划分为 7 种形式，具体如图 9-44 所示。

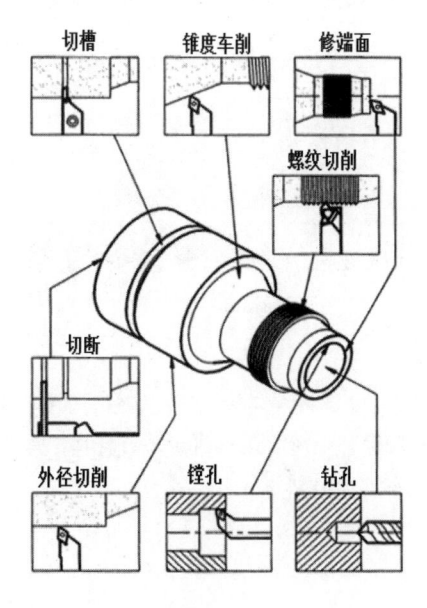

图 9-44

下面，将通过详细阐述一个典型轴类零件的车削加工过程，来深入探究 SolidWorks CAM 的车削加工技术。该待加工的轴类零件如图 9-45 所示，其结构特点充分展现了车削加工在轴类零件制造中的重要作用。

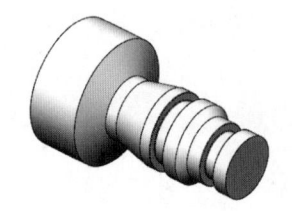

图 9-45

1. 创建加工操作前的准备工作

01 打开本例素材文件 turn2ax_1.sldprt。

02 由于 SolidWorks CAM 默认使用的是 2.5/3 轴铣削机床，所以需要重新定义机床。单击"定义机床"按钮 弹出"机床"对话框。

03 在"机床"选项卡的"可用机床"列表中选择 Turn Single Turret – Metric 车床，并单击"选择"按钮确认，再单击"确定"按钮完成机床的定义，如图 9-46 所示。当定义了机床后，CAM 自动完成毛坯和夹具坐标系的创建，如图 9-47 所示。

图 9-46

04 毛坯是根据零件形状自动生成的，却不包括夹具夹持部分的毛坯，所以需要在 CAM 操作树中双击"毛坯管理"项目，在调出的"毛坯管理器"属性面板中修改"棒料参数"选项区中的参数，如图 9-48 所示。

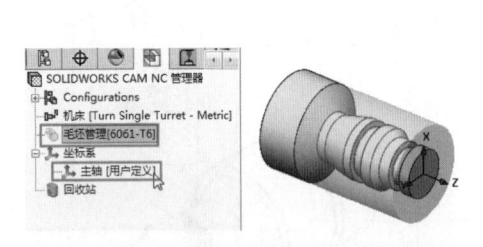

图 9-47　　　　　　　　　　　　图 9-48

05 单击"提取可加工特征"按钮 ，CAM 自动识别轴零件中所有能车削加工的特征，识别的结果如图 9-49 所示。

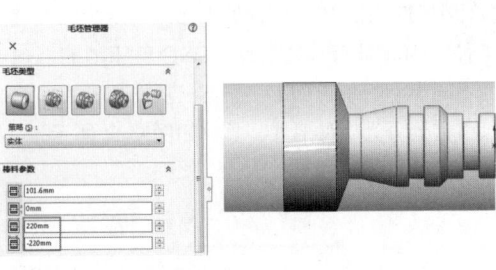

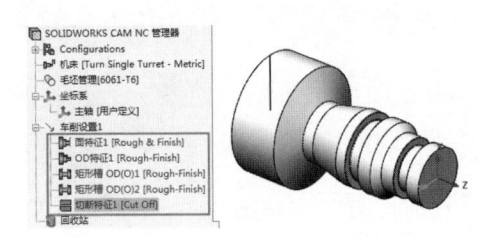

图 9-49

2. 创建加工操作并模拟仿真

01 单击"生成操作计划"按钮，CAM 自动完成对提取特征创建合适的加工操作，如图 9-50 所示。

02 从生成的操作来看，有 4 个槽加工操作的图标有黄色的警示符号，说明操作存在问题。选中 4 个操作并右击，在弹出的快捷菜单中选择"哪儿错了？"选项，如图 9-51 所示。

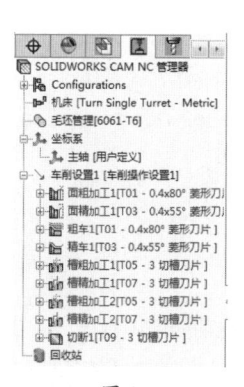

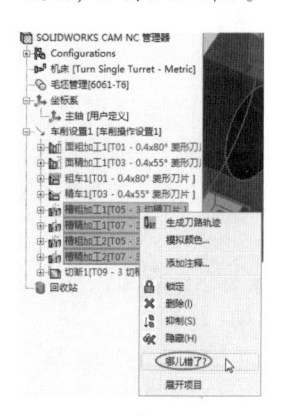

图 9-50　　　　　　图 9-51

03 弹出"错误"对话框。从中可以找到问题所在，单击"清除"按钮，如图 9-52 所示。同理，对于其他出错的操作，也执行此清除动作。

04 单击"生成刀具轨迹"按钮，CAM 自动创建所有车削加工操作的刀具轨迹，如图 9-53 所示。

图 9-52　　　　　　图 9-53

05 在 CAM 操作树中选中所有加工操作，再单击"模拟刀具轨迹"按钮，调出"模拟刀具轨迹"属性面板，单击"运行"按钮，进行刀具轨迹的模拟仿真，效果如图 9-54 所示。

图 9-54

06 单击"保存"按钮，保存数控加工文件。

第 *10* 章　AI 辅助钣金及拆图设计

钣金制品在日常生活中随处可见，例如计算机机箱、电源箱、电气控制箱体、建筑门窗以及餐具等，它们都是采用钣金成型技术来制造全部或部分产品。SolidWorks 软件提供了强大的钣金设计功能，使用户能够进行精确的板件结构设计与仿真制造。本章将重点介绍 SolidWorks 的钣金设计工具，并深入探讨其 AI 辅助的钣金拆图设计方法，帮助用户更高效地进行钣金设计工作。

10.1　SolidWorks 钣金设计

要在 SolidWorks 2024 中访问钣金设计工具，首先需要在功能区中调出"钣金"选项卡。一旦调出，将看到如图 10-1 所示的钣金设计工具界面，其中包含了进行钣金设计所需的各种功能和命令。

图 10-1

SolidWorks 2024 的钣金设计工具主要包含钣金法兰工具、折弯工具、成形工具、剪裁工具、展开/折叠工具和转换到钣金工具等。

10.1.1　钣金法兰工具

在 SolidWorks 的钣金设计环境中，提供了 4 种强大的工具来生成钣金法兰，这些工具能够按照预定的厚度增加材料，从而创建出所需的法兰特征。这四种法兰特征包括：基体法兰、薄片（也被称为"凸起法兰"）、边线法兰以及斜接法兰。关于这些法兰特征的详细信息，参见表 10-1。

表 10-1　法兰特征列表

法兰特征	定义解释	图例
基体法兰	基体法兰是一种专门用于生成钣金零件基体特征的工具。它与基体拉伸特征有相似之处，但独特之处在于，基体法兰能够通过使用指定的折弯半径来添加折弯，从而为钣金零件打造出坚实的基体结构	
薄片（凸起法兰）	薄片特征允许用户在钣金零件上增加具有相同厚度的薄片结构。在创建这一特征时，必须确保所绘制的草图位于已有的表面上，以确保薄片能够正确地附加到零件上	
边线法兰	边线法兰特征能够将法兰结构添加到钣金零件的选定边线上。此外，为了满足不同的设计需求，还可以灵活调整该特征的弯曲角度和草图轮廓	

续表

法兰特征	定义解释	图例
斜接法兰	斜接法兰特征允许在钣金零件的一条或多条边线上添加一系列法兰。此外,为了在需要的位置实现平滑过渡,还可以选择添加相切选项来创建斜接特征,从而提升整体设计的流畅性和美观度	

1. 基体法兰

基体法兰,也被誉为"钣金第一壁",是构建钣金零件的首要特征。一旦将基体法兰添加到零件中,该零件便会被正式标记为钣金零件,随后会在适当的位置添加折弯,同时在特征树中引入特定的钣金特征。值得注意的是,基体法兰特征是通过草图来生成的,这些草图可以是单一开环轮廓、单一封闭轮廓,或者是多重封闭轮廓。表 10-2 详细列出了用于创建基体法兰的 3 种草图类型,供用户参考和选择。

表 10-2　3 种不同草图来建立的基体法兰

草　图	说　明	图　解
单一开环轮廓	单一开环的草图轮廓适用于拉伸、旋转、剖面、路径、引线和钣金等多种特征的创建	
单一封闭轮廓	单一闭环的草图轮廓同样可以用于拉伸、旋转、剖面、路径、引线和钣金等特征的生成	
多重封闭轮廓	多重封闭草图轮廓主要被应用于拉伸、旋转和钣金等特征的生成中	

2. 薄片

通过"基体法兰/薄片"命令,不仅可以构建钣金基体法兰零件,还能便捷地为其添加薄片特征。系统会自动将薄片特征的深度调整为与钣金零件的厚度一致,确保二者在结构上的协调性。同时,深度的方向也会被系统智能地设置为与钣金零件重合,从而有效避免任何可能的结构脱节情况,保障整体设计的稳固性和可靠性。

> **提示**
>
> 在创建薄片特征时,需要特别注意草图的绘制。草图可以是单一闭环、多重闭环或多重封闭轮廓,但必须绘制在垂直于钣金零件厚度方向的基准面或平面上。虽然薄片特征的草图可以编辑,但其定义是不可更改的。这是因为薄片特征的深度、方向以及其他关键参数已经预设为与钣金零件的参数相匹配,以确保结构的整体性和稳定性。

3. 边线法兰

使用"边线法兰"工具，可以为法兰增添一条或多条边线。但请注意，在添加边线法兰时，所选择的边线必须是线性的。软件将会自动将褶边厚度与钣金零件的厚度进行关联。同时，草图轮廓中的一条直线必须准确地位于所选的边线上。图 10-2 展示了如何在钣金基体法兰上创建边线法兰特征的具体操作。

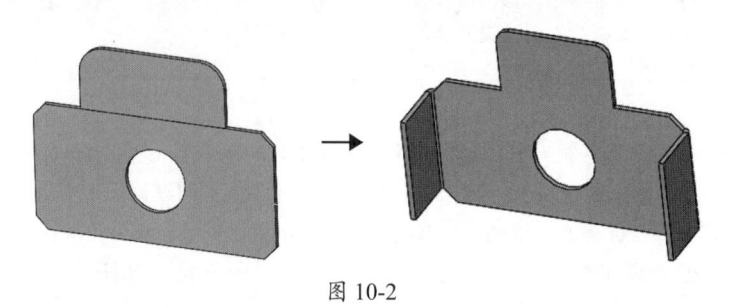

图 10-2

4. 斜接法兰

使用"斜接法兰"工具，可以将一系列法兰添加到钣金零件的一条或多条边线上。在创建"斜接法兰"特征时，首先需要绘制一个草图，该草图可以是直线或圆弧。值得注意的是，当使用圆弧草图生成斜接法兰时，圆弧不能与钣金件的厚度边线相切，但可以与长边线相切，或者在圆弧与厚度边线之间通过一条直线相连。图 10-3 展示了如何在钣金零件上创建斜接法兰特征的具体操作。

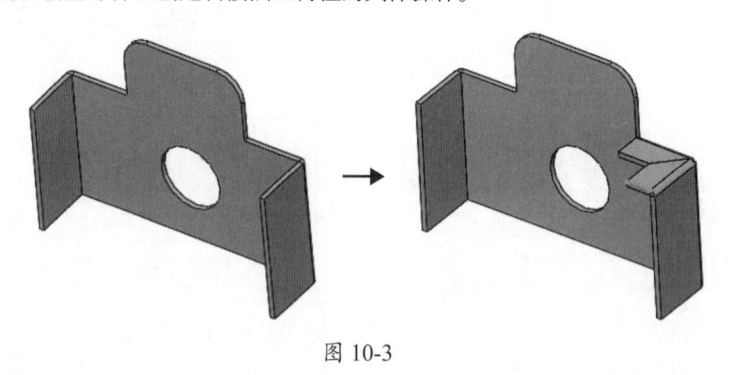

图 10-3

10.1.2 折弯钣金工具

SolidWorks 2024 的钣金模块配备了 6 种各具特色的折弯特征工具，以便用户能够灵活设计钣金的折弯。这些工具包括："绘制的折弯""褶边""转折""展开""折叠"以及"放样的折弯"。这 6 种工具提供了多样化的设计选项，以满足不同的钣金折弯需求。

1. 绘制的折弯

"绘制的折弯"命令允许用户在钣金零件处于折叠状态时，通过绘制草图来添加折弯线。在草图中，只能使用直线，并且可以为每个草图添加多条直线。值得注意的是，折弯线的长度并不需要与被折弯面的长度完全一致。图 10-4 展示了如何在钣金零件上创建"绘制的折弯"特征。

2. 褶边

"褶边"命令能够将褶边添加到钣金零件的选定边线上。在使用此命令创建褶边特征时，所选的边线必须是直线。系统会自动在交叉的褶边上添加斜接边角。图 10-5 展示了如何在钣金零件上创建"褶边"特征。

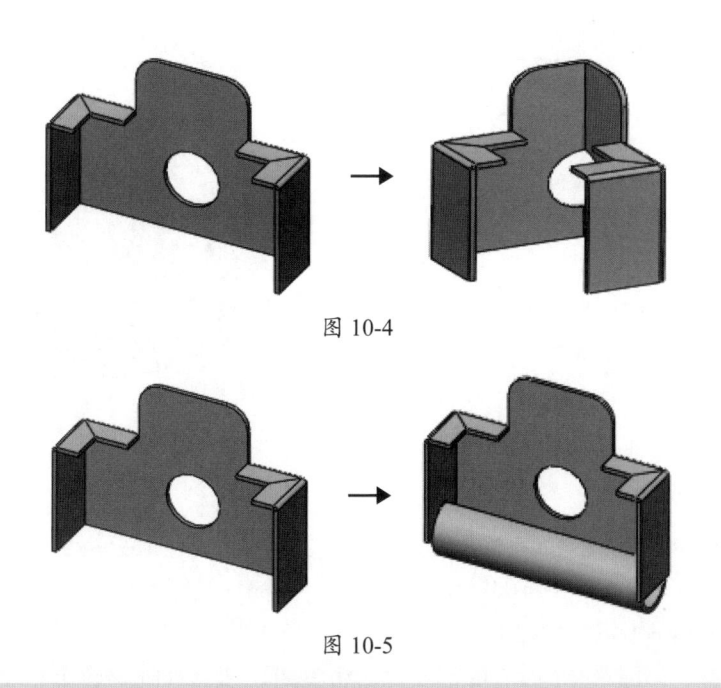

图 10-4

图 10-5

> **提示**
> 如果选择多条边线以添加褶边,那么这些所选的边线必须全部位于同一个平面上。

3. 转折

通过使用"转折"特征工具,可以在钣金零件上利用草图直线生成两个折弯。请注意,用于生成转折特征的草图必须仅包含一条直线,且该直线不必是水平或垂直的。此外,折弯线的长度并不要求与被折弯面的长度完全一致。图 10-6 展示了如何在钣金零件上创建"转折"特征。

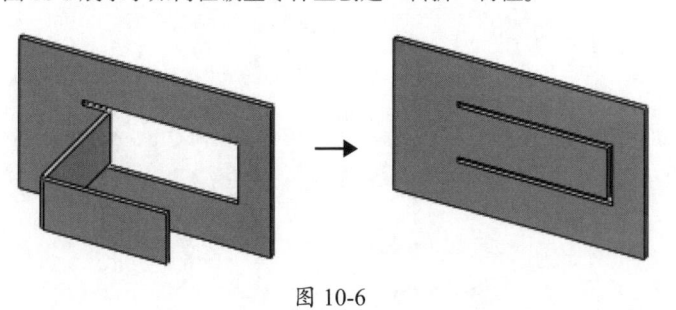

图 10-6

4. 放样的折弯

通过使用"放样的折弯"特征工具,可以在钣金零件中生成放样折弯。这种放样折弯与零件实体设计中的放样特征相似,都需要两个草图来完成放样操作。如图 10-7 所示,展示了利用两个草图轮廓来创建的放样钣金零件。

> **提示**
> 放样折弯所使用的草图必须是开环轮廓,且各轮廓的开口需要保持同向对齐,这样可以确保平板形式具备更高的精确度。同时,草图中应避免出现带有尖角的边线。

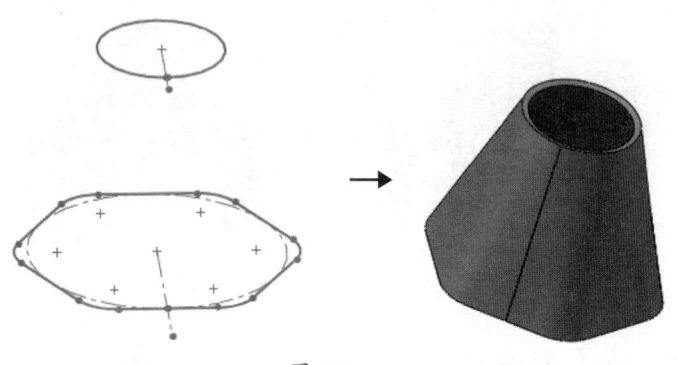

图 10-7

10.1.3 钣金成形工具

借助钣金成形工具,可以创建多种钣金成形特征,包括但不限于凸包(embosses)、冲孔法兰(extruded flanges)、百叶窗(louver)、筋(ribs)以及切口(lances)等特色成形设计。

1. 使用 forming tools 工具

forming tools 是一个功能丰富的工具集,它能够在钣金零件上生成各种特殊形状特征。如图 10-8 所示,使用了 forming tools 工具集,在一个长 200mm、宽 100mm、厚 2mm 的钣金件上创建了百叶窗特征。

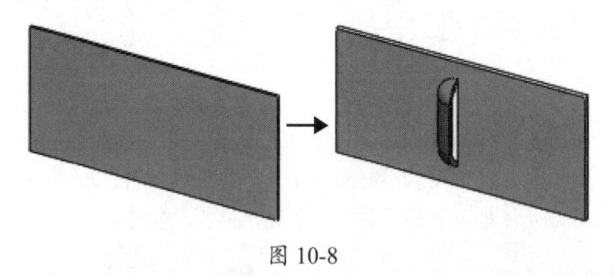

图 10-8

提示

初次使用 forming tools 工具,需要将 SolidWorks 设计库的路径指向 C:\ProgramData\SolidWorks\SolidWorks 2024\design library,否则设计库中找不到想要的成型工具,如图 10-9 所示。

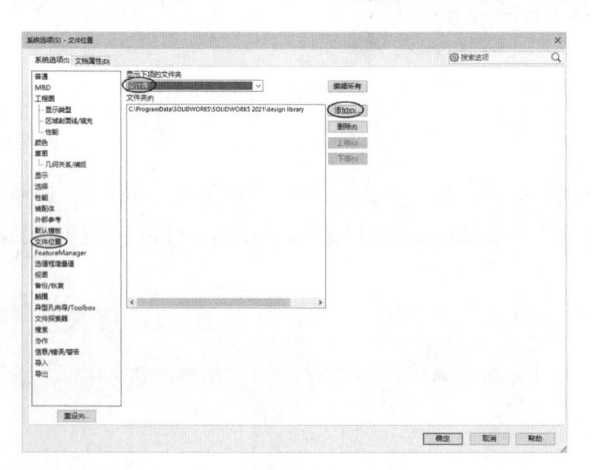

图 10-9

例 10-1：使用 forming tools 工具创建成形特征

使用 forming tools 工具创建成形特征的具体操作步骤如下。

01 新建 SolidWorks 零件文件。利用"钣金"选项卡中的"基体法兰/薄片"工具，在前视基准面中创建一个长为 200mm、宽为 100mm 及厚度为 2.000mm 的钣金基体法兰，如图 10-10 所示。

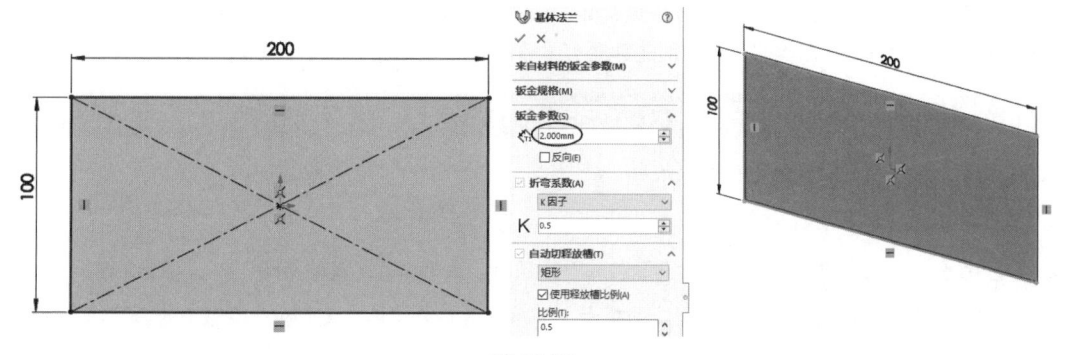

图 10-10

02 在图形区右侧的任务窗格中单击"设计库"窗格标签按钮，展开"设计库"任务窗格。在"设计库"任务窗格中找到库路径 Design Library/forming tools/louver，可以找到 5 种钣金标准成型工具的文件夹，在每一个文件夹中都有许多种成型工具。

03 在 louver 文件夹中将 louver（百叶窗）成型工具拖至窗口的钣金表面上，然后在"成型工具特征"属性面板或者在特征中设置其定位参数，如图 10-11 所示。

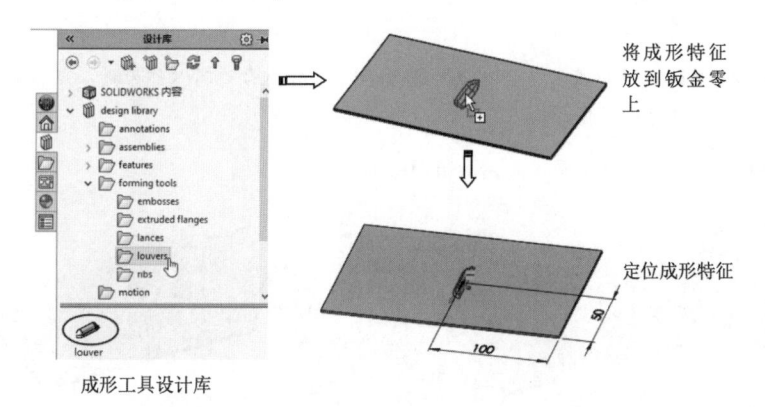

成形工具设计库

图 10-11

04 单击"成型工具特征"对话框中的"完成"按钮，完成成型工具的放置，如图 10-12 所示。

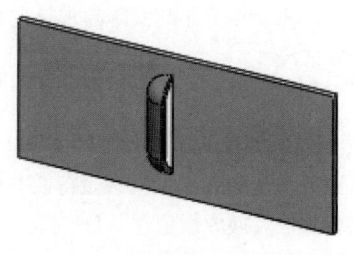

图 10-12

> **提示**
> 使用 forming tools 成形工具时，默认情况下成形工具向下进行，即成形的特征方向是向下凹的，如果要使成形特征的方向向上，需要在拖入成形特征的同时按一下 Tab 键。

2. 创建新成形工具

在 SolidWorks 中，设计工程师可以根据实际设计需求创建全新的成形工具，并将其添加到设计库中以便日后使用。创建新成形工具的过程与创建其他实体零件的方法相同，灵活且便捷。

例 10-2：创建新成形工具

创建新成形工具的具体操作步骤如下。

01 创建钣金件，如图 10-13 所示。

02 在"钣金"选项卡中单击"成形工具"按钮，调出"成形工具"属性面板。

03 在"成形工具"属性面板的"类型"选项卡中，用户需要为"停止面"和"要移除的面"两个选项分别选择对应的停止面和移除面，如图 10-14 所示。

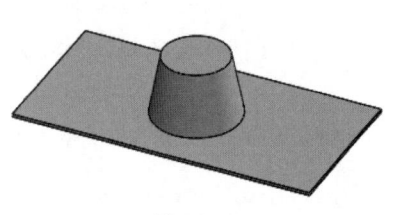

图 10-13 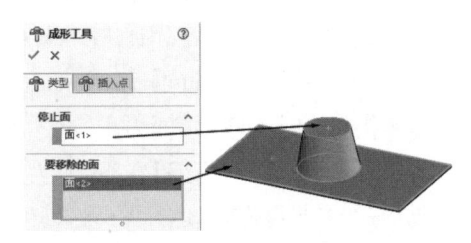　　　　　　　图 10-14

04 切换到"成形工具"属性面板的"插入点"选项卡，选取凸台的圆心作为插入点（此时已经自动进入了草图环境），如图 10-15 所示。

05 退出草图环境后，自动创建成形工具，如图 10-16 所示。

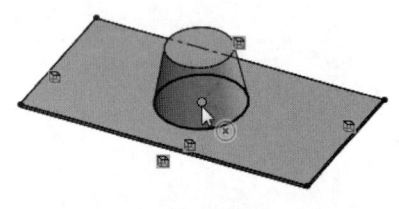

图 10-15 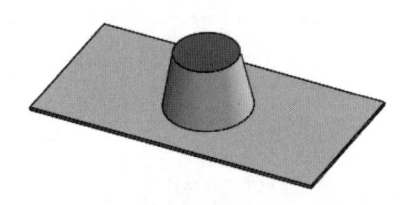　　　　　　　图 10-16

3. 编辑成形工具

当"设计库"中的标准"成形"工具形状或大小与实际需求存在差异时，需要对"成形"工具进行相应编辑，以确保其符合实际所需的形状或尺寸。

10.1.4 钣金剪裁工具

在 SolidWorks 的钣金环境中，提供了 6 种独特的编辑钣金特征工具，分别是："切除拉伸""边角剪切""闭合角""断裂边角""将实体零件转换成钣金件"及"镜像"。通过这些工具，用户可以灵活地对钣金零件进行各种编辑操作。

1. 边角剪切

利用"边角剪切"工具，可以从展开的钣金零件的边线或面上切除多余材料。请注意，"边角剪裁"工具需要通过自定义命令调用。

> **提示**
> "边角剪切"工具仅限于在展平(而非展开)的钣金零件上使用。一旦钣金零件被折叠，所生成的"边角剪切"特征将会自动隐藏。

在钣金零件上创建的边角剪裁特征，如图 10-17 所示。

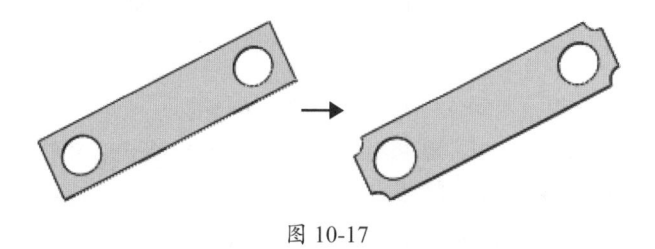

图 10-17

2. 闭合角

通过使用"闭合角"特征工具，可以在两个相交的钣金法兰之间增加材料，从而形成闭合角。图 10-18 展示了如何在钣金零件上创建闭合角特征。

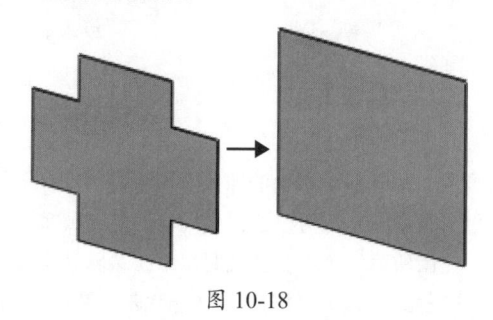

图 10-18

3. 断裂边角

借助"断裂边角/边角剪裁"特征工具，可以从折叠的钣金零件的边线或面上切除材料。图 10-19 展示了如何在钣金零件上创建断裂边角特征。

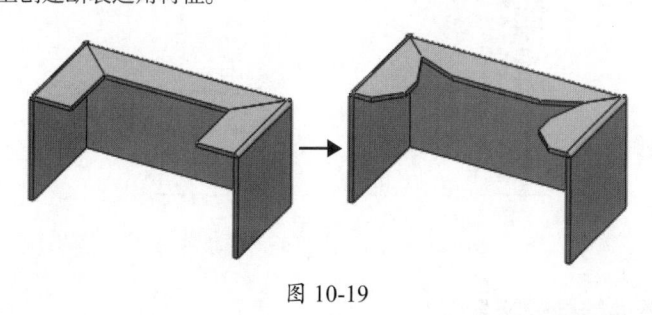

图 10-19

10.1.5 展开与折叠

钣金的展开与折叠工具是用于执行钣金零件的展开或折叠操作的专业工具。

1. 展开

利用"展开"特征工具，可以选择在钣金零件中展开一个、多个或全部法兰与折弯。图 10-20 展示了如何在钣金零件上创建展开特征。

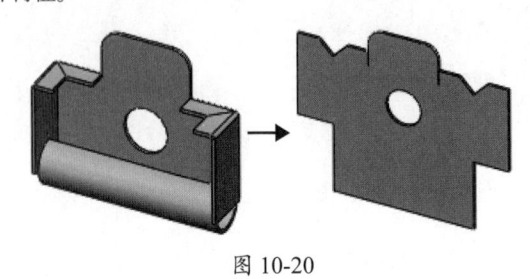

图 10-20

2. 折叠

通过运用"折叠"特征工具，可以实现在钣金零件中折叠一个、多个或全部法兰及折弯特征的操作。图 10-21 展示了在钣金零件上如何创建折叠特征。

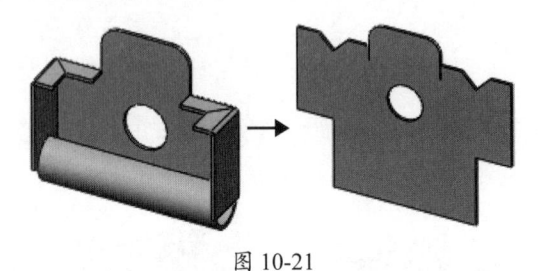

图 10-21

3. 展平

"展平"工具相当于一个开关，用于显示钣金的原始平板形态（即在添加法兰和折弯之前的形态）。展平与展开有所区别：展开是用户手动操作，可以选择性地展开单个或多个折弯或法兰，甚至全部展开；而展平则会自动展开所有内容。在创建第一个钣金特征时，系统会默认生成一个"平板型式"特征，虽然它在默认状态下是隐藏的，但会全程跟踪并记录用户所创建的法兰和折弯特征，如图 10-22 所示。因此，可以说展平是展开工具的一种特定应用情形。

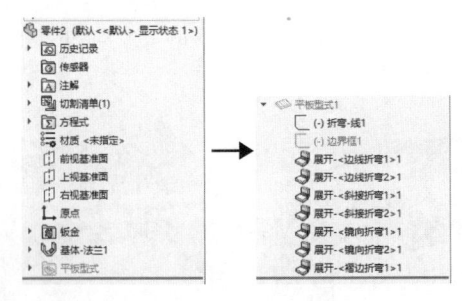

图 10-22

10.1.6 将实体零件转换成钣金件

首先，以实体形式大致勾勒出钣金件的最终形状，接着利用"转换到钣金"工具，将实体零件转换为钣金件，从而大大简化操作流程。

第10章 AI辅助钣金及拆图设计

例 10-3：将实体零件转换成钣金件

本例将实体零件转换成钣金件，如图 10-23 所示。具体的操作步骤如下。

01 新建一个零件文件，用"拉伸凸台/基体"工具创建一个实体，如图 10-24 所示。

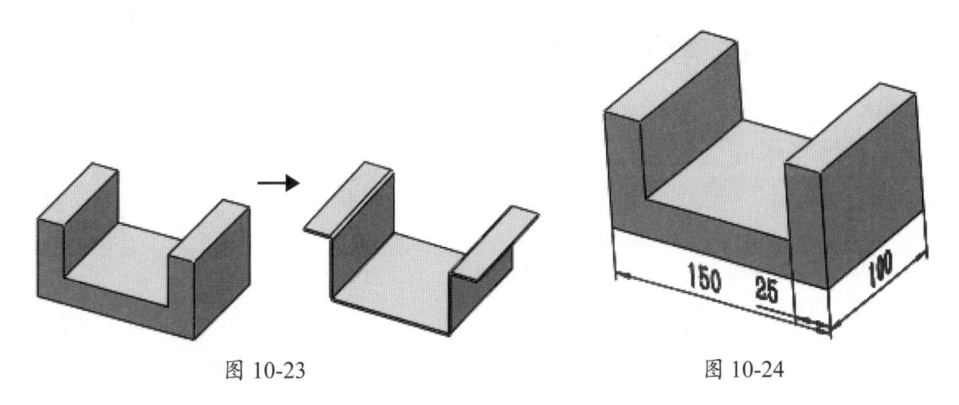

图 10-23　　　　　　　　图 10-24

02 在"钣金"选项卡中单击"转换到钣金"按钮，调出"转换到钣金"属性面板。在实体零件上选择一个固定面作为固定实体，如图 10-25 所示。再在实体零件上选取 4 条代表折弯的边线，如图 10-26 所示。

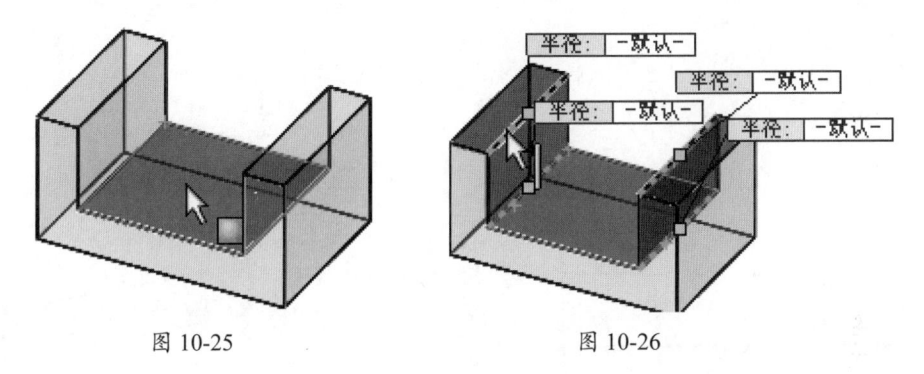

图 10-25　　　　　　　　图 10-26

03 在"转换到钣金"属性面板的"钣金厚度"文本框中输入厚度值为 2.00mm，在"折弯的默认半径"文本框中输入半径值为 0.20mm。最后单击"确定"按钮，生成钣金件，如图 10-27 所示。

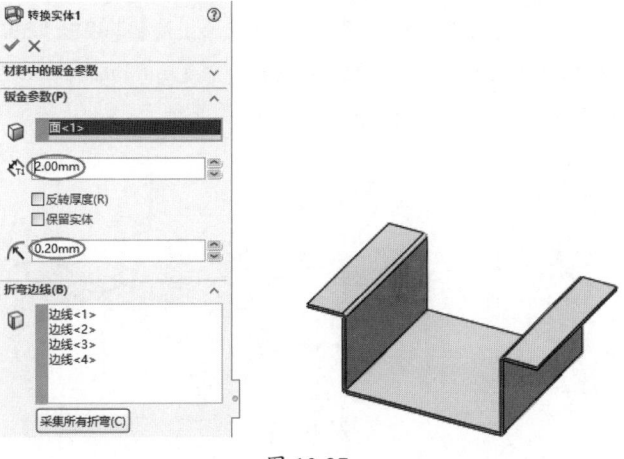

图 10-27

> **提示**
> 当为"选取代表折弯的边线/面"选择边线或面时,需要确保所选的边线或面与固定面位于同一侧,否则将无法进行选取。

10.1.7 钣金设计综合案例:ODF 单元箱设计

ODF 单元箱作为一种光纤配线设备,其核心功能是装载一体化熔配模块,并将其稳固地安置在配线架上,从而发挥中转的关键作用。图 10-28 展示了 ODF 单元箱的主体模型。具体的操作步骤如下。

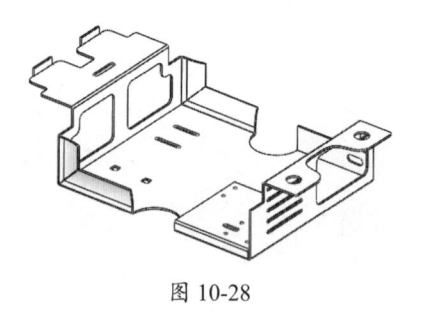

图 10-28

01 新建零件文件。

02 在"钣金"选项卡中单击"基体/法兰薄片"按钮,选择前视基准面作为草图平面,进入草图环境并绘制草图,如图 10-29 所示。

03 退出草图环境后,在"基体-法兰1"属性面板中设置钣金参数,单击"确定"按钮✓完成基体法兰的创建,如图 10-30 所示。

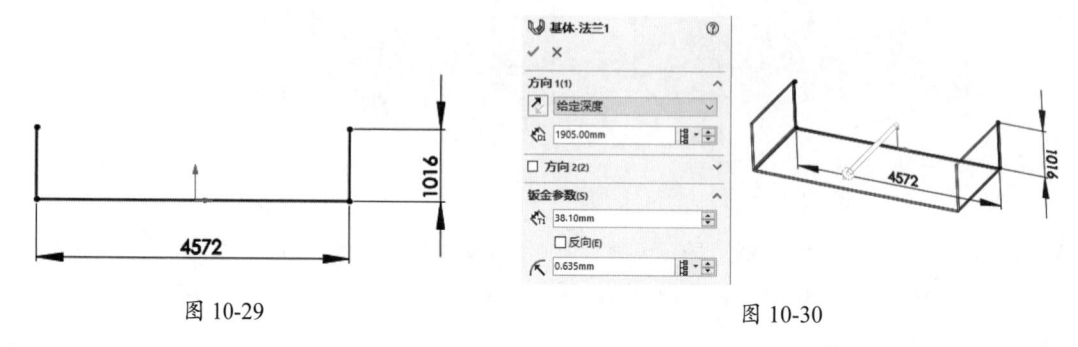

图 10-29　　图 10-30

04 在"钣金"选项卡中单击"拉伸切除"按钮,在上视基准面上绘制草图2,退出草图环境后,在"切除-拉伸1"属性面板中设置拉伸方向,单击"确定"按钮✓完成拉伸切除特征的创建,如图 10-31 所示。

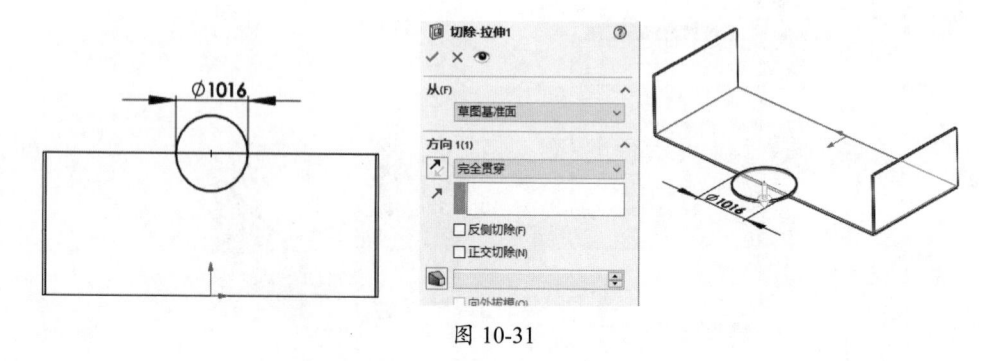

图 10-31

05 在"钣金"选项卡中单击"斜接法兰"按钮,选取基体法兰特征上的一个面作为草图平面,绘制图

10-32 所示的草图 3（一条水平直线和一条圆弧）。

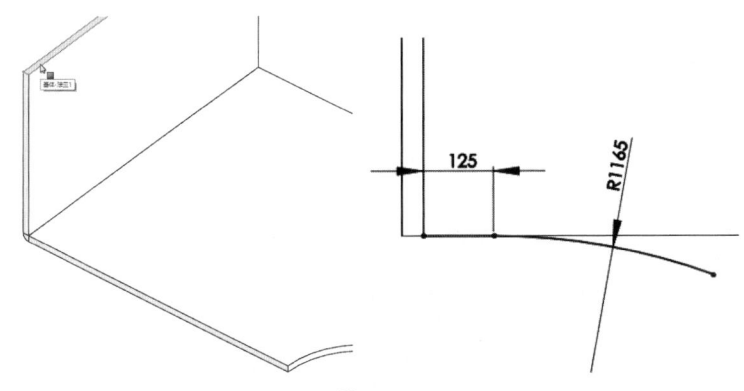

图 10-32

06 退出草图环境后，在调出的"斜接法兰 1"属性面板中设置相关选项及参数，单击"确定"按钮 ✓，完成斜接法兰特征的创建，如图 10-33 所示。

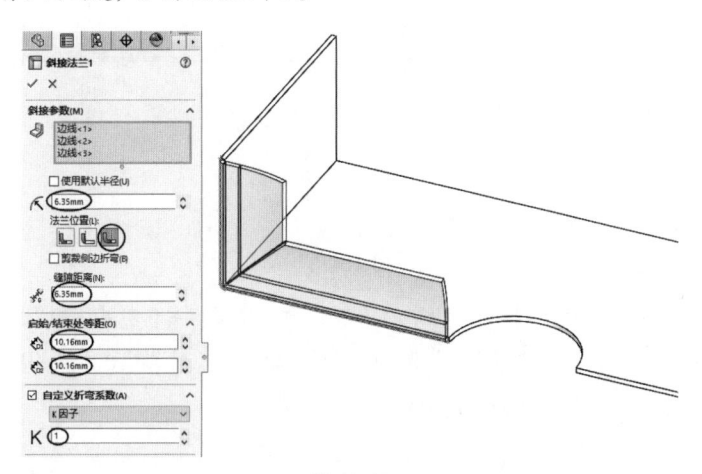

图 10-33

07 在"特征"选项卡中单击"镜像"按钮，调出"镜像 1"属性面板。选择斜接法兰作为要镜像的对象，选择基体 - 法兰特征的一个侧面（在前视基准面上）为镜像面，单击"确定"按钮 ✓ 完成斜接法兰和基体法兰特征的镜像复制，如图 10-34 所示。

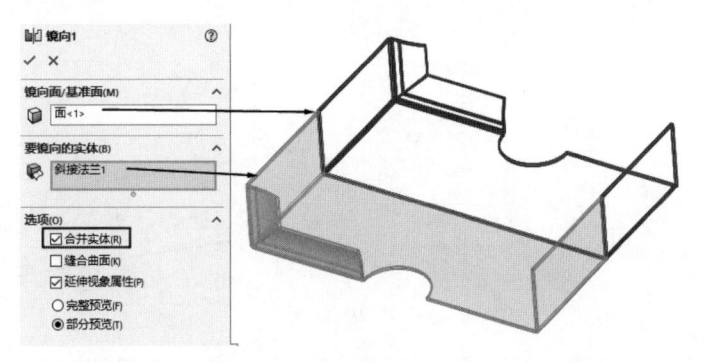

图 10-34

08 在"特征"选项卡中单击"边线法兰"按钮,调出"边线-法兰"属性面板。选取一条边来创建边线法兰,如图10-35所示。

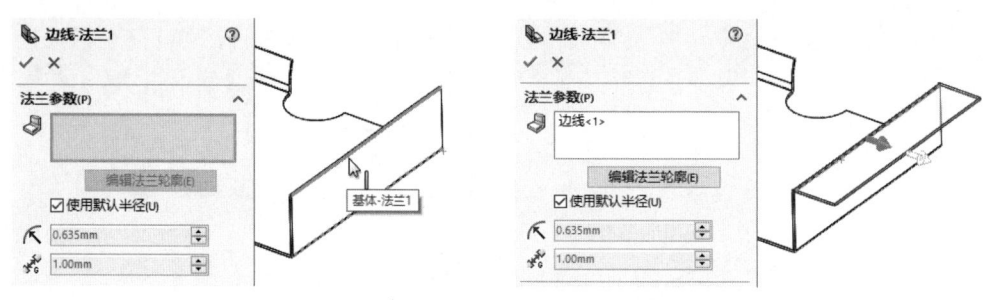

图10-35

09 单击"编辑法兰轮廓"按钮,并编辑法兰的轮廓图形(草图4),如图10-36所示。

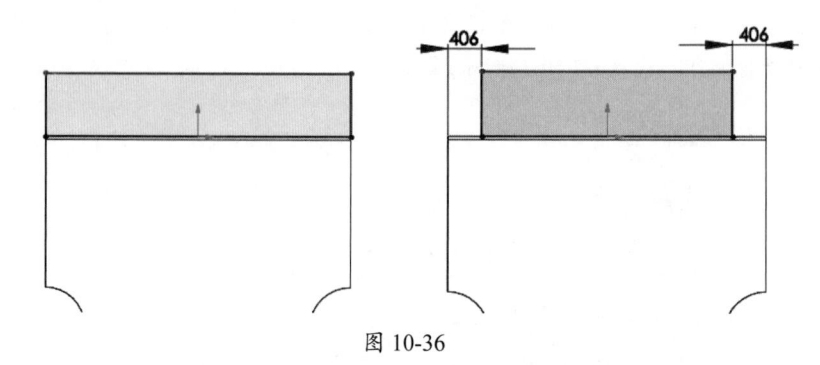

图10-36

10 编辑轮廓图形后,单击"轮廓草图"对话框中的"完成"按钮退出草图环境并返回"边线-法兰"属性面板,设置相关参数及选项,最后单击"确定"按钮✓完成边线法兰1的创建,如图10-37所示。

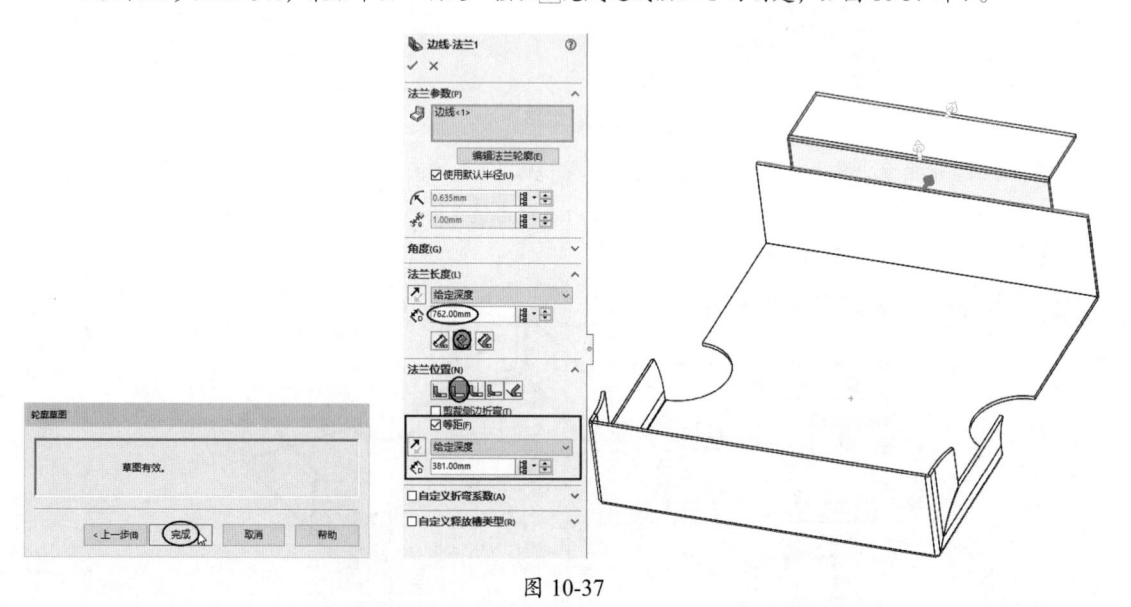

图10-37

11 利用"镜像"工具,将变边线法兰镜像至右视基准面的另一侧,如图10-38所示。

图 10-38

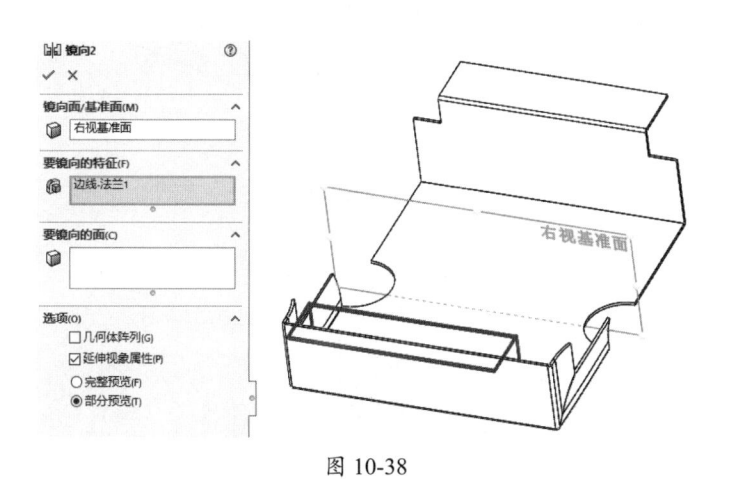

12 单击"基体法兰/薄片"按钮，选择边线法兰上的一个面作为草图平面绘制草图5。退出草图环境后保留"基体法兰"属性面板中的默认设置，单击"确定"按钮✓完成薄片的创建，如图10-39所示。

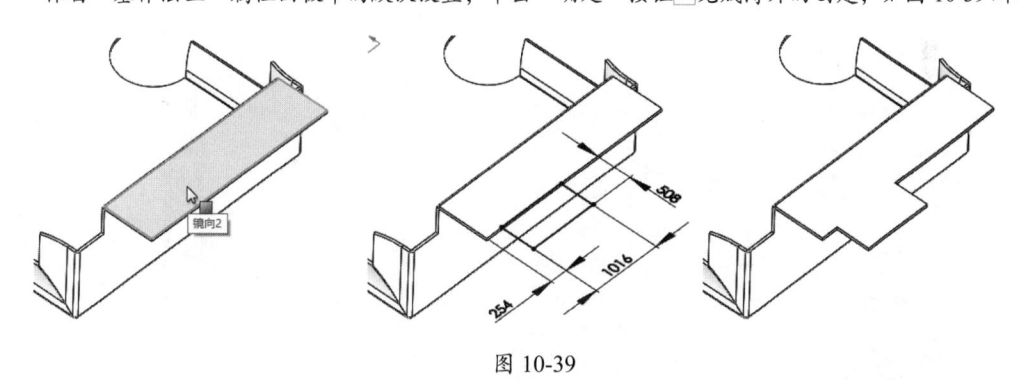

图 10-39

13 单击"特征"选项卡中的"圆角"按钮，或者单击"钣金"选项卡中的"边角"|"断裂边角/边角剪裁"按钮，在薄片上创建半径为127.00mm的圆角特征1，如图10-40所示。

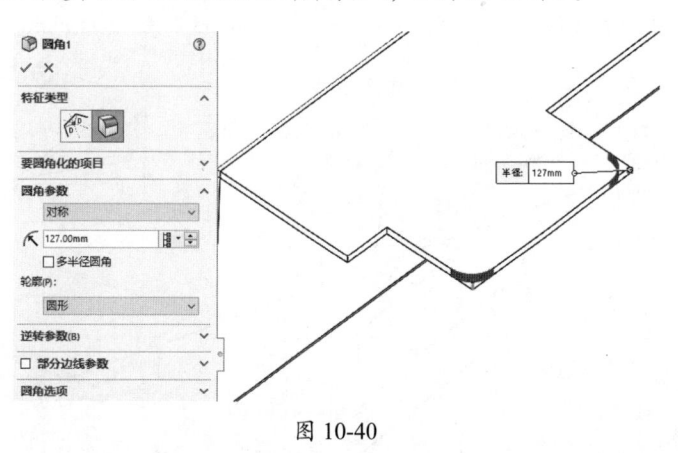

图 10-40

14 利用"边线-法兰"工具，在薄片前端边缘创建如图10-41所示的边线法兰特征2（需要编辑法兰轮廓）。

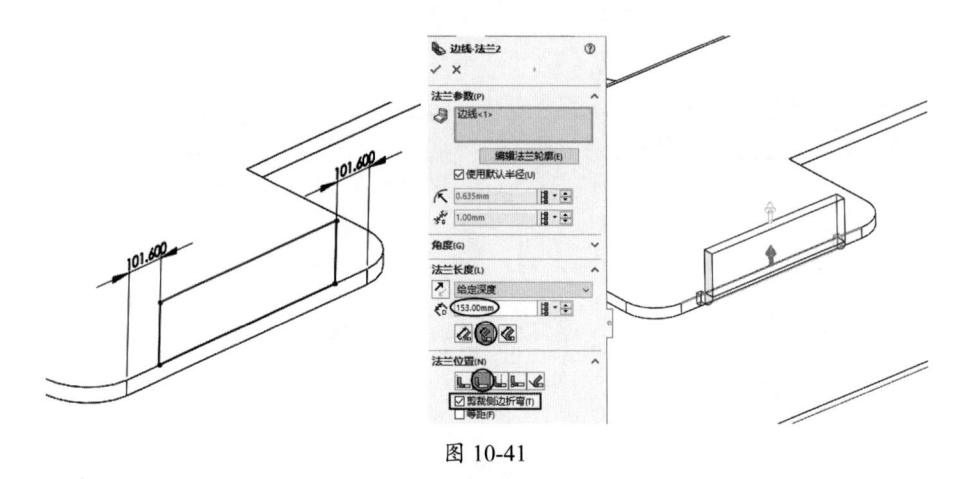

图 10-41

15 利用"边线-法兰"工具，创建如图 10-42 所示的边线法兰特征 3。

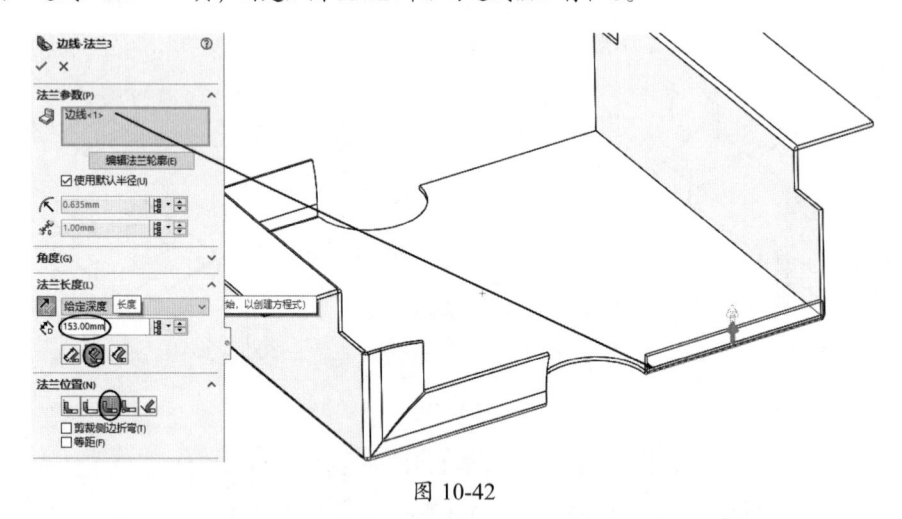

图 10-42

16 选取边线，创建边线法兰特征 4 和边线法兰特征 5，如图 10-43 和图 10-44 所示。

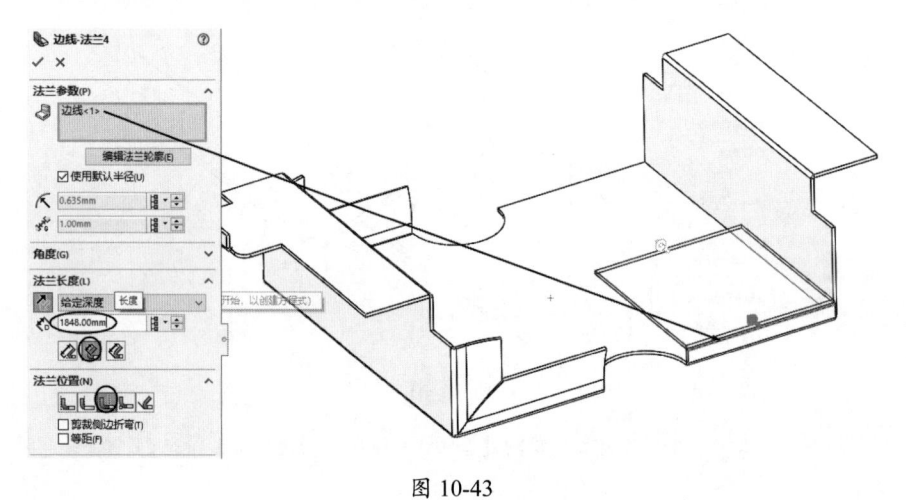

图 10-43

262

图 10-44

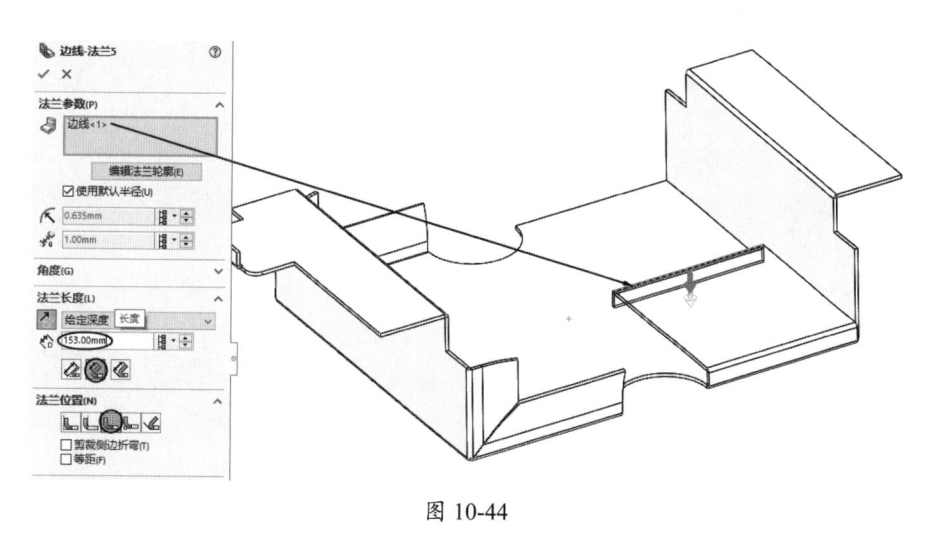

17 单击"拉伸切除"按钮◉，在边线法兰上创建拉伸切除特征 2（圆孔），如图 10-45 所示。

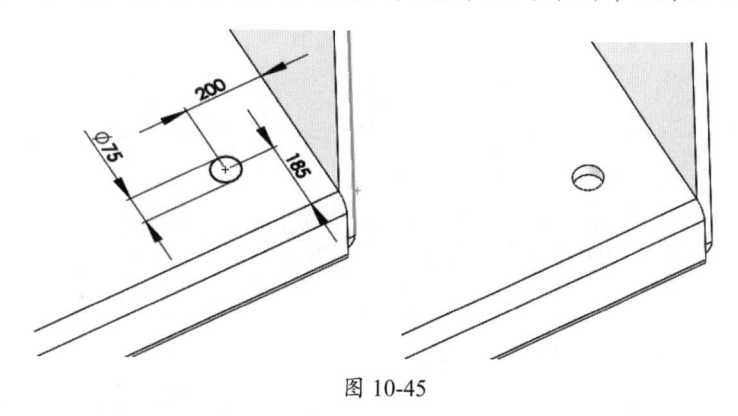

图 10-45

18 利用"线性阵列"工具，将圆孔线性阵列，如图 10-46 所示。

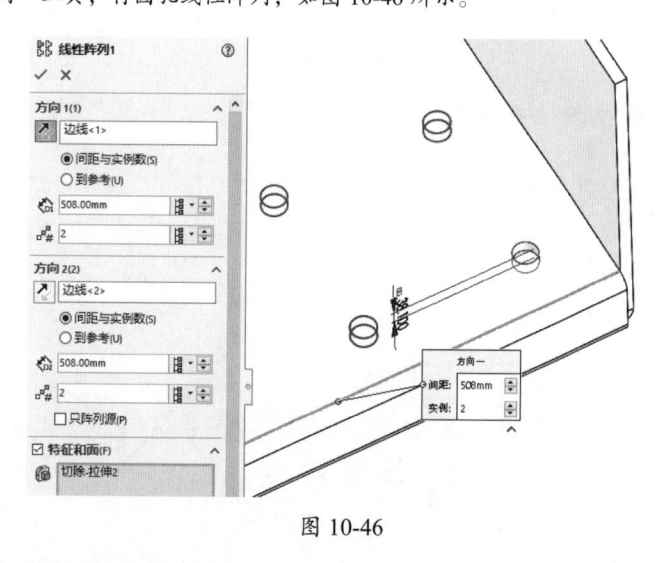

图 10-46

19 同理，继续创建拉伸切除特征 3，如图 10-47 所示。

图 10-47

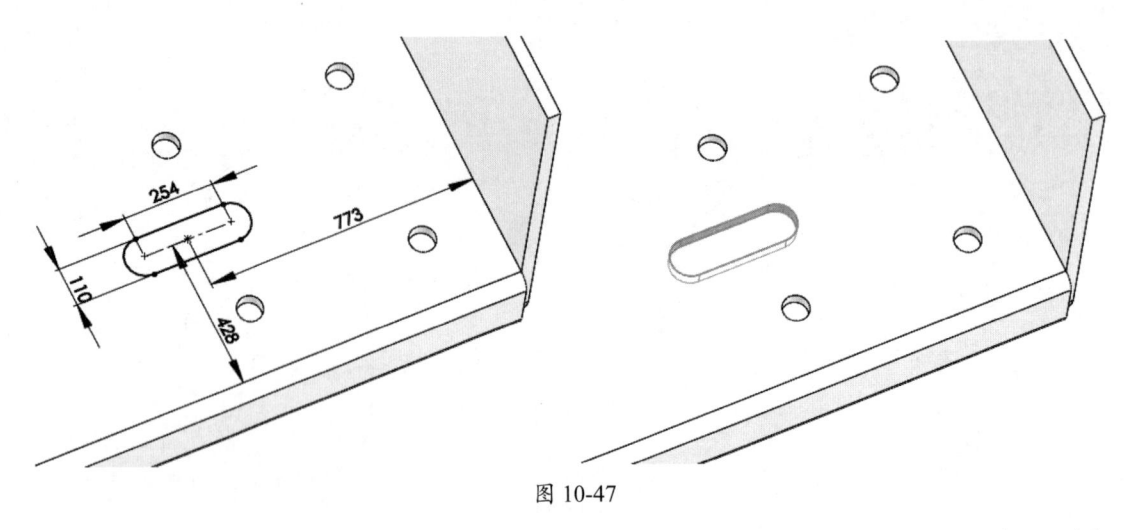

20 利用"镜像"工具,选择前视基准面为镜像平面,创建薄片特征、边线-法兰2特征和圆角1特征的镜像,如图10-48所示。

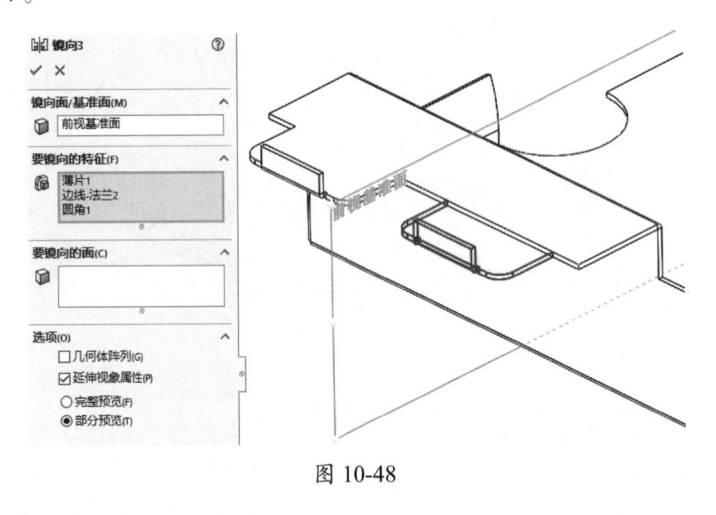

图 10-48

21 创建拉伸切除特征4,如图10-49所示。

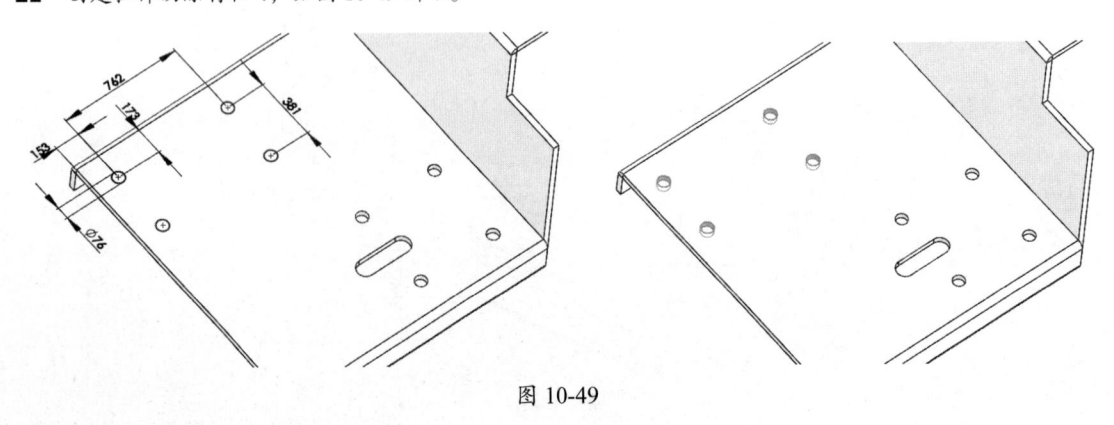

图 10-49

22 继续创建拉伸切除特征5、拉伸切除特征6和拉伸切除特征7,如图10-50~图10-52所示。

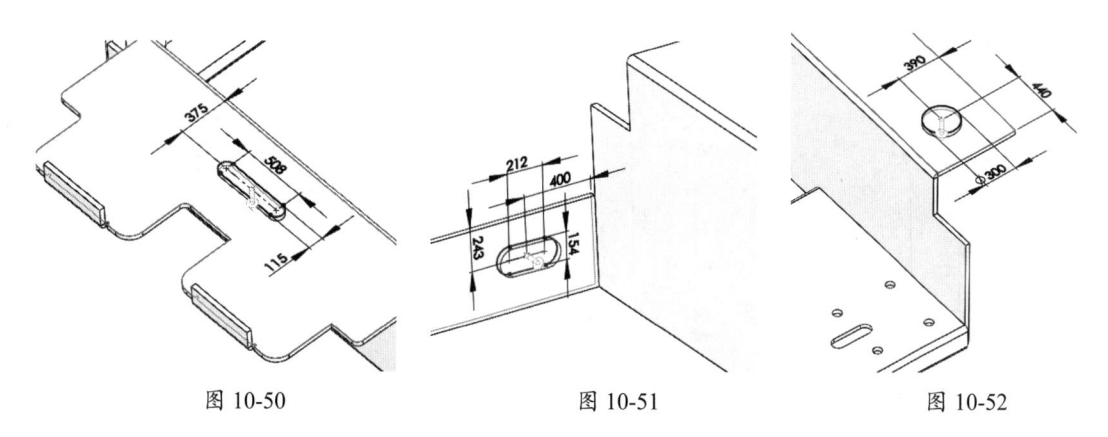

第10章 AI辅助钣金及拆图设计

图 10-50　　　　　图 10-51　　　　　图 10-52

23 对拉伸切除特征7进行镜像操作，如图10-53所示。

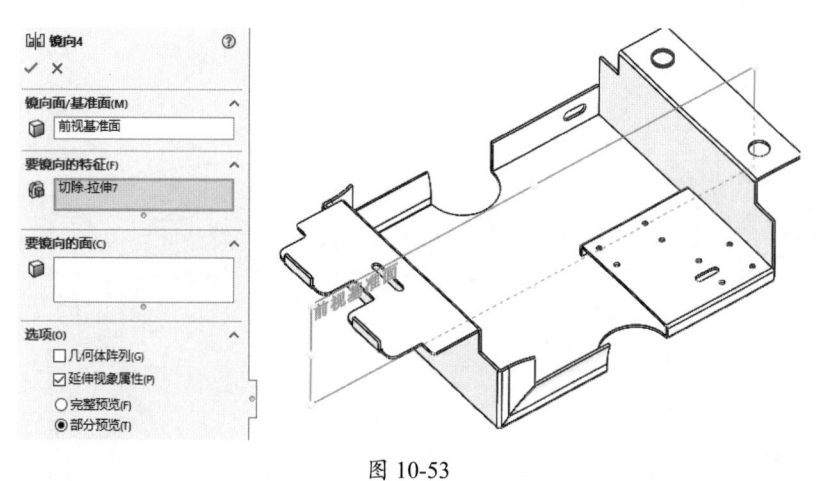

图 10-53

24 利用"拉伸切除"工具，创建拉伸切除特征8，如图10-54所示。

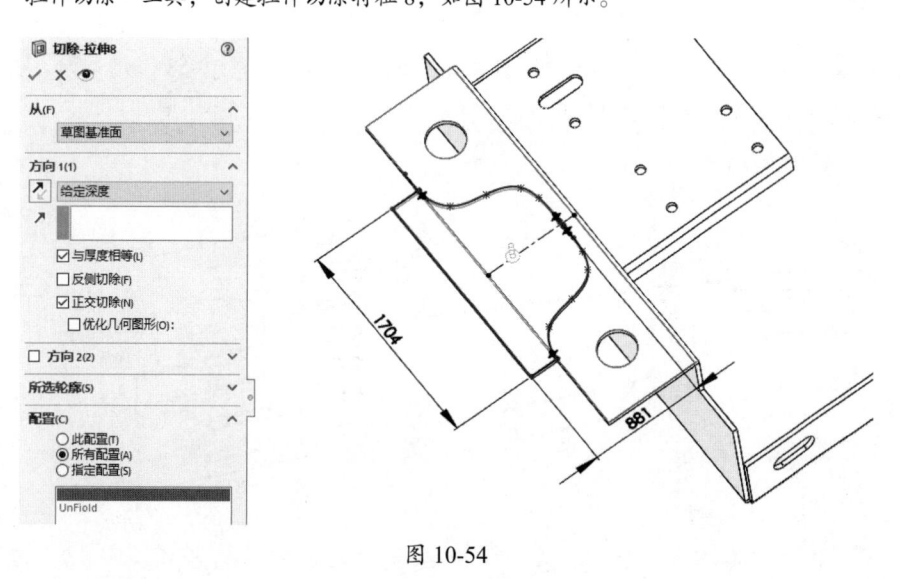

图 10-54

25 同理，继续创建拉伸切除特征9和拉伸切除特征10，如图10-55和图10-56所示。

265

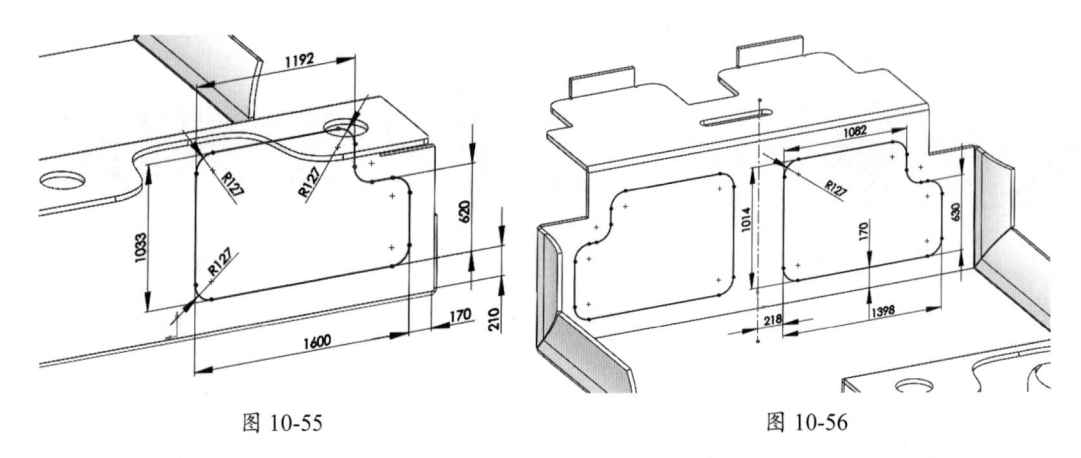

图 10-55　　　　　　　　　　　　　　　　图 10-56

26 创建拉伸切除特征 11，如图 10-57 所示。

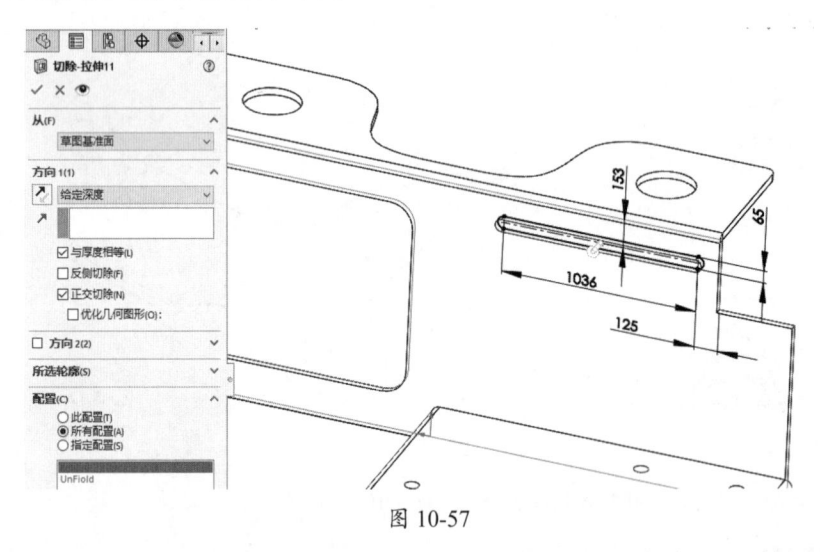

图 10-57

27 利用 "线性阵列" 工具，将拉伸切除特征 11 进行线性阵列，结果如图 10-58 所示。至此，完成了本例 ODF 单元箱的钣金零件设计，如图 10-59 所示。

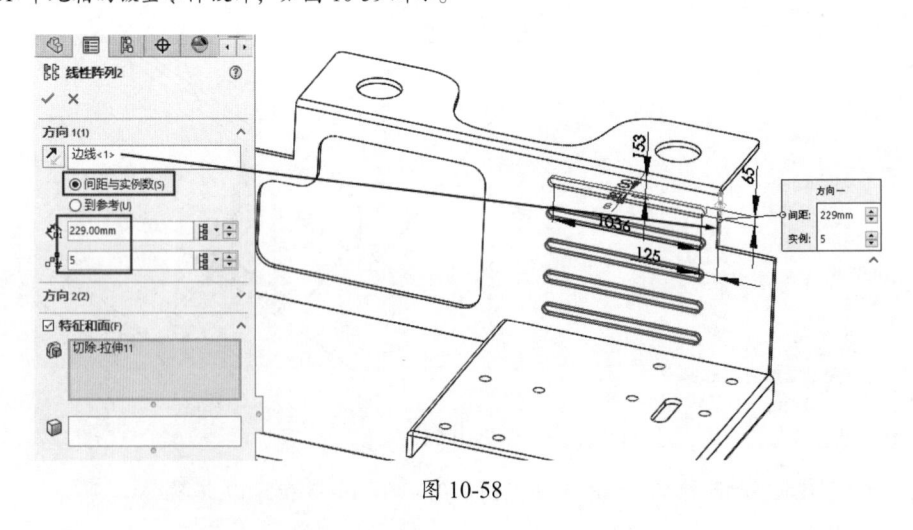

图 10-58

图 10-59

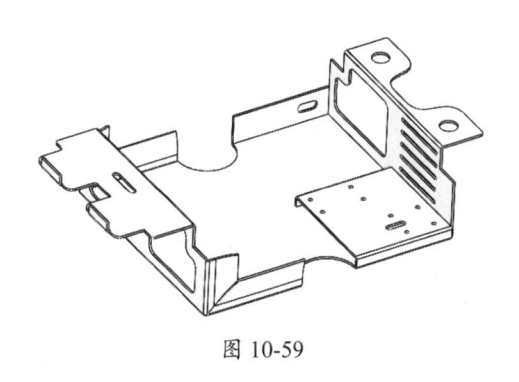

10.2 AI 辅助钣金拆图设计

钣金拆图设计是钣金工程师为确保钣金产品在设计、生产及质量控制等环节均能符合标准与要求，所进行的一项关键工作。该工作主要依据本厂的技术装备和条件，对钣金进行拆图处理。

10.2.1 钣金拆图技术解析

1. 钣金拆图的基本内容

钣金拆图，作为钣金工程师的核心工作之一，旨在将错综复杂的金属构件分解为若干简化的平面图形，进而简化后续的切割、折弯等加工流程。具体步骤如下。

（1）产品结构深度解析

工程师的首要任务是细致研究产品设计图纸，以全面把握产品的整体结构，这包括各部件的形状、精确尺寸及其相对位置和装配关系。此步骤对于理解设计初衷及为后续操作奠定坚实基础至关重要。

（2）三维至二维的结构转化

工程师需要将复杂的三维模型拆解为多个清晰易识的二维图形。在此过程中，必须精确确定每个图形的尺寸、展开形态以及潜在的折边或弯折点，以确保后续加工的精确性。

（3）精确绘制拆解图

借助专业的 CAD 软件，工程师将每个二维图形精准地绘制成独立的拆解图，并详细标注尺寸、材料类型及必要的工艺参数，为生产人员提供明确指导。

（4）拆解方案的优化与调整

考虑到实际生产条件与效率需求，工程师会对初步拆解方案进行细致优化，包括提高材料利用率、优化排布以减少浪费，同时调整拆解顺序和折弯方式，确保方案既满足设计要求又便于生产实施。

（5）编制综合工艺文件

工程师将整合拆解图、折弯顺序、工艺参数等所有关键信息，形成一份全面的工艺文件。这份文件将作为生产过程的指导手册，确保生产人员按照既定流程和参数进行加工，从而保障产品质量和生产效率。通过这一系列精细的钣金拆图工作，工程师成功地将复杂的三维设计转化为可执行的二维加工图纸，为后续的工艺规划和生产制造打下了坚实基础。

2. 符合钣金拆图的条件

并非所有钣金件都需要进行拆图，只有在满足以下基本条件时才需进行此操作。

- 考虑到现有钣金工艺的限制，有些设计或产品需求因其复杂性和特殊性，超出了我们当前工艺的加工能力。即便尝试生产，也可能因技术或设备局限，而无法达到预期的产品质量或生产效率。

- 针对焊组件结构的复杂性，部分产品由众多焊接组件构成，这种复杂结构不仅要求精湛的焊接技艺，还需要对各组件之间的装配关系有深刻理解。若我们的钣金工艺无法妥善处理这类焊接与装配需求，相关产品的生产便会受到严重制约。
- 鉴于内部工艺能力的欠缺，对于某些特定产品或设计，工厂的钣金工艺可能难以满足客户或产品自身的标准。这或许是因为我们的设备、技术或经验在某些环节上存在不足，亟待提升与改进。
- 设计信息的缺失与不准确也是一个重要因素。上游厂商或客户在提供产品信息时，可能仅包含产品的效果图、尺寸规格及材料要求。这种信息的不全面或缺乏细节，使我们在进行钣金设计时难以精确把握产品的实际需求与工艺的可行性。特别是当这些效果图或尺寸规格来源于非钣金专业的设计软件时，更易出现与生产实际脱节的情况。
- 设计师对钣金工艺的不熟悉也会导致问题。有时，客户的设计师可能并不了解钣金加工的具体工艺及其限制，因此他们可能基于自身设计理念和软件工具，设计出在实际生产中难以实现的钣金产品。这种设计上的不合理，不仅会增加生产成本和难度，还可能引发产品质量问题或生产延误。

10.2.2 AI 辅助钣金拆图案例

钣金拆图工作既可以通过手工方式完成，也可以借助先进的 AI 拆图工具来实现。目前可以使用的拆图工具名为"博士钣金"，其官方网站主页如图 10-60 所示。通过这一工具，我们能够更加高效、精确地完成钣金拆图工作。

图 10-60

"博士钣金"是免费的 SolidWorks 插件，可以在插件页面下载安装包，如图 10-61 所示。

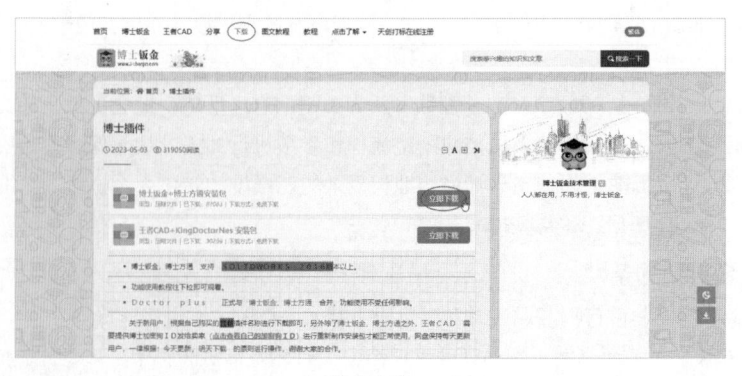

图 10-61

第10章　AI辅助钣金及拆图设计

例 10-4：AI 辅助钣金拆图

AI 辅助钣金拆图的具体操作步骤如下。

01 "博士钣金"工具下载并完成安装后，启动 SolidWorks 2024 软件。

02 在 SolidWorks 2024 软件功能区选项卡中右击，在弹出的快捷菜单中选择"选项卡"|"博士钣金"选项，调出"博士钣金"选项卡，如图 10-62 所示。

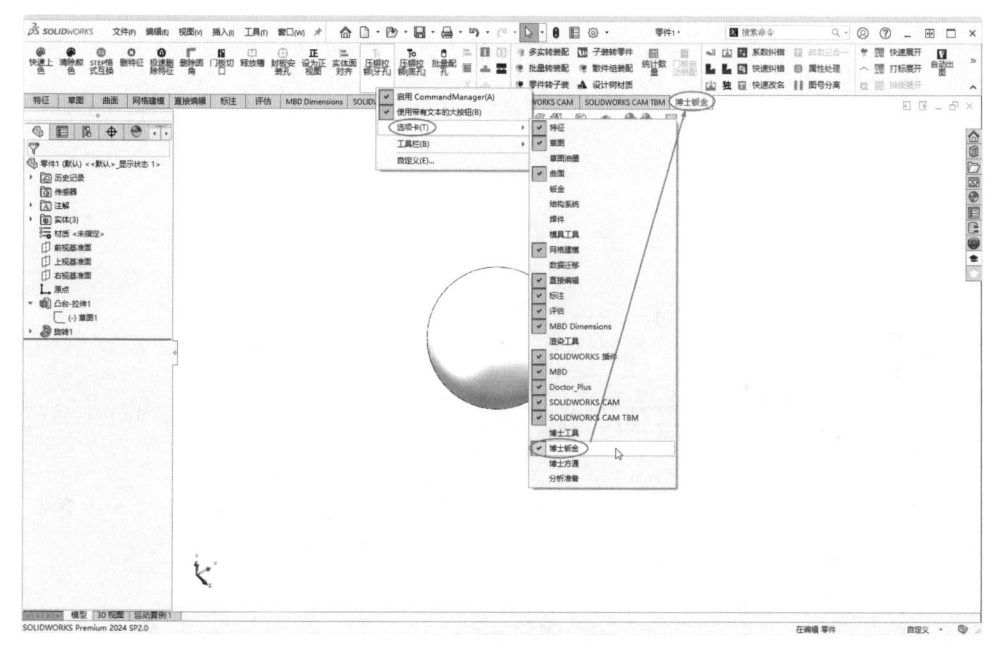

图 10-62

03 打开本例素材源文件"切口 .SLDPRT"模型，在弹出的 FeatureWorks 对话框中单击"否"按钮，如图 10-63 所示。

04 在"博士钣金"选项卡中单击 Quicksplit 按钮，调出 QuickSplitXpress Beta V1.2 属性面板，如图 10-64 所示。

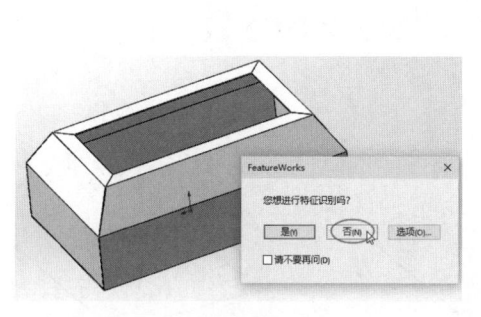

图 10-63 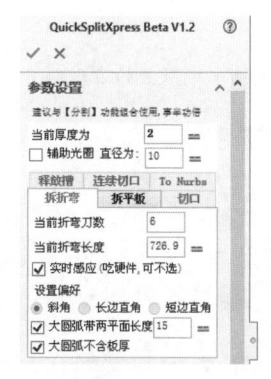　　　　　　图 10-64

05 保持默认的选项与参数设置，拾取要拆分的对象，这里拾取钣金盒子的长边作为要拆分的对象，由于自动拾取的对象比较多，需要再拆分，所以可以按住 Ctrl 键反向选择那些不要的对象，如图 10-65 所示。

269

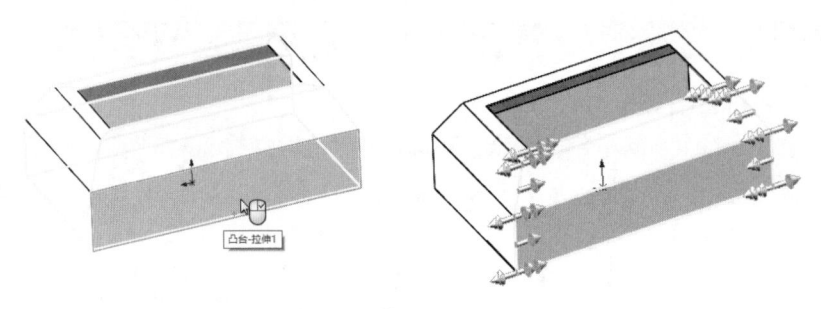

图 10-65

06 在属性面板中单击"确定"按钮✓，自动完成模型拆分，拆分出来的这部分模型自动生成钣金，如图 10-66 所示。

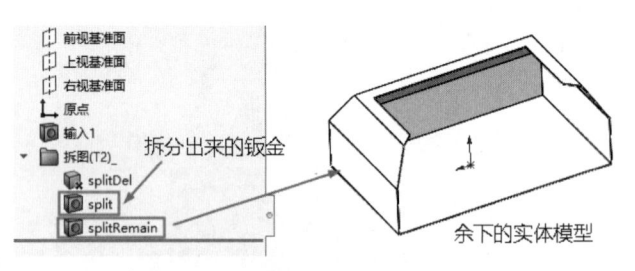

图 10-66

07 在余下的模型中选取要拆分的对象，并单击"确定"按钮完成第二块钣金的自动拆分，如图 10-67 所示。

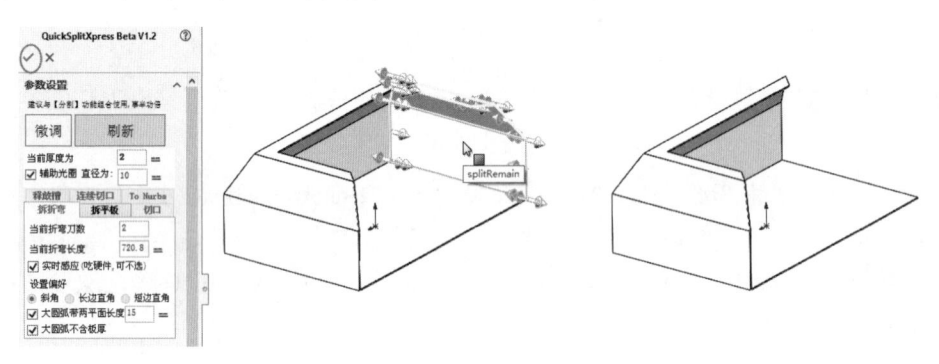

图 10-67

08 同理，完成第三块钣金的自动拆分，如图 10-68 所示。

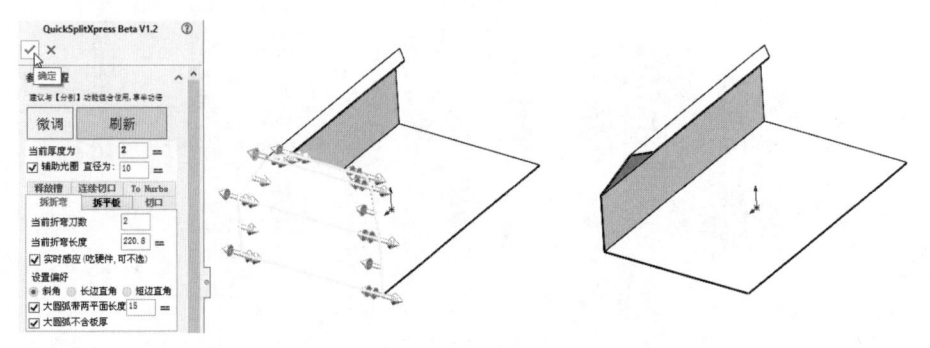

图 10-68

第10章　AI辅助钣金及拆图设计

09 拆分最后一块钣金，完成拆分后，在特征树中将多余的特征删除，结果如图10-69所示。至此，完成了钣金的拆图设计。

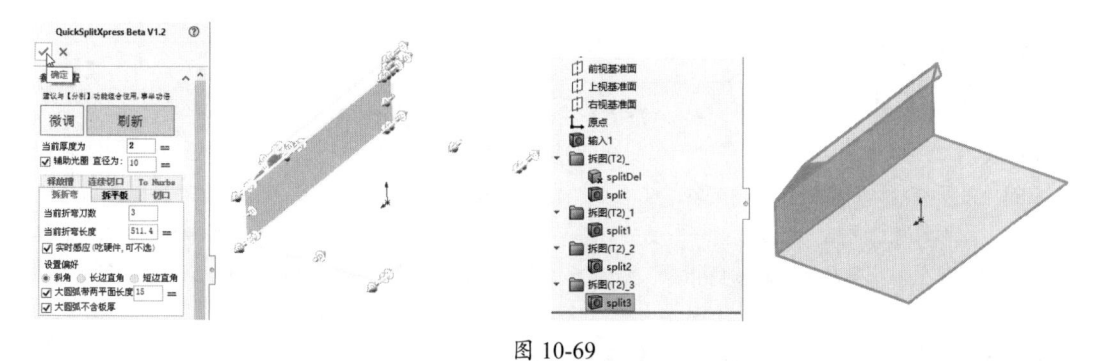

图 10-69

第 *11* 章　机械工程图设计

任何零件或装配体产品都需要经过加工制造的过程。设计师在完成相关机械产品设计之后，必须为每一个零部件以及装配体产品制作详细的机械工程图。这些图纸将为加工制造的工人提供重要参考，确保他们能够制造出符合标准的产品。在机械设计与制造行业中，工程图图纸主要分为零件工程图和装配工程图两种。零件工程图在加工制造过程中起到辅助作用，而装配工程图则用于指导精细的装配工作。

11.1　SolidWorks 工程图设计环境介绍

SolidWorks 工程图功能强大，能够包含基于零件模型或装配体模型所建立的多个视图，同时，用户还可以根据现有视图创建辅助视图。对于中国设计师而言，SolidWorks 工程图设计环境提供了基于 GB 国标标准的图纸模板，这些模板的使用极大地简化了零件图和装配图的制作过程，使设计师们能够更高效地完成工作任务。

11.1.1　进入工程图设计环境

进入 SolidWorks 的工程图设计环境，实际上也是创建工程图文件的过程。有两种方法可以实现这一目标。

- 方法一：直接转换切入法。在完成零部件模型设计后，可以直接在零件设计环境中进行操作。只需执行"文件" | "从零件制作工程图"命令，即可切换到工程图设计环境，如图 11-1 所示。
- 方法二：通过新建文件进入。如果零部件或装配体产品已经预先完成并保存在系统的某个文件夹中，那么可以单击"新建"按钮，此时会弹出"新建 SOLIDWORKS 文件"对话框。在该对话框中，需要依次单击"工程图"按钮和"确定"按钮，这样就可以创建新的工程图文件，并自动进入工程图设计环境，如图 11-2 所示。

图 11-1　　　　　　　　　　图 11-2

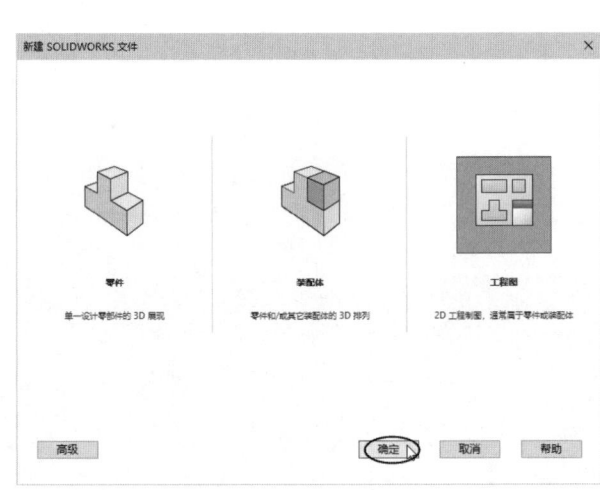

11.1.2 工程图的配置设定

一幅符合 GB 国标标准的工程图纸，除了包含常见的图纸模板（涵盖图纸图幅与图框），还应当囊括图形视图、字体、颜色、线型、标注样式、文字样式、填充样式、基准与公差以及符号等诸多关键组成要素。在选择图纸模板方面，可以在进入 SolidWorks 工程图设计环境时，直接从图纸库中挑选合适的模板。至于其他要素的配置，则需要在工程图设计环境中进行相应的选项设置，以确保图纸的专业性和规范性。

1. 选择工程图图纸格式（图纸模板）

在进入工程图设计环境时，系统会弹出"图纸格式/大小"对话框。通过该对话框，用户可以方便地选择工程图图纸的格式（也就是图纸模板），并定义图纸的具体尺寸，如图 11-3 所示。系统默认设置下，工程图图纸格式列表中主要展示的是 ISO 国际标准的图纸格式。如果需要选择符合 GB 国标的图纸格式，只需取消选中"只显示标准格式"复选框，此时图纸格式列表中就会显示出所有制图标准的图纸格式。通常情况下，我们会选择带有 GB 标识的图纸格式，以满足国内制图标准，如图 11-4 所示。

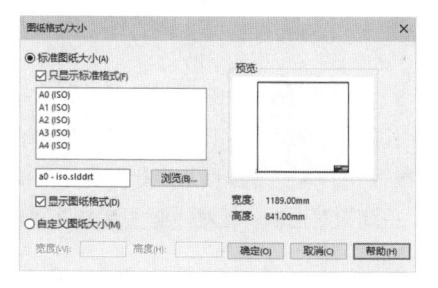

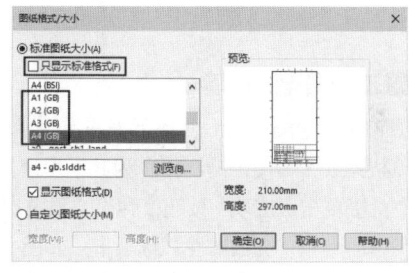

图 11-3　　　　　　　图 11-4

可以单击"浏览"按钮，到 SolidWorks 系统库路径（×:\ProgramData\SolidWorks\SolidWorks 2024\lang\Chinese-Simplified\sheetformat）中选择所需的图纸格式文件，如图 11-5 所示。用户也可以自定义非标的图纸格式并将其保存在系统库零件中，供后续设计时调用。

图 11-5

选择好合适的图纸格式后，单击"图纸格式/大小"对话框中的"确定"按钮，随即进入工程图设计环境，如图 11-6 所示。

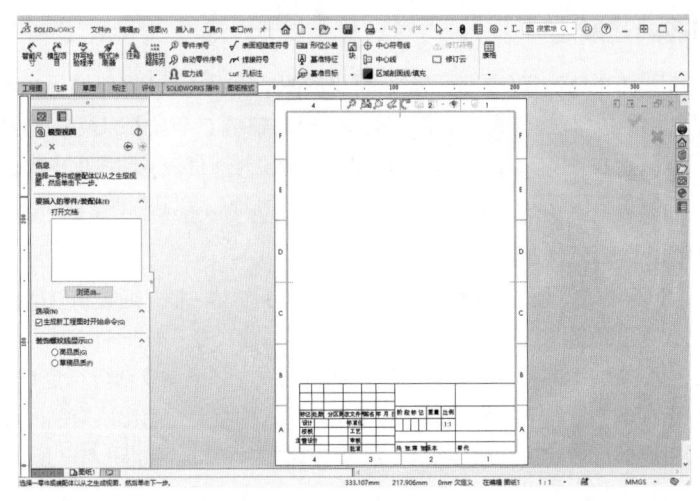

图 11-6

2. 配置工程图制图环境

在选择好 GB 工程图模板后，接下来的重要步骤是配置工程图环境，以确保能够利用符合 GB 标准的相关要素来顺利完成工程图纸的制作。为此，用户需要执行"工具"|"选项"命令，或者在 SolidWorks 软件的标题栏中直接单击"选项"按钮，弹出"系统选项 - 普通"对话框。该对话框主要由两个选项卡构成："系统选项"选项卡和"文档属性"选项卡，如图 11-7 所示。

图 11-7

在"系统选项"选项卡中，用户可以进行多项关键设置，包括工程图的显示类型、填充图案的选择、工程图背景颜色、纸张颜色、尺寸标注颜色、文本颜色、模型显示颜色，以及指定默认工程图模板等。这些设置将直接影响到工程图纸的最终呈现效果和制图效率，因此需要根据实际需求进行细致调整。

单击"文档属性"选项卡，以切换到该选项卡界面。在"文档属性"选项卡的左侧，可以看到一个文档属性列表，需要从中选择"绘图标准"属性。随后，在右侧的属性选项区域，可以选择总绘图标准（即制图标准），例如，选择 GB 以符合国家标准，如图 11-8 所示。这样的设置将确保你的工程图纸遵循正确的绘图规范。

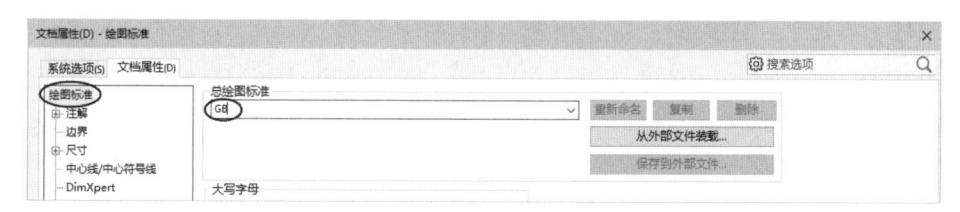

图 11-8

接下来，需要依次在"注解""尺寸""表格""视图"等属性中进行设置，将字体样式选定为"仿宋_GB2312"，以确保图纸的文字部分符合国家标准，如图 11-9 所示。若计算机中未预装仿宋_GB2312 字体，则需要先行下载并安装该字体。请注意，这种字体并非软件内置字体，而是计算机系统字体，安装后可供所有软件调用。由于之前已经选择了制图标准，因此其他相关组成元素的配置将自动匹配，无须再次手动设定。

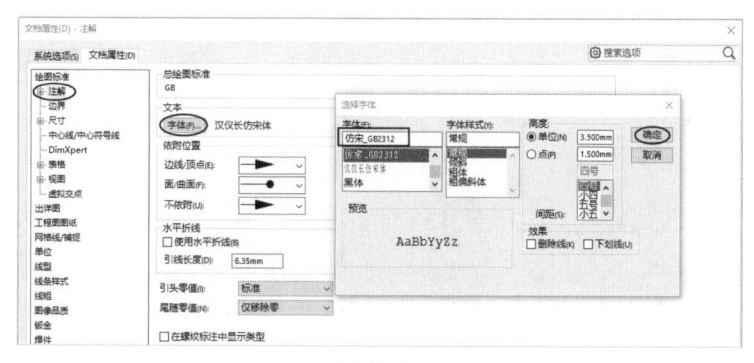

图 11-9

11.2 创建工程图视图

在常见的零件工程图中，视图的数量因零件的组成结构而异。有些零件可能只需一个视图就能清晰表达其设计意图，特别是那些结构相对简单的零件。然而，对于外部和内部结构都较为复杂的零件，除了标准的三视图（包括主视图、俯视图和左视图），往往还需要借助剖视图、向视图以及局部放大视图等多种方式来辅助表达，以确保图纸的准确性和易读性。

11.2.1 标准视图

标准视图是通过在物体的前、后、左、右、上、下 6 个方向上进行投影而获得的视图。对于大多数零件而言，通过前投影视图（也被称为"主视图"或"前视图"）、下投影视图（也被称为"俯视图"或"下视图"）以及右投影视图（也被称为"侧视图"或"右视图"）的组合，就能够全面而准确地表达零件的结构与形状。值得注意的是，主视图、俯视图和侧视图之间存在着固定的对齐关系，以确保图纸的一致性和可读性。在调整视图时，俯视图可以沿竖直方向移动，而侧视图则可以沿水平方向移动。

例 11-1：创建标准三视图

创建标准三视图的具体操作步骤如下。

01 新建工程图文件，选择 A4（GB）工程图模板进入工程图设计环境。

02 在调出"模型视图"属性面板中单击"浏览"按钮，打开要创建三视图的零件模型——阶梯轴，如图 11-10 所示。

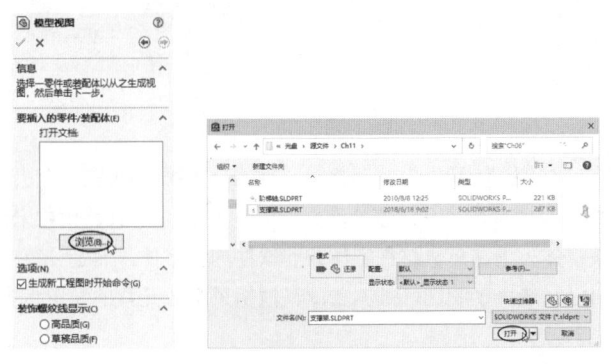

图 11-10

03 打开零件模型后，在"模型视图"属性面板的"方向"选项区中选中"生成多视图"复选框，然后依次单击"前视"按钮、"右视"按钮和"下视"按钮，最后单击"确定"按钮，系统自动创建标准三视图，如图 11-11 所示。

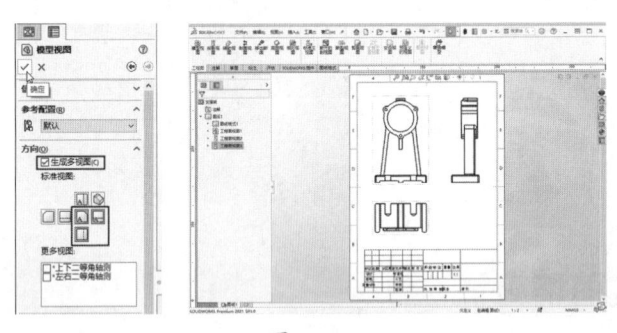

图 11-11

11.2.2 派生视图

派生视图，也称为"辅助视图"，是基于现有的工程视图进一步构建而成的。它涵盖了多种类型，包括投影视图、辅助视图、局部视图、剪裁视图、断开的剖视图、断裂视图、剖面视图以及旋转剖视图等。接下来，将详细介绍几种常用的派生视图类型。

1. 投影视图

投影视图是通过在工程图中利用现有视图进行投影而建立的，它属于正交视图的一种。实际上，前面所提及的标准视图就是投影视图的具体应用。当用户创建标准视图之后，若发现仍无法完全展现零件的形状与结构时，则需要增添新的投影视图来辅助说明。

例 11-2：创建投影视图

创建投影视图的具体操作步骤如下。

01 打开本例源文件"支撑架工程图 -1.SLDDRW"。

02 单击"工程图"选项卡中的"投影视图"按钮，调出"投影视图"属性面板。

03 在图纸中选择用于创建投影视图的主视图，如图 11-12 所示。

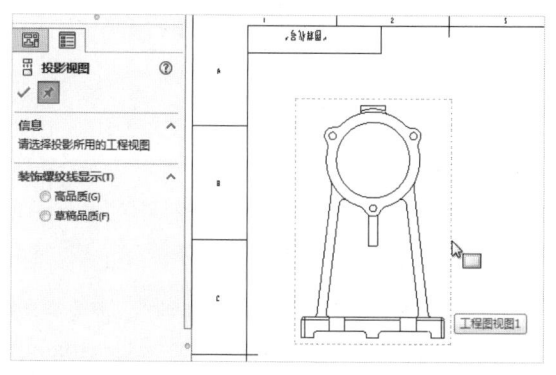

图 11-12

04 将投影视图向下移动到合适位置。在系统默认下，投影视图只能沿着投影方向移动，而且与源视图保持对齐，如图 11-13 所示。单击放置投影视图。

05 同理，再将另一投影视图向右平移到合适位置，单击放置投影视图。最后单击"确认"按钮，完成全部投影视图的创建，如图 11-14 所示。

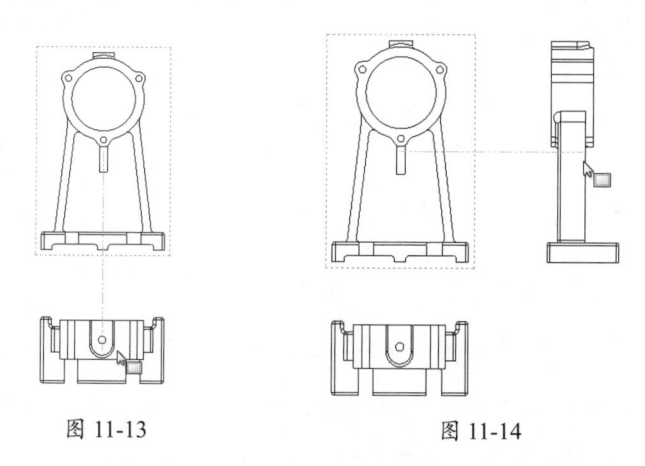

图 11-13　　　　　　图 11-14

2. 剖面视图

剖面视图是工程图中一种重要的表达方式，主要用于展现零件的内部结构和截面形状。通过绘制一条剖切线，可以将父视图分割，并在工程图中生成相应的剖面视图。这种视图可以是直切的剖面，也可以通过阶梯剖切线来定义等距剖面，从而更加全面地揭示零件的内部细节。

例 11-3：创建剖面视图

创建剖面视图的具体操作步骤如下。

01 打开本例源文件"支撑架工程图 -2.SLDDRW"。

02 单击"工程图"选项卡中的"剖面视图"按钮，在调出的"剖面视图辅助"属性面板中选择"水平"切割线类型，在图纸的主视图中将鼠标指针移至待剖切的位置，此时自动显示黄色的辅助剖切线，如图 11-15 所示。

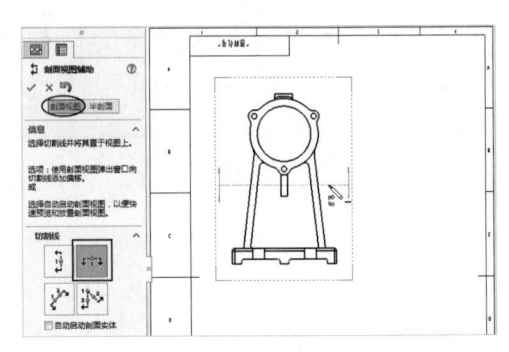

图 11-15

03 单击放置切割线，在弹出的选项工具栏中单击"确定"按钮☑，然后在主视图下方放置剖切视图，如图 11-16 所示。最后单击"剖面视图 A-A"属性面板中的"确定"按钮☑，完成剖面视图的创建。

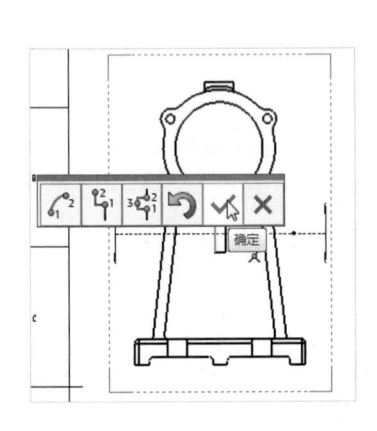

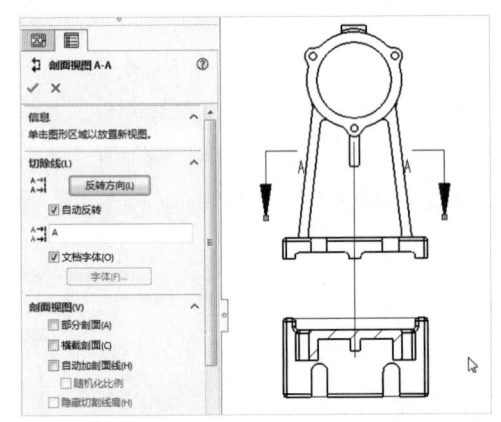

图 11-16

技术要点

如果切割线的投影箭头指向上方，可以在"剖面视图 A-A"属性面板中单击"反转方向"按钮改变投影方向。

04 单击"剖面视图"按钮，在调出的"剖面视图辅助"属性面板中选择"对齐"切割线类型，然后在主视图中选取切割线的第 1 转折点，如图 11-17 所示。

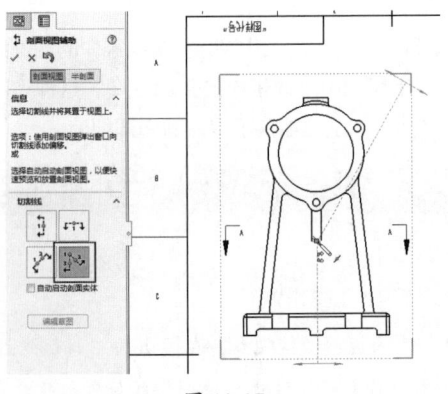

图 11-17

05 选取主视图中的"圆心"约束点,放置第 1 段切割线,如图 11-18 所示。

06 在主视图中选取一点来放置第 2 段切割线,如图 11-19 所示。

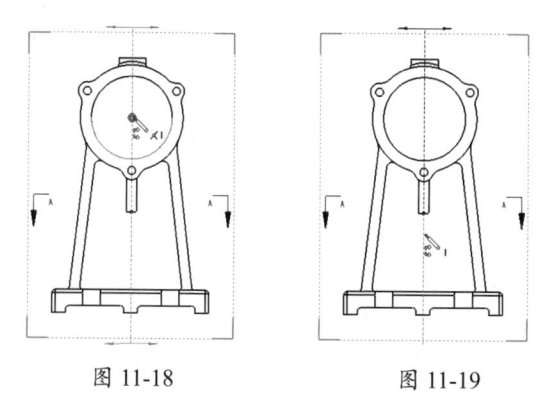

图 11-18   图 11-19

07 在随后调出的选项工具栏中单击"单偏移"按钮,再在主视图中选取"单偏移"形式的转折点(第 2 转折点),如图 11-20 所示。

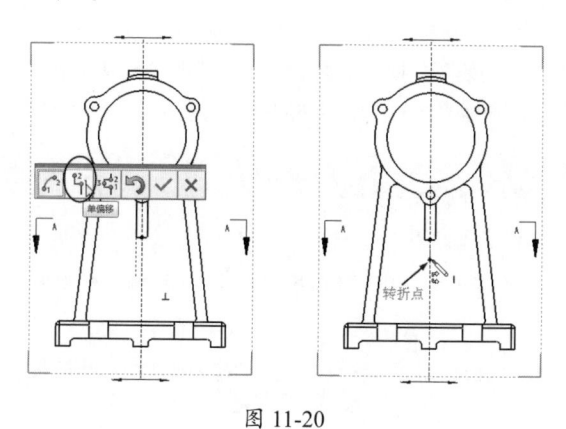

图 11-20

08 水平向左移动鼠标指针来选取孔的中心点来放置切割线,如图 11-21 所示。

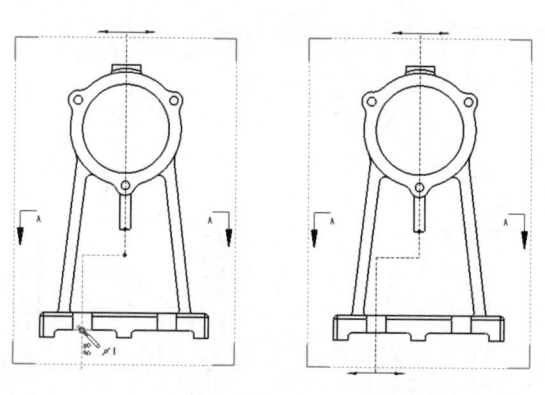

图 11-21

09 单击选项工具栏中的"确定"按钮,将 B-B 剖面视图放置于主视图的右侧,如图 11-22 所示。

图 11-22

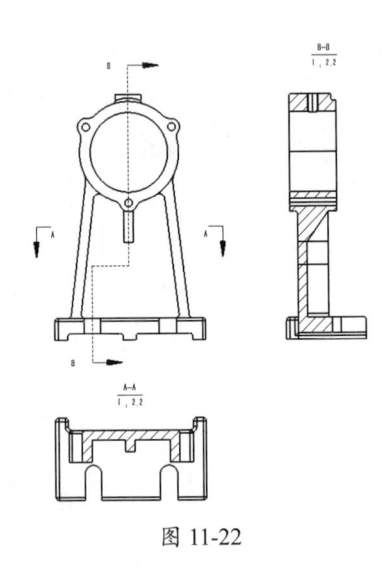

3. 辅助视图与剪裁视图

辅助视图在机械制图中的作用与向视图相似，它是一种特殊的投影视图，其特点在于它是垂直于现有视图中的参考边线而展开的。在创建了辅助视图之后，可以利用"剪裁视图"工具对其进行剪裁，从而得到所需的向视图，这样可以更精确地表达和展示零件的特定部分。

例 11-4：创建向视图

创建零件向视图的具体操作步骤如下。

01 打开本例工程图源文件"支撑架工程图 -3.SLDDRW"，打开的工程图中已经创建了主视图和两个剖切视图。

02 单击"工程图"选项卡中的"辅助视图"按钮，调出"辅助视图"属性面板。在主视图中选择参考边线，如图 11-23 所示。

技术要点

参考边线可以是零件的边线、侧轮廓边线、轴线或者所绘制的直线段。

03 将辅助视图暂时放置在主视图下方的任意位置，如图 11-24 所示。

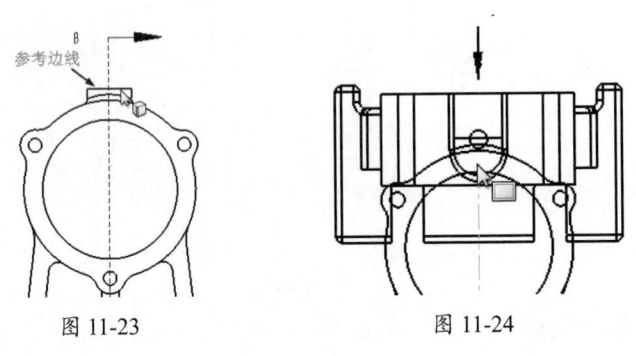

图 11-23   图 11-24

04 在工程图设计树中右击"工程图视图4"，在弹出的快捷菜单中选择"视图对齐"|"解除对齐关系"选项，再将辅助视图移动至合适位置，如图 11-25 所示。

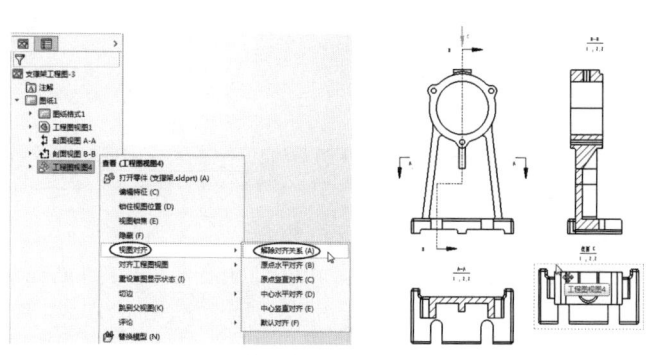

图 11-25

05 在"草图"选项卡单击"边角矩形"按钮□,在辅助视图中绘制一个矩形,如图 11-26 所示。

06 选中矩形的一条边,单击"剪裁视图"按钮,完成辅助视图的剪裁,如图 11-27 所示。

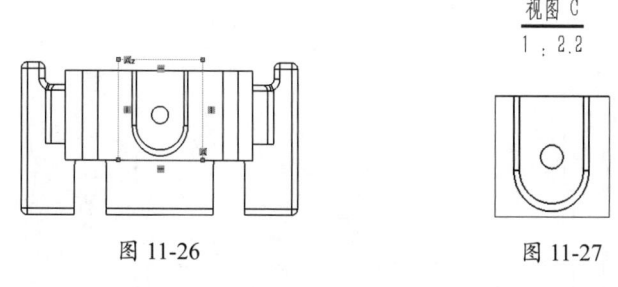

图 11-26　　　　　图 11-27

07 选中剪裁后的辅助视图,在调出的"工程图视图 4"属性面板中选中"无轮廓"复选框,单击"确定"按钮✓后取消向视图中草图轮廓的显示,最终完成的向视图如图 11-28 所示。

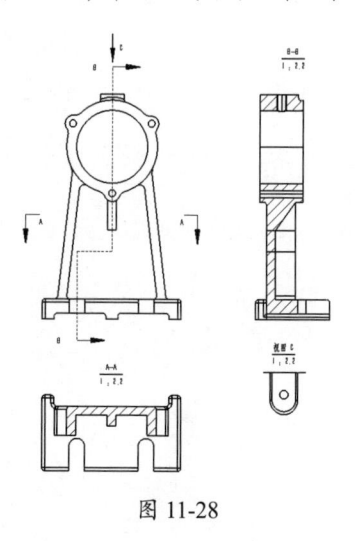

图 11-28

4. 断开的剖视图

断开的剖视图是现有工程视图的一个组成部分,而非独立存在的视图。它通过使用闭合的轮廓来定义,这些轮廓通常由样条曲线构成。为了展示内部细节,材料会被移除到指定的深度。这个深度可以通过设定一个具体的数值,或者在相关视图中选择一条边线来确定。

技术要点

不能在局部视图、剖面视图上生成断开的剖视图。

例 11-5：创建断开的剖面视图

创建断开的剖视图的具体操作步骤如下。

01 打开本例工程图源文件"支撑架工程图 -4.SLDDRW"，打开的工程图中已经创建了前视图、右视图和俯视图。

02 在"工程图"选项卡中单击"断开的剖视图"按钮，按信息提示在右视图中绘制一个封闭轮廓，如图 11-29 所示。

03 在调出的"断开的剖视图"属性面板中输入剖切深度值为 70.00mm，并选中"预览"复选框预览剖切位置，如图 11-30 所示。

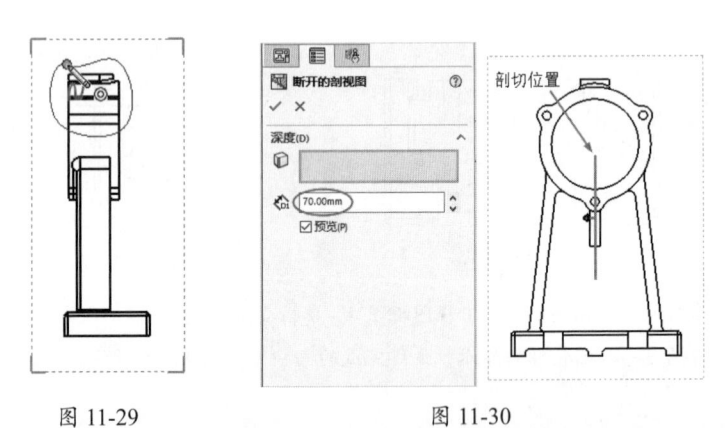

图 11-29

图 11-30

技术要点

可以选中"预览"复选框来观察所设深度是否合理，若不合理需要重新设定，然后再次预览。

04 单击属性面板中的"确定"按钮，生成断开的剖视图。但默认的剖切线比例不合理，需要单击剖切线进行修改，如图 11-31 所示。

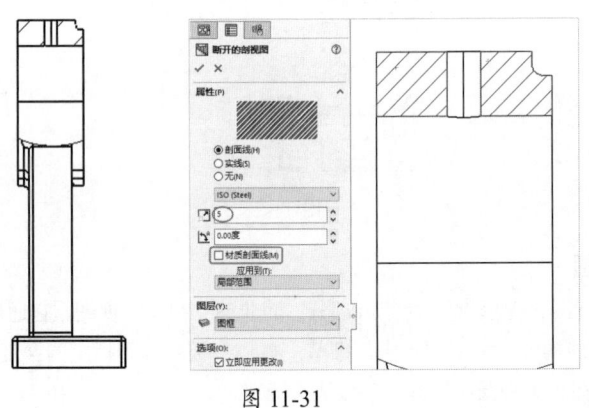

图 11-31

11.3 标注图纸

除了由模型生成的标准视图和派生视图，工程图还涵盖了尺寸、注解和材料明细表等标注内容。标注环节在工程图的完成过程中至关重要，它通过尺寸标注、公差标注以及技术要求注写等方式，全面而准确地传达了设计者的意图和对零部件的具体要求。

11.3.1 标注尺寸

在工程图中，尺寸标注与模型是紧密关联的，模型的任何变更都会自动反映到工程图上。通常，在创建每个零件特征时，相应的尺寸就会随之生成，并随后被插入各个工程视图。这种双向关联性意味着，无论是在模型中修改尺寸还是在工程图中调整已插入的尺寸，都会触发相应的更新。

系统默认设置下，插入的尺寸以黑色显示，而零件或装配体文件中的某些尺寸（如拉伸深度）则以蓝色呈现。此外，参考尺寸以灰色显示，并带有括号，以便与其他尺寸进行区分。

在将尺寸插入所选视图时，用户可以选择插入整个模型的尺寸，也可以根据需要选择性地插入一个或多个零部件（在装配体工程图中）的尺寸或特征（在零件或装配体工程图中）的尺寸。这种灵活性确保了尺寸的准确性和工程图的清晰性。

值得注意的是，尺寸只会被放置在适当的视图中，系统不会自动插入重复的尺寸。如果某个尺寸已经在一个视图中被插入，那么它就不会再出现在其他视图中，从而避免了信息的冗余和混乱。

1. 设置尺寸选项

用户可以设定当前文件中的尺寸选项。执行"工具"|"选项"命令，在弹出的"文档属性 - 尺寸"对话框的"文档属性"选项卡中设置尺寸选项，如图 11-32 所示。

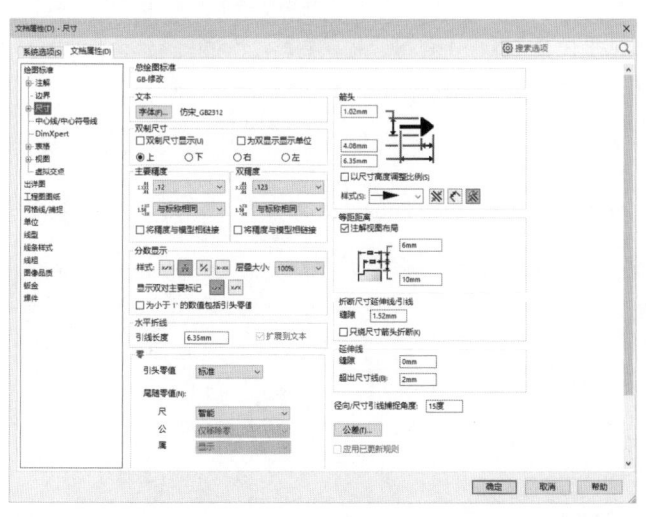

图 11-32

在工程图图纸区域内，当选中某个尺寸时，相应的尺寸属性面板会随即调出，如图 11-33 所示。在该面板中，可以选择"数值""引线"和"其他"等选项卡来进行详细的设置。例如，在"数值"选项卡中，可以调整尺寸公差和精度，自定义新的数值以覆盖原有数值，或者设置双制尺寸等。而在"引线"选项卡中，可以自定义尺寸线和尺寸边界的样式，并控制其显示方式。这些功能提供了丰富的选项，以便根据实际需求灵活调整尺寸的显示和标注方式。

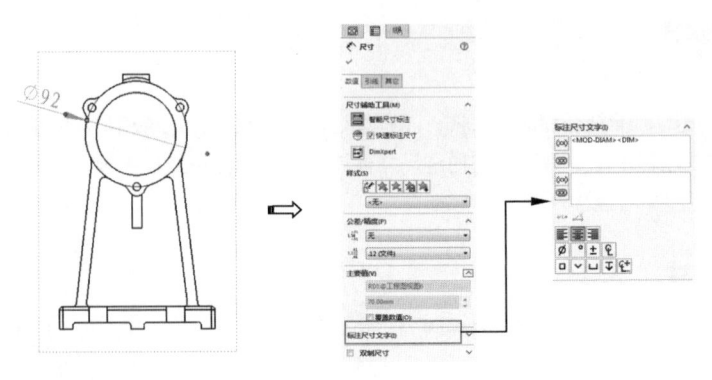

图 11-33

2. 自动标注工程图尺寸

用户可以使用自动标注工程图尺寸工具，该工具能够将参考尺寸作为基准尺寸、链和尺寸插入工程图视图中。此外，还可以在工程图视图内部的草图中利用这一工具进行自动尺寸标注，从而提高标注的效率和准确性。

例 11-6：自动标注工程图尺寸

自动标注工程图尺寸的具体操作步骤如下。

01 打开本例源文件"键槽支撑件.SLDDRW"。

02 在"注解"选项卡中单击"智能尺寸"按钮，调出"尺寸"属性面板。

03 进入"自动标注尺寸"选项卡。在该选项卡中设定要标注实体、水平和竖直尺寸的放置等。

04 设置完成后，在图纸中任意选择一个视图，然后单击"尺寸"属性面板中的"确定"按钮，即可自动标注该视图的尺寸，如图 11-34 所示。

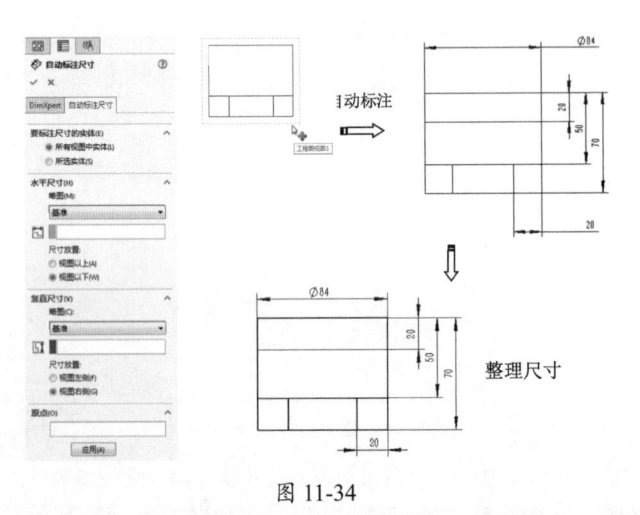

图 11-34

技术要点

通常情况下，自动标注的工程图尺寸可能会显得散乱，并且不一定完全符合零件的表达需求。在这种情况下，用户需要手动整理尺寸，删除不需要的尺寸，并添加一些更合理的尺寸，以确保工程图的尺寸标注满足要求。通过这样的调整，可以使工程图更加清晰、准确地传达设计意图。

3．标注智能尺寸

智能尺寸能够显示模型的实际测量值，但它并不具备驱动模型或更改数值的功能。然而，当模型发生变更时，参考尺寸会随之自动更新。用户可以使用与标注草图尺寸相同的方法来向工程图中添加平行、水平和竖直的参考尺寸。以下是标注智能尺寸的操作步骤。

01　在"注解"选项卡中单击"智能尺寸"按钮。

02　在工程图视图中选取要标注尺寸的线对象。

03　拉出尺寸后在合适位置单击以放置。

技术要点

按照默认设置，参考尺寸放在圆括号中，如要防止括号出现在参考尺寸周围，执行"工具" | "选项"命令，在弹出的"系统选项"对话框的"文档属性"选项卡的"尺寸"选项区中取消选中"添加默认括号"复选框。

4．插入模型项目的尺寸标注

用户可以将模型文件（包括零件或装配体）中的尺寸、注解以及参考几何体等元素插入工程图中。这些元素可以根据需要插入所选的特征、装配体零部件、装配体特征、特定的工程视图，或者所有视图中。当选择将项目插入所有工程图视图时，尺寸和注解会自动出现在最合适的视图中。对于只在部分视图、局部视图或剖面视图中显示的特征，其尺寸标注会优先在这些视图中进行。

下面是将现有模型视图插入工程图中的具体操作步骤。

01　在"注解"选项卡中单击"模型项目"按钮。

02　在"模型项目"属性面板中，设置相关的尺寸、注释及参考几何体等选项。

03　单击"确定"按钮，即可完成模型项目的插入。

技术要点

可以按 Delete 键删除模型项目，或者按 Shift 键将模型项目拖动到另一工程图视图中，也可以按 Ctrl 键将模型项目复制到另一工程图视图。

04　通过插入模型项目标注尺寸，如图 11-35 所示。

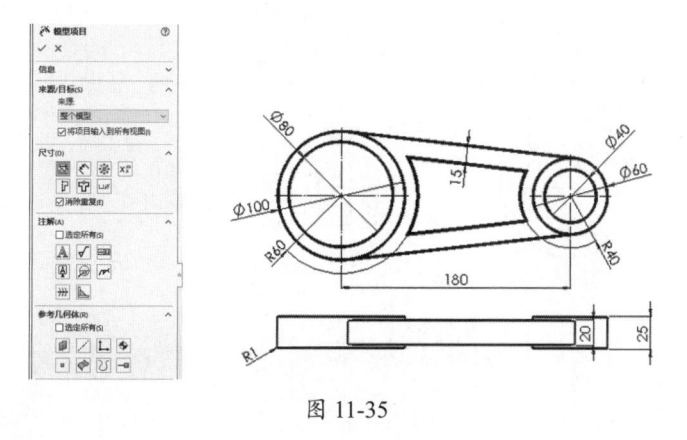

图 11-35

5．尺寸公差标注

用户可以通过单击尺寸调出"尺寸"属性面板，在其中的"公差/精度"选项区域内定义尺寸公差与精度。

以下是设置尺寸公差的具体步骤。

01 单击视图中标注的任意尺寸，调出"尺寸"属性面板。

02 在"尺寸"属性面板中，设置尺寸公差的各种选项。

03 单击"确定"按钮，完成尺寸公差的设定，如图11-36所示。

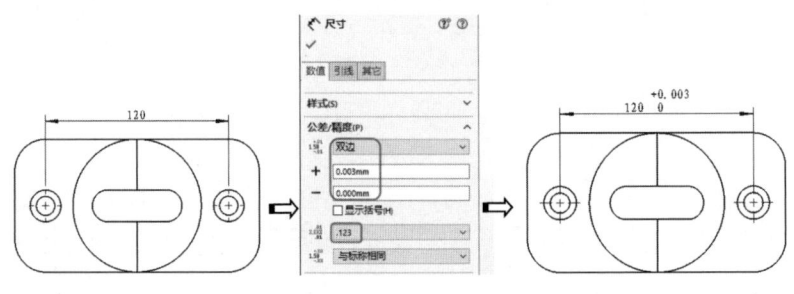

图 11-36

11.3.2 图纸注解

用户可以将各种类型的注解添加到工程图文件中，其中大多数注解类型也可以先添加到零件或装配体文档中，随后插入工程图文档中。在SolidWorks的所有文档类型中，注解的行为模式与尺寸相类似。此外，还可以直接在工程图中生成注解。

注解涵盖了多种内容，包括注释、表面粗糙度、形位公差、零件序号、自动零件序号、基准特征、焊接符号、中心符号线和中心线等。图11-37展示了一幅轴零件图，其中除了尺寸标注，还包含了丰富的注解内容。

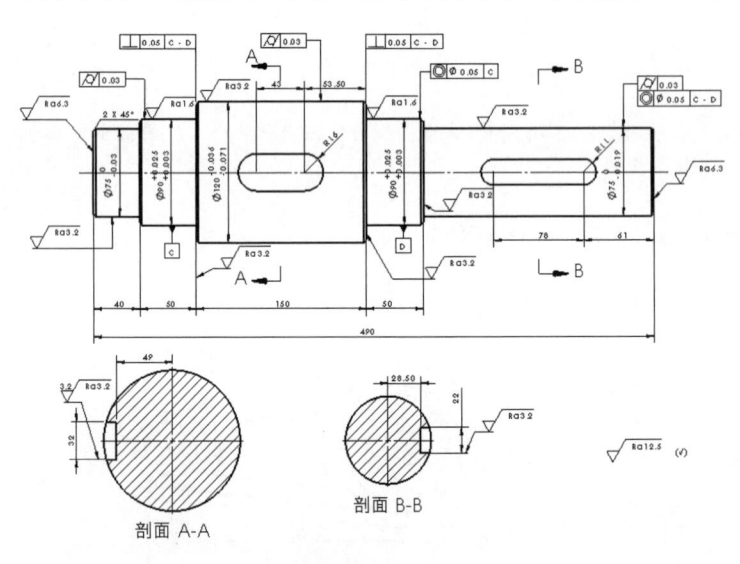

图 11-37

1. 文本注释

在工程图中，文本注释具有灵活性，可以是自由浮动的或固定的。此外，文本注释还可以带有一条指向面、边线或顶点的引线进行定位。注释内容可以包括简单的文字描述、符号、参数文字，甚至是超文本链接。以下是生成文本注释的具体操作步骤。

01 单击"注解"选项卡中的"注释"按钮A，调出"注释"属性面板，如图11-38所示。

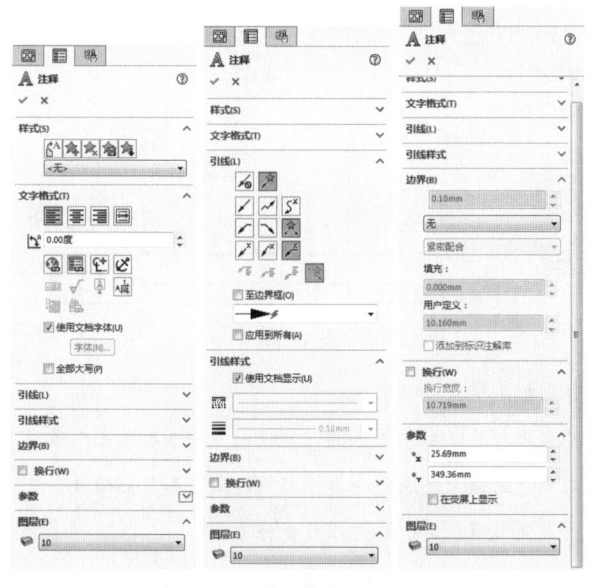

图 11-38

02 在"注释"属性面板中设定相关的属性选项，然后在视图中单击放置文本边界框，同时会调出"格式"工具栏，如图11-39所示。

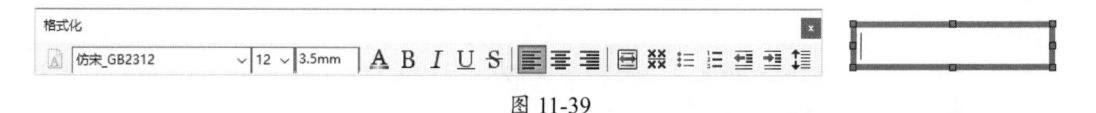

图 11-39

03 如果注释有引线，在视图中单击以放置引线，再次单击来放置注释。

04 在输入文字前拖动边界框以满足文本输入的需要，然后在文本边界框内输入文字。

05 在"格式化"工具栏中设定相关选项，接着在文本边界框外单击来完成注释。

06 若需要重复添加注释，调出"注释"属性面板，重复以上步骤即可。

07 单击"确定"按钮✓完成注释。

技术要点

若要编辑注释，双击注释，即可在属性面板或对话框中进行相应编辑。

2. 标注表面粗糙度符号

用户可以使用表面粗糙度符号来明确指定零件实体面的表面纹理。这一操作可以在零件、装配体或工程图文档中进行，只需选择相应的面即可。以下是输入表面粗糙度的具体操作步骤。

01 单击"注解"选项卡中的"表面粗糙度"按钮✓，调出"表面粗糙度"属性面板，如图11-40所示。

图 11-40

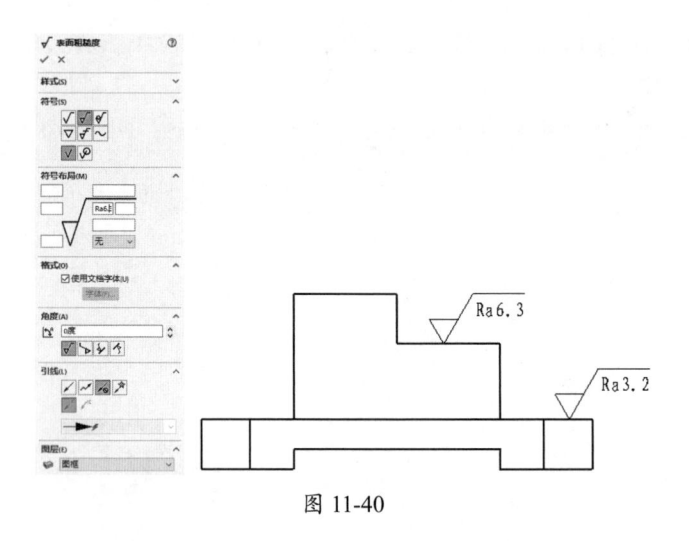

02 在"表面粗糙度"属性面板中设置属性。

03 在视图中单击以放置粗糙度符号。对于多个实例，根据需要多次单击以放置多个粗糙度符号与引线。

04 编辑每个实例。可以在属性面板中更改每个符号实例的文字和其他项目。

05 如果符号带引线，单击放置引线，再次单击以放置符号。

06 单击"确定"按钮✓完成表面粗糙度符号的创建。

3. 基准特征符号

在零件或装配体设计中，可以将基准特征符号附加到模型的平面或参考基准面上。同时，在工程图中，这些符号也可以被附加到显示为边线（而非侧影轮廓线）的曲面或剖面视图面上。以下是插入基准特征符号的具体操作步骤。

01 单击"注解"选项卡中的"基准特征"按钮▣，或者执行"插入"|"注解"|"基准特征符号"命令，调出"基准特征"属性面板，如图 11-41 所示。

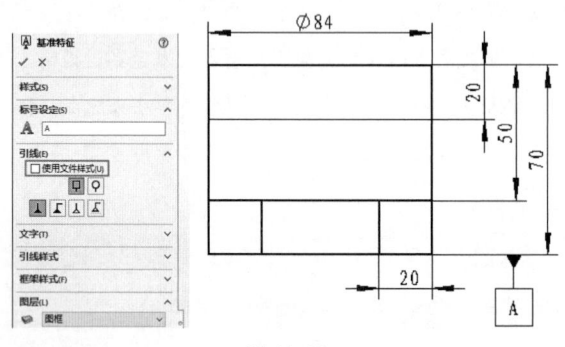

图 11-41

02 在"基准特征"属性面板中设定选项。

03 在图形区域中单击以放置附加项，然后放置该符号。如果将基准特征符号拖离模型边线，则会添加延伸线。

04 根据需要继续插入多个符号。

05 单击"确定"按钮✓，完成基准特征符号的创建。

11.3.3 材料明细表

装配体通常由众多零部件构成，为了在工程视图中清晰地展示这些组成部分，可以列出装配体的零件清单。此外，通过材料明细表，我们能够详细地描述装配体中各个零件及其材料的组成情况。以下是生成材料明细表的具体操作步骤。

01 执行"插入"|"表格"|"材料明细表"命令，调出"材料明细表"属性面板，如图 11-42 所示。

图 11-42

02 在图纸中选择主视图为生成材料明细表的指定模型，随后调出"材料明细表"属性面板。设置相关属性选项后，在鼠标指针位置会预览显示材料明细表格，如图 11-43 所示。

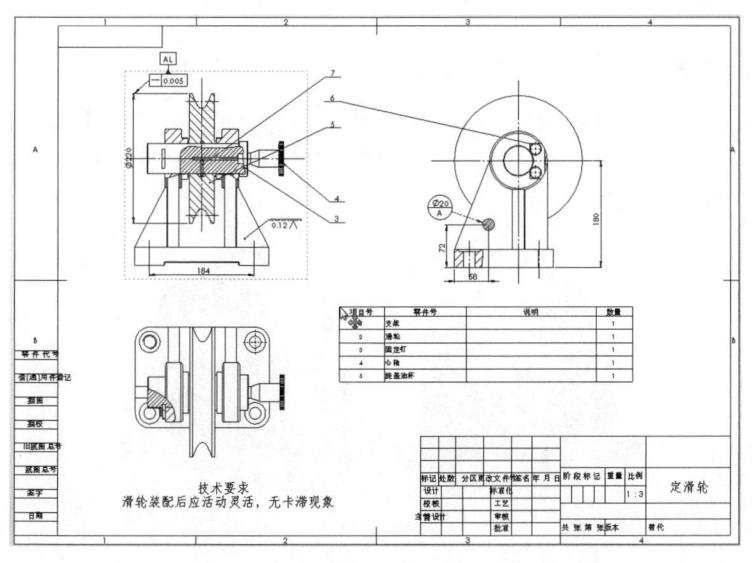

图 11-43

03 移动鼠标指针将材料明细表拖动到合适位置放置，例如，让材料明细表与图框中的表格对齐，如图

11-44 所示。

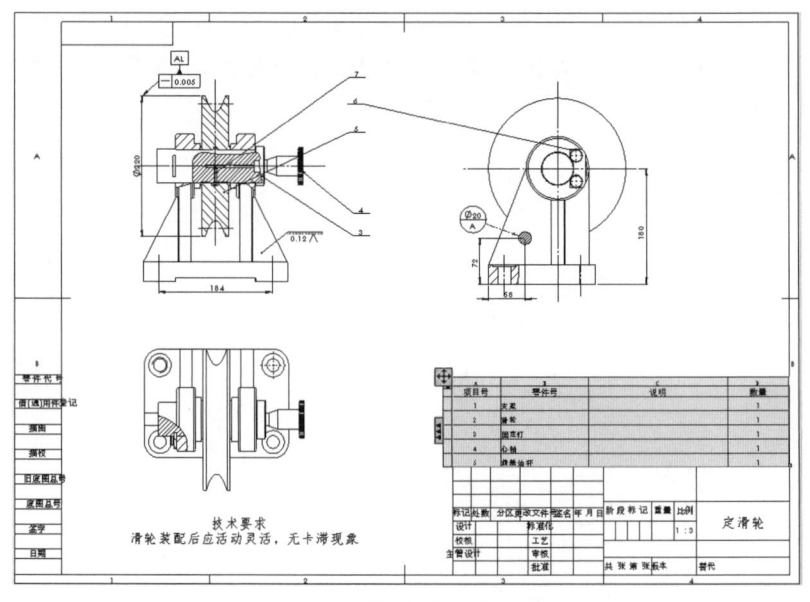

图 11-44

04 若发现材料明细表中的名称或序号需要修改，可以双击材料明细表中的单元格来修改文本内容。修改文本内容后，零件视图会随之更新。

11.4 工程图制作案例

在深入学习和熟练掌握了 SolidWorks 工程图设计环境中的各项制图工具后，我们将通过实际的零件工程图和装配工程图制作案例，来进一步熟悉和巩固这些制图命令的应用。

11.4.1 实例一：制作涡轮减速器箱体零件图

如图 11-45 所示，涡轮减速器箱体以及其他诸如阀体、泵体、阀座等部件，均归属于箱体类零件。这些零件大多为铸件，通常承担着支承、容纳、定位和密封等重要功能。由于其内外形状相对复杂，因此在设计和制造过程中需要特别注意。

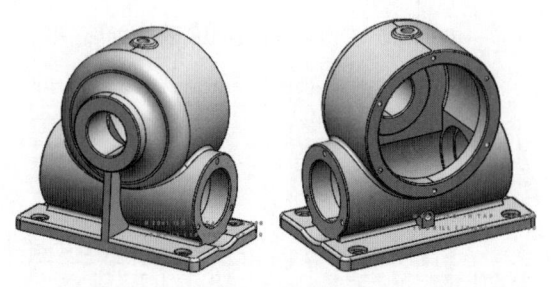

图 11-45

涡轮减速器箱体工程图涵盖了视图组合、尺寸及其公差、形位公差、表面粗糙度标注，以及必不可少的技术说明等多个方面。图 11-46 展示了本例中需要绘制的涡轮减速器箱体工程图。

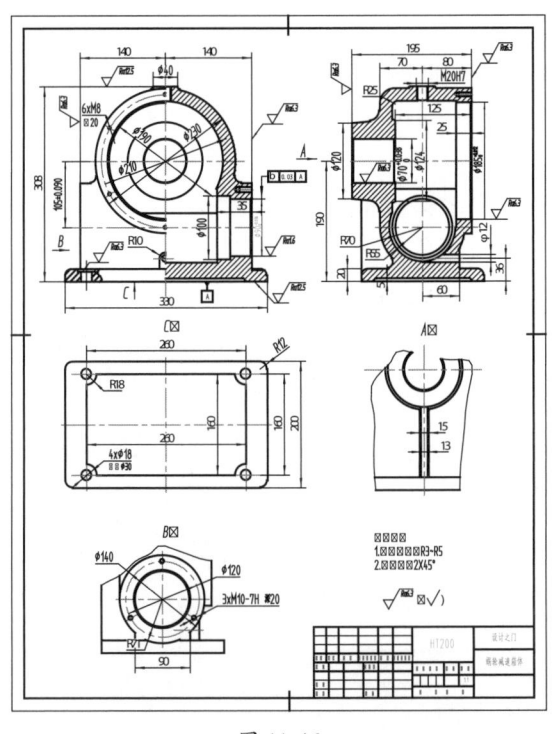

图 11-46

1. 零件图分析

首先，需要确定主视图，并根据投影关系来识别其他视图的名称、投影方向，以及局部视图或斜视图的投射部位，同时确定剖视图或断面图的剖切位置。这样，我们就能明确每个视图所要表达的具体内容。

该箱体零件的工程图包含了 3 个基本视图：主视图、俯视图和左视图，以及两个额外的视图：向视图 C 和向视图 D。主视图的选择既体现了零件的形状特征，也符合其工作位置的原则。整体来看，所选的视图数量和表达方法都非常恰当。下面是对每个视图的详细分析。

（1）主视图分析

结合俯视图和左视图，我们可以看出主视图是通过零件的左右对称平面进行剖切得到的半剖视图。由于零件左右对称，因此没有额外标注。这个半剖视图清晰地展示了箱体空腔的层次结构，包括涡轮轴孔、啮合腔的贯通情况，蜗杆轴孔之间的相互关系，以及支撑肋板的形状等。

（2）俯视图分析

通过主视图和左视图的辅助，我们可以确定俯视图是从箱体底部向上投影得到的。它主要展示了涡轮减速器箱体底板的结构，反映了底板外部的形状以及安装孔的分布情况。

（3）左视图分析

左视图是通过蜗杆轴孔的中轴线进行剖切得到的全剖视图。这个视图进一步揭示了涡杆轴孔的前后贯通情况，以及啮合腔和涡轮轴孔的相对位置关系（涡轮轴孔与涡杆轴孔的轴线垂直交叉）。

（4）向视图 C 分析

向视图 C 展示了支撑肋板的结构形状，它是从左视图中左侧投影得到的局部视图。

（5）向视图 D 分析

向视图 D 则反映了侧面底板中部上面的圆柱面凹槽形状及其与 M10 螺孔的相对位置关系。这两个向视图的加入，有效地补充了基本视图在表达上的不足。

2. 生成新的工程图

生成新的工程图的具体操作步骤如下。

01 单击"新建"按钮，在"新建SOLIDWORKS文件"对话框中单击"工程图"图标和"确定"按钮弹出"图纸格式/大小"对话框。

02 在"图纸格式/大小"对话框中选择A4（GB）横幅图纸格式，再单击"确定"按钮加载图纸，如图11-47所示。

03 进入工程图环境后，在图纸中右击，在弹出的快捷菜单中选择"属性"选项，在弹出的"图纸属性"对话框进行设置，如图11-48所示，名称为"涡轮减速器箱体"，设置比例为1:5，选择"第一视角"投影类型，再单击"应用更改"按钮完成属性修改。

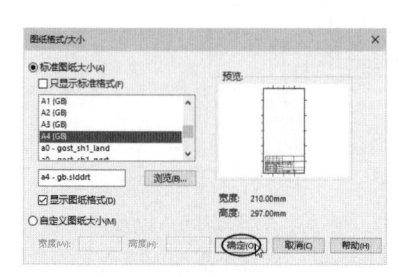

图 11-47 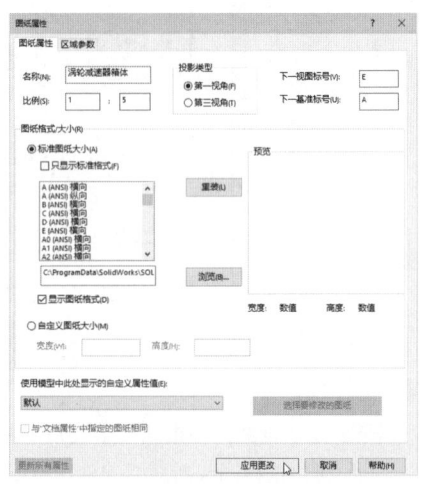   图 11-48

3. 将模型视图插入工程图

将模型视图插入工程图的具体操作步骤如下。

01 单击"工程图"选项卡中的"模型视图"按钮，在调出的"模型视图"属性面板中单击"浏览"按钮，将本例源文件夹中的"涡轮减速器箱体.SLDPRT"文件打开，如图11-49所示。

02 在"模型视图"属性面板的"方向"选项区中单击"后视"按钮，再单击"确定"按钮，将后视图（作为主视图）插入工程图图纸中，插入后视图之后再插入后视图的投影视图，如图11-50所示。

图 11-49 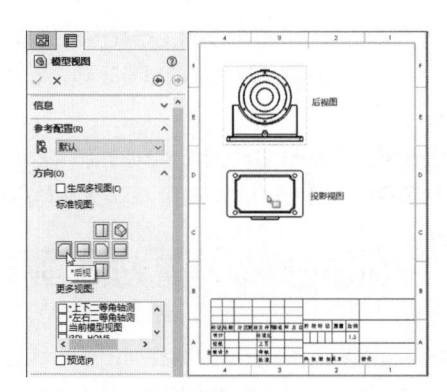   图 11-50

4. 创建剖面视图

鉴于后视图（原主视图）在特定方向上无法充分展现涡轮减速箱体零件的内部构造，我们需要借助半剖视图来提供更清晰的表达。因此，将删除原有的后视图，并以其投影视图为基础，创建一个能够深入展示零件内部细节的半剖视图，这个新创建的视图将成为新的主视图。同样，以这个半剖视图为参考，进一步进行全剖操作，从而得到侧视图，即全剖视图。这样的处理使各个视图能够相互配合，更全面、准确地展示零件的内部和外部结构。创建剖面视图的具体操作步骤如下。

01 将后视图删除（选中该视图按 Delete 键即可），仅保留投影视图，如图 11-51 所示。

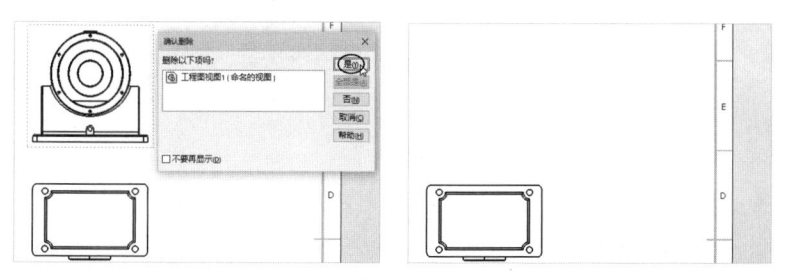

图 11-51

02 单击"工程图"选项卡中的"剖面视图"按钮，在调出的"剖面视图辅助"属性面板中单击"半剖面"按钮，显示"半剖面"选项区，再单击"右侧向下"按钮，然后在主视图中选取剖切点并放置半剖视图切割线，如图 11-52 所示。

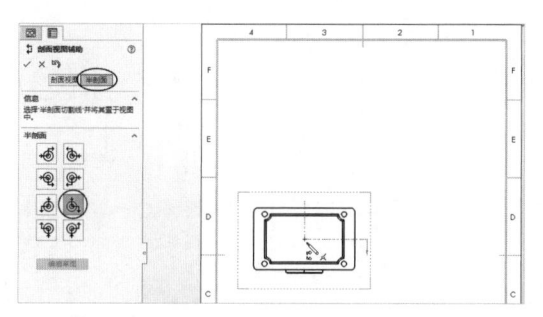

图 11-52

03 将半剖视图放置于投影视图的上方，如图 11-53 所示。

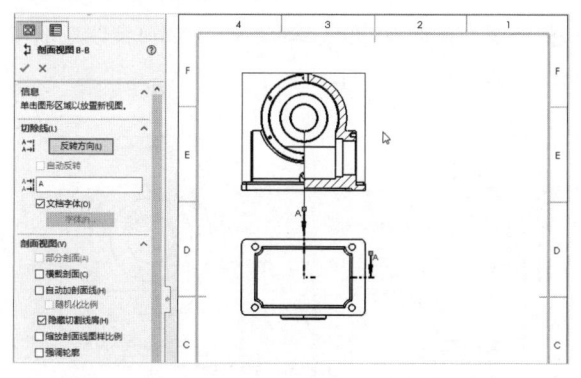

图 11-53

04 在工程图设计树中，右击"切除线 A-A"项目，在弹出的快捷菜单中选择"隐藏切割线"选项，将切

293

割线隐藏。在图纸中右击半剖视图中的"剖面 A-A"文字，在弹出的快捷菜单中选择"隐藏"选项，将所选文字隐藏，如图 11-54 所示。

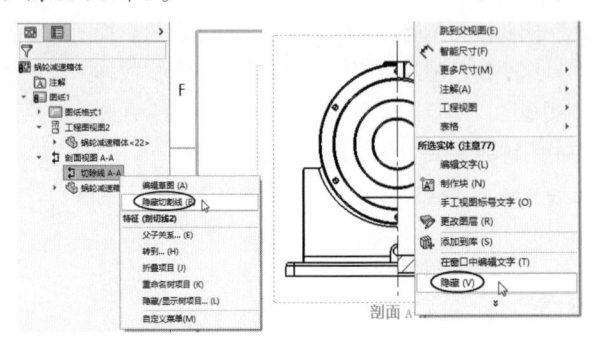

图 11-54

05 单击"工程图"选项卡中的"剖面视图"按钮，在调出的"剖面视图辅助"属性面板中单击"剖面视图"按钮，显示"切割线"选项区，再单击"竖直"按钮，然后在主视图中选取剖切点并放置全剖视图切割线，如图 11-55 所示。

06 将全剖视图放置于半剖视图的右侧，放置视图前需要判断视图方向是否满足图纸需求，如若不满足，可以在"剖面视图 B-B"属性面板中单击"反转方向"按钮来更改视图方向，全部视图创建完成的结果如图 11-56 所示。

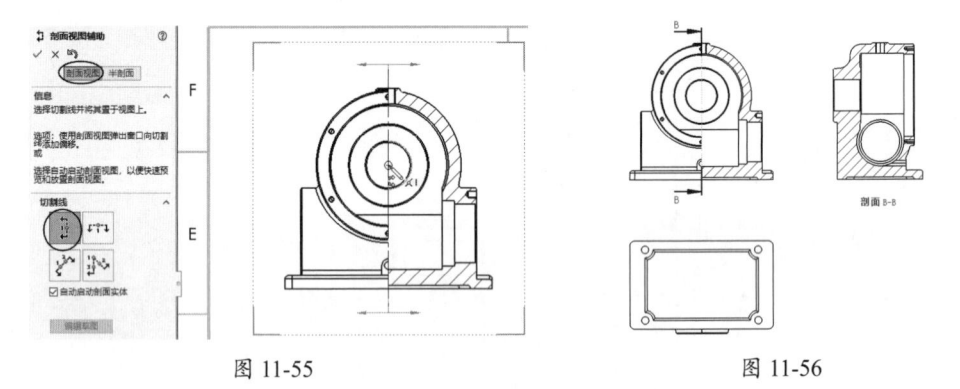

图 11-55　　　　　　　　　　　　　　　图 11-56

07 按设计意图，全剖视图中需要将加强筋的侧面形状表达出来，因此要修改"切除线 B-B"。在半剖视图中右击"切除线 B-B"，并在弹出的快捷菜单中选择"编辑切割线"选项，随后调出"剖面视图"工具栏，并单击"单偏移"按钮，如图 11-57 所示。

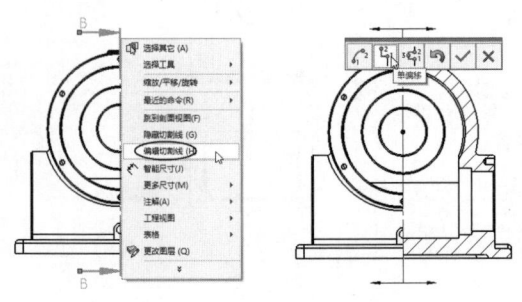

图 11-57

08 在切割线上选取一个点以使其产生偏移,偏移切割线后单击"剖面视图"对话框中的"确定"按钮☑,完成切割线的编辑,如图 11-58 所示。

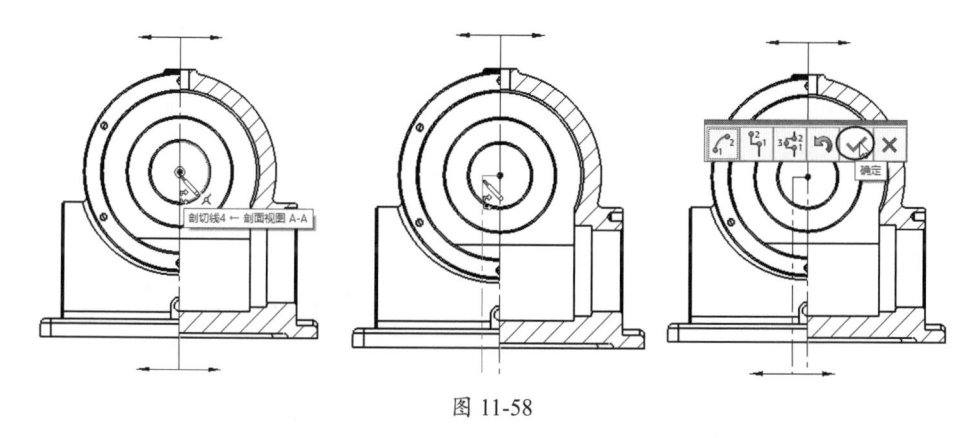

图 11-58

09 编辑切割线后,全剖视图随之更新,最后将全剖视图的切割线和"剖面 B-B"视图文字隐藏,如图 11-59 所示。

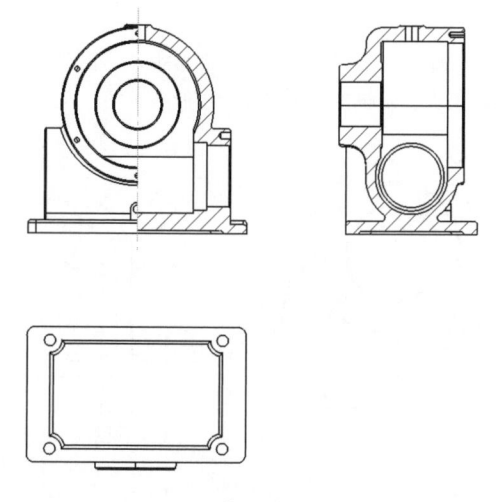

图 11-59

10 修改投影视图,右击要隐藏的边线,在弹出的快捷菜单中选择"隐藏/显示边线"选项将其隐藏,结果如图 11-60 所示。

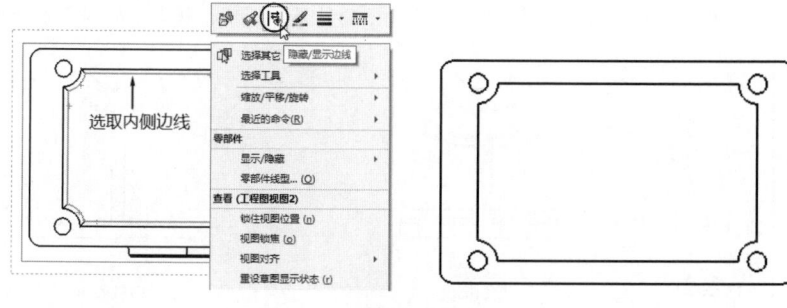

图 11-60

5. 创建向视图

鉴于涡轮减速箱体零件在本例中的结构极为复杂，我们必须依赖多个辅助视图才能准确而全面地传达设计意图。接下来，我们将有序地创建向视图 C 与向视图 D，以确保每一处细节和设计考量都能得到恰当的展现。具体的操作步骤如下。

01 在"工程图"选项卡中单击"辅助视图"按钮，然后在全剖视图中零件的左端面选取一条边线作为参考以此创建出向视图 C，并将向视图 C 移动到全剖视图的下方，如图 11-61 所示。

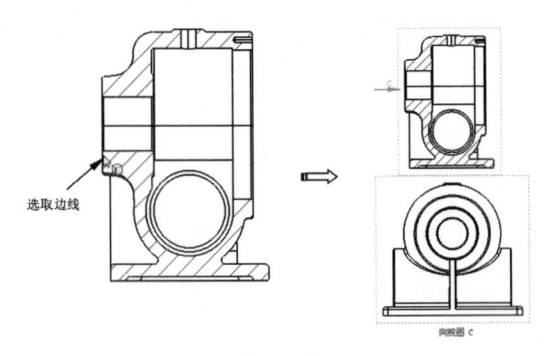

图 11-61

02 在"工程图"选项卡中单击"剪裁视图"按钮，然后单击"草图"选项卡中的"样条曲线"按钮，绘制一封闭轮廓曲线，以此生成剪裁视图，如图 11-62 所示。

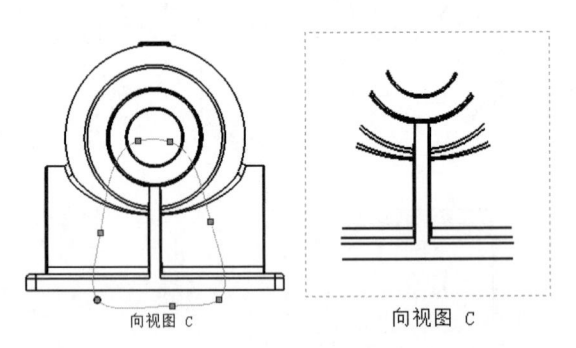

图 11-62

03 从生成的剪裁视图中可以看到，封闭轮廓曲线是看不见的，为了保持视图的完整性，需要显示剪裁视图的轮廓线。可以选中向视图 C，在调出的"向视图 C"属性面板中取消选中"无轮廓"复选框，即可显示剪裁视图的轮廓线，如图 11-63 所示。

04 将向视图 C 中的多余边线隐藏，得到如图 11-64 所示的结果。同理，将其余视图中多余的边线也隐藏。

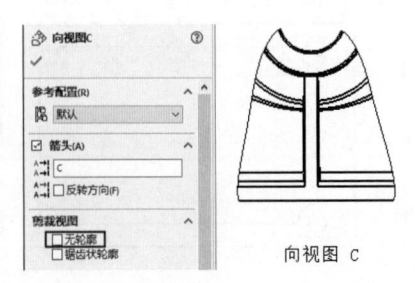

图 11-63 　　　　　图 11-64

05 以相同的操作方法，创建向视图 D，结果如图 11-65 所示。

向视图 C

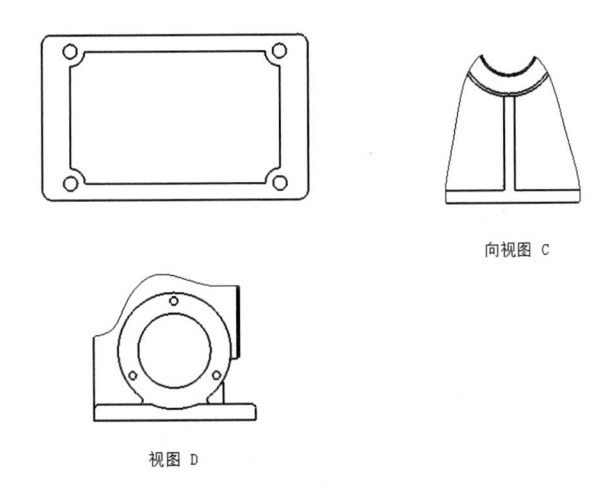

视图 D

图 11-65

06 在"工程图"选项卡中单击"断开的剖视图"按钮📷，然后在向视图 D 中零件底座的右侧绘制封闭轮廓曲线，随后自动生成断开的剖视图，如图 11-66 所示。

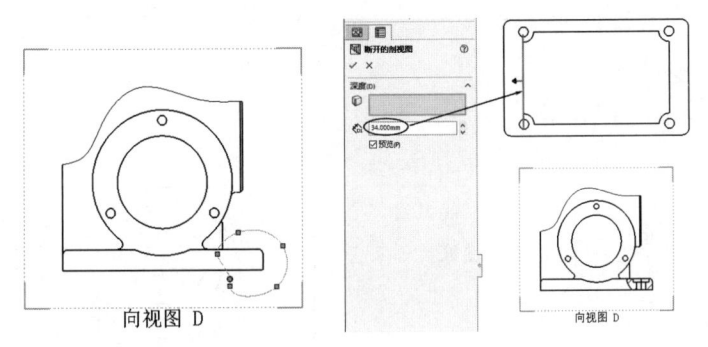

向视图 D　　　　　　　　　　　　　　　　向视图 D

图 11-66

07 修改剖视图中的剖面线比例，如图 11-67 所示。

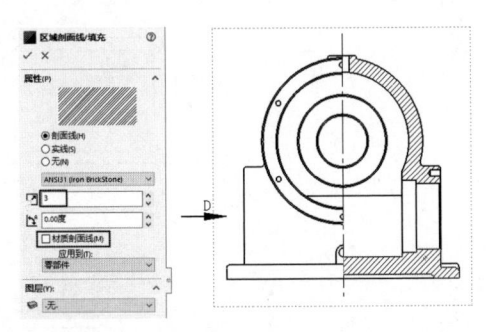

图 11-67

6．添加注解辅助线

注解辅助线包括中心符号线和中心线。添加注解辅助线的具体操作步骤如下。

01 在剖面视图中添加中心符号线。单击"注解"选项卡中的"中心符号线"按钮⊕，在调出的"中心符号线"

属性面板中进行设置，接着在各视图中选取圆边线或圆弧边线来生成中心符号线，如图11-68所示。

02　单击"注解"选项卡中的"中心线"按钮，调出"中心线"属性面板。接着在各剖面视图中选取平行边线生成中心线，用于表达圆孔剖面的轴线，如图11-69所示。

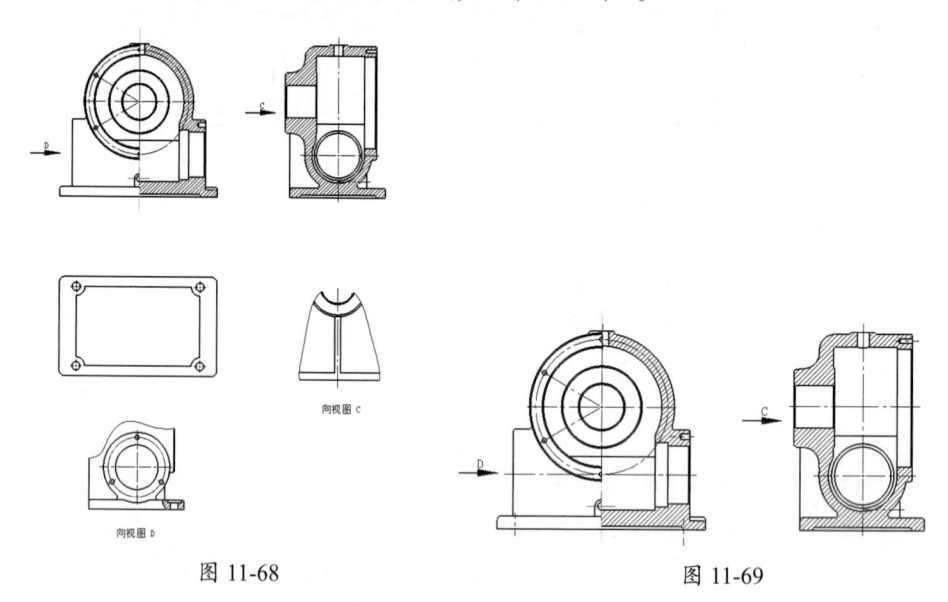

图 11-68

图 11-69

7. 尺寸与文字注解

添加尺寸与文字注解的具体操作步骤如下。

01　使用"智能尺寸"工具标注基本尺寸。单击选项卡中的"智能尺寸"，在"智能尺寸"属性面板中设定参数，标注的工程图尺寸如图11-70所示。

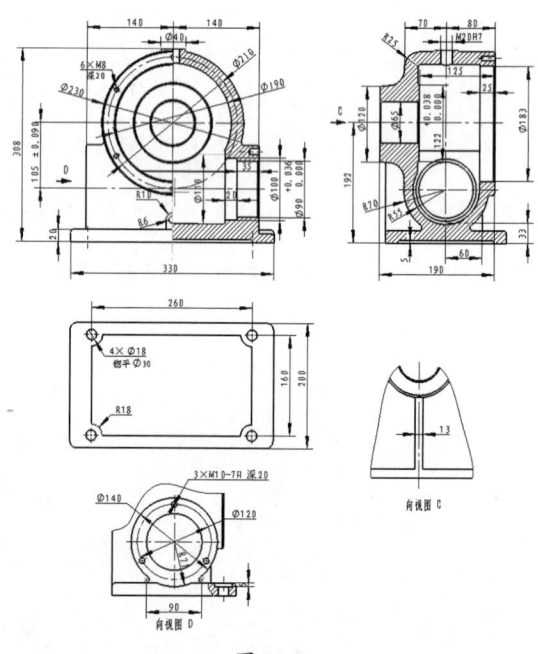

图 11-70

02　单击"注解"选项卡中的"基准特征"按钮，在"基准特征"属性面板中设定参数。在半剖视图中选取底部边线以放置基准特征符号，如图11-71所示。

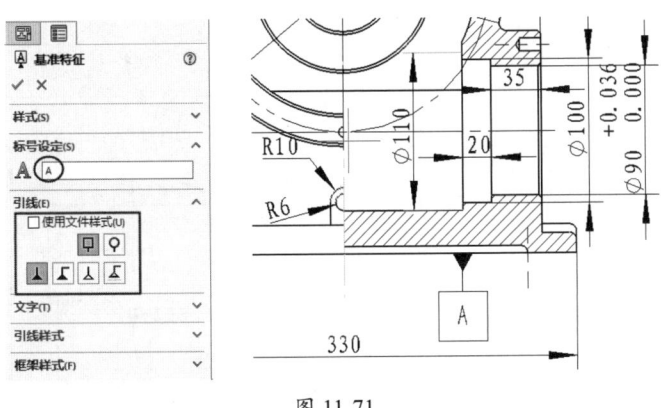

图 11-71

03 在"注解"选项卡中单击"形位公差"⊞，在弹出的"属性"对话框和"形位公差"属性面板中设定选项，如图 11-72 所示。

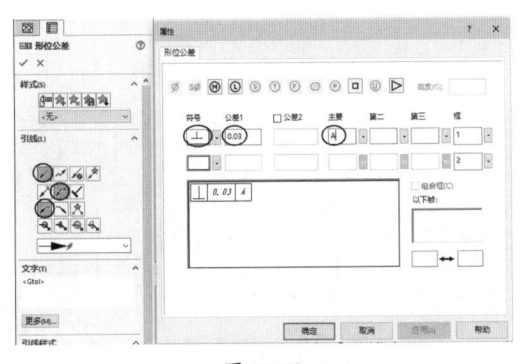

图 11-72

04 在半剖视图中选取∅90 尺寸以放置形位公差，如图 11-73 所示。

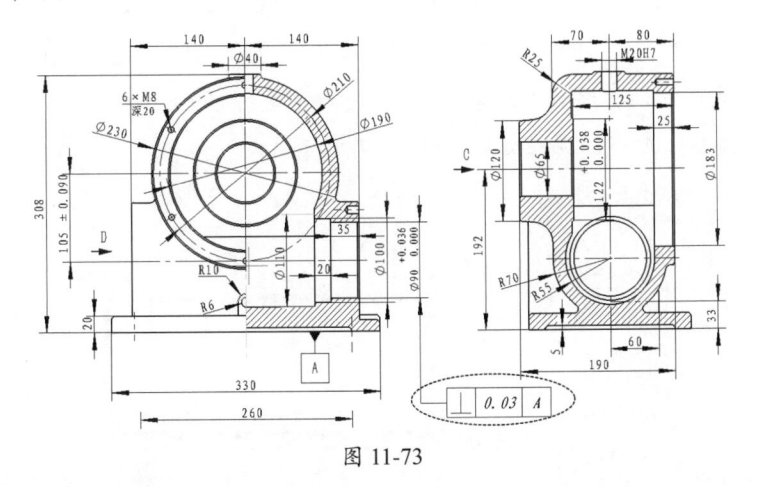

图 11-73

05 单击"注解"选项卡中的"表面粗糙度"按钮√，在"表面粗糙度"属性面板中设定参数。在半剖视图中选取边线以放置粗糙度符号，如图 11-74 所示。

图 11-74

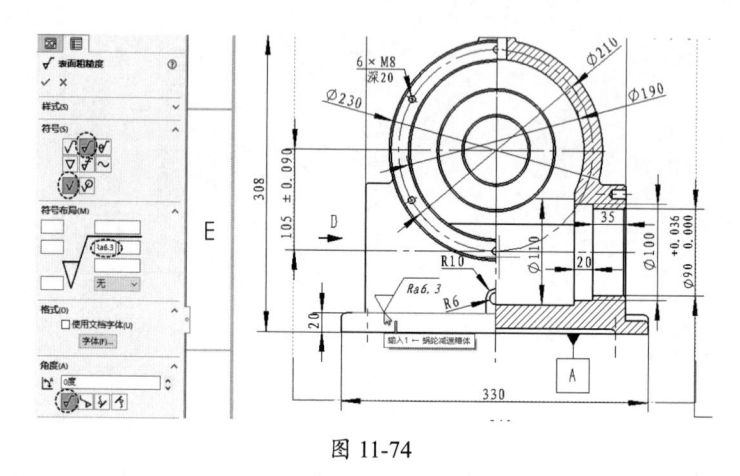

06 同理，继续完成其余粗糙度符号的标注，如果需要旋转粗糙度符号，可以在"表面粗糙度"属性面板的"角度"选项区中定义角度或单击"旋转90度""垂直""垂直（反转）"等按钮，最终标注完成的表面粗糙度符号如图11-75所示。

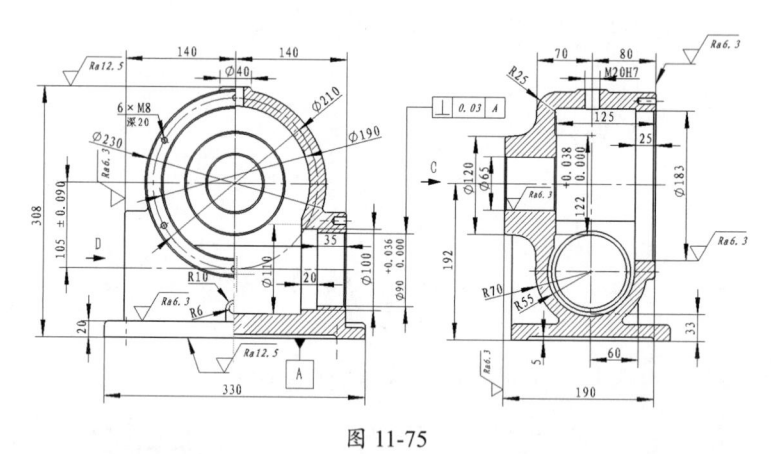

图 11-75

07 单击"注解"选项卡中的"注释"按钮 A，在"注释"属性面板中设定参数，如图11-76所示。单击并拖动注释边界框，使注释边界框变大，如图11-77所示。

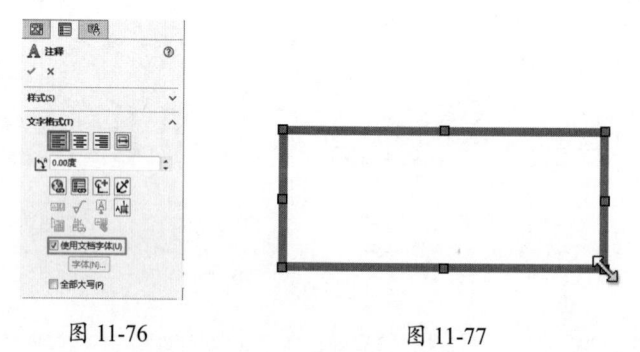

图 11-76　　　　图 11-77

08 在注释边界框中输入"技术要求"等文字，如图11-78所示。最后在"注释"属性面板中单击"确定"按钮 ✓ 完成文本注释。

09 在"技术要求"一侧添加粗糙度符号及值，如图11-79所示。在粗糙度符号及值的后面添加带括号钩(√)

的文本，表示其余粗糙度。

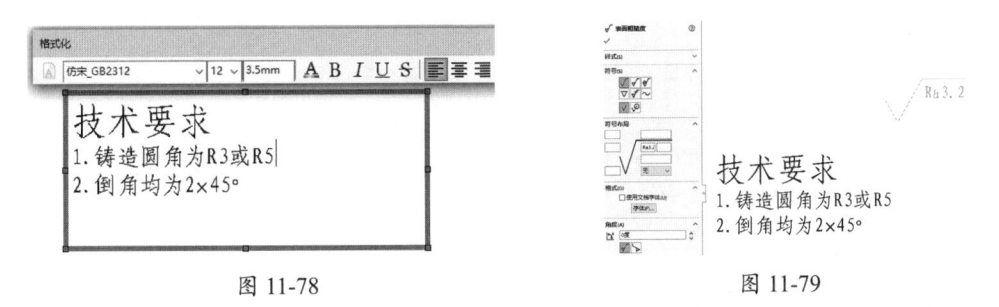

图 11-78

图 11-79

10 右击图框并在弹出的快捷菜单中选择"编辑图纸格式"选项，进入图纸格式编辑模式，然后双击图框中的单元格，输入图纸名，最终完成的涡轮减速箱体零件的工程图，如图 11-80 所示。

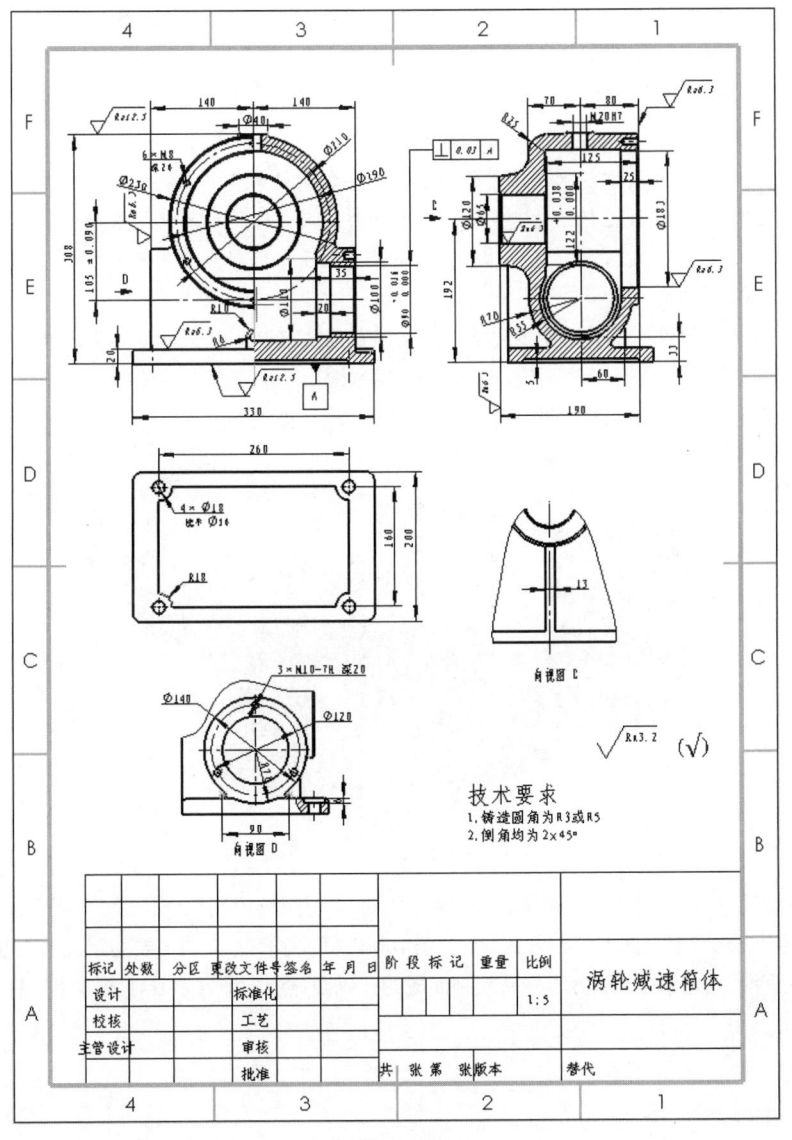

图 11-80

11.4.2 实例二：制作铣刀头装配工程图

装配图应涵盖以下内容。

- 一组详尽的视图：这些视图需要清晰展示各组成零件的相互位置、装配关系、连接方式，以及部件或机器的工作原理和结构特性。
- 必要的尺寸标注：包括部件或机器的规格尺寸、零件间的配合尺寸、整体外形尺寸、安装尺寸等关键维度。这些尺寸对于理解和操作机器至关重要。
- 技术要求说明：详细阐述部件或机器的性能标准、装配流程、安装指南、检验方法、调整步骤及运转要求。这些技术要求通常以文字形式明确标注。
- 标题栏和信息明细：装配图还应包含标题栏、零部件序号以及明细栏，以便快速识别和查找各个零件。对于无法通过图形表达的内容，需要通过技术要求进行详细说明，如使用符号或文字标注零件在装配、安装、检验、调试及正常工作中的技术要求。
- 清晰的尺寸标注：装配图上的所有尺寸必须清晰、合理地标注。无须标出零件上的所有尺寸，但务必包含与装配相关的关键尺寸，如性能尺寸、装配尺寸、安装尺寸、外形尺寸等。
- 技术要求的位置：技术要求通常写在装配图的空白区域。对于涉及较多专业知识的具体设备，可参考同类或相似设备，结合实际情况进行编写。
- 零件编号与明细栏：由于装配图通常较为复杂，包含多种零件，为便于设计和生产过程中对零件的查阅，必须对每个零件进行编号。同时，零件明细栏应详细列出装配图中每个零件、部件的序号、图号、名称、数量、材料和重量等信息。这不仅有助于根据零件序号查找相关资料，还是采购外购件和标准件的重要依据。

举例说明，铣刀头是铣床上的一个重要部件，用于安装铣刀盘。当动力经 V 带轮驱动轴旋转时，轴会带动铣刀盘旋转，进而对工件进行平面铣削加工。轴通过滚动轴承安装在座体内，而座体则通过地板上的 4 个沉孔稳固安装在铣床上。图 11-81 展示了铣刀头装配体的详细模型。

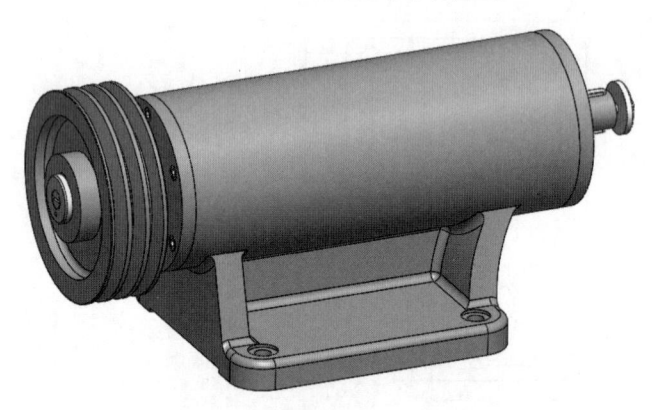

图 11-81

图 11-82 展示了铣刀头的装配工程图。在这幅图中，主视图是根据工作位置，也可以说是按照常规习惯位置来选取的。通过采用全剖视图的方式，主视图清晰地呈现了铣刀头的主要装配关系和整体外形特征。而左视图则是在移除了皮带轮等部分零件后绘制而成的，以便更清晰地展示其他关键部件的细节。

第11章 机械工程图设计

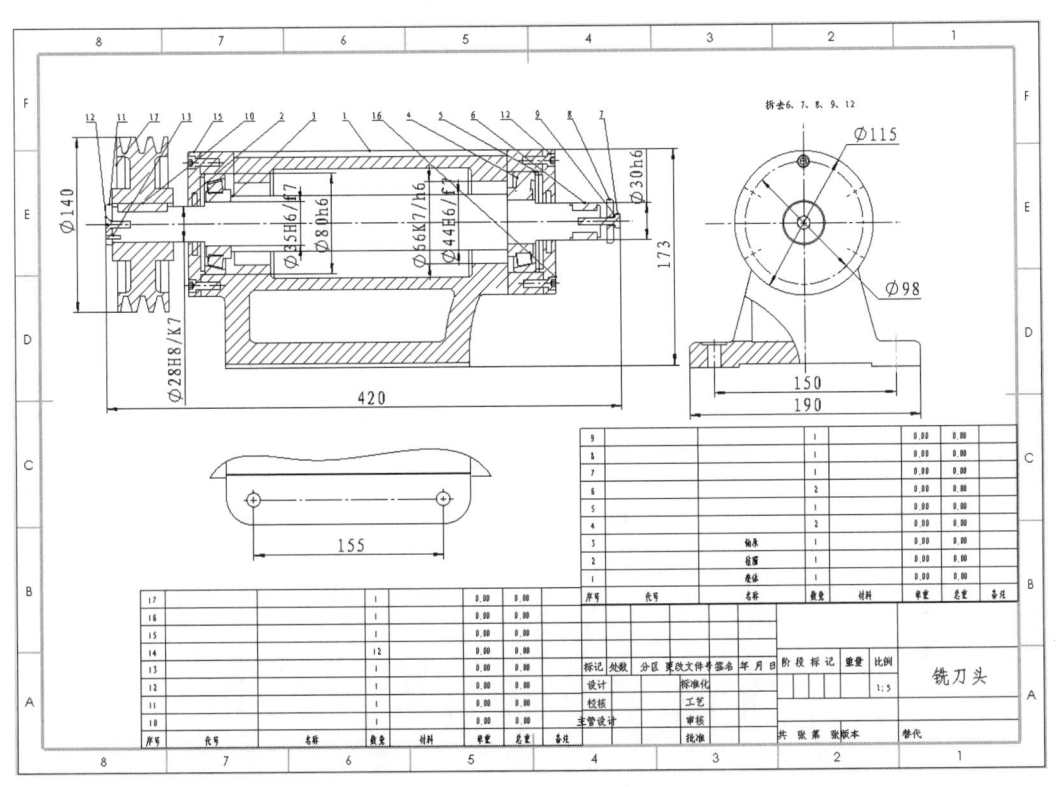

图 11-82

1. 创建视图

创建视图的具体操作步骤如下。

01 打开本例源文件"铣刀头装配体.SLDASM"。

02 执行"文件"|"从装配体制作工程图"命令,弹出"新建 SOLIDWORKS 文件"对话框,直接单击"确定"按钮,弹出"图纸格式/大小"对话框,选择 A2(GB)图纸格式后单击"确定"按钮进入工程图设计环境,如图 11-83 所示。

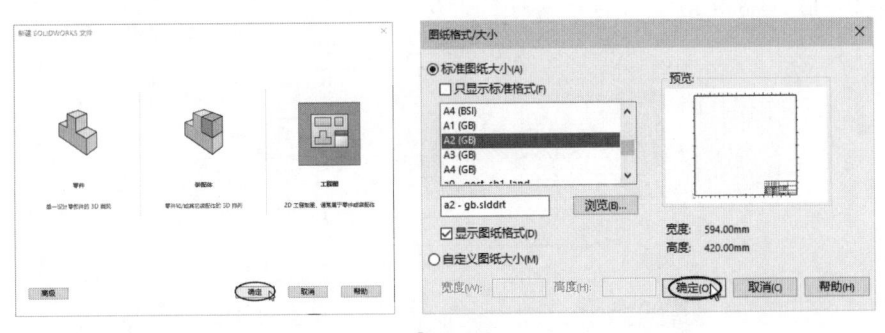

图 11-83

03 在"工程图"选项卡中单击"模型视图"按钮,在调出的"模型视图"属性面板中选中"生成多个视图"复选框,并单击"后视"按钮和"右视"按钮,设置视图比例 1:2,单击"确定"按钮完成后视图和右视图的插入,如图 11-84 所示。

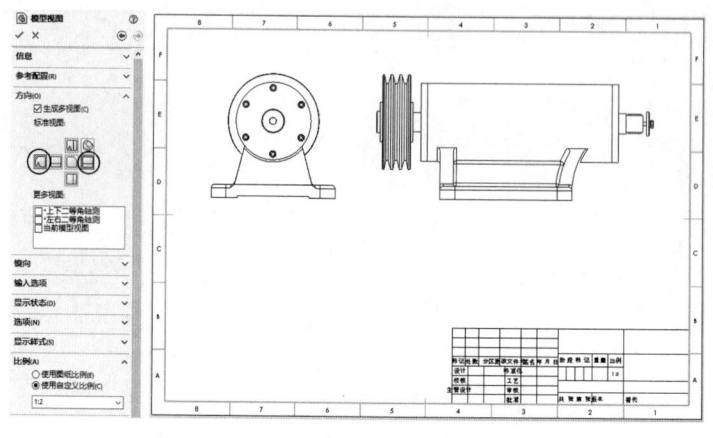

图 11-84

04 调换两个视图的位置，再利用"投影视图"工具创建右视图的投影视图，如图 11-85 所示。

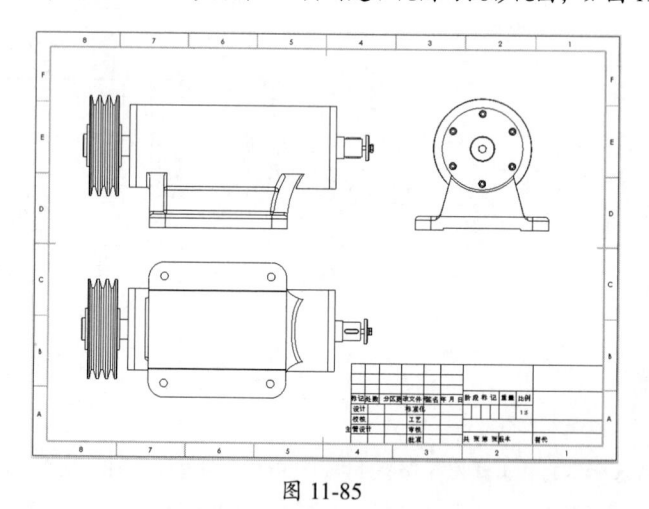

图 11-85

05 删除右视图。利用"剖面视图"工具，以投影视图为参考创建全剖视图，将全剖视图放置于投影视图的上方，如图 11-86 所示。

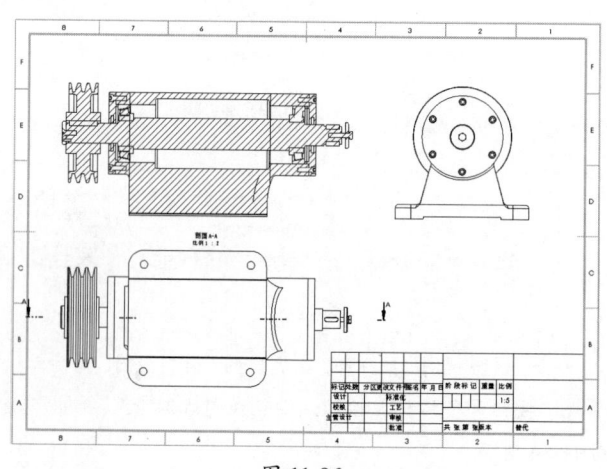

图 11-86

06 编辑切割线，全剖视图随之更新，如图 11-87 所示。

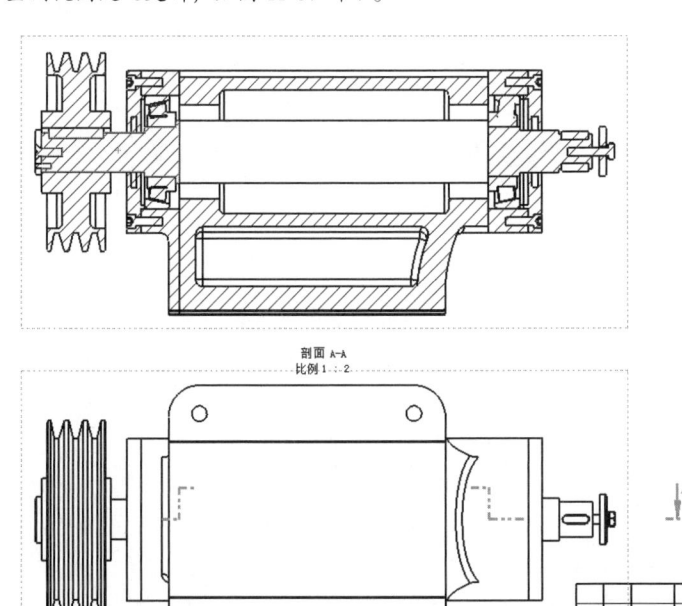

图 11-87

07 选取剖视图中轴零件的剖面线，在调出的"区域剖面线／填充"属性面板中取消选中"材质剖面线"复选框，然后选中"无"单选按钮，将轴零件的剖面线隐藏，如图 11-88 所示。

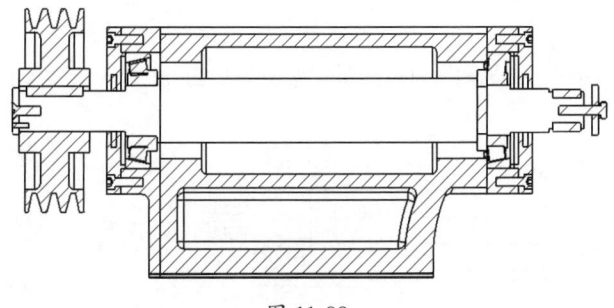

图 11-88

08 单击"裁剪视图"按钮，在投影视图中绘制封闭轮廓线，以此创建剪裁视图，如图 11-89 所示。

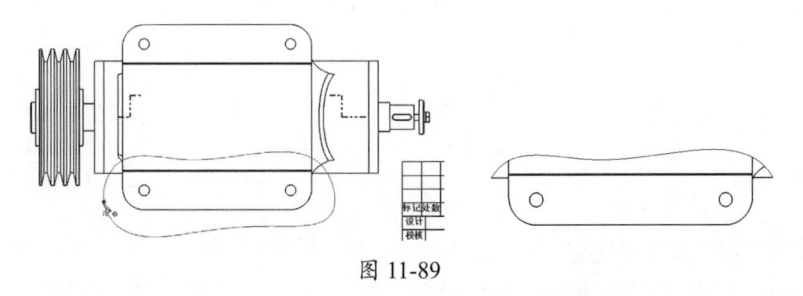

图 11-89

09 单击"断开的剖视图"按钮，在后视图中绘制封闭轮廓线，以此创建如图 11-90 所示的断开剖视图。

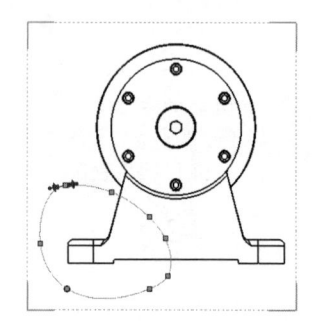

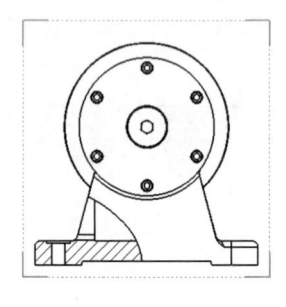

图 11-90

10 添加中心线和符号线，如图 11-91 所示。

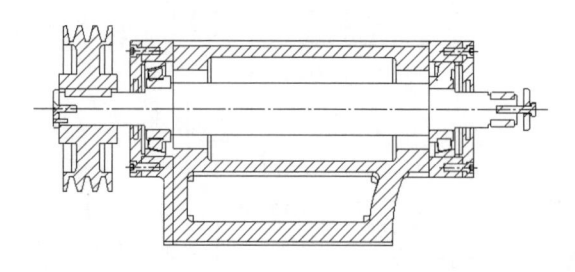

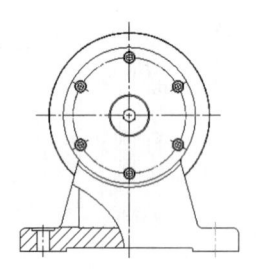

图 11-91

11 将几个视图中多余的边线、切割线及视图名称等隐藏，结果如图 11-92 所示。

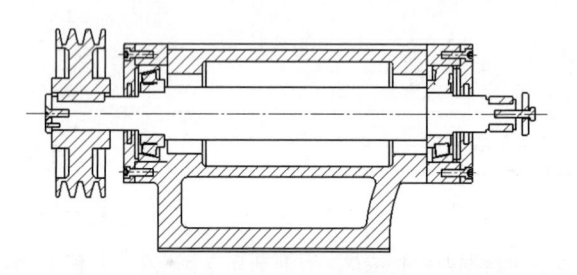

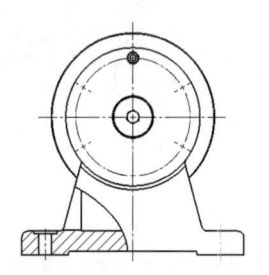

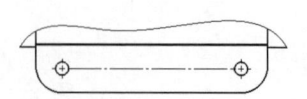

图 11-92

2. 创建尺寸标注和零件序号

创建尺寸标注和零件序号的具体操作步骤如下。

01 利用"智能尺寸"工具，为 3 个视图标注装配及定位尺寸，如图 11-93 所示。

图 11-93

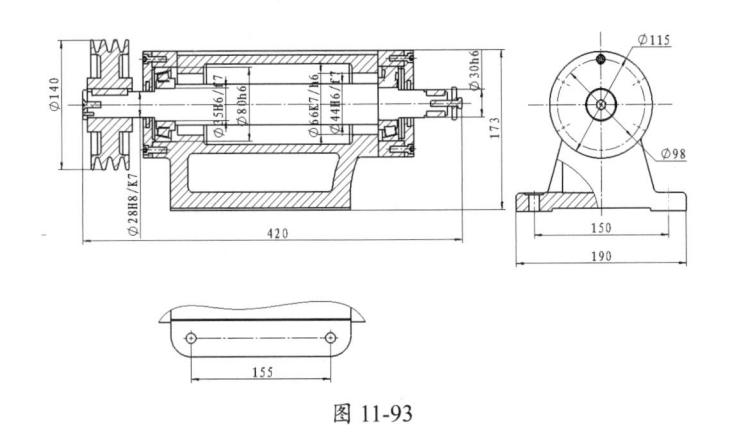

02 在"注解"选项卡中单击"自动零件序号"按钮，调出"自动零件序号"属性面板。在该属性面板中设置相关选项，选择全剖视图后自动生成零件序号，如图 11-94 所示。

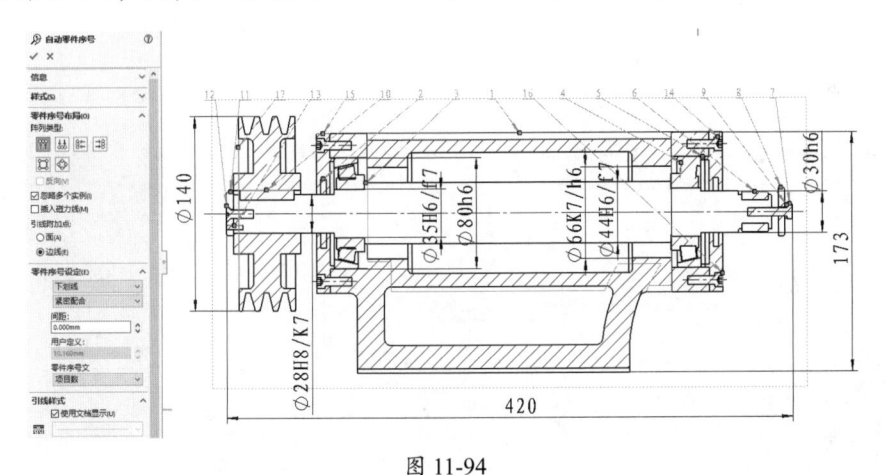

图 11-94

03 执行"插入"|"表格"|"材料明细表"命令，然后选择全剖视图以此生成材料明细表，随后调出"材料明细表"属性面板，在该属性面板中选择 gb-bom-material 模板，单击"确定"按钮，将材料明细表放置在图框标题栏一侧，如图 11-95 所示。

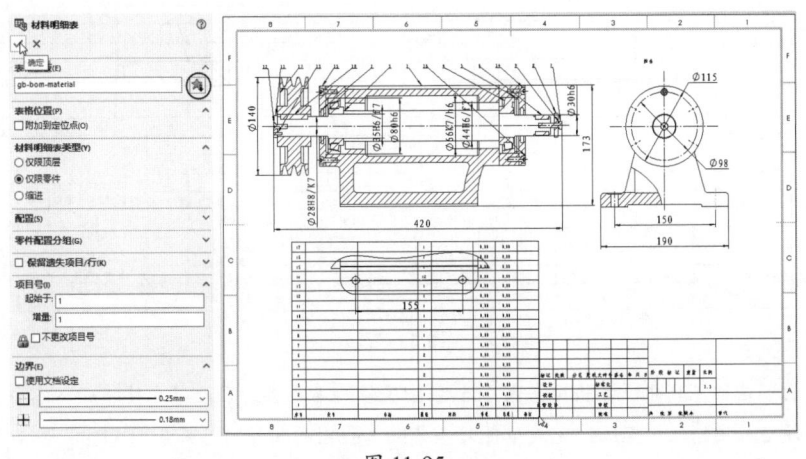

图 11-95

307

04 此时材料明细表的表格行数太多，遮挡了投影视图，需要将表格打断并将打断的部分表格移动至图框标题栏的上方。右击明细表，在弹出的快捷菜单中选择"分割"|"水平自动分割"选项，弹出"水平自动分割"对话框，设置分割选项及参数，单击"应用"按钮完成明细表的分割，如图 11-96 所示。

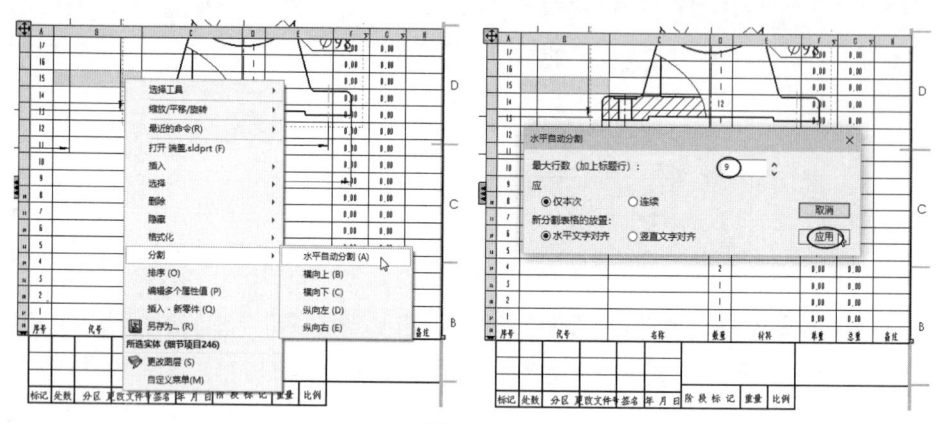

图 11-96

05 将分割后的部分表格与标题栏对齐，如图 11-97 所示。

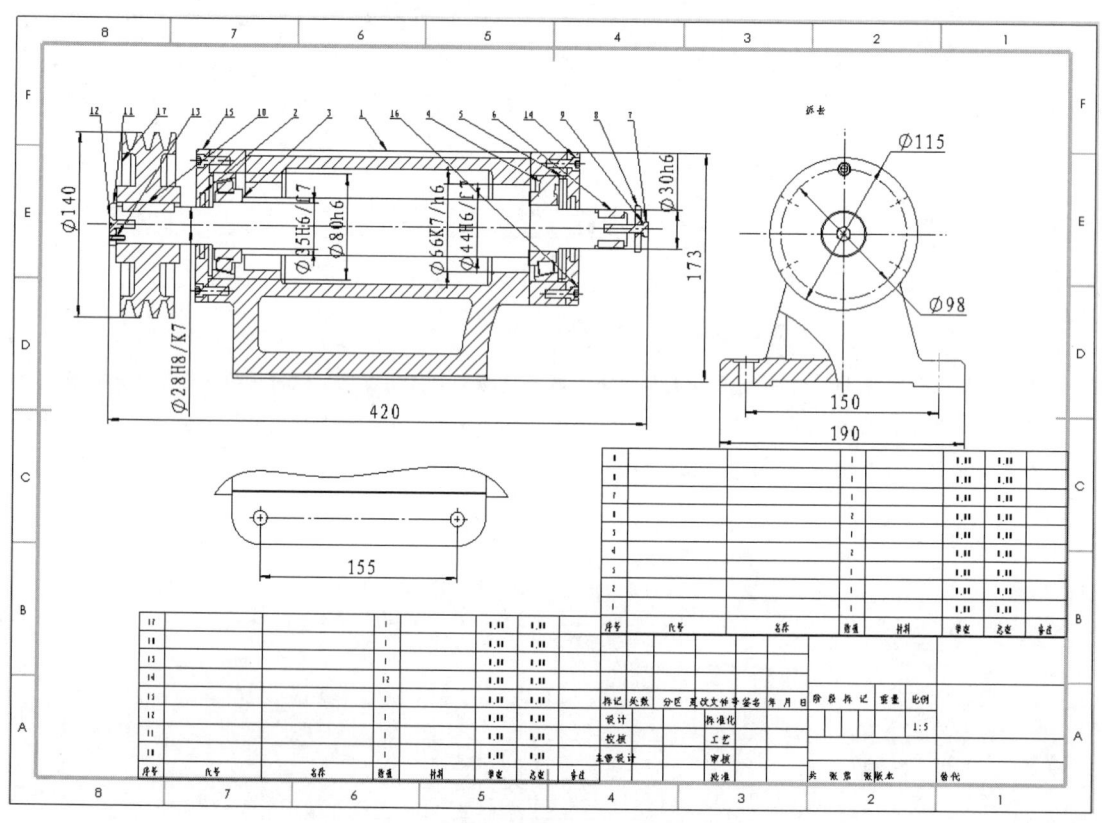

图 11-97

06 在明细表的"名称"列中，双击对应某一个零件序号的单元格，在此单元格中输入零件名称，同理完成所有零件名称的输入。至此，完成了铣刀头装配工程图的制作，结果如图 11-98 所示。

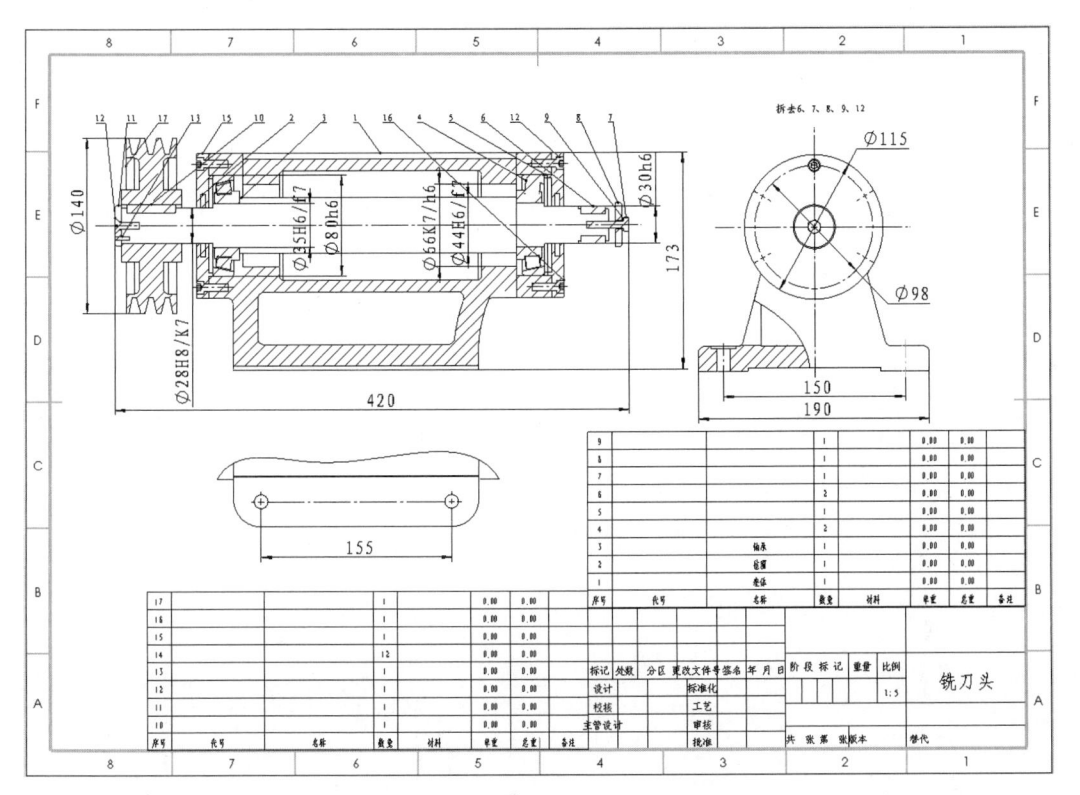

图 11-98